国家出版基金项目
NATIONAL PUBLICATION FOUNDATION

电子信息前沿专著系列

"十四五"时期国家重点出版物出版专项规划项目

数据分析的结构化表征学习

张正 徐勇 卢光明 著

Structural Representation Learning for Data Analysis

人民邮电出版社
北京

图书在版编目（CIP）数据

数据分析的结构化表征学习 / 张正，徐勇，卢光明著. -- 北京 : 人民邮电出版社，2022.11
（电子信息前沿专著系列）
ISBN 978-7-115-58401-4

Ⅰ. ①数… Ⅱ. ①张… ②徐… ③卢… Ⅲ. ①数据处理—研究 Ⅳ. ①TP274

中国版本图书馆CIP数据核字(2022)第048935号

内容提要

结构化表征学习是机器学习研究的核心问题之一，旨在探索如何从高维可观测数据中获取有效的结构化信息表示，以实现高精度、鲁棒、快速的数据分析，是由数据到知识的关键渠道。本书重点介绍如何从具有不确定性的海量大媒体数据中挖掘和提取结构化、鲁棒、高效的特征，并实现高性能的信息挖掘和知识推断。本书内容包含近年来涌现的一些高效、鲁棒的结构化表征学习模型，介绍了基于鲁棒且紧凑的表征学习的一体化表征学习理论和方法，并为应对真实世界中的数据分析任务，如数据简约特征表达、紧凑特征压缩、有效特征筛选以及隐含知识挖掘等，提供了较为全面且切实可靠的解决方案。

本书作者所在的团队多年来一直从事机器学习、计算机视觉、多媒体分析的研究，承担过众多国家级和省部级科研项目，具备从理论研究到工程应用的相关基础。本书是对作者近五年研究成果的总结和梳理，书中介绍的理论和方法能够很好地和实际应用结合在一起，行文流畅易读，适合具有一定专业基础的高年级本科生、研究生，以及相关领域的科研工作者和工程师阅读。

◆ 著　　张　正　徐　勇　卢光明
责任编辑　贺瑞君
责任印制　李　东　焦志炜

◆ 人民邮电出版社出版发行　　北京市丰台区成寿寺路 11 号
邮编　100164　　电子邮件　315@ptpress.com.cn
网址　https://www.ptpress.com.cn
北京捷迅佳彩印刷有限公司印刷

◆ 开本：700×1000　1/16
印张：16　　2022 年 11 月第 1 版
字数：296 千字　　2022 年 11 月北京第 1 次印刷

定价：149.00 元

读者服务热线：(010)81055552　印装质量热线：(010)81055316
反盗版热线：(010)81055315
广告经营许可证：京东市监广登字 20170147 号

电子信息前沿专著系列

总 序

电子信息科学与技术是现代信息社会的基石，也是科技革命和产业变革的关键，其发展日新月异。近年来，我国电子信息科技和相关产业蓬勃发展，为社会、经济发展和向智能社会升级提供了强有力的支撑，但同时我国仍迫切需要进一步完善电子信息科技自主创新体系，切实提升原始创新能力，努力实现更多“从 0 到 1”的原创性、基础性研究突破。《中华人民共和国国民经济和社会发展第十四个五年规划和 2035 年远景目标纲要》明确提出，要发展壮大新一代信息技术等战略性新兴产业。面向未来，我们亟待在电子信息前沿领域重点发展方向上进行系统化建设，持续推出一批能代表学科前沿与发展趋势，展现关键技术突破的有创见、有影响的高水平学术专著，以推动相关领域的学术交流，促进学科发展，助力科技人才快速成长，建设战略科技领先人才后备军队伍。

为贯彻落实国家“科技强国”“人才强国”战略，进一步推动电子信息领域基础研究及技术的进步与创新，引导一线科研工作者树立学术理想、投身国家科技攻关、深入学术研究，人民邮电出版社联合中国电子学会、国务院学位委员会电子科学与技术学科评议组启动了“电子信息前沿青年学者出版工程”，科学评审、选拔优秀青年学者，建设“电子信息前沿专著系列”，计划分批出版约 50 册具有前沿性、开创性、突破性、引领性的原创学术专著，在电子信息领域持续总结、积累创新成果。“电子信息前沿青年学者出版工程”通过设立专家委员会，以严谨的作者评审选拔机制和对作者学术写作的辅导、支持，实现对领域前沿的深刻把握和对未来发展的精准判断，从而保障系列图书的战略高度和前沿性。

“电子信息前沿专著系列”首批出版的 10 册学术专著，内容面向电子信息领域战略性、基础性、先导性的应用，涵盖半导体器件、智能计算与数据分析、通信和信号及频谱技术等主题，包含清华大学、西安电子科技大学、哈尔滨工业大学（深圳）、东南大学、北京理工大学、电子科技大学、吉林大学、南京邮电大学等高等院校国家重点实验室的原创研究成果。本系列图书的出版不仅体现了传播学术思想、积淀研究成果、指导实践应用等方面的价值，而且对电子信息领域的广大科研工作者具有示范性作用，可为其开展科研工作提供切实可行的参考。

希望本系列图书具有可持续发展的生命力，成为电子信息领域具有举足轻重影响力和开创性的典范，对我国电子信息产业的发展起到积极的促进作用，对加快重要原创成果的传播、助力科研团队建设及人才的培养、推动学科和行业的创新发展都有所助益。同时，我们也希望本系列图书的出版能激发更多科技人才、产业精英投身到我国电子信息产业中，共同推动我国电子信息产业高速、高质量发展。

2021 年 12 月 21 日

前　言

表征学习是从输入数据中自动发现和获取便于任务决策的有用特征的过程，是当前高级机器学习研究的核心技术。如何设计具备强大自适应能力的表征学习方法，并建立具有普适性、扩展性、判别性的表征学习理论，以实现高性能、高效的数据分析，是工业界和学术界共同关注的重点和难点问题。

结构化表征学习是数据分析中的一种重要方法，它能够从具有不确定性的海量多媒体数据中挖掘和提取结构化、鲁棒、高效的特征，并实现高性能的信息挖掘和知识推断。本书主要介绍当前流行的结构化表征学习理论，全面、系统地讲述结构化表征学习的基础理论、重要算法以及核心应用，从“基础理论→模型与方法→学习算法→实际应用”4 个层面介绍相关理论研究和技术进展，并围绕结构化表征学习的共性科学问题，系统介绍较前沿的高效数据分析技术的理论与方法体系，为读者建立高效、高性能的大规模结构化数据分析系统提供重要的理论与算法设计基础。

本书内容覆盖目前较前沿的表征学习和大规模数据分析领域的交叉技术，着重从多个角度介绍和分析结构化表征学习的基本概念、基础模型、学习算法和重要应用，囊括了紧凑表征学习、高效多源异构数据分析与感知、大规模多媒体视觉数据检索方法等。本书共分 9 章：第 1 章为绪论，概述了表征学习的基本概念和特点，以及现有结构化表征学习的基础理论、方法和应用；第 2 章～第 4 章介绍经典的稀疏性、低秩性和判别性紧凑表征学习方法和主流策略；第 5 章、第 6 章介绍大规模多源异构数据的快速表征学习策略和不完整多视图学习方法的新进展；第 7 章、第 8 章介绍特殊的二值表征学习，可凭此实现快速的海量图像数据检索；第 9 章介绍判别性字典学习的新思路。

作为一本专业研究作品，本书介绍的应用于数据分析的结构化表征学习，涉及大数据分析、以人为中心的计算、机器学习、模式识别、数据挖掘和计算机视觉等研究领域。书中解决的问题覆盖从单视角数据分析至多视角数据分析，由传统的浅层机器学习理论到深度表征学习；介绍的创新理论覆盖传统的稀疏表示、低秩分析理论以及深度神经网络的结构优化和分析，应用问题横跨大规模的数据识别、回归、聚类和检索。希望读者阅读完本书后，能够掌握较前沿的结构化表征学习的方法，并对其应用场景有所了解。

在此，我们需要感谢为本书做出重要贡献或曾经与第一作者一起奋斗过的朋友，他们是 Ling Shao 教授、Helen Huang 教授、Calvin Wong 教授、沈复民教授、刘力博士、李争名教授、文杰博士、王子建博士、罗雅丹博士等，他们为本书的完成提供了诸多支持和帮助。同时，感谢为本书的内容整理和校对付出了大量精力的学生们，包括刘艺姝、陈炳志和王勋广等。此外，特别感谢人民邮电出版社学术出版中心编辑们的细心校稿，包括贺瑞君、王琪等。

最后，感谢中国电子学会“电子信息前沿青年学者出版工程”对本书的大力资助，感谢国家自然科学基金项目（编号：62002085）对本书的支持。

作　者

2021 年 9 月于深圳

目录

第 1 章　绪论……1

1.1　表征学习的概念……1

1.2　结构化表征学习基础……2

1.2.1　结构化表征学习的基础理论和方法……2

1.2.2　结构化表征学习的应用……7

参考文献……8

第 2 章　块对角低秩表征学习……11

2.1　低秩表征学习方法……12

2.2　块对角低秩表征学习的方法设计……13

2.3　块对角低秩表征学习的优化算法……15

2.4　识别算法的设计……18

2.5　块对角低秩表征学习的算法分析……19

2.5.1　收敛性分析……19

2.5.2　计算时间复杂度……20

2.5.3　新样本预测检验……20

2.6　与现有低秩表征学习方法的关系……22

2.6.1　与非负低秩表征稀疏方法的关系……22

2.6.2　与结构化稀疏低秩表征方法的关系……23

2.6.3　与监督正则化鲁棒子空间方法的关系……24

2.7　实验验证……24

2.7.1　实验设置……24

2.7.2　在人脸识别任务中的实验结果……25

2.7.3 在字符识别任务中的实验结果 ······ 28
2.7.4 在场景识别任务中的实验结果 ······ 30
2.7.5 优势分析 ······ 30
2.7.6 算法收敛性实验验证 ······ 32
2.7.7 算法参数敏感性经验分析 ······ 32
2.8 本章小结 ······ 33
参考文献 ······ 34

第 3 章 判别性弹性网正则化回归表征学习 ······ 38

3.1 最小二乘回归方法 ······ 39
3.2 基于弹性网正则化的回归表征学习模型 ······ 40
3.2.1 一种普适的弹性网正则化回归表征学习框架 ······ 40
3.2.2 判别性弹性网正则化回归表征学习模型 ······ 42
3.2.3 判别性弹性网正则化回归表征学习的快速模型 ······ 43
3.3 模型优化求解和算法分类模型 ······ 44
3.3.1 模型的优化求解 ······ 44
3.3.2 判别性回归表征空间的构造和算法分类模型 ······ 47
3.4 算法分析 ······ 48
3.4.1 与经典回归模型的关系 ······ 48
3.4.2 时间复杂度和收敛性分析 ······ 48
3.5 实验验证 ······ 50
3.5.1 对比方法与实验设置 ······ 50
3.5.2 在人脸识别任务中的实验结果 ······ 51
3.5.3 在物体识别任务中的实验结果 ······ 55
3.5.4 在场景识别任务中的实验结果 ······ 55
3.5.5 与传统的回归表征学习模型进行对比分析 ······ 56
3.5.6 优化算法的收敛条件和参数敏感性经验分析 ······ 57
3.5.7 算法效率分析 ······ 59
3.6 本章小结 ······ 60
参考文献 ······ 61

第 4 章　边缘结构化表征学习……64

4.1　判别性最小二乘回归方法……65
4.2　边缘结构化表征学习模型……66
4.2.1　损失函数……66
4.2.2　算法复杂度正则项……67
4.2.3　自适应流形结构学习……68
4.3　边缘结构化表征学习算法的优化策略……70
4.3.1　求解优化变量 ***W***、***A*** 和 ***B***……70
4.3.2　求解优化变量 ***R***……71
4.3.3　求解优化变量 ***P***……72
4.4　半监督学习模型的扩展……74
4.5　边缘结构化表征学习的算法分析……74
4.5.1　优化算法收敛性的理论分析……74
4.5.2　计算复杂度……75
4.6　实验验证……75
4.6.1　实验设置……76
4.6.2　在物体识别任务中的实验结果……77
4.6.3　在人脸识别任务中的实验结果……79
4.6.4　在纹理识别任务中的实验结果……81
4.6.5　在场景识别任务中的实验结果……82
4.6.6　识别性能对比分析……83
4.6.7　算法参数敏感性经验分析……85
4.6.8　算法收敛性实验验证……87
4.6.9　效率对比分析……88
4.7　本章小结……89
参考文献……89

第 5 章　基于联合学习的二值多视图表征学习……93

5.1　二值多视图表征学习框架……95
5.1.1　二值多视图聚类模型……95

5.1.2 高效的可扩展多视图图像聚类分析模型 ······ 96
5.2 高效的可扩展多视图图像聚类算法 ······ 99
5.3 高效的可扩展多视图图像聚类算法分析 ······ 102
5.3.1 收敛性分析 ······ 102
5.3.2 复杂度分析 ······ 103
5.4 实验验证 ······ 103
5.4.1 数据集和评估标准 ······ 103
5.4.2 中等规模多视图数据实验验证 ······ 104
5.4.3 大规模多视图数据实验验证 ······ 107
5.4.4 经验性分析 ······ 108
5.4.5 可视化分析 ······ 113
5.5 本章小结 ······ 115
参考文献 ······ 116

第6章 基于灵活局部结构扩散的广义不完整多视图聚类 ······ 120

6.1 多视图聚类方法 ······ 122
6.1.1 部分多视图聚类 ······ 122
6.1.2 多个不完整视图聚类 ······ 123
6.2 基于灵活局部结构扩散的广义不完整多视图聚类模型 ······ 123
6.2.1 单视图个体表征学习 ······ 124
6.2.2 多视图一致性表征学习 ······ 125
6.2.3 自适应加权多视图学习 ······ 126
6.2.4 GIMC_FLSD 的总体目标函数 ······ 126
6.3 GIMC_FLSD 的优化算法 ······ 127
6.4 GIMC_FLSD 的理论分析 ······ 129
6.4.1 计算复杂度 ······ 129
6.4.2 收敛性分析 ······ 130
6.4.3 与其他方法的联系 ······ 130
6.5 实验验证 ······ 131
6.5.1 实验配置 ······ 131
6.5.2 实验结果和分析 ······ 133

6.5.3 时间复杂度分析 …… 137
6.5.4 参数灵敏度分析 …… 139
6.5.5 收敛性分析 …… 142
6.6 本章小结 …… 143
参考文献 …… 143

第 7 章 可扩展的监督非对称哈希学习 …… 148

7.1 哈希学习方法 …… 149
7.2 可扩展的监督非对称哈希学习模型 …… 151
7.2.1 问题定义 …… 151
7.2.2 方法解析 …… 152
7.3 可扩展的监督非对称哈希表征学习的优化算法 …… 154
7.3.1 交替优化方法 …… 154
7.3.2 收敛性分析 …… 158
7.3.3 算法的样本外扩展问题 …… 158
7.4 实验验证 …… 159
7.4.1 实验数据 …… 159
7.4.2 实验设置 …… 160
7.4.3 在 CIFAR-10 图像检索数据集上的实验结果 …… 161
7.4.4 在 Caltech-256 目标检索数据集上的实验结果 …… 165
7.4.5 在 SUN-397 场景检索数据集上的实验结果 …… 167
7.4.6 在 ImageNet 大规模数据集上的实验结果 …… 169
7.4.7 在 NUS-WIDE 多实例数据集上的实验结果 …… 171
7.4.8 实验分析和讨论 …… 173
7.5 本章小结 …… 175
参考文献 …… 175

第 8 章 深度语义协同哈希学习 …… 181

8.1 哈希学习方法 …… 182
8.2 深度语义协同哈希学习模型 …… 184
8.2.1 问题定义 …… 184

8.2.2 特征嵌入网络 …… 185
8.2.3 类别编码网络 …… 186
8.2.4 构建语义不变结构 …… 186
8.2.5 协同学习 …… 187
8.3 深度语义协同哈希学习的优化算法设计 …… 187
8.3.1 训练策略分析 …… 187
8.3.2 样本扩展问题 …… 188
8.4 实验验证 …… 188
8.4.1 实验设置 …… 189
8.4.2 评估标准 …… 189
8.4.3 在 NUS-WIDE 数据集上的实验结果 …… 189
8.4.4 在 MIRFlickr 数据集上的实验结果 …… 193
8.4.5 在 CIFAR-10 数据集上的实验结果 …… 196
8.4.6 子模块分析 …… 198
8.4.7 参数敏感性分析和可视化结果 …… 199
8.5 本章小结 …… 200
参考文献 …… 201

第 9 章 判别性费希尔嵌入字典学习 …… 205

9.1 相关工作 …… 207
9.1.1 符号定义 …… 207
9.1.2 画像定义 …… 207
9.1.3 FDDL 算法 …… 208
9.2 判别性费希尔嵌入字典学习算法 …… 209
9.2.1 判别性费希尔原子嵌入模型 …… 209
9.2.2 判别性费希尔系数嵌入模型 …… 210
9.2.3 DFEDL 算法的目标函数 …… 211
9.3 判别性费希尔嵌入字典学习的优化算法 …… 211
9.4 算法对比与分析 …… 213
9.4.1 DFEDL 算法与 FDDL 算法的关系 …… 214
9.4.2 时间复杂度分析 …… 215

9.4.3 收敛性分析 ··· 215

9.5 实验验证 ··· 216

9.5.1 实验配置 ··· 216

9.5.2 数据集描述 ··· 217

9.5.3 在深度特征数据集上的实验结果 ··· 218

9.5.4 在手工数据集上的实验结果 ··· 219

9.5.5 实验结果分析 ··· 221

9.5.6 参数敏感性分析 ··· 222

9.5.7 实验收敛性分析 ··· 223

9.5.8 不同原子数的影响 ··· 223

9.5.9 与深度学习模型的对比 ··· 224

9.6 本章小结 ··· 226

参考文献 ··· 227

附录 ··· 234

附录 A 引理 9-1 及其证明过程 ··· 234

附录 B 引理 9-2 及其证明过程 ··· 236

附录 C 定理 9-1 及其证明过程 ··· 237

第1章 绪　　论

1.1 表征学习的概念

机器学习和计算机视觉是目前人工智能领域较前沿、较热门的研究方向，并且已经成为计算机科学领域的主流分支学科。近年来，由于计算机硬件技术在数据分析和数据处理方面的快速发展，人工智能技术已经潜移默化地融入到了现实生活的方方面面，毫无疑问，它也必将在人们未来的生活中扮演不可或缺的角色。机器学习的终极目标是使机器能够像人一样观察和理解这个世界，并且能够从经验中学习如何完成某些确定的任务，例如大规模人脸识别、视频监控、无人驾驶、语音识别和文字翻译等。但是，目前的机器学习算法仍有很多局限性，特别是在鲁棒性、可泛化能力和可适用性方面。这些局限性最终可归结于算法中数据表征的鲁棒性、可泛化性和普适性，这也是目前机器学习领域研究的热点和难点。

众所周知，机器学习的基本思路是从复杂数据中提炼出有效的知识以便进行后续的任务，其核心过程便是从大量的原始数据中依照某种学习规律得到有效的数据表征。数据表征的好坏，会直接影响机器学习模型的性能。一般来说，主流的学习方式大致有两种思路来获得数据的特征表示，分别是特征工程（Feature Engineering）和表征学习（Representation Learning）。特征工程主要是指人为处理数据并刻画相应特征的过程；而表征学习则是从已知的经验数据中，通过某种特定的方法（算法），自动去寻找、提炼出一些规律（模型），进而产生有效的数据特征的过程，又称表示学习。特征工程和表征学习的本质区别在于前者是手动设计特征（Hand-crafted Features），而后者是自动寻找规律并学习特征。在大数据时代之前，由于数据量较小、复杂度较低，人们热衷于特征工程，针对具体任务和数据手动构建良好的特征就能实现满意的效果。在当前大数据时代，随着数据规模、数据维度、数据多样性的爆炸式增长，以及数据复杂度的快速提升，依赖人为处理的特征工程成本太高，已不适合社会经济的发展需求。自动学习经验知识的表征学习成为机器学习的主流范式，适应了时代发展需求。

总的来讲，数据表征是指对数据的表示和特征描述，表征学习的质量对具体的任务是至关重要的，因为其直接影响机器学习的最终效果。通常，表征学习包括数据预处理和特征学习。其中，数据预处理是指通过某种手段对数据本身进行处理，进而得到更加准确或更符合某种算法要求的高质量数据；特征学习又称特征提取，即从原始数据中提取出关键的有效数据信息作为数据表征，用于最终的学习任务。也就是说，只要获得判别性足够好的数据表征，即使使用简单的数据分类器也能够获得最优的识别性能，这就是表征学习的最终目的。所以，研究鲁棒性和判别性较强的表征学习对于机器学习的发展有着重要的理论意义和实用价值。

根据学习过程中是否利用监督信号，表征学习可大致分为无监督表征学习和监督表征学习。无监督表征学习主要是通过挖掘和利用数据本身的特性（如统计分布特性或拓扑特征），根据不同的相似度测量标准来构造出更加有效的结构化数据表征形式，经典的方法有 k-均值（k-means）聚类、主成分分析（Principal Component Analysis，PCA）和无监督字典学习。相比之下，监督表征学习主要是采用有标记的数据进行特征学习，通过结合数据的原始特性和难以获得的高阶数据标签来挖掘隐含在数据底层的高效结构化特征，获得具有强判别能力的泛化数据表征，进而有效提升待解决任务的性能表现，典型的方法有监督字典学习、神经网络和多层感知机。无监督表征学习从无标记的数据中学习特征。尽管如此，如何设计有效、通用的表征学习范式仍是目前机器学习的重要研究课题，同时，如何获得适用于多种不同任务的泛化表征学习模型框架仍是机器学习和计算机视觉研究的开放性课题。与此同时，表征学习的不同表达方法衍生出了大量的数据学习方法，进而出现了数不胜数的结构化表征学习理论和应用。得益于先进的表征学习研究成果，尤其是近年来深度学习的出现，基于表征学习的算法在图像识别、目标检测、聚类分析和信息检索等任务中成为主流策略，进一步推动了人工智能在大规模数据分析领域的快速发展。

1.2 结构化表征学习基础

1.2.1 结构化表征学习的基础理论和方法

鲁棒的表征学习在数据挖掘和机器学习的研究领域中引起了众多关注，而数据本身往往呈现出其物理的结构特性（如对称性），同时也蕴含着其独特的结构化属性。其中，研究最为广泛的包括数据的稀疏性、低秩性、流形特性及空间结构等。本节简要回顾一系列代表性的结构化表征学习方法，包括基于稀疏性约束的表征学习、基于低秩性约束的表征学习、基于流形学习的表征学习，以及一些基于深度学习的表征学习。

1. 基于稀疏性约束的表征学习

随着数学领域的快速发展，基于线性表征学习的方法自 20 世纪末至今，一直受到研究人员的广泛关注[1,2]。在基于线性表征学习的方法中，基于稀疏性约束的表征学习［学术界常简称为稀疏表示（Sparse Representation）］是最具代表性的方法之一。稀疏表示是通过数学变换，用最少量的特征尽可能多地描述数据中的重要信息，以期获得更为简洁的数据表征方式，在不同的变换下，不同类型数据的特征分布会不同。目前，基于稀疏表示的研究在理论和实际应用两个层面都取得了丰硕的成果，稀疏表示已逐步形成了一个较为完备的理论体系。随着稀疏表示理论研究的快速发展，该技术已成功应用于很多实际场景中，特别是在信号处理、图像处理、机器学习和计算机视觉等领域，例如图像去噪和复原、图像去模糊、图像修复、超分辨率、视觉跟踪、图像分类和图像分割等实际问题。稀疏表示在处理这些问题的过程中已经展现出其巨大的潜能。一个最重要的例子是稀疏表示在图像分类领域的应用，其基本的目标是将一个给定的测试图像正确地划分到几个已经定义好的类别中的某一类。脑科学的相关文献也已证明，从视觉神经元的属性角度来讲，自然图像都是稀疏信号或可压缩信号。根据以上理论，如何使用数据的稀疏性来进行图像分类成为当时的研究热点，文献[3]系统地证明了与其他传统方法相比，基于稀疏表示的方法在处理含有噪声或遮挡的图像分类问题时有着非常大的优势。

由于不同的方法通常有其各自的研究动机、想法和关注点，目前已有多种策略从方法学的角度将已有稀疏表示方法进行归类。例如，从原子的构造角度来讲，已有的稀疏表示方法可以分为两个组别：基于原始样本的稀疏表示和基于字典的稀疏表示。从是否使用原子语义类标信息的角度来讲，基于稀疏表示的学习方法可以粗略地分成 3 类：监督学习、半监督学习和无监督学习。从稀疏性约束条件的角度出发，稀疏表示的研究可以分为两个主要群体：基于结构化约束的稀疏表示和基于单一稀疏性约束的稀疏表示。此外，在图像分类领域，依据所使用原子的情况，基于稀疏表示的分类方法大致可以分为两个主要类别：基于全局表征的方法和基于局部表征的方法[4]。具体来讲，基于全局表征的方法直接利用所有的训练样本来表示测试样本，而根据局部性必然导致全局性的定理，基于局部表征的方法直接使用每一类或几类的训练样本或者原子来表示测试样本。

大多数稀疏表示方法通常是基于全局表征的方法。一个典型的基于局部表征的方法是两阶段测试样本稀疏表示方法[5]。从不同的方法学角度来讲，稀疏表示方法主要由两个部分组成，即纯稀疏表示方法和混合稀疏表示方法。其中，混合稀疏表示方法是指通过多种相关稀疏性约束的辅助来改进已有的稀疏表示方法。文献[6]将已有的稀疏表示方法大致分成了 3 类，即凸松弛方法、贪心方法和组合优化方法；而如果从稀疏性问题的构建和解决的角度来讲，稀疏表示方法能够分为两种策略，即贪心方法和凸松弛方法。

另外，如果考虑到优化方法的求解过程，稀疏表示问题可以分解为 4 种优化问题：光滑凸优化问题、非光滑非凸问题、光滑非凸问题和非光滑凸问题。Mark Schmidt 等人在文献[7]中回顾了一些用于求解l_1范数正则化问题的优化技术，将这些已有的优化方法划分为 3 种优化策略：次梯度优化方法、无约束近似优化方法和约束优化方法。

2. 基于低秩性约束的表征学习

虽然稀疏表示方法已经成功应用于解决多种实际问题，但是理论上依然存在其难以突破的限制性条件：首先，原始的稀疏表示方法要求训练样本是严格可控的样本图像，即由离群值的像素或遮挡所导致的噪声训练样本会影响算法性能；其次，稀疏表示方法的高性能必须建立在训练样本足够的基础之上，即每一类的训练样本必须要有足够的能力来表示或重构测试样本。显然，这两个限制性条件都和训练数据的图像质量有关，这也是稀疏表示方法在表征学习方面的局限性。此外，因为传统稀疏表示方法每次只能处理单个样本在整个训练集上的表示结果，故只能抓住数据表示的局部性特征，而无法很好地把握数据表示的全局性特征。因此，对线性表征学习的研究已成功扩展到数据的全局性表征学习，即由基于稀疏性约束的表征学习理论扩展到基于低秩性约束的表征学习理论。

基于低秩性约束的表征学习（常简称低秩表示）可以看作稀疏表示在二维空间的一种表征。因为稀疏表示考虑的仅是从整个数据集中寻找能够最大限度表示某个数据点的样本，而低秩表示考虑的是整个可获取的数据集中数据间的相互关系。低秩性能够保持同一个体在不同图像实例间的相似性，也就是来自同一目标的不同样本图像在理论上应具有很强的相似性，由该样本向量累积而成的矩阵应具有低秩性。所以，从数据矩阵的整体性上来讲，低秩表示是一种二维空间的稀疏性表示，同时为稀疏表示中训练数据的质量提升提供了一种有效的解决方案。文献[8]展示了利用数据样本矩阵低秩性的奠基性研究工作，其主要思想是假设来自同一个子空间的数据样本具有较高的相似性，那么含有噪声的数据就可以分解成具有较高相似度的低秩性数据和稀疏性噪声数据。该文献发表后，涌现出一大批改进的低秩性数据分解方法，例如非凸秩近似的鲁棒主成分分析[9]、基于快速分解的鲁棒主成分分析[10]、最优平均鲁棒主成分分析[11]等。但是，这类方法对数据本身的限制太过严格，要求每个数据都来自同一子空间，这无法满足真实数据的实际形式，因为绝大多数的数据都来自多个数据空间。为克服这一缺点，文献[12]将低秩性的数据表达从单子空间拓展到了多子空间，不仅能够将来自多子空间的噪声数据恢复为干净的数据样本，而且能够有效地应用于异常数据检测。自此，低秩表示成为了当时表征学习的主流方法，并被逐步应用到众多具有挑战性的实际任务中，包括运动目标检测、复杂背景建模、非负子空间图学习、聚类、图像分类、人脸识别等。例如，李勇等人[13]使用半监督的方法同时进行训练字典学习和判别性逐类块对角约束表征学习。蒋旭东等人[14]提出了一种稀疏稠密数据字典提纯方法来应对经典稀疏表示方法的不足，并利用学习到的字典进行有效的人脸识别。

3. 基于流形学习的表征学习

基于流形学习的表征学习（简称流形表征学习）是一种经典的数据简约式表征学习方法，其旨在根据需求从高维数据特征空间中通过特征选择或映射的方式得到某个低维的数据空间，同时保持原有数据的统计特性，并且挖掘出数据中有用的信息结构[15]。这类方法有很多优点，例如能够有效克服维度灾难（Curse of Dimensionality）问题和缩短机器学习算法的整体运行时间，同时也是解决过拟合问题的强有力的工具，并且能够提升算法的泛化能力。

众所周知，现实中的高维数据必然会包含冗余噪声，而这些噪声会阻碍系统应用性能的提升。基于流形的表征学习方法主要专注于从高维数据特征中确定一个最富表现力的低维子空间数据特征。该方法的主要策略是从原始高维数据特征中根据重要性选取一个最显著的子集特征（即特征选择），或基于某种特定的标准找到一个投影转换矩阵，使投影后的低维数据最大限度地保持原始数据特征的能量（即特征提取）。流形表征学习的基本原则是，来自不同类别的数据总是嵌在高维空间中的低维流形上，因此以流形表征学习为基础的数据表征通常具有较低的数据维度（不考虑核方法）。基于流形表征学习的降维方法中，最具代表性的是主成分分析方法[16]，其主要思想是找到数据特征的最大变化方向和能够最小化重构原始数据的一组正交基（又称主成分）。另外一种更适合分类问题的监督降维方法是线性判别分析（Linear Discriminant Analysis，LDA）方法[17]，该方法主要关注数据表征的全局结构，通过利用已知数据的类标信息学习到一组投影向量，使得到的低维数据能够拥有最大化的类间散度和最小化的类内散度。但是，该方法的表示能力依然非常有限。

为了挖掘数据更深层次的几何结构，目前已有大量改进的流形表征学习方法，主要包括非线性流形表征学习和线性化流形表征学习。经典的线性判别分析方法无法解决非线性可分的问题，进而出现了核判别分析方法[17]，该方法利用核函数的技巧将原始空间的数据投影到另一个核空间中，然后在核空间中学习非线性投影。此外，由于线性化流形表征学习具有更高的计算效率，并且能够解决新样本的预测验证问题，因此研究人员提出了大量的线性化流行表征学习算法。这类方法主要是基于结构保持学习的基本原理，即保证了投影空间中的流行结构和原始空间相同，代表性算法有 ISOMAP[18]、局部性线嵌入[19]、拉普拉斯特征映射[20]、局部保留投影和近邻保留投影。其中，局部保留投影是第一个线性化流形表征学习算法，其主要目标是通过求解在数据流形上构造的拉普拉斯算子方程，找到一组最优的线性投影向量，使原始空间和投影空间的近邻关系得到保持。截至本书成稿之日，很多基于稀疏表示和低秩表示的子空间表征学习方法也相继出现，其中最具代表性的是稀疏性子空间学习[21]和低秩性子空间学习[22]。这类方法通过构建数据间的稀疏性或低秩性自表示模型，并在此基础上增加经典流形表征学习方法中的某些近邻数据结构或样本原子间的相互关系等约束条件，保证了投影前后数据间的结构关系一致性，最后根据构建出的数据样本间的距离关系来学习低维数据表征。尽管如此，这类方法依然存在弊端，当应用于较大规模的局部特征时，其计算复杂度成为无法克服的瓶颈。此外，如何从观测数据中学习到满意的图拓扑关系，是基于几何结构约束的表征学习方法的关键所在。

4. 基于深度学习的表征学习

当前流行的表征学习方法主要包括浅层表征学习方法和深度表征学习方法，后者即基于深度学习的表征学习方法。前文介绍的三大类表征学习理论均属于浅层表征学习模型，此外还出现了各种基于以上方法的词袋（Bag of Words，BoW）模型[23]表征学习框架。虽然浅层表征学习模型已在表征学习领域中取得了重要的研究进展，但是基于浅层视觉模型的表征学习方法依然无法全面地揭示出隐含在数据中更具区分性的不变性表征因素。基于深度学习的表征学习理论通过设计更加复杂的深度神经网络学习模型，可以学习到鲁棒性更好且更具判别性的数据表征。例如，深度受限玻尔兹曼机网络[24]和深度自编码网络[25]等已被广泛地应用于数据的维度简约、图像识别和多媒体信息检索等领域。

在深度学习研究的发展过程中，最具有里程碑意义的深度学习系统当属基于卷积神经网络（Convolutional Neural Network，CNN）[26]的表征学习。该方法在 2012 年的 ImageNet 大规模视觉识别挑战（ImageNet Large Scale Visual Recognition Challenge，ILSVRC）赛中崭露头角，并以绝对的性能优势取得了该大赛图像识别任务的当届冠军，从此几乎完全取代了此前占据主导地位的 BoW 模型，此后又成功应用于目标识别、场景分割、图像识别和检索等领域。

但截至本书成稿之日，基于深度学习的研究依然只停留在性能的提升上，而基于深度学习的可解释性研究仍存在很大的盲区，无法取得突破性的进展。值得注意的是，很多浅层表征学习方法已成功嵌入到深度学习的大框架下，并取得了更好的实验性能，例如基于稀疏选择正则化的自编码神经网络[27]、深度稀疏矫正神经网络[28]、稀疏自编码器[29]、鲁棒的低秩深度编码器[30]、稠密低秩深度嵌入[31]、主成分分析网络[32]和深度子空间聚类网络[33]。由于已有的深度表征学习方法依然欠缺相对强有力的可解释性理论，并考虑算法的时间复杂度和空间复杂度，本书主要介绍如何设计强有力的浅层表征学习模型来增强数据表征的判别性，同时探究如何将结构化特性和判别式设计融入深度神经网络学习模型中，并且分析如何进一步增强由该模型得到的表征的表示能力，以使其在多种下游任务中的泛化性和可适用性得到较大的提升。与此同时，相信本书介绍的结构特征挖掘、判别式设计以及关键信息自适应学习等技术，可以帮助读者更好地在结构化表征学习模型的可解释性方面进行深入探索，也会对深度表征学习理论的可解释性研究有所促进。

1.2.2 结构化表征学习的应用

表征学习的目的是从复杂数据中学习有效的数据特征，以此来完成各种具体的实际任务。由于强大的特征提取能力，结构化表征学习在机器学习领域中有着众多的应用。本节从分类（Classification）、聚类（Clustering）和检索（Retrieval）三大基础任务着手，简要介绍结构化表征学习的具体应用。

分类是机器学习中的一个基本问题，其目标是根据提取的特征对数据样本进行类别判断。由于类别数量不同，分类可以进一步分为二分类和多分类。机器学习经历了从浅层表征学习到深度表征学习的发展历程。据此，根据所用方法的不同，分类问题可分为浅层分类和深度分类。浅层分类采用浅层表征学习提取数据特征，例如线性判别分析[16]和多层感知机。深度分类采用深度表征学习提取数据特征，例如基于 CNN 的图像分类[26]。分类问题通常被认为是监督问题，因为分类模型往往从标记数据中学习特征并对新样本进行类别预测。近年来，也不断有学者研究如何在无监督背景下学习到更有效的特征，从而解决诸如图像等的分类问题。例如，Hjelm 等人[34]通过最大化自动编码器输入和输出之间的互信息得到了图像的有效表征，应用在分类任务上的效果可以与监督学习媲美。

聚类属于无监督学习，其目标是将数据集中的样本划分为若干个互不相交的子集，也称为“簇”。由于聚类是一种有效的能将样本自动分组到低维子空间的方法，其在实际的数据分析场景中有着广泛的应用。根据聚类过程中数据来源的不同，可以将聚类划分为单视图聚类（Single-view Clustering）和多视图聚类（Multi-view Clustering）。单视图聚类是对来源于同一个视图的数据进行聚类，而多视图聚类则是对多个不同来源的数据进行聚类。根据采用的数据表征的不同，聚类也可以分为浅层聚类和深度聚类。随着大数据时代的到来，数据规模显著增长，数据复杂度也明显提升，采用端到端的深度聚类[35]处理大规模的高维数据成为聚类分析中的重要研究方向。

检索是用户根据信息或关键词查询出期望结果的技术。广义的检索包括人为对数据进行描述和存储的过程，例如搜索引擎中的网页检索技术。本书主要关注机器学习中基于表征学习的检索技术。以图像为例，图像检索分为简单的以查询图搜索数据集中的相关图（即以图像搜索图像，简称以图搜图）、基于文本-图像的跨模态检索和基于内容的图像检索。以图搜图的基本思路是利用表征学习将查询图像变换成数据表征，然后根据该数据表征，基于相应的度量标准检索近似图像。基于文本-图像的跨模态检索是指人为地采用文本对图像数据进行描述，从而为图像数据形成关键词，然后根据关键词对图像进行跨模态检索，反之亦然。基于内容的图像检索则重点关注对图像内容的语义理解，例如图像中的颜色、纹理、物体、场景等具体内容，这往往需要表征学习自动刻画语义特征。由于基于表征学习的检索技术拥有低成本的优势，其在电子商务、图片搜索、公共安全、医疗诊断等实际的生产生活领域有着广阔的应用前景。根据存储的数值类型，本书将基于表征学习的检索分为基于实值的检索和基于离散哈希的检索。基于实值的检索是指采用实数值对数据进行描述并存储，例如基于乘积量化的图像检索[36,37]。基于离散哈希的检索旨在将数据转换为紧凑的二值表征，例如基于哈希的图像检索[38]。

参 考 文 献

[1] Natarajan B K. Sparse approximate solutions to linear systems[J]. SIAM Journal on Computing, 1995, 24(2): 227-234.

[2] Huang M, Yang W, Jiang J, et al. Brain extraction based on locally linear representation-based classification[J]. Neuroimage, 2014, 92: 322-339.

[3] Wright J, Yang A Y, Ganesh A, et al. Robust face recognition via sparse representation[J]. IEEE Transactions on Pattern Analysis and Machine Intelligence, 2008, 31(2): 210-227.

[4] Zhang Z, Li Z, Xie B, et al. Integrating globality and locality for robust representation based classification[J]. Mathematical Problems in Engineering, 2014.

[5] Xu Y, Zhang D, Yang J, et al. A two-phase test sample sparse representation method for use with face recognition[J]. IEEE Transactions on Circuits and Systems for Video Technology, 2011, 21(9): 1255-1262.

[6] Cheng H, Liu Z, Yang L, et al. Sparse representation and learning in visual recognition: Theory and applications[J]. Signal Processing, 2013, 93(6): 1408-1425.

[7] Schmidt M, Fung G, Rosales R. Optimization methods for l1-regularization: TR-2009-19[R]. Vancouver: University of British Columbia.

[8] Candès E J, Li X, Ma Y, et al. Robust principal component analysis?[J]. Journal of the ACM (JACM), 2011, 58(3): 1-37.

[9] Kang Z, Peng C, Cheng Q. Robust PCA via nonconvex rank approximation[C]//2015 IEEE International Conference on Data Mining. NJ: IEEE, 2015: 211-220.

[10] Peng C, Kang Z, Cheng Q. A fast factorization-based approach to robust PCA[C]//2016 IEEE 16th International Conference on Data Mining (ICDM). NJ: IEEE, 2016: 1137-1142.

[11] Nie F, Yuan J, Huang H. Optimal mean robust principal component analysis[C]//Proceedings of the 31st International Conference on Machine Learning. [S.l.]: ICML, 2014, 32: 1062-1070.

[12] Liu G, Lin Z, Yan S, et al. Robust recovery of subspace structures by low-rank representation[J].

IEEE Transactions on Pattern Analysis and Machine Intelligence, 2012, 35(1): 171-184.

[13] Li Y, Liu J, Lu H, et al. Learning robust face representation with classwise block-diagonal structure[J]. IEEE Transactions on Information Forensics and Security, 2014, 9(12): 2051-2062.

[14] Jiang X, Lai J. Sparse and dense hybrid representation via dictionary decomposition for face recognition[J]. IEEE Transactions on Pattern Analysis and Machine Intelligence, 2014, 37(5): 1067-1079.

[15] 王卫卫, 李小平, 冯象初, 等. 稀疏子空间聚类综述[J]. 自动化学报, 2015, 41(8): 1372-1384.

[16] Turk M, Pentland A. Eigenfaces for recognition[J]. Journal of Cognitive Neuroscience, 1991, 3(1): 71-86.

[17] Fan Z, Xu Y, Ni M, et al. Individualized learning for improving kernel Fisher discriminant analysis[J]. Pattern Recognition, 2016, 58: 100-109.

[18] Zhang Z, Chow T W S, Zhao M. M-Isomap: Orthogonal constrained marginal isomap for nonlinear dimensionality reduction[J]. IEEE Transactions on Cybernetics, 2012, 43(1): 180-191.

[19] Roweis S T, Saul L K. Nonlinear dimensionality reduction by locally linear embedding[J]. Science, 2000, 290(5500): 2322-2326.

[20] Belkin M, Niyogi P. Laplacian eigenmaps for dimensionality reduction and data representation[J]. Neural Computation, 2003, 15(6): 1372-1396.

[21] Elhamifar E, Vidal R. Sparse subspace clustering: Algorithm, theory, and applications[J]. IEEE Transactions on Pattern Analysis and Machine Intelligence, 2013, 35(11): 2765-2781.

[22] Vidal R, Favaro P. Low rank subspace clustering (LRSC)[J]. Pattern Recognition Letters, 2014, 43: 47-61.

[23] Li F, Perona P. A bayesian hierarchical model for learning natural scene categories[C]//Proceedings of the 2005 IEEE International Conference on Computer Vision and Pattern Recognition. NJ: IEEE, 2005: 32-43.

[24] Geoffrey H. A practical guide to training restricted Boltzmann machines[M]. Berlin: Springer, 2012.

[25] Deng L, Dong Y. Foundations and trends® in signal processing[J]. Signal Processing, 2014, 7: 2-4.

[26] Alex K, Sutskever I, Hinton G. Imagenet classification with deep convolutional neural networks[C]//Proceedings of the 25th International Conference on Neural Information Processing Systems. NY: ACM, 2012, 1: 1097-1105.

[27] Xie G S, Zhang X Y, Liu C L. Efficient feature coding based on auto-encoder network for image classification[C]//Proceedings of the Asian Conference on Computer Vision. Cham: Springer, 2014, 9003: 628-642.

[28] Xavier G, Bordes A, Bengio Y. Deep sparse rectifier neural networks[C]//Proceedings of the

Fourteenth International Conference on Artificial Intel-ligence and Statistics. [S.l.]: PMLR, 2011, 15: 315-323.

[29] Le Q, Ranzato M, Monga R, et al. Building high-level features using large scale unsupervised learning[C]//Proceedings of the 29th International Conference on Machine Learning. NY: ACM, 2012: 8595-8598.

[30] Ding Z, Fu Y. Deep transfer low-rank coding for cross-domain learning [J]. IEEE Transactions on Neural Networks and Learning Systems, 2018, 30(6): 1768-1779.

[31] Chandra S, Nicolas U, Iasonas K. Dense and low-rank gaussian CRFs using seep embeddings[C]// Proceedings of the International Conference on Computer Vision. NJ: IEEE, 2017: 67-82.

[32] Chan T H, Jia K, Gao S, et al. PCAnet: A simple deep learning base-line for image classification?[J]. IEEE Transactions on Image Processing, 2015, 24(12): 5017-5032.

[33] Ji P, Zhang T, Li H, et al. Deep subspace clustering networks[C]//Proceedings of the 31st International Conference on Neural Information Processing Systems. NY: ACM 2017: 24-33.

[34] Hjelm R D, Fedorov A, Lavoie-Marchildon S, et al. Learning deep representations by mutual information estimation and maximization[Z/OL]. 2018. arXiv:1808.06670.

[35] Xie J, Girshick R, Farhadi A. Unsupervised deep embedding for clustering analysis[C]//Proceedings of the 33rd International Conference on Machine Learning. [S.l.]: PMLR, 2016, 48: 478-487.

[36] Ge T, He K, Ke Q, et al. Optimized product quantization for approximate nearest neighbor search[C]//Proceedings of the IEEE Conference on Computer Vision and Pattern Recognition. NJ: IEEE, 2013: 2946-2953.

[37] Jegou H, Douze M, Schmid C. Product quantization for nearest neighbor search[J]. IEEE Transactions on Pattern Analysis and Machine Intelligence, 2010, 33(1): 117-128.

[38] Wang J, Zhang T, Sebe N, et al. A survey on learning to hash[J]. IEEE Transactions on Pattern Analysis and Machine Intelligence, 2017, 40(4): 769-790.

第 2 章　块对角低秩表征学习

数据表征的表示能力影响着各种学习系统的性能表现，具有强判别性的有效数据表征在计算机视觉和机器学习领域占据着不可或缺的地位[1]。作为典型的表征学习方法，低秩表征学习引起了众多研究人员的关注[2-5]，并且大量的应用也证实了低秩性可以获得比稀疏性更强的数据表征。低秩表征学习已经成功应用于子空间分割[3]、特征提取[6]和图像分类等领域[7-9]。本章着重通过构建一个块对角低秩表征学习框架，得到更加适合图像识别的数据表征。

稀疏表示是一种有效的表征学习方法，然而它也存在自身无法克服的不足和缺陷。具体来讲，稀疏表示方法仅独立地学习每一个输入信号的单个数据表征[10,11]，没有充分利用整个数据空间的全局性优势。此外，已有的表征学习研究已经证实了在低秩表征矩阵上施加具体的结构化约束可以大大增强数据表征的判别性[4,12,13]。但是，这些方法的性能还远不能满足实际应用的要求，而其主要原因在于，已有的这些方法不能将原始数据表征完美地转移到一个判别性强的表征学习空间。基于完备的自表征学习理论体系[6,14]，理想的块对角结构表征学习可以通过在表征学习过程中嵌入全局性语义结构化信息和判别性来提升识别能力，进而完整地捕获数据样本底层的潜在数据信息。所以，如果构造出一个带有块对角结构的判别性高阶语义结构，并将其用于表征学习，那么算法的图像识别性能必然能够得到很大的提升。

本章介绍一种新的判别性低秩表征学习方法，即块对角低秩表征（Block-diagonal Low-rank Representation，BDLRR）学习方法。该方法的核心思想是：在低秩表征学习的框架下，通过同时剔除非块对角元素和强调块对角数据表征的学习能力，进而得到能够有效解决图像分类任务的判别性数据表征。具体来说，BDLRR 首先剔除负面表征元素，同时通过最小化非块对角元素来大大提高类别间表征的不相干性，这样做的目的是在去除表征中噪声的同时，将非块对角中的有益表征转移到块对角元素中。BDLRR 构建了子空间模型来增强训练样本的自表示能力，并且在一个半监督学习框架下，创建了训练样本和测试样本间表征学习间隔的桥梁。这样做的好处是大大增强了同类别间表征学习的相干性，也保证了学习到的表征在训练样本和测试样本间的一致性。最后，本章介绍一种有效的迭代优化方法来求解最终的目标函数优化问题，并在多个识别任务上评估验证该方法对解决不同识别问题的适应性。

2.1 低秩表征学习方法

稀疏表示理论目前已引起许多研究群体的关注，并已经广泛地应用于信号处理、机器学习和计算机视觉等领域[10,15]。稀疏表示理论首先建立如下先验假设：每一个数字信号都可以由一个过完备字典中少量原子的线性组合近似表示。随着基于稀疏表示的分类算法在人脸识别领域的成功应用，研究人员提出了大量改进的基于稀疏表示的分类方法[16-19]。例如，Nie 等人[16]通过在经验损失函数和正则项上都强加l_{21}范数，构建出了一个高效且鲁棒的特征选择方法。Xu 等人[17]提出了一种采用从粗到细的策略进行半监督稀疏表示学习的方法，而 Lu 等人[18]利用稀疏编码对数据的局部性和线性特征提出了一个加权稀疏表示分类器。根据“局部性总是可以导致稀疏性而反之不可推导”这一科学发现，研究人员提出了多种快速的稀疏表示学习方法[17,20-22]。本书作者团队发表了一篇综述论文[2]，该论文全面地总结了近些年最具代表性的基于稀疏表示的优化算法，并且从理论和应用两个方面系统总结了其广泛的应用价值。作为稀疏表示在二维空间的表征，低秩表示理论也引起了不同领域研究人员的极大关注[3,23-25]。稀疏性约束只能统筹每一个数据向量的局部性结构，而低秩性约束可以直接控制整个数据空间的全局性。同时，低秩表示可以最大限度地捕获到观测数据中隐含的数据关系。其中，最具代表性的基于低秩性约束的方法是鲁棒主成分分析（Robust Principle Component Analysis，RPCA）方法，随后出现了大量的基于低秩性的表征学习方法，例如基于低秩表示的子空间分割方法[3]和联合子空间分割与特征提取的隐低秩表示方法[9]。截至本书成稿之日，已有研究人员提出了大量基于低秩表示的字典学习方法[7,12,13]。例如，Zhang 等人[7]构建了一个结构化低秩表示学习方法，而 Wei 等人[13]在不同类间添加结构化不相关性约束，进而提出了一种低秩的结构不相关字典学习方法。Zhuang 等人[11]提出了一种应用于半监督分类的非负低秩稀疏图构造方法。以上所有方法都有一个共识，低秩性约束确实可以挖掘出不同类别间的潜在数据结构或不同任务间的相关模式特征，进而大大增强数据表征的有效性。下面简要介绍两种典型的基于低秩性约束的方法，即 RPCA 方法[25]和低秩表征（Low-rank Representation，LRR）方法[3]。

假设$\boldsymbol{X} = [\boldsymbol{x}_1, \cdots, \boldsymbol{x}_n] \in \mathfrak{R}^{d \times n}$，是由$n$个数据样本组成的观测数据，该矩阵中的每一列表示一个样本向量。RPCA 方法的主要目标是在从含有噪声的观测数据中确定具有低秩结构的干净样本$\boldsymbol{X}_0$的同时，过滤掉数据中的噪声成分$\boldsymbol{E}$，也就是$\boldsymbol{X} = \boldsymbol{X}_0 + \boldsymbol{E}$。所以，RPCA 方法的目标函数为

$$\min_{\boldsymbol{X}_0, \boldsymbol{E}} \operatorname{rank}(\boldsymbol{X}_0) + \lambda ||\boldsymbol{E}||_0 \ \text{ s.t. } \boldsymbol{X} = \boldsymbol{X}_0 + \boldsymbol{E} \tag{2-1}$$

其中，rank(·)算子表示矩阵$\boldsymbol{X}_0$的秩算子，λ是平衡参数，$||\cdot||_0$表示l_0范数。值得注意的是，RPCA 方法要求观测数据由一个低秩子空间近似地刻画表示，即观测数据都是来自同一个子空间[21,26]。但是，这个假设在现实的数据中是难以满足的，因为大多数的数据是来自多个联合子空间。

为了克服 RPCA 方法无法处理来自多个联合子空间的数据异常或数据污染的问题，LRR 方法假设每一个数据点都可以用多个线性低秩子空间的线性组合来表示。那么，LRR 方法的目标函数为

$$\min_{\boldsymbol{Z},\boldsymbol{E}} \operatorname{rank}(\boldsymbol{Z}) + \lambda||\boldsymbol{E}||_l \ \text{ s.t. } \boldsymbol{X} = \boldsymbol{BZ} + \boldsymbol{E} \tag{2-2}$$

其中，$\boldsymbol{B}$和λ分别是数据字典和平衡因子，$||\cdot||_l$表示不同的范数约束，并且如文献[26]所述，施加不同的范数约束倾向于处理不同的噪声信息。例如，数据的 Frobenius 范数（简称F范数）可以有效地捕获高斯噪声，而l_1范数可以更好地处理数据中的随机噪声问题。由于秩函数最小化问题的离散性，该问题是 NP-困难问题，甚至很难利用优化方法得到近似解。一种明智的选择是分别把秩约束松弛到核范数约束问题。所以，问题（2-2）可以转化为如下优化问题：

$$\min_{\boldsymbol{Z},\boldsymbol{E}} ||\boldsymbol{Z}||_* + \lambda||\boldsymbol{E}||_l \ \text{ s.t. } \boldsymbol{X} = \boldsymbol{LZ} + \boldsymbol{E} \tag{2-3}$$

其中，$||\cdot||_*$是矩阵的核范数约束。该问题同样可以利用交替拉格朗日乘子法有效地求解优化[3,26]。

2.2　块对角低秩表征学习的方法设计

BDLRR 方法通过设计一个鲁棒的语义判别式项来得到具有判别性的块对角结构，即在不同类别间的数据表征上设置不相干性约束，同时增强同类别间的数据表征的相干性约束，进而同时学习训练样本和测试样本的块对角数据表征。

首先，定义由多个矩阵$[\boldsymbol{X}_1,\cdots,\boldsymbol{X}_C]$组成的块对角线矩阵为

$$\operatorname{diag}(\boldsymbol{X}_1,\cdots,\boldsymbol{X}_C) = \begin{bmatrix} \boldsymbol{X}_1 & \cdots & 0 \\ \vdots & \ddots & \vdots \\ 0 & \cdots & \boldsymbol{X}_C \end{bmatrix}$$

然后，给出相关先验假设条件和概念定义，即假设 2-1、定义 2-1 及定义 2-2。

假设 2-1　令$\boldsymbol{X} = [\boldsymbol{X}_1,\cdots,\boldsymbol{X}_C] \in \mathfrak{R}^{d\times n}$，表示来自$C$个类别的$n$个$d$维训练样本，其中每一列代表一个样本向量。假设所有的样本都已经根据类别调整好顺序，每一类训练样本都会聚集在一起形成一个子矩阵$\boldsymbol{X}_i \in \mathfrak{R}^{d\times n_i}$，其中$n_i$表示来自第$i$类的样本个数（$i$=1,2,⋯,$C$）。

定义 2-1（自表示性质）　每一个来自联合子空间的数据实例都可以由这个联合子空间中其他数据实例的线性组合来有效地表示，这一特性被定义为**数据的自表示性质**。

定义 2-2 假设数据点$\boldsymbol{y} \in \mathfrak{R}^d$来自第$i$个类别。向量$\boldsymbol{z}$是线性方程$\boldsymbol{y} = \boldsymbol{X}\boldsymbol{z}$的一个解，其中向量$\boldsymbol{z}$的第$j$个子向量$\boldsymbol{z}_j$（$j$=1,2,⋯,$C$）正好和第$j$类样本的表征对应。根据定义 2-1，子矩阵$\boldsymbol{X}_i$应该能很好地表示数据点$\boldsymbol{y}$，即$\boldsymbol{y} \approx \boldsymbol{X}_i\boldsymbol{z}_i$。这里定义$\boldsymbol{z}_i$为**类内表征**；否则，编码系数$\boldsymbol{z}_j$（$j \neq i$）被称为**类间表征**。

已有研究表明，自表示性质已经成功应用于图像分类[10,13]、低秩矩阵分解[3]和图像聚类[14]等领域。作为典型案例，稀疏子空间聚类方法[14]和低秩表示方法在所有方法中最具代表性，这种自表示构想$\boldsymbol{X} = \boldsymbol{X}\boldsymbol{Z}$也很容易得到满足，其中$\boldsymbol{Z}$是数据表征。此外，自表示性质揭示了稀疏子空间聚类方法和低秩表示方法的核心本质，即数据集中的每一个数据点在理想情况下都可以由其所在子空间中少量样本点的线性组合来表示。由以上观测结果和假设 2-1 可知，最理想的自表示学习结果应该是严格的块对角结构，这样得到的数据表征才具有足够强的判别性。所以，理想化块对角结构的学习模型为

$$\boldsymbol{X} = \boldsymbol{X}\widehat{\boldsymbol{Z}} \ \text{ s.t. } \widehat{\boldsymbol{Z}} = \text{diag}(\boldsymbol{Z}) \tag{2-4}$$

其中，$\boldsymbol{Z} = [\boldsymbol{Z}_{11}, \cdots, \boldsymbol{Z}_{CC}]$，$\boldsymbol{Z}_{ij}$是第$i$类的样本$\boldsymbol{X}_i$用于表示第$j$类的样本$\boldsymbol{X}_j$时的表示系数。但是，基于以上模型来学习得到绝对的块对角结构非常困难。为了解决这个问题，可将所有非块对角元素成分变得尽量小，以增强类间表征的不相干性，即对于任意的$i \neq j$，子矩阵$\boldsymbol{Z}_{ij}$的元素趋向于 0，同时类内表征的相干性也可得到进一步加强。所以，本章介绍的 BDLRR 模型为

$$\min_{\boldsymbol{Z}} \ \lambda_1 \|\boldsymbol{A} \odot \boldsymbol{Z}\|_{\mathrm{F}}^2 + \lambda_2 \|\boldsymbol{D} \odot \boldsymbol{Z}\|_0 \ \text{ s.t. } \boldsymbol{X} = \boldsymbol{X}\boldsymbol{Z} \tag{2-5}$$

其中，λ_1和λ_2是正的权重值，$\odot$表示 Hadamard 乘积，$\boldsymbol{X} \in \mathfrak{R}^{d\times n}$，矩阵$\boldsymbol{D}$是距离度量。

式（2-5）中的第一项定义为排他性项（Exclusivity Term），用于最小化非块对角元素，以排除负面表征，其中

$$\boldsymbol{A} = \mathbf{1}_n\mathbf{1}_n^{\mathrm{T}} - \boldsymbol{Y}$$

$$\boldsymbol{Y} = \begin{bmatrix} \mathbf{1}_{n_1}\mathbf{1}_{n_1}^{\mathrm{T}} & \cdots & 0 \\ \vdots & \ddots & \vdots \\ 0 & \cdots & \mathbf{1}_{n_C}\mathbf{1}_{n_C}^{\mathrm{T}} \end{bmatrix}$$

显然，矩阵$\boldsymbol{A}$是理想条件下非块对角表征所对应的位置信息，所以$\|\boldsymbol{A} \odot \boldsymbol{Z}\|_{\mathrm{F}}^2$表示非块对角元素对应的数据表征，而最小化第一项的目的是尽可能最小化非块对角的负面表征，进而凸显出块对角元素的表征能力。第二项可以定义为内聚性约束项（Cohesiveness Term），其主要目的是构造出一个子空间距离度量来增加类内表征的相关性。矩阵$\boldsymbol{D}$的第i行、第j列的元素D_{ij}是样本$\boldsymbol{x}_i$和$\boldsymbol{x}_j$之间的距离度量，目的是使得相似的样本可以有相当大的概率有相似的数据表征。衡量距离的方法有很多种，这里直接使用最简单的数据距离定义——欧几里得距离的平方，即$\|\boldsymbol{x}_i - \boldsymbol{x}_j\|_2^2$来定义两个样本间的距离。因为$l_0$范数最小化问题是一个 NP-困难问题，所以本章中对该问题的求解直接使用了其松弛的版本，

即$||\boldsymbol{D} \odot \boldsymbol{Z}||_1$。那么，式（2-5）可以重新写成一个新的目标方程，即

$$\min_{\boldsymbol{Z}} \lambda_1 \|\boldsymbol{A} \odot \boldsymbol{Z}\|_{\mathrm{F}}^2 + \lambda_2 \|\boldsymbol{D} \odot \boldsymbol{Z}\|_1 \quad \text{s.t. } \boldsymbol{X} = \boldsymbol{X}\boldsymbol{Z} \tag{2-6}$$

通常，在模型学习过程中施加低秩性准则可以更好地挖掘出类别间潜在的相关性模式，从而改进算法模型的性能[3,6,23]。将式（2-3）与式（2-6）相结合，可得到半监督的BDLRR 目标函数：

$$\min_{\boldsymbol{Z},\boldsymbol{E}} \|\boldsymbol{Z}\|_* + \lambda_1 \left\|\widetilde{\boldsymbol{A}} \odot \boldsymbol{Z}\right\|_{\mathrm{F}}^2 + \lambda_2 \|\boldsymbol{D} \odot \boldsymbol{Z}\|_1 + \lambda_3 \|\boldsymbol{E}\|_{21} \quad \text{s.t. } \boldsymbol{X} = \boldsymbol{X}_{\mathrm{tr}}\boldsymbol{Z} + \boldsymbol{E} \tag{2-7}$$

其中，λ_1、λ_2和λ_3是正的常数，用于权衡式(2-7)中相应组成部分的重要性；$\boldsymbol{X}_{\mathrm{tr}} \in \Re^{d\times n}$是由训练样本组成的数据矩阵；$\boldsymbol{X} \in \Re^{d\times N}$同时包括了训练样本和测试样本数据，即$\boldsymbol{X} = [\boldsymbol{X}_{\mathrm{tr}}, \boldsymbol{X}_{\mathrm{tt}}]$。对于第二项，$\widetilde{\boldsymbol{A}}=[\boldsymbol{A}, \boldsymbol{1}_n \boldsymbol{1}_{N-n}^{\mathrm{T}}]$，其中，$\boldsymbol{A}$的定义和式（2-5）中的$\boldsymbol{A}$相同，而整个数据的表征是$\boldsymbol{Z} = [\boldsymbol{Z}_{\mathrm{tr}}, \boldsymbol{Z}_{\mathrm{tt}}]$，此处隐含了一个对测试样本表征学习中的$||\boldsymbol{Z}_{\mathrm{tt}}||_{\mathrm{F}}^2$项约束，主要用途是用于避免过拟合现象，并且获得一个较稳定的结果。第三项中的$\boldsymbol{D} \in \Re^{n\times N}$是训练样本的数据$\boldsymbol{X}_{\mathrm{tr}}$与所有样本$\boldsymbol{X}$之间的相似度度量矩阵，目标为利用训练样本$\boldsymbol{X}_{\mathrm{tr}}$来同时表示自身样本和测试样本$\boldsymbol{X}_{\mathrm{tt}}$，以增强表征结果的类内相干性。带有$l_{21}$范数约束的$\boldsymbol{E}$项是为了最小化具有样本特定性（Sample-specific）的噪声信息。该目标函数在同一个学习框架下，同时学习训练样本和测试样本的整体数据表征$\boldsymbol{Z}$，从而训练样本的表征$\boldsymbol{Z}_{\mathrm{tr}}$和测试样本的表征$\boldsymbol{Z}_{\mathrm{tt}}$都可以达到最优且更具判别性。

2.3　块对角低秩表征学习的优化算法

为了求解优化式（2-7），本节介绍一种交替方向的优化算法，将原始问题分解成几个可以得到解析解的子优化问题。首先需要对原始问题做等价变化，通过引入两个额外附加变量来使原始问题的每个变量都具有可分性，式（2-7）可以重写成如下形式：

$$\min_{\boldsymbol{P},\boldsymbol{Z},\boldsymbol{Q},\boldsymbol{E}} ||\boldsymbol{P}||_* + \frac{\lambda_1}{2} ||\widetilde{\boldsymbol{A}} \odot \boldsymbol{Z}||_{\mathrm{F}}^2 + \lambda_2 ||\boldsymbol{D} \odot \boldsymbol{Q}||_1 + \lambda_3 ||\boldsymbol{E}||_{21}$$

$$\text{s.t. } \boldsymbol{X} = \boldsymbol{X}_{\mathrm{tr}}\boldsymbol{Z} + \boldsymbol{E}，\ \boldsymbol{P} = \boldsymbol{Z}，\ \boldsymbol{Q} = \boldsymbol{Z} \tag{2-8}$$

那么，可以得到式（2-8）的增广拉格朗日方程：

$$\min_{\boldsymbol{P},\boldsymbol{Z},\boldsymbol{Q},\boldsymbol{E},\boldsymbol{C}_1,\boldsymbol{C}_2,\boldsymbol{C}_3} ||\boldsymbol{P}||_* + \frac{\lambda_1}{2} ||\widetilde{\boldsymbol{A}} \odot \boldsymbol{Z}||_{\mathrm{F}}^2 + \lambda_2 ||\boldsymbol{D} \odot \boldsymbol{Q}||_1 + \lambda_3 ||\boldsymbol{E}||_{21} + \langle \boldsymbol{C}_1, \boldsymbol{X} - \boldsymbol{X}_{\mathrm{tr}}\boldsymbol{Z} - \boldsymbol{E} \rangle$$

$$+\langle \boldsymbol{C}_2, \boldsymbol{P} - \boldsymbol{Z} \rangle + \langle \boldsymbol{C}_3, \boldsymbol{Q} - \boldsymbol{Z} \rangle + \frac{\mu}{2}(||\boldsymbol{P} - \boldsymbol{Z}||_{\mathrm{F}}^2 + ||\boldsymbol{X} - \boldsymbol{X}_{\mathrm{tr}}\boldsymbol{Z} - \boldsymbol{E}||_{\mathrm{F}}^2 + ||\boldsymbol{Q} - \boldsymbol{Z}||_{\mathrm{F}}^2) \tag{2-9}$$

其中，$\langle \boldsymbol{P}, \boldsymbol{Q} \rangle = \mathrm{tr}(\boldsymbol{P}^{\mathrm{T}}\boldsymbol{Q})$，$\boldsymbol{C}_1$、$\boldsymbol{C}_2$和$\boldsymbol{C}_3$是拉格朗日乘子，$\mu$是惩罚参数，$\mu > 0$。

然后，以上方程可以沿着每一个变量的坐标梯度下降方向最小化求解，当利用最小化损失函数来求解某一个变量时，固定其他所有变量。下面介绍具体的求解过程。

1. 更新$\boldsymbol{Z}$

固定与变量$\boldsymbol{Z}$无关的其他变量来更新变量$\boldsymbol{Z}$：

$$
\begin{aligned}
\mathcal{L} = \min_{\boldsymbol{Z}} \frac{\lambda_1}{2} ||\widetilde{\boldsymbol{A}} \odot \boldsymbol{Z}||_{\mathrm{F}}^2 + \langle \boldsymbol{C}_1^t, \boldsymbol{X} - \boldsymbol{X}_{\mathrm{tr}}\boldsymbol{Z} - \boldsymbol{E}^t \rangle + \langle \boldsymbol{C}_2^t, \boldsymbol{P}^t - \boldsymbol{Z} \rangle + \langle \boldsymbol{C}_3^t, \boldsymbol{Q}^t - \boldsymbol{Z} \rangle \\
+ \frac{\mu^t}{2}(||\boldsymbol{P}^t - \boldsymbol{Z}||_{\mathrm{F}}^2 + ||\boldsymbol{X} - \boldsymbol{X}_{\mathrm{tr}}\boldsymbol{Z} - \boldsymbol{E}^t||_{\mathrm{F}}^2 + ||\boldsymbol{Q}^t - \boldsymbol{Z}||_{\mathrm{F}}^2) \\
= \frac{\lambda_1}{2} ||\widetilde{\boldsymbol{A}} \odot \boldsymbol{Z}||_{\mathrm{F}}^2 + \frac{\mu^t}{2}(||\boldsymbol{X} - \boldsymbol{X}_{\mathrm{tr}}\boldsymbol{Z} - \boldsymbol{E}^t + \frac{\boldsymbol{C}_1^t}{\mu^t}||_{\mathrm{F}}^2 \\
+ ||\boldsymbol{P}^t - \boldsymbol{Z} + \frac{\boldsymbol{C}_2^t}{\mu^t}||_{\mathrm{F}}^2 + ||\boldsymbol{Q}^t - \boldsymbol{Z} + \frac{\boldsymbol{C}_3^t}{\mu^t}||_{\mathrm{F}}^2)
\end{aligned} \tag{2-10}
$$

该问题可以等价地转化为如下问题：

$$
\begin{aligned}
\mathcal{L}(\boldsymbol{Z}) = \frac{\lambda_1}{2} ||\boldsymbol{Z} - \boldsymbol{R}||_{\mathrm{F}}^2 + \frac{\mu^t}{2}(||\boldsymbol{X} - \boldsymbol{X}_{\mathrm{tr}}\boldsymbol{Z} - \boldsymbol{E}^t + \frac{\boldsymbol{C}_1^t}{\mu^t}||_{\mathrm{F}}^2 \\
+ ||\boldsymbol{P}^t - \boldsymbol{Z} + \frac{\boldsymbol{C}_2^t}{\mu^t}||_{\mathrm{F}}^2 + ||\boldsymbol{Q}^t - \boldsymbol{Z} + \frac{\boldsymbol{C}_3^t}{\mu^t}||_{\mathrm{F}}^2)
\end{aligned} \tag{2-11}
$$

其中，$\boldsymbol{R} = [\boldsymbol{Y}, \boldsymbol{0}_{n(N-n)}] \odot \boldsymbol{Z}^t$。

接着，通过对目标函数的变量$\boldsymbol{Z}$求偏导数，并令$\frac{\partial \mathcal{L}}{\partial \boldsymbol{Z}} = 0$，可以得到子问题关于$\boldsymbol{Z}$的最优解。式（2-11）的解析解是

$$
\boldsymbol{Z}^{t+1} = \left[(2 + \frac{\lambda_1}{\mu^t})\boldsymbol{I} + \boldsymbol{X}_{\mathrm{tr}}^{\mathrm{T}}\boldsymbol{X}_{\mathrm{tr}}\right]^{-1} (\frac{\lambda_1}{\mu^t}\boldsymbol{R} + \boldsymbol{X}_{\mathrm{tr}}^{\mathrm{T}}\boldsymbol{S}_1 + \boldsymbol{S}_2 + \boldsymbol{S}_3) \tag{2-12}
$$

其中，$\boldsymbol{S}_1 = \boldsymbol{X} - \boldsymbol{E}^t + \frac{\boldsymbol{C}_1^t}{\mu^t}$，$\boldsymbol{S}_2 = \boldsymbol{P}^t + \frac{\boldsymbol{C}_2^t}{\mu^t}$，$\boldsymbol{S}_3 = \boldsymbol{Q}^t + \frac{\boldsymbol{C}_3^t}{\mu^t}$。

2. 更新$\boldsymbol{P}$

当固定其他所有变量时，式（2-9）关于$\boldsymbol{P}$的优化问题将退化为

$$
\begin{aligned}
\boldsymbol{P}^{t+1} = \arg\min_{\boldsymbol{P}} \| \boldsymbol{P} \|_* + \langle \boldsymbol{C}_2^t, \boldsymbol{P} - \boldsymbol{Z}^{t+1} \rangle + \frac{\mu^t}{2} ||\boldsymbol{P} - \boldsymbol{Z}^{t+1}||_{\mathrm{F}}^2 \\
= ||\boldsymbol{P}||_* + \frac{\mu^t}{2} ||\boldsymbol{P} - (\boldsymbol{Z}^{t+1} - \frac{\boldsymbol{C}_2^t}{\mu^t})||_{\mathrm{F}}^2
\end{aligned} \tag{2-13}
$$

而对于此类问题，可以通过使用奇异值阈值化算子来得到解析解[26,27]，即

$$
\boldsymbol{P}^{t+1} = \mathcal{T}_{\frac{1}{\mu^t}}(\boldsymbol{Z}^{t+1} - \frac{\boldsymbol{C}_2^t}{\mu^t}) = \boldsymbol{U}\mathcal{S}_{\frac{1}{\mu^t}}(\boldsymbol{\Sigma})\boldsymbol{V}^{\mathrm{T}} \tag{2-14}
$$

其中，$\boldsymbol{U\Sigma V}^{\mathrm{T}}$是对$\boldsymbol{Z}^{t+1} - \frac{\boldsymbol{C}_2^t}{\mu^t}$的奇异值分解，$\mathcal{S}_{\frac{1}{\mu^t}}(\cdot)$是软阈值算子[19]，即

$$
\mathcal{S}_\lambda(\boldsymbol{x}) = \begin{cases} \boldsymbol{x} - \lambda & \boldsymbol{x} > \lambda \\ \boldsymbol{x} + \lambda & \boldsymbol{x} < -\lambda \\ 0 & \text{其他} \end{cases} \tag{2-15}
$$

3. 更新$\boldsymbol{Q}$

当固定其他与$\boldsymbol{Q}$无关的变量时，式（2-9）对于变量$\boldsymbol{Q}$简化为

$$\begin{aligned}\mathcal{L} &= \min_{\boldsymbol{Q}} \lambda_2||\boldsymbol{D} \odot \boldsymbol{Q}||_1 + \langle \boldsymbol{C}_3^t, \boldsymbol{Q} - \boldsymbol{Z}^{t+1} \rangle + \frac{\mu^t}{2}||\boldsymbol{Q} - \boldsymbol{Z}^{t+1}||_{\mathrm{F}}^2 \\ &= \lambda_2||\boldsymbol{D} \odot \boldsymbol{Q}||_1 + \frac{\mu^t}{2}||\boldsymbol{Q} - (\boldsymbol{Z}^{t+1} - \frac{\boldsymbol{C}_3^t}{\mu^t})||_{\mathrm{F}}^2\end{aligned} \tag{2-16}$$

式（2-16）可以通过逐元素求解的策略优化，即对于$\boldsymbol{Q}$的第i行、第j列的元素$\boldsymbol{Q}_{ij}$，式（2-16）的最优解为

$$\boldsymbol{Q}_{ij}^{t+1} = \arg\min_{\boldsymbol{Q}_{ij}} \lambda_2 \boldsymbol{D}_{ij}|\boldsymbol{Q}_{ij}| + \frac{\mu^t}{2}(\boldsymbol{Q}_{ij} - \boldsymbol{M}_{ij})^2 = \mathcal{S}_{\frac{\lambda_2 \boldsymbol{D}_{ij}}{\mu^t}}(\boldsymbol{M}_{ij}) \tag{2-17}$$

其中，$\boldsymbol{M}_{ij} = \boldsymbol{Z}_{ij}^{t+1} - \frac{(\boldsymbol{C}_3^t)_{ij}}{\mu^t}$。

4. 更新$\boldsymbol{E}$

与前文相似，当固定其他与$\boldsymbol{E}$无关的所有元素时，式（2-9）对于变量$\boldsymbol{E}$转化为

$$\min_{\boldsymbol{E}} \lambda_3||\boldsymbol{E}||_{21} + \langle \boldsymbol{C}_1^t, \boldsymbol{X} - \boldsymbol{X}_{\mathrm{tr}}\boldsymbol{Z}^{t+1} - \boldsymbol{E} \rangle + \frac{\mu^t}{2}||\boldsymbol{X} - \boldsymbol{X}_{\mathrm{tr}}\boldsymbol{Z}^{t+1} - \boldsymbol{E}||_{\mathrm{F}}^2 \tag{2-18}$$

即等价于

$$\min_{\boldsymbol{E}} \lambda_3||\boldsymbol{E}||_{21} + \frac{\mu^t}{2}||\boldsymbol{E} - (\boldsymbol{X} - \boldsymbol{X}_{\mathrm{tr}}\boldsymbol{Z}^{t+1} + \frac{\boldsymbol{C}_1^t}{\mu^t})||_{\mathrm{F}}^2 \tag{2-19}$$

而式（2-19）的解为

$$\boldsymbol{E}^{t+1}(i,:) = \begin{cases} \dfrac{||\boldsymbol{\Gamma}^i||_2 - \frac{\lambda_3}{\mu^t}}{||\boldsymbol{\Gamma}^i||_2}\boldsymbol{\Gamma}^i & ||\boldsymbol{\Gamma}^i||_2 > \dfrac{\lambda_3}{\mu^t} \\ 0 & ||\boldsymbol{\Gamma}^i||_2 \leqslant \dfrac{\lambda_3}{\mu^t} \end{cases} \tag{2-20}$$

其中，$\boldsymbol{\Gamma} = \boldsymbol{X} - \boldsymbol{X}_{\mathrm{tr}}\boldsymbol{Z}^{t+1} + \frac{\boldsymbol{C}_1^t}{\mu^t}$，$\boldsymbol{E}^{t+1}$的第$i$行元素是$\boldsymbol{E}^{t+1}(i,:)$，$\boldsymbol{\Gamma}^i$是矩阵$\boldsymbol{\Gamma}$的第$i$行。为了方便表示，此处将子问题对于$\boldsymbol{E}$的解标记为$\mathcal{H}_{\frac{\lambda_3}{\mu^t}}(\boldsymbol{\Gamma})$。

经过依次迭代优化变量$\boldsymbol{P}$、$\boldsymbol{Z}$、$\boldsymbol{Q}$和$\boldsymbol{E}$，交替方向乘子法（Alternating Direction Method of Multipliers，ADMM）也需要更新拉格朗日乘子$\boldsymbol{C}_1$、$\boldsymbol{C}_2$和$\boldsymbol{C}_3$，同时为了使算法更快地收敛，也需要更新惩罚参数μ。算法 2-1 展示了求解式（2-7）的全部优化过程。

算法 2-1　利用 ADMM 来求解式（2-7）

输入： 特征矩阵$\boldsymbol{X} = [\boldsymbol{X}_{\mathrm{tr}}, \boldsymbol{X}_{\mathrm{tt}}]$，$\lambda_1$、$\lambda_2$、$\lambda_3$，距离矩阵$\boldsymbol{D}$，$\boldsymbol{P} = \boldsymbol{0}$，$\boldsymbol{Z} = \boldsymbol{0}$，$\boldsymbol{Q} = \boldsymbol{0}$，$\boldsymbol{E} = \boldsymbol{0}$，$\lambda_1$、$\lambda_2$、$\lambda_3 > 0$，$\boldsymbol{C}_1 = \boldsymbol{0}$，$\boldsymbol{C}_2 = \boldsymbol{0}$，$\boldsymbol{C}_3 = \boldsymbol{0}$，$\mu_{\max} = 10^8$，tol $=10^{-6}$，$\rho = 1.15$。

输出： 最优的表征矩阵$\boldsymbol{Z}$。

While 不收敛 **do**
利用式（2-12）更新$\boldsymbol{Z}$；
利用式（2-14）更新$\boldsymbol{P}$；

4 利用式（2-17）更新$\boldsymbol{Q}$；

5 利用式（2-20）更新$\boldsymbol{E}$；

6 更新拉格朗日乘子$\boldsymbol{C}_1$、$\boldsymbol{C}_2$、$\boldsymbol{C}_3$：

7 $$\begin{cases}\boldsymbol{C}_1^{t+1}=\boldsymbol{C}_1^t+\mu^t(\boldsymbol{X}-\boldsymbol{X}_{\mathrm{tr}}\boldsymbol{Z}^{t+1}-\boldsymbol{E}^{t+1})\\ \boldsymbol{C}_2^{t+1}=\boldsymbol{C}_2^t+\mu^t(\boldsymbol{P}^{t+1}-\boldsymbol{Z}^{t+1})\\ \boldsymbol{C}_3^{t+1}=\boldsymbol{C}_3^t+\mu^t(\boldsymbol{Q}^{t+1}-\boldsymbol{Z}^{t+1})\end{cases}$$

8 更新μ：μ^{t+1}=min($\mu_{\max}$,$\rho\mu^t$)；

9 检查收敛性：如果

10 $\max(||\boldsymbol{X}-\boldsymbol{X}_{\mathrm{tr}}\boldsymbol{Z}^{t+1}-\boldsymbol{E}^{t+1}||_\infty,||\boldsymbol{P}^{t+1}-\boldsymbol{Z}^{t+1}||_\infty,||\boldsymbol{Q}^{t+1}-\boldsymbol{Z}^{t+1}||_\infty)\leqslant \mathrm{tol}$，那么停止。

11 **End While**

2.4 识别算法的设计

使用算法 2-1 完成对式（2-7）的求解以后，可以得到判别的块对角数据表征$\boldsymbol{Z}=[\boldsymbol{Z}_{\mathrm{tr}},\boldsymbol{Z}_{\mathrm{tt}}]$。本章介绍的 BDLRR 模型直接利用最简单的线性分类器来执行最终的图像识别任务，即利用训练样本的表征$\boldsymbol{Z}_{\mathrm{tr}}$和相应的训练样本类标$\boldsymbol{L}\in\mathfrak{R}^{C\times n}$可以得到一个线性分类器$\boldsymbol{W}$，然后利用其进行最终的图像识别。也就是要求解如下优化问题：

$$\widehat{\boldsymbol{W}}=\arg\min_{\boldsymbol{W}}||\boldsymbol{L}-\boldsymbol{W}\boldsymbol{Z}_{\mathrm{tr}}||_{\mathrm{F}}^2+\gamma||\boldsymbol{W}||_{\mathrm{F}}^2 \tag{2-21}$$

其中，γ是一个正的正则化参数。显然，式（2-21）有唯一的解析解，即

$$\widehat{\boldsymbol{W}}=\boldsymbol{L}\boldsymbol{Z}_{\mathrm{tr}}^{\mathrm{T}}(\boldsymbol{Z}_{\mathrm{tr}}\boldsymbol{Z}_{\mathrm{tr}}^{\mathrm{T}}+\gamma\boldsymbol{I})^{-1} \tag{2-22}$$

假如$\boldsymbol{y}$是来自测试集的第i个测试样本，其类标可以由式（2-23）确定，即

$$\mathrm{label}(\boldsymbol{y})=\arg\max_j(\widehat{\boldsymbol{W}}\boldsymbol{z}_i) \tag{2-23}$$

其中，$\mathrm{label}(\boldsymbol{y})$表示测试样本$\boldsymbol{y}$的类别值，$\boldsymbol{z}_i$是测试样本表征$\boldsymbol{Z}_{\mathrm{tt}}$的第$i$列。

应用于图像识别任务的完整 BDLRR 模型见算法 2-2。

算法 2-2　BDLRR 的识别算法

输入： 训练样本特征集$\boldsymbol{X}_{\mathrm{tr}}$，对应类标矩阵$\boldsymbol{Y}$，测试样本集$\boldsymbol{X}_{\mathrm{tt}}$。

输出： 预测类标矩阵$\boldsymbol{L}$。

1 对所有的样本进行基于l_2范数的单位化，即$\boldsymbol{x}_i=\boldsymbol{x}_i/\|\boldsymbol{x}_i\|_2$。

2 利用算法 2-1 求解式（2-7），进而得到数据表征矩阵$\boldsymbol{Z}=[\boldsymbol{Z}_{\mathrm{tr}},\boldsymbol{Z}_{\mathrm{tt}}]$。

3 利用式（2-2）学习最优的线性分类器 $\widehat{\boldsymbol{W}}$。

4 利用式（2-3）预测所有测试样本$\boldsymbol{X}_{\mathrm{tt}}$的类标$\boldsymbol{L}$。

2.5　块对角低秩表征学习的算法分析

2.5.1　收敛性分析

为了求解式（2-7），本书第 2.4 节介绍了一种基于 ADMM 的迭代更新策略来进行算法优化，本小节主要从理论角度证明算法 2-1 的收敛性。

性质 2-1　算法 2-1 完全等价于两个变量块的 ADMM。

经典的 ADMM 用于求解如下形式的优化问题：

$$\min_{\boldsymbol{z}\in\mathfrak{R}^n,\boldsymbol{w}\in\mathfrak{R}^m} f(\boldsymbol{z})+h(\boldsymbol{w}) \quad \text{s.t.} \quad \boldsymbol{Rz}+\boldsymbol{Tw}=\boldsymbol{u} \tag{2-24}$$

其中，矩阵$\boldsymbol{R}\in\mathfrak{R}^{p\times n}$，$\boldsymbol{T}\in\mathfrak{R}^{p\times m}$，向量$\boldsymbol{u}\in\mathfrak{R}^p$，函数$f$和$h$是两个凸函数。显然，用 ADMM 求解的式（2-24），可直接扩展为矩阵变量优化问题：

$$\min_{\boldsymbol{Z}\in\mathfrak{R}^{n\times N},\boldsymbol{W}\in\mathfrak{R}^{m\times N}} f(\boldsymbol{Z})+h(\boldsymbol{W}) \quad \text{s.t.} \quad \boldsymbol{RZ}+\boldsymbol{TW}=\boldsymbol{U} \tag{2-25}$$

其中，$\boldsymbol{U}\in\mathfrak{R}^{p\times N}$。

在基于 ADMM 的问题求解中，相应的增广拉格朗日函数是

$$\mathcal{L}_\mu(\boldsymbol{Z},\boldsymbol{W},\boldsymbol{C})=f(\boldsymbol{Z})+h(\boldsymbol{W})+\frac{\mu}{2}\|\boldsymbol{RZ}+\boldsymbol{TW}-\boldsymbol{U}\|_{\mathrm{F}}^2+\langle\boldsymbol{C},\boldsymbol{RZ}+\boldsymbol{TW}-\boldsymbol{U}\rangle \tag{2-26}$$

其中，$\boldsymbol{C}\in\mathfrak{R}^{p\times N}$是拉格朗日乘子，$\mu$是惩罚系数。

值得注意的是，式（2-8）是式（2-26）的一种特殊情况。很容易验证，式（2-8）的限制性条件可以等价地转化成 $\boldsymbol{RZ}+\boldsymbol{TW}=\boldsymbol{U}$，其中：

$$\boldsymbol{R}=\begin{pmatrix}-\boldsymbol{I}_n\\-\boldsymbol{I}_n\\\boldsymbol{X}_{\mathrm{tr}}\end{pmatrix},\ \boldsymbol{T}=\begin{bmatrix}\boldsymbol{I}_n & & \\ & \boldsymbol{I}_n & \\ & & \boldsymbol{I}_d\end{bmatrix},\ \boldsymbol{W}=\begin{pmatrix}\boldsymbol{P}\\\boldsymbol{Q}\\\boldsymbol{E}\end{pmatrix},\ \boldsymbol{U}=\begin{pmatrix}\boldsymbol{0}\\\boldsymbol{0}\\\boldsymbol{X}\end{pmatrix}$$

其中，$\boldsymbol{I}_n$是一个$n\times n$单位矩阵。问题（2-8）就可以重新写成式（2-25）的形式。ADMM 通常是以交替更新原始变量和对偶变量的方式求解问题，它依次以如下形式来迭代地求解式（2-26）：

$$\begin{aligned}\boldsymbol{Z}^{t+1}&=\arg\min_{\boldsymbol{Z}\in\mathfrak{R}^{n\times N}}\mathcal{L}_\mu(\boldsymbol{Z},\boldsymbol{W}^t,\boldsymbol{C}^t)\\\boldsymbol{W}^{t+1}&=\arg\min_{\boldsymbol{W}\in\mathfrak{R}^{m\times N}}\mathcal{L}_\mu(\boldsymbol{Z}^{t+1},\boldsymbol{W},\boldsymbol{C}^t)\\\boldsymbol{C}^{t+1}&=\boldsymbol{C}^t+\mu(\boldsymbol{RZ}^{t+1}+\boldsymbol{TW}^{t+1}-\boldsymbol{U})\end{aligned} \tag{2-27}$$

这和算法 2-1 中的迭代过程是一样的。

实际上，求解式（2-27）中的变量$\boldsymbol{Z}$等价于求解式（2-10）中的变量$\boldsymbol{Z}$。更重要的是，当固定变量$\boldsymbol{Z}$时，式（2-13）、式（2-16）和式（2-18）中对$\boldsymbol{P}$、$\boldsymbol{Q}$和$\boldsymbol{E}$的求解是相互独立的。例如，当计算$\boldsymbol{E}^{t+1}$时，其解只与$\boldsymbol{Z}^{k+1}$和$\boldsymbol{C}^{k+1}$有关，而与变量$\boldsymbol{P}^{k+1}$和$\boldsymbol{Q}^{k+1}$无关。因此，

根据雅可比迭代算法的优化过程，优化变量$\boldsymbol{P}$、$\boldsymbol{Q}$和$\boldsymbol{E}$可以集中到求解式（2-27）中的变量$\boldsymbol{W}$。那么，对式（2-26）的优化实际上等价于经典的ADMM[式（2-26）]，进而算法2-1和经典的ADMM有着相同的优化策略。所以，算法2-1的优化过程等同于两个变量块的ADMM，而该类算法的理论收敛性已经通过定理2-1得到完备的理论推导证明[28-30]。

定理 2-1 式（2-24）中，$f(\boldsymbol{Z})$和$h(\boldsymbol{W})$都是有闭式解的凸函数，$\boldsymbol{R}$是列满秩矩阵，$h(\boldsymbol{W})+\|\boldsymbol{TW}\|_{\mathrm{F}}^2$是一个严格凸的项。令$\boldsymbol{C}^0$和$\boldsymbol{W}^0$为任意矩阵，并且$\mu>0$。假设已知有两个序列$\{\gamma_t\}$和$\{\nu_t\}$可以满足$\gamma_t \geqslant 0$和$\nu_t \geqslant 0$，那么$\sum_{t=0}^{\infty}\gamma_t<\infty$和$\sum_{t=0}^{\infty}\nu_t<\infty$成立。假设有如下条件：

$$\| \boldsymbol{Z}^{t+1}-\min_{\boldsymbol{Z}} f(\boldsymbol{Z})+\frac{\mu}{2}\| \boldsymbol{RZ}+\boldsymbol{TW}^t-\boldsymbol{U}\|_{\mathrm{F}}^2+\langle \boldsymbol{C}^t,\boldsymbol{RZ}\rangle \|_{\mathrm{F}}^2 \leqslant \gamma_t \tag{2-28}$$

$$\| \boldsymbol{W}^{t+1}-\min_{\boldsymbol{W}} h(\boldsymbol{W})+\frac{\mu}{2}\| \boldsymbol{RZ}^{t+1}+\boldsymbol{TW}-\boldsymbol{U}\|_{\mathrm{F}}^2+\langle \boldsymbol{C}^t,\boldsymbol{TW}\rangle \|_{\mathrm{F}}^2 \leqslant \nu_t \tag{2-29}$$

$$\boldsymbol{C}^{t+1}=\boldsymbol{C}^t+\mu(\boldsymbol{RZ}^{t+1}+\boldsymbol{TW}^{t+1}-\boldsymbol{U}) \tag{2-30}$$

如果式（2-26）中$\mathcal{L}_{\mu}(\boldsymbol{Z},\boldsymbol{W},\boldsymbol{C})$存在一个鞍点，那么$\boldsymbol{Z}^k\to\boldsymbol{Z}^*$、$\boldsymbol{W}^k\to\boldsymbol{W}^*$、$\boldsymbol{C}^k\to\boldsymbol{C}^*$，其中$(\boldsymbol{Z}^*,\boldsymbol{W}^*,\boldsymbol{C}^*)$是这样的鞍点。如果不存在这样的鞍点，那么，至少存在一个参数序列$\{\gamma_t\}$或者$\{\nu_t\}$一定是有界的。

依据本节介绍的推导过程以及文献[31]中的重要性质1.1.5，可以得出结论：本节所提出的算法一定存在一个最优的解，并且算法2-1中的数值序列$\{\gamma_t\}$和$\{\nu_t\}$直接设置成零序列。所以，以上定理的结果证明了算法2-1的收敛性。

2.5.2 计算时间复杂度

本小节主要介绍算法2-1的计算复杂度。首先可以看出，算法2-2的识别过程是非常高效的，其时间复杂度是和样本个数成正比的。具体来讲，整个算法的时间复杂度主要集中在算法2-1的步骤1~步骤4，需要进行奇异值分解和矩阵运算。所以，当训练样本个数n和整个数据集的尺寸N非常大时，算法2-1会相对比较费时。计算矩阵$\boldsymbol{P}\in\Re^{n\times N}$的奇异值分解需要耗费$O(n^2N)$（$N>n$）的复杂度。由于矩阵求逆操作，求解$\boldsymbol{Z}$需要大概$O(n^2d+n^2N)$的复杂度，其中，$d$是样本维度。算法2-1的步骤3需要$O(nN)$的复杂度，而在计算步骤4时，耗费了$O(dN)$的复杂度。所以，整个BDLRR算法的复杂度是$O(2n^2N+n^2d+dN+nN)$。

2.5.3 新样本预测检验

目前虽然已有很多基于低秩表征学习的研究方法，但是，这类方法始终没有提出一种解决新样本预测问题的有效策略，也就是在不改变已得到的数据表征情况下如何处理新样本的表征学习问题。截至本书成稿之日，本章介绍的BDLRR算法只是获得了已知样本$\boldsymbol{X}\in\Re^{d\times N}$的判别性表征。但是，当存在训练样本和测试样本以外的非观测实例时，将整个算法重新再执行一遍来产生新样本的表征是非常不现实的。为应对此问题，本节介绍一种能够使 BDLRR 模型有效处理新样本的表征学习方法，利用这种方法获得的表征也同样具有很强的判别性。

假设可获取的样本$\boldsymbol{X}$的最优块对角表征$\boldsymbol{Z} \in \mathfrak{R}^{n \times N}$已通过式（2-7）得到，现在原始可观测空间中，BDLRR 模型可延伸到获取新样本$\boldsymbol{b} \in \mathfrak{R}^{d \times 1}$的更好的表征。具体来讲，BDLRR 模型可通过训练样本$\boldsymbol{X}_{\text{tr}}$来学习新样本$\boldsymbol{b}$的判别性表征$\boldsymbol{z}$，同时固定已得到的表征$\boldsymbol{Z}$，即可将新的数据点$\boldsymbol{b}$加入式（2-7），从而保持住已通过学习得到的数据变量。因此，这里可采用如下增广 BDLRR 模型的目标函数：

$$\begin{aligned}&\min_{\boldsymbol{z},\boldsymbol{e}} \|[\boldsymbol{Z},\boldsymbol{z}]\|_* + \lambda_1 \|\widehat{\boldsymbol{A}} \odot [\boldsymbol{Z},\boldsymbol{z}]\|_{\text{F}}^2 + \lambda_2 \|\widehat{\boldsymbol{D}} \odot [\boldsymbol{Z},\boldsymbol{z}]\|_1 + \lambda_3 \|[\boldsymbol{E},\boldsymbol{e}]\|_{21} \\ &\text{s.t.} \quad [\boldsymbol{X},\boldsymbol{b}] = \boldsymbol{X}_{\text{tr}}[\boldsymbol{Z},\boldsymbol{z}] + [\boldsymbol{E},\boldsymbol{e}]\end{aligned} \tag{2-31}$$

其中，$\widehat{\boldsymbol{A}} = [\boldsymbol{A}, \boldsymbol{1}_n \boldsymbol{1}_{N+1-n}^{\text{T}}]$，$\boldsymbol{A}$和式（2-7）中的定义相同；$\widehat{\boldsymbol{D}}$是训练样本$\boldsymbol{X}_{\text{tr}}$和所有的样本集合 $[\boldsymbol{X},\boldsymbol{b}]$ 之间的距离矩阵，$\widehat{\boldsymbol{D}} \in \mathfrak{R}^{n \times (N+1)}$；$\boldsymbol{e}$是数据点$\boldsymbol{b}$在训练数据$\boldsymbol{X}_{\text{tr}}$上学习得到的表征误差。

首先，可以认为 $\|[\boldsymbol{Z},\boldsymbol{z}]\|_* = \|\boldsymbol{Z}\|_*$。这是因为，对于学习得到的表征$\boldsymbol{Z} \in \mathfrak{R}^{n \times N}$（$n < N$），可以很容易地得到关于$\boldsymbol{\alpha}$的一个线性方程 $\boldsymbol{z} = \boldsymbol{Z}\boldsymbol{\alpha}$，而该方程对于现实数据来说是一个欠定方程。通常，问题$\boldsymbol{z} = \boldsymbol{Z}\boldsymbol{\alpha}$在现实应用中存在无穷多个解[32]。假如 $n \ll N$，那么矩阵$\boldsymbol{Z}$是行满秩矩阵，并且方程$\boldsymbol{z} = \boldsymbol{Z}\boldsymbol{\alpha}$有解。那么，矩阵$\boldsymbol{Z}$的奇异值将会和矩阵$[\boldsymbol{Z},\boldsymbol{z}]$的秩完全相同，即$\text{rank}([\boldsymbol{Z},\boldsymbol{z}]) = \text{rank}(\boldsymbol{Z})$。所以，$\|[\boldsymbol{Z},\boldsymbol{z}]\|_* = \|\boldsymbol{Z}\|_*$，并且在处理现实数据的过程中，这一项在式（2-31）中是不变的。通过移除与变量 $\boldsymbol{z}$ 和 $\boldsymbol{e}$ 不相干的所有变量项，能够推导出式（2-31）可以退化为如下优化问题：

$$\min_{\boldsymbol{z},\boldsymbol{e}} \lambda_1 \| \boldsymbol{z} \|_2^2 + \lambda_2 \| \boldsymbol{d} \odot \boldsymbol{z} \|_1 + \lambda_3 \| \boldsymbol{e} \|_2 \quad \text{s.t.} \quad \boldsymbol{b} = \boldsymbol{X}_{\text{tr}}\boldsymbol{z} + \boldsymbol{e} \tag{2-32}$$

式（2-32）也完全可以重写为

$$\min_{\boldsymbol{z},\boldsymbol{e}} \lambda_1 \| \boldsymbol{z} \|_2^2 + \lambda_2 \| \boldsymbol{d} \odot \boldsymbol{z} \|_1 + \lambda_3 \| \boldsymbol{e} \|_2^2 \quad \text{s.t.} \quad \boldsymbol{b} = \boldsymbol{X}_{\text{tr}}\boldsymbol{z} + \boldsymbol{e} \tag{2-33}$$

其中，向量$\boldsymbol{d}$的第i个元素$\boldsymbol{d}_i$是样本$\boldsymbol{x}_i$和$\boldsymbol{b}$之间的距离。为了使式（2-33）更加简练，可以将其重写为

$$\min_{\boldsymbol{z}} \frac{1}{2} \| \boldsymbol{b} - \boldsymbol{X}_{\text{tr}}\boldsymbol{z} \|_2^2 + \frac{\beta_1}{2} \| \boldsymbol{z} \|_2^2 + \beta_2 \| \boldsymbol{d} \odot \boldsymbol{z} \|_1 \tag{2-34}$$

其中，$\beta_1 = \lambda_1/\lambda_3$，$\beta_2 = \lambda_2/(2\lambda_3)$。

显然，式（2-34）是一个典型的弹性网正则化回归问题。为了方便表示，这里增加一个新的标记，即$g(\boldsymbol{z}) = \frac{1}{2} \| \boldsymbol{b} - \boldsymbol{X}_{\text{tr}}\boldsymbol{z} \|_2^2 + \frac{\beta_1}{2} \| \boldsymbol{z} \|_2^2$。经过一些数学运算，式（2-34）可以近似地转化为

$$\begin{aligned} \boldsymbol{z}^{k+1} &= \arg\min_{\boldsymbol{z}} \beta_2 \| \boldsymbol{d} \odot \boldsymbol{z} \|_1 + \langle \nabla_{\boldsymbol{z}} g(\boldsymbol{z}^k), \boldsymbol{z} - \boldsymbol{z}^k \rangle + \frac{\eta}{2} \| \boldsymbol{z} - \boldsymbol{z}^k \|_2^2 \\ &= \arg\min_{\boldsymbol{z}} \beta_2 \| \boldsymbol{d} \odot \boldsymbol{z} \|_1 + \frac{\eta}{2} \| \boldsymbol{z} - \boldsymbol{z}^k + \nabla_{\boldsymbol{z}} g(\boldsymbol{z}^k)/\eta \|_2^2 + \text{const} \end{aligned} \tag{2-35}$$

其中，$\boldsymbol{z}^k$是$\boldsymbol{z}$的第k次迭代结果，$\eta=\| \boldsymbol{X}_{\text{tr}} \|_{\text{F}}^2$是一个固定迭代步长。与式（2-17）相似，数据表征向量$\boldsymbol{z}$中第i个元素的最优解可以利用$\boldsymbol{z}_i^{k+1} = \mathcal{S}_{\frac{\beta_2 d_i}{\eta}}([\boldsymbol{z}^k - \nabla_{\boldsymbol{z}} g(\boldsymbol{z}^k)/\eta]_i)$来计算。得到最优解向量$\boldsymbol{z}$以后，可以利用式（2-23）来对新数据点$\boldsymbol{b}$进行识别，即$\text{label}(\boldsymbol{b}) = \arg\max_j(\widehat{\boldsymbol{W}}\boldsymbol{z})$。该识别结果是可以得到保证的，因为在训练阶段已经得到了最优的判别块对角训练样本的数据表征。所以，基于本章介绍的 BDLRR 模型，识别除训练样本和测试样本以外的新样本问题可以通过本节介绍的方法得到很好的解决。

2.6 与现有低秩表征学习方法的关系

从前文介绍可以看出，BDLRR 方法同时利用了监督学习类标信息和半监督学习在同一个框架下学习训练和测试数据表征的优势，进而构造出了一个判别性较强的表征学习框架。与此同时，BDLRR 方法从根本上继承了稀疏性、低秩性、结构化学习和弹性网表征学习方法的优势，而这一特点是该方法与以前所有工作的本质区别，也是该方法能够得到更好的识别结果的主要原因。本节具体介绍 BDLRR 方法与一些现有低秩表征学习方法的关系，比如非负低秩表征稀疏（Nonnegative Low-rank Representation Sparse，NNLRS）方法[11]、结构化稀疏低秩表征（Structured Sparse and Low-rank Representation，SSLR）方法[6]和监督正则化鲁棒子空间（Supervised Regularization based Robust Subspace，SRRS）方法[4]。

2.6.1 与非负低秩表征稀疏方法的关系

首先需要指明的是，NNLRS 方法的侧重点在于学习信息丰富的图结构，主要是通过联合考虑低秩性和稀疏性来分别抓住数据的全局性和局部性结构。具体来讲，NNLRS 方法的目标函数为

$$\min_{\boldsymbol{Z},\boldsymbol{E}} \| \boldsymbol{Z} \|_* + \lambda_2 \| \boldsymbol{Z} \|_1 + \lambda_3 \| \boldsymbol{E} \|_{21} \quad \text{s.t.} \quad \boldsymbol{X}_{\text{tr}} = \boldsymbol{X}_{\text{tr}}\boldsymbol{Z} + \boldsymbol{E}，\boldsymbol{Z} \geqslant \boldsymbol{0} \tag{2-36}$$

NNLRS 方法的主要理论依据是：稀疏性约束可以保证每一个样本都只和很少的其他样本连接，继而形成稀疏性表征；而低秩性约束主要是使来自同一类样本的数据表征具有很高的相关性。换言之，NNLRS 方法的主要设计理念是利用低秩特性来捕获训练样本的全局结构，并且将每一个数据向量的局部信息都通过引入稀疏项来嵌入 NNLRS 方法的学习过程中。性质 2-2 很好地揭示了 BDLRR 方法与 LRR 方法及 NNLRS 方法之间的关系。

性质 2-2 BDLRR 方法是一个更加广义且更具判别性的低秩性表征学习模型，并且 LRR 方法和 NNLRS 方法都是简化版 BDLRR 方法的实例。

更重要的是，BDLRR 方法不仅能使非块对角元素中的数据表征分量不断减小，而且能使块对角元素中有利的数据表征更加显著。在半监督的低秩表征学习模型下，BDLRR 方法可使不同类别间的边缘距离不断扩大，同时使类内表征更加紧凑。BDLRR 方法同时考虑到了类内和类间视觉表征的相互关系，进而将训练样本和测试样本表征学习统一到同一个框架下。因此可以认为，本章介绍的 BDLRR 方法是一个广义的鲁棒表征学习框架。

2.6.2 与结构化稀疏低秩表征方法的关系

SSLR 方法是通过在低秩字典学习过程中添加一个理想的表征约束项而构造出的一种结构化低秩字典学习方法。SSLR 方法的目标函数为

$$\min_{\boldsymbol{Z},\boldsymbol{E},\boldsymbol{\varXi}} \|\boldsymbol{Z}\|_* + \lambda_1\|\boldsymbol{Z}\|_1 + \lambda_2\|\boldsymbol{E}\|_1 + \lambda_3\|\boldsymbol{Z}-\boldsymbol{Q}\|_{\mathrm{F}}^2 \quad \text{s.t.} \quad \boldsymbol{X}_{\mathrm{tr}} = \boldsymbol{\varXi}\boldsymbol{Z} + \boldsymbol{E} \tag{2-37}$$

其中，$\boldsymbol{\varXi}$是学习得到的字典；矩阵$\boldsymbol{Q}$是训练样本的理想数据表征，即

$$\begin{bmatrix} \mathbf{1}_{s_1}\mathbf{1}_{s_1}^{\mathrm{T}} & \cdots & 0 \\ \vdots & \ddots & \vdots \\ 0 & \cdots & \mathbf{1}_{s_C}\mathbf{1}_{s_C}^{\mathrm{T}} \end{bmatrix}$$

其中，s_i是第i类数据$\boldsymbol{\varXi}$的样本个数。

通过求解式（2-37）学习到字典$\boldsymbol{\varXi}$，接着通过直接移除上面模型中的理想训练样本表征项来分别学习训练样本和测试样本数据表征，式（2-37）就转化为以下优化问题：

$$\min_{\boldsymbol{Z},\boldsymbol{E}} \|\boldsymbol{Z}\|_* + \lambda_1\|\boldsymbol{Z}\|_1 + \lambda_2\|\boldsymbol{E}\|_1 \quad \text{s.t.} \quad \boldsymbol{B} = \boldsymbol{\varXi}\boldsymbol{Z} + \boldsymbol{E} \tag{2-38}$$

其中，$\boldsymbol{B}$是观测值，即$\boldsymbol{X}_{\mathrm{tr}}$或者$\boldsymbol{X}_{\mathrm{tt}}$。

尽管文献[30]声称 SSLR 方法可以获得不错的实验结果，但是作者团队认为，该方法直接将近似理想表征矩阵$\boldsymbol{Q}$强加在学习过程中是存在疑问的，因为即使是来自同一类别的所有训练样本，也不可能得到相同的数据编码。此外，式（2-37）是一个非凸优化问题，那么通过求解式（2-37）得到的字典$\boldsymbol{\varXi}$的解非常依赖其问题的初始化结果。将学习训练样本和测试样本的表征拆分成完全不同的两个阶段是不能得到全局最优解的，更何况在式（2-37）和式（2-38）中分别有三个和两个参数需要调节，所以该方法存在很多不足。

相比之下，BDLRR 方法更加合理并且更具判别性。该方法收缩了非对角元素的成分，用于清除不利的数据表征元素，进而扩大了类间表征的边缘距离；与此同时，还增强了块对角元素的可表征性，进而产生了更加紧凑的类内表征。因此，该方法中的判别性限制条件可以分离出不同类别间的通用表征，并且有效杜绝相同类别的表征信息中出现 0 元素的可能性。此外，同时在一个统一框架下学习具有表达一致性的训练样本和测试样本表征，对于图像识别任务来说是至关重要的。为此，该方法利用低秩性和局部相

关性的特点建造了一个同时学习训练样本和测试样本表征的“桥梁”。BDLRR 方法之所以能够获得更好的识别结果，是因为该方法将学习判别性训练数据和测试数据表征统一于一个鲁棒的模型框架下。

2.6.3 与监督正则化鲁棒子空间方法的关系

SRRS 方法的主要目标是利用低秩表示约束去除数据中的噪声，同时在此基础上提出了一个判别子空间学习方法。SRRS 方法的目标函数为

$$\min_{\boldsymbol{Z},\boldsymbol{E},\boldsymbol{P}} \|\boldsymbol{Z}\|_{*}+\lambda_2\|\boldsymbol{E}\|_{21}+\eta\|\boldsymbol{P}^{\mathrm{T}}\boldsymbol{X}\boldsymbol{Z}\|_{\mathrm{F}}^{2}+\lambda_1[\mathrm{tr}(S_b(\boldsymbol{P}^{\mathrm{T}}\boldsymbol{X}\boldsymbol{Z}))-\mathrm{tr}(S_w(\boldsymbol{P}^{\mathrm{T}}\boldsymbol{X}\boldsymbol{Z}))]$$
$$\text{s.t.}\quad \boldsymbol{X}_{\mathrm{tr}}=\boldsymbol{X}_{\mathrm{tr}}\boldsymbol{Z}+\boldsymbol{E},\boldsymbol{P}^{T}\boldsymbol{P}=\boldsymbol{I} \qquad (2\text{-}39)$$

其中，$S_b(\cdot)$和$S_w(\cdot)$分别表示类间散度矩阵和类内散度矩阵，η是平衡参数。

显然，BDLRR 方法和 SRRS 方法完全不同。

（1）SRRS 方法的判别数据分析直接建立在干净样本$\boldsymbol{XZ}$上，也就是说，SRRS 方法受限于 LRR 方法的去噪能力。然而，BDLRR 方法旨在通过学习判别性数据表征的过程施加判别性约束条件，完全不受限于任何其他条件。

（2）SRRS 方法是一种子空间学习方法，如何选取最终数据表征的维度对实验结果有着极其重要的影响。但是，BDLRR 方法直接从数据本身学习具有判别性的表征，其识别任务直接在所得到的最优数据表征上执行最终的数据分类，而不存在如何选择数据维度的问题。

（3）BDLRR 方法以一种联合学习的方式来进行训练数据和测试数据的表征学习，而 SRRS 方法的测试数据表征是利用投影的方式得到的，即$\boldsymbol{P}\boldsymbol{X}_{\mathrm{tt}}$。SRRS 方法切断了学习训练数据和测试数据表征的过程的相互联系，并且失去了训练数据和测试数据表征学习的一致性。

综上所述，本章介绍的 BDLRR 方法比 SRRS 方法更加鲁棒且更具判别性。

2.7 实验验证

本节通过在多个不同类型的数据集上运行不同的识别任务，测试 BDLRR 方法的性能表现，并与现有的识别方法进行比较，以验证 BDLRR 方法的有效性和优越性。最后，从实验的角度分析收敛性和参数选择对该方法的影响。

2.7.1 实验设置

该实验是在 8 个基准数据集上运行 3 种基本的识别任务，并且和当前已有的多种方法进行对比，其中包括基于低秩准则的方法（RPCA[25]、LatLRR[9]、LRLR[23]、LRRR[23]、CBDS[12]、

LRSI[13]、NNLRS[11]和 SRRS[4])、基于表征的方法（LRC[22]、CRC[21]、SRC[10]和 LLC[20]）和传统的分类模型［带有高斯核的支持向量机（Support Vector Machine，SVM）方法[33]］。该实验在每类样本中随机地挑选几张图像来构建训练数据集，剩下的所有图像作为测试集，并将这种数据集划分分别执行 10 次，然后汇总每种方法的平均识别准确率。为保证实验公平，所有方法都直接使用其作者提供的代码，并调整到最优参数或者直接引用该作者发表的论文中的实验结果。

2.7.2　在人脸识别任务中的实验结果

本小节通过在 4 个人脸数据集上进行的大量实验来对 BDLRR 方法进行评估。这 4 个人脸数据集包括 Extended YaleB 数据集[34]、CMU PIE 数据集[35]、AR 数据集[36]和 LFW 数据集[37]。

1. 在 Extended YaleB 数据集上的实验结果

先后在 Extended YaleB 数据集上随机选取每个个体的 20 张、25 张、30 张和 35 张图像作为训练样本，并将剩下的所有图像作为测试样本。不同识别方法在该数据集上实验的结果对比见表 2-1，表中展示的结果是平均识别准确率和相应的标准差（acc±std），其中加粗的数字为最高的识别准确率。从表 2-1 可以看出，BDLRR 方法总能获得更高的识别准确率，并且即使使用很少的训练样本，该方法的识别准确率也比其他方法高出很多。实验结果也验证了 BDLRR 方法在处理光照和表情变化问题时有着突出的表现。

表 2-1　不同识别方法在 Extended YaleB 数据集上的识别结果对比

算法	20 张图像的识别结果（%）	25 张图像的识别结果（%）	30 张图像的识别结果（%）	35 张图像的识别结果（%）
RPCA	93.58±0.61	95.51±0.36	96.70±0.46	96.96±0.49
LatLRR	93.05±0.95	93.91±0.68	95.03±0.83	97.14±0.36
LRLR	83.91±1.53	85.15±1.50	85.49±1.05	85.95±1.47
LRRR	83.95±0.82	85.66±0.93	86.21±0.99	86.55±0.81
CBDS	95.99±1.11	96.56±0.85	97.61±0.82	98.13±0.55
LRSI	94.19±0.44	96.28±0.61	96.99±0.57	97.72±0.48
NNLRS	94.35±0.79	96.06±0.63	97.02±0.61	97.62±0.42
SRRS	93.74±0.86	96.05±0.95	96.89±0.84	97.15±0.58
LRC	92.15±0.95	93.55±0.65	94.55±0.68	95.49±0.55
CRC	94.36±1.17	95.89±0.91	97.14±0.75	97.93±0.55
SRC	93.73±0.70	95.58±0.26	96.37±0.45	97.13±0.42
LLC	91.60±0.50	94.20±0.49	95.29±0.38	96.05±0.51
SVM	92.81±0.68	95.20±0.44	96.11±0.41	96.70±0.69
BDLRR	**96.89±0.67**	**97.96±0.42**	**98.70±0.46**	**99.46±0.29**

2. 在 CMU PIE 数据集上的实验结果

该实验采用了 CMU PIE 数据集中 C05、C07、C09、C27 和 C29 这 5 个姿态下的 1 万多张图像，每个个体随机选取 20 张、25 张、30 张和 35 张图像作为训练样本，将剩下的所有样本作为测试样本。实验随机运行 10 次，最终的平均识别准确率和相应的标准差见表 2-2。可以看出，当使用不同数量的训练样本时，BDLRR 方法总能比其他方法获得更高的识别准确率，再次验证了该方法的有效性。

表 2-2　不同识别方法在 CMU PIE 数据集上的识别结果对比

算法	20 张图像的识别结果（%）	25 张图像的识别结果（%）	30 张图像的识别结果（%）	35 张图像的识别结果（%）
RPCA	88.34±0.32	91.56±0.18	92.96±0.22	93.81±0.36
LatLRR	88.84±0.32	91.96±0.82	93.26±0.22	94.41±0.38
LRLR	85.83±0.56	86.90±0.45	87.82±0.49	88.23±0.42
LRRR	85.98±0.61	86.89±0.58	88.50±0.87	89.06±0.42
CBDS	91.81±0.62	93.50±0.73	94.45±0.77	94.90±0.68
LRSI	90.68±0.56	93.55±0.69	94.62±0.54	95.12±0.26
NNLRS	91.72±0.43	92.04±0.53	93.55±0.40	94.38±0.39
SRRS	90.87±0.61	93.16±0.45	94.41±0.35	95.15±0.27
LRC	90.07±0.52	92.65±0.38	94.11±0.26	94.88±0.17
CRC	92.52±0.33	93.84±0.39	94.31±0.16	95.52±0.16
SRC	92.14±0.29	93.65±0.38	94.51±0.28	95.86±0.24
LLC	91.90±0.25	93.27±0.56	94.66±0.41	95.26±0.49
SVM	90.69±0.73	92.78±0.68	93.19±0.51	94.10±0.30
BDLRR	**94.67±0.31**	**95.79±0.29**	**96.46±0.15**	**96.81±0.14**

3. 在 AR 数据集上的实验结果

AR 数据集中的图像包括了大量的遮挡、掩饰和光照变化，该实验先后从这个数据集的每个个体中随机选取 11 张、14 张、17 张和 20 张图像作为训练样本，并将剩下的所有图像作为测试样本。不同识别方法分别运行 10 次得到的识别结果对比见表 2-3。结果表明，BDLRR 方法依然可以获得更准确的识别结果，这也验证了该方法在图像识别任务中具有更大的潜能和优势。值得一提的是，在训练样本个数非常少的情况下，与其他所有方法相比，BDLRR 方法的性能提升依然很明显。

表 2-3　不同识别方法在 AR 数据集上的识别结果对比

算法	11 张图像的识别结果（%）	14 张图像的识别结果（%）	17 张图像的识别结果（%）	20 张图像的识别结果（%）
RPCA	84.53±1.43	88.92±0.95	92.62±0.77	94.90±0.78
LatLRR	92.83±1.06	95.96±0.70	97.13±0.85	97.78±0.56
LRLR	88.93±0.86	93.33±0.73	94.92±0.68	96.37±0.88
LRRR	93.82±0.70	95.42±0.48	96.47±0.70	96.88±0.61
CBDS	92.99±0.59	95.57±0.60	96.83±0.63	97.49±0.82
LRSI	86.93±1.00	90.02±0.76	93.27±0.97	94.82±0.99
NNLRS	92.11±0.70	95.24±0.49	96.69±0.56	97.40±0.65
SRRS	87.53±1.00	93.33±1.04	96.22±1.03	97.17±0.54
LRC	76.97±1.33	85.51±1.20	90.99±0.97	94.22±0.76
CRC	91.76±0.77	94.36±0.97	95.84±0.76	96.63±0.87
SRC	89.62±0.74	92.35±1.29	95.24±0.67	96.19±0.75
LLC	60.89±0.97	66.98±1.13	71.58±1.32	73.53±2.15
SVM	86.30±1.33	92.03±0.77	95.19±0.88	96.43±1.26
BDLRR	**96.69±0.41**	**97.92±0.30**	**98.72±0.42**	**99.03±0.38**

4. 在 LFW 数据集上的实验结果

该实验采用 LFW 数据集的一个子集进行对比，该子集[38]包括 86 个个体的 1251 张图像，每个个体仅包括 10~20 张不平衡数量的图像。该实验先后随机选取每个个体的 5 张、6 张、7 张和 8 张图像作为训练样本，并将剩下的所有样本作为测试样本。不同识别方法的识别结果对比见表 2-4。可以看出，BDLRR 方法依然可以获得很好的识别结果，并且与其他方法相比，该方法有着绝对的优势。

表 2-4　不同识别方法在 LFW 数据集上的识别结果对比

算法	5 张图像的识别结果（%）	6 张图像的识别结果（%）	7 张图像的识别结果（%）	8 张图像的识别结果（%）
RPCA	31.55±1.27	34.17±1.65	36.68±1.88	37.99±1.36
LatLRR	30.00±1.11	33.09±1.95	35.33±1.91	37.28±1.68
LRLR	29.68±1.05	30.18±1.01	34.55±1.82	35.39±2.17
LRRR	30.98±1.28	32.93±1.70	34.86±1.03	36.59±1.87
CBDS	34.77±1.46	36.54±1.81	37.50±1.56	38.53±1.79
LRSI	31.57±2.10	34.42±1.25	37.18±0.92	39.25±1.58
NNSLR	34.59±0.92	35.51±1.49	36.83±0.93	39.96±1.53
SRRS	31.67±1.54	34.29±1.74	38.06±1.59	39.43±1.65
LRC	29.48±1.48	33.63±1.76	35.57±1.89	37.63±1.99
CRC	29.64±1.22	31.79±1.52	32.96±1.32	33.86±1.55
SRC	29.13±1.27	32.25±1.55	33.46±2.10	36.51±2.24

续表

算法	5 张图像的识别结果（%）	6 张图像的识别结果（%）	7 张图像的识别结果（%）	8 张图像的识别结果（%）
LLC	27.63±1.62	29.58±1.39	31.16±1.28	31.94±0.88
SVM	30.72±1.57	33.36±1.70	36.46±1.42	37.73±1.45
BDLRR	**37.83±1.00**	**40.94±1.78**	**43.11±1.45**	**44.51±1.15**

2.7.3 在字符识别任务中的实验结果

本小节通过利用 3 个字符图像数据集进行的实验，验证 BDLRR 方法在字符识别方面的性能表现。这 3 个字符图像数据集为一个手写体识别数据集（USPS 数据集[39]）和两个场景文字数据集（Char74K 数据集[40]和 SVT 数据集[41]）。

1. 在 USPS 数据集上的实验结果

该实验从 USPS 数据集的每一类数字图像中随机选取了 30 张、60 张、90 张和 120 张图像作为训练样本，并将剩下的所有图像作为测试样本。不同识别方法的识别结果对比见表 2-5。可以看出，BDLRR 方法可以获得比其他方法更高的识别准确率，所以该方法在识别手写体数据任务方面有绝对优势。

表 2-5 不同识别方法在 USPS 数据集上的识别结果对比

算法	30 张图像的识别结果（%）	60 张图像的识别结果（%）	90 张图像的识别结果（%）	120 张图像的识别结果（%）
RPCA	90.07±0.29	93.54±0.34	94.72±0.12	95.38±0.20
LatLRR	88.75±0.70	90.26±0.55	91.08±0.34	91.56±0.33
LRLR	84.71±2.02	87.91±0.82	88.17±0.76	88.66±0.47
LRRR	86.02±2.16	88.22±0.84	88.38±0.69	88.77±0.45
CBDS	87.80±0.69	89.46±0.52	90.46±0.24	91.54±0.19
LRSI	90.62±0.41	93.51±0.31	94.54±0.17	95.39±0.18
NNSLR	90.54±0.57	93.00±0.35	94.03±0.22	94.88±0.33
SRRS	91.13±0.20	92.93±0.36	93.94±0.21	94.44±0.20
LRC	89.53±0.40	92.68±0.29	94.17±0.22	94.94±0.13
CRC	89.53±0.63	90.79±0.30	91.47±0.32	91.71±0.23
SRC	90.06±0.61	93.46±0.22	94.87±0.25	95.38±0.28
LLC	91.30±0.46	93.72±0.23	94.78±0.22	95.42±0.28
SVM	90.77±0.70	92.67±0.33	93.59±0.25	94.01±0.24
BDLRR	**92.90±0.32**	**95.08±0.27**	**95.91±0.25**	**96.41±0.25**

2. 在 Char74K 数据集和 SVT 数据集上的实验结果

自然场景字符识别任务是一个典型而具有挑战性的模式识别任务。为了评估BDLRR方法的性能，该实验将其与目前最好的场景字符识别方法进行对比，主要包括 CoHOG[42]、ConvHOG[43]、PHOG（Chi-Square Kernel）[44]、MLFP[45]、RTPD[46]、GHOG+SVM[47]、LHOG+SVM[47]、HOG+NN[41]、SBSTR 和 GB[40]（GB+SVM 和 GB+NN）等。该实验中，所有的数据都预先调整到 32像素 ×32像素。为了和其他方法进行公平的比较，该实验直接采用已有的标准数据划分来构造训练样本和测试样本[43,44,48]。对于目前在这两个数据集上所取得的最好识别结果，该实验直接引用其相应原始论文中的实验结果进行对比。实验首先采用文献[49]中的方法进行图像预处理，提取出所有数据特征，然后将得到的最简单的 HOG 梯度特征用于最终的图像识别。

在 Char74K 数据集的实验中，我们构造了一个小的子集（Char74K-15）作为实验验证集合。不同识别方法在该数据集上的识别结果对比见表 2-6。

表 2-6　不同识别方法在两个场景字符数据集上的识别结果对比

算法	在 Char74K-15 数据集上的识别结果（%）	在 SVT 数据集上的识别结果（%）
BDLRR	**70**	**79**
RPCA+HOG+SRC	67	75
RPCA+HOG+Linear SVM	63	73
RPCA+HOG+SVM(RBF)	63	74
ConvHOG	—	75
CoHOG	—	73
PHOG (Chi-Square Kernel)	—	75
MLFP	64	—
RTPD	—	67
GHOG+SVM	62	—
LHOG+SVM	58	—
SBSTR	60	74
HOG+NN	58	68
GB+SVM	53	—
GB+NN	47	—

从实验结果可以看出，与当前最好的场景字符识别方法相比，BDLRR 方法可以获得更高的识别准确率，且比排名第二的识别方法高出 3 个百分点，这充分体现了该方法的优越性。

在 SVT 数据集上的实验采用了和 Char74K 数据集上的实验相同的配置。但是，SVT

数据集要比 Char74K 数据集更难识别，因为其背景更加复杂、字体更加多样。不同识别方法在这个数据集上的识别结果见表 2-6。可以看出，BDLRR 方法获得了 79%的识别准确率，实验性能明显优于其他方法，比文献[48]中的 RPCA+HOG+SRC 方法、文献[40]中的 CoHOG 方法及文献[44]中的 PHOG（Chi-Square Kernel）方法高出至少 4 个百分点。

2.7.4 在场景识别任务中的实验结果

本小节在 Fifteen Scene Categories 数据集上进行大量实验，以验证 BDLRR 方法在场景识别任务中的性能。对于 LLC 算法而言，LLC*和 LLC 的局部特征基数分别为 30 和 70。与本书 2.7.3 节中实验的配置相同，该实验随机选取 10 次训练样本和测试样本，将各方法的平均识别准确率作为最终识别结果。不同识别方法在 Fifteen Scene Categories 数据集上的识别结果对比见表 2-7。实验结果表明，即使与当前识别能力较优秀的深度学习方法相比，BDLRR 方法在场景识别任务中的识别准确率依然更高。

表 2-7 不同识别方法在 Fifteen Scene Categories 数据集上的识别结果对比

算法	识别准确率（%）	算法	识别准确率（%）
LLC	79.4	SVM	93.6
LLC*	89.2	LRSI	92.4
LRC	91.9	CBDS	95.7
CRC	92.3	LRRC	90.1
SRC	91.8	SLRRR	91.3
LRLR	94.4	SRRS	95.9
LRRR	87.2	Lazebnik	81.4
RPCA	92.1	Lian	86.4
NNLRS	96.4	Yang	80.3
LatLRR	91.5	Boureau	84.3
LC_KSVD1	90.4	Gao	89.7
LC_KSVD2	92.9	**BDLRR**	**98.9 ±0.19**

2.7.5 优势分析

根据表 2-1～表 2-7 中的实验结果，可以得到如下结论。

第一，与多种现有图像识别方法相比，BDLRR 方法在 8 个不同数据集上均获得了更高的识别准确率。这也充分说明，该方法可以从数据中学习到判别性和鲁棒性强的表征。同时也可以看出，以半监督学习的方式将原始的数据特征转移到诸如 BDLRR 这样的判别性数据表征，对图像识别任务是非常有益的。

第二，与 RPCA、LRSI、LatLRR、LRLR、LRRR 和 CBDS 等低秩表示方法相比，

BDLRR 方法具有很大的优势。该方法识别性能更好的主要原因是其在低秩表征学习框架中增加了判别性结构，并利用l_{21}范数来对数据噪声建模。BDLRR 方法通过构建类别间的语义判别式项来扩大块对角和非块对角结构中数据成分的边缘距离，使得数据表征的类内相关信息和类间不相关信息同时得到了增强，并且通过同时学习训练样本和测试样本的数据表征来保证数据表征的一致性，进而大幅提升了图像识别性能。

第三，BDLRR 方法即使在低像素且训练样本有限的实验中依然可以获得更高的识别准确率，这主要得益于其充分利用了基于稀疏性、低秩性、结构化和弹性网的表征学习的综合优势。以 SRC 方法和 BDLRR 方法所学到的数据表征的结果对比为例，图 2-1 展示了来自 Extended YaleB 数据集的前 10 类样本通过 SRC 方法和 BDLRR 方法学习到的测试样本的表征结果，其中所有的数据值都扩大了 5 倍（所有的数据已经基于假设 2-1 进行了调整）。从图 2-1 可以看出，BDLRR 方法可以更加清晰地描述测试样本的近邻子空间结构，并且数据表征的成块结构更加明显，所以 BDLRR 方法可以获得更高的识别准确率。

第四，BDLRR 方法总是可以获得比 CBDS 方法和 LatLRR 方法更好的识别结果。CBDS 方法只是在每一类学习过程中增加了低秩性的块结构，而没有保证数据全局性的块对角结果。而 BDLRR 方法不仅保证了块对角内部数据的简约性和紧凑性，并且进一步分离了块间的数据结构。LatLRR 方法则因过多地追求对图像中显著性特征的提取，而损失了大量的图像细节和重要信息。

（a）　　　　　　　　　　（b）

图 2-1　Extended YaleB 数据集的前 10 类样本通过 SRC 方法和 BDLRR 方法学习到的测试样本的表征结果
（a）SRC 方法　（b）BDLRR 方法

最后，BDLRR 方法可以克服人脸识别任务中由噪声引起的数据不稳定性，例如人脸被遮挡或光照及表情的变化。此外，该方法也可以很好地处理很具挑战性的场景字符识别任务，证明了其对场景文字图像中字体变化等问题的鲁棒性。

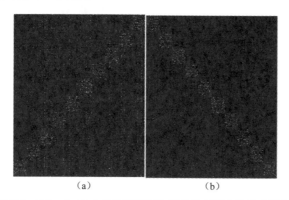

2.7.6 算法收敛性实验验证

本小节从实验的角度来验证 BDLRR 方法的收敛性，即分别在 Extended YaleB 数据集、AR 数据集、USPS 数据集和 Char74K-15 数据集这 4 个数据集上验证该方法的快速收敛性。BDLRR 方法在这 4 个数据集上的收敛曲线如图 2-2 所示，其中#Tr表示训练样本个数。与文献[22]中的收敛条件一样，该实验同样使用相对误差$||\boldsymbol{X}-\boldsymbol{X}_{\text{tr}}\boldsymbol{Z}-\boldsymbol{E}||_{\text{F}}/||\boldsymbol{X}||_{\text{F}}$作为整个方法的收敛条件。从图 2-2 可以看出，收敛条件的值在迭代 60 次以后基本不再变化，这充分说明了 BDLRR 方法具有快速收敛的特性。

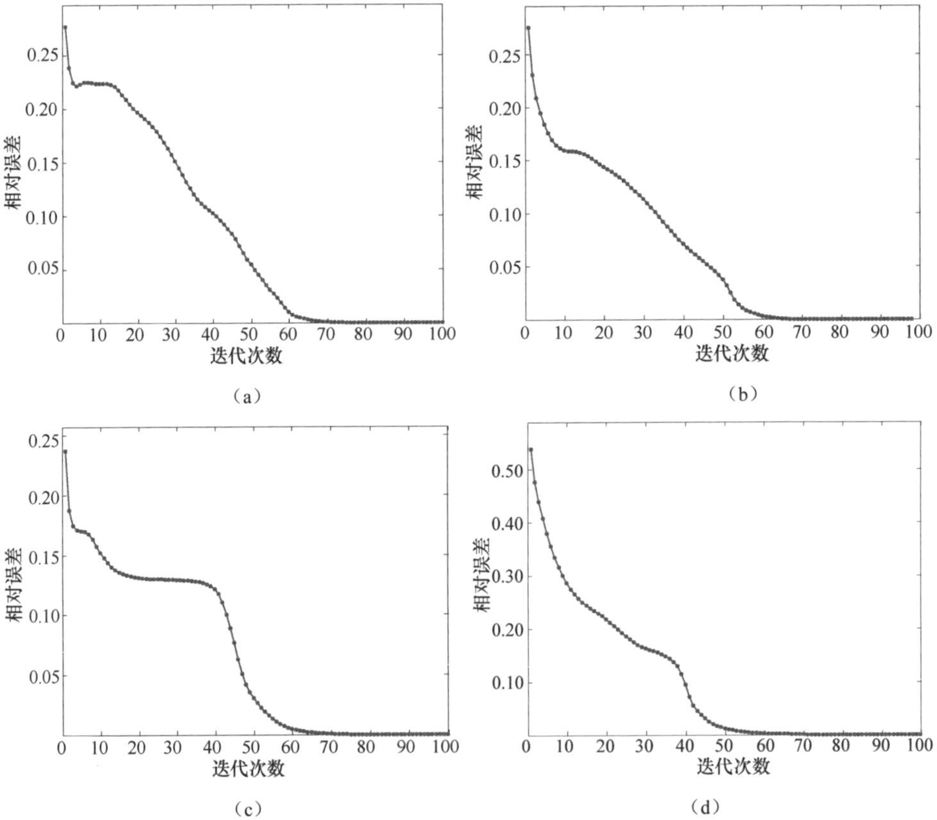

图 2-2　BDLRR 方法在不同数据集上的收敛曲线

（a）Extended YaleB 数据集（#Tr = 35）　（b）AR 数据集（#Tr = 20）

（c）USPS 数据集（#Tr = 90）　（d）Char74K-15 数据集（#Tr = 15）

2.7.7 算法参数敏感性经验分析

如前文所述，BDLRR 方法的目标函数[式（2-7）]中有 3 个参数（λ_1、λ_2、λ_3）需

要调整。实验发现，当λ_3的值处于 10~25 范围内时，该方法几乎对其不敏感，并且识别准确率也最高。本小节通过在 4 个数据集上进行的大量实验就变量λ_1和λ_2对 BDLRR 方法性能的影响进行了评估。图 2-3 展示了该方法随参数λ_1、λ_2变化的实验结果。可以看出，参数λ_1的值适中时，该方法的性能最好，也表明了增加类间表征不相干性的必要性。同时，λ_2的值处于[0.01,1]之间时，该方法可以获得最高的识别准确率，其原因可能是本章直接使用欧几里得距离作为距离衡量，无法完美地度量样本间的相似性。但是，尽管只使用了非常简单的距离量度，该实验中 BDLRR 方法也展示出了非常好的性能。总的来说，BDLRR 方法在大多数情况下对参数变化具有一定的鲁棒性。

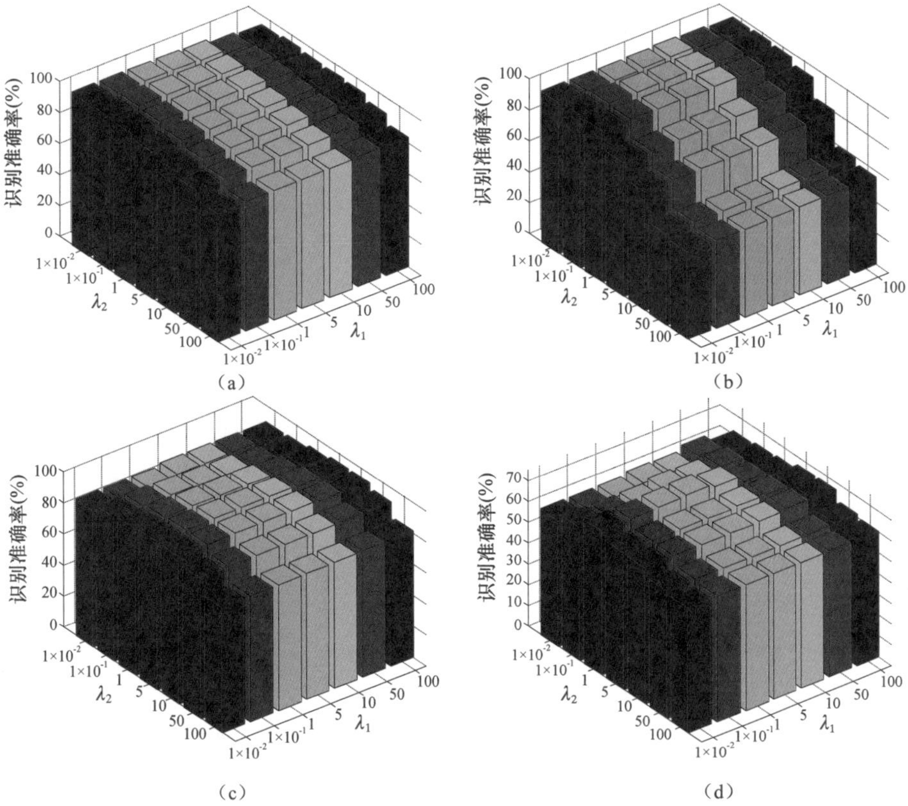

图 2-3　BDLRR 方法在不同数据集上随参数λ_1和λ_2变化的实验结果

（a）Extended YaleB 数据集（#Tr = 35）　（b）AR 数据集（#Tr = 20）

（c）USPS 数据集（#Tr = 90）　（d）Char74K-15 数据集（#Tr = 15）

2.8　本章小结

本章介绍了一种新的应用于鲁棒图像识别的判别块对角表征学习模型，即 BDLRR

方法。该方法在低秩表征学习模型框架下，通过构建一个有效的语义结构化判别式来同时增强类内表征的相干性和类间表征的不相干性，进而通过学习得到一个具有块对角结构的判别性数据表征。BDLRR 模型将学习 BDLRR 表征嵌入到一个半监督学习框架下，同时学习训练样本和测试样本的数据表征，接着利用一个简单快速的线性分类器进行最终的鲁棒图像分类。最后，本章分别介绍了在 8 个基准数据集上完成 3 种不同识别任务的实验，验证了该 BDLRR 方法的有效性。实验结果表明，与多种现有的图像识别方法相比，本章介绍的 BDLRR 方法更加出众。

参考文献

[1] Bengio Y, Courville A, Vincent P. Representation learning: A review and new perspectives[J]. IEEE Transactions on Pattern Analysis and Machine Intelligence, 2013, 35(8): 1798-1828.

[2] Zhang Z, Xu Y, Yang J, et al. A survey of sparse representation: Algorithms and applications[J]. IEEE Access, 2015, 3: 490-530.

[3] Liu G, Lin Z, Yan S, et al. Robust recovery of subspace structures by low-rank representation[J]. IEEE Transactions on Pattern Analysis and Machine Intelligence, 2012, 35(1): 171-184.

[4] Li S, Fu Y. Learning balanced and unbalanced graphs via low-rank coding[J]. IEEE Transactions on Knowledge and Data Engineering, 2014, 27(5): 1274-1287.

[5] Gui J, Liu T, Tao D, et al. Representative vector machines: A unified framework for classical classifiers[J]. IEEE Transactions on Cybernetics, 2015, 46(8): 1877-1888.

[6] Liu G, Yan S. Latent low-rank representation for subspace segmentation and feature extraction[C]//Proceedings of the 2011 International Conference on Computer Vision. NJ: IEEE, 2011: 1615-1622.

[7] Zhang Y, Jiang Z, Davis L S. Learning structured low-rank representations for image classification[C]//Proceedings of the IEEE Conference on Computer Vision and Pattern Recognition. NJ: IEEE, 2013: 676-683.

[8] Li S, Fu Y. Learning robust and discriminative subspace with low-rank constraints[J]. IEEE Transactions on Neural Networks and Learning Systems, 2015, 27(11): 2160-2173.

[9] Xiao S, Tan M, Xu D, et al. Robust kernel low-rank representation[J]. IEEE Transactions on Neural Networks and Learning Systems, 2015, 27(11): 2268-2281.

[10] Wright J, Yang A Y, Ganesh A, et al. Robust face recognition via sparse representation[J]. IEEE Transactions on Pattern Analysis and Machine Intelligence, 2008, 31(2): 210-227.

[11] Zhuang L, Gao S, Tang J, et al. Constructing a nonnegative low-rank and sparse graph with data-adaptive features[J]. IEEE Transactions on Image Processing, 2015, 24(11): 3717-3728.

[12] Li Y, Liu J, Lu H, et al. Learning robust face representation with classwise block-diagonal structure[J]. IEEE Transactions on Information Forensics and Security, 2014, 9(12): 2051-2062.

[13] Wei C P, Chen C F, Wang Y C F. Robust face recognition with structurally incoherent low-rank matrix decomposition[J]. IEEE Transactions on Image Processing, 2014, 23(8): 3294-3307.

[14] Elhamifar E, Vidal R. Sparse subspace clustering: Algorithm, theory, and applications[J]. IEEE Transactions on Pattern Analysis and Machine Intelligence, 2013, 35(11): 2765-2781.

[15] Li Z, Lai Z, Xu Y, et al. A locality-constrained and label embedding dictionary learning algorithm for image classification[J]. IEEE Transactions on Neural Networks and Learning Systems, 2015, 28(2): 278-293.

[16] Nie F, Huang H, Cai X, et al. Efficient and robust feature selection via joint $l_{2,1}$-norms minimization[J]. Advances in Neural Information Processing Systems, 2010, 23: 1813-1821.

[17] Xu Y, Zhang D, Yang J, et al. A two-phase test sample sparse representation method for use with face recognition[J]. IEEE Transactions on Circuits and Systems for Video Technology, 2011, 21(9): 1255-1262.

[18] Lu C Y, Min H, Gui J, et al. Face recognition via weighted sparse representation[J]. Journal of Visual Communication and Image Representation, 2013, 24(2): 111-116.

[19] Xu Y, Zhong Z, Yang J, et al. A new discriminative sparse representation method for robust face recognition via l_2 regularization[J]. IEEE Transactions on Neural Networks and Learning Systems, 2016, 28(10): 2233-2242.

[20] Wang J, Yang J, Yu K, et al. Locality-constrained linear coding for image classification[C]// Proceedings of the 2010 IEEE Computer Society Conference on Computer Vision and Pattern Recognition. NJ: IEEE, 2010: 3360-3367.

[21] Zhang L, Yang M, Feng X. Sparse representation or collaborative representation: Which helps face recognition?[C]//Proceedings of the 2011 International Conference on Computer Vision. NJ: IEEE, 2011: 471-478.

[22] Naseem I, Togneri R, Bennamoun M. Linear regression for face recognition[J]. IEEE Transactions on Pattern Analysis and Machine Intelligence, 2010, 32(11): 2106-2112.

[23] Cai X, Ding C, Nie F, et al. On the equivalent of low-rank linear regressions and linear discriminant analysis based regressions[C]//Proceedings of the 19th ACM SIGKDD International Conference on Knowledge Discovery and Data Mining. NY: ACM, 2013: 1124-1132.

[24] Zhang Z, Lai Z, Xu Y, et al. Discriminative elastic-net regularized linear regression[J]. IEEE

Transactions on Image Processing, 2017, 26(3): 1466-1481.

[25] Candès E J, Li X, Ma Y, et al. Robust principal component analysis?[J]. Journal of the ACM (JACM), 2011, 58(3): 1-37.

[26] Lin Z, Chen M, Ma Y. The augmented lagrange multiplier method for exact recovery of corrupted low-rank matrices[Z/OL]. 2010. arXiv:1009.5055.

[27] Martinez A, Benavente R. The AR face database: CVC Technical Report, 24[R/OL]. 1998.

[28] Cai J F, Candès E J, Shen Z. A singular value thresholding algorithm for matrix completion[J]. SIAM Journal on Optimization, 2010, 20(4): 1956-1982.

[29] Glowinski R, Le Tallec P. Augmented lagrangian and operator-splitting methods in nonlinear mechanics[M]. PA: Society for Industrial and Applied Mathematics, 1989.

[30] Esser E. Applications of lagrangian-based alternating direction methods and connections to split Bregman[J]. CAM Report, 2009, 9: 31.

[31] Bertsekas D P. Convex optimization theory[M]. Belmont: Athena Scientific, 2009.

[32] Trefethen L N, Bau III D. Numerical linear algebra[M]. PA: SIAM, 1997.

[33] Eckstein J, Bertsekas D P. On the Douglas—Rachford splitting method and the proximal point algorithm for maximal monotone operators[J]. Mathematical Programming, 1992, 55(1): 293-318.

[34] Bertsekas D P. Convex optimization theory[M]. Belmont: Athena Scientific, 2009.

[35] Chang C C, Lin C J. LIBSVM: A library for support vector machines[J]. ACM Transactions on Intelligent Systems and Technology (TIST), 2011, 2(3): 1-27.

[36] Georghiades A S, Belhumeur P N, Kriegman D J. From few to many: Illumination cone models for face recognition under variable lighting and pose[J]. IEEE Transactions on Pattern Analysis and Machine Intelligence, 2001, 23(6): 643-660.

[37] Sim T, Baker S, Bsat M. The CMU pose, illumination, and expression (PIE) database[C]//Proceedings of the Fifth IEEE International Conference on Automatic Face Gesture Recognition. NJ: IEEE, 2002: 53-58.

[38] Huang G B, Mattar M, Berg T, et al. Labeled faces in the wild: A database forstudying face recognition in unconstrained environments[DB/OL]//Workshop on Faces in'Real-Life'Images: Detection, Alignment, and Recognition. 2008.

[39] Wang S J, Yang J, Sun M F, et al. Sparse tensor discriminant color space for face verification[J]. IEEE Transactions on Neural Networks and Learning Systems, 2012, 23(6): 876-888.

[40] Hull J J. A database for handwritten text recognition research[J]. IEEE Transactions on Pattern Analysis and Machine Intelligence, 1994, 16(5): 550-554.

[41] De Campos T E, Babu B R, Varma M. Character Recognition in Natural Images[C]//Proceedings of

the International Conference on Computer Vision Theory and Applications. Berlin: Springer, 2009: 273-280.

[42] Wang K, Babenko B, Belongie S. End-to-end scene text recognition[C]//Proceedings of the 2011 International Conference on Computer Vision. NJ: IEEE, 2011: 1457-1464.

[43] Tian S, Lu S, Su B, et al. Scene text recognition using co-occurrence of histogram of oriented gradients[C]//Proceedings of the 12th International Conference on Document Analysis and Recognition. NJ: IEEE, 2013: 912-916.

[44] Su B, Lu S, Tian S, et al. Character recognition in natural scenes using convolutional co-occurrence hog[C]//Proceedings of the 22nd International Conference on Pattern Recognition. NJ: IEEE, 2014: 2926-2931.

[45] Tan Z R, Tian S, Tan C L. Using pyramid of histogram of oriented gradients on natural scene text recognition[C]//2014 IEEE International Conference on Image Processing (ICIP). NJ: IEEE, 2014: 2629-2633.

[46] Lee C Y, Bhardwaj A, Di W, et al. Region-based discriminative feature pooling for scene text recognition[C]//Proceedings of the IEEE Conference on Computer Vision and Pattern Recognition. NJ: IEEE, 2014: 4050-4057.

[47] Phan T Q, Shivakumara P, Tian S, et al. Recognizing text with perspective distortion in natural scenes[C]//Proceedings of the IEEE International Conference on Computer Vision. NJ: IEEE, 2013: 569-576.

[48] Zhang Z, Xu Y, Liu C L. Natural scene character recognition using robust PCA and sparse representation[C]//Proceedings of the 12th IAPR Workshop on Document Analysis Systems (DAS). NJ: IEEE, 2016: 340-345.

[49] Yi C, Yang X, Tian Y. Feature representations for scene text character recognition: A comparative study[C]//Proceedings of the 12th International Conference on Document Analysis and Recognition. NJ: IEEE, 2013: 907-911.

第3章　判别性弹性网正则化回归表征学习

判别回归模型在理论研究和现实应用中都获得了很高的赞誉，并且已被广泛地应用于解决各种计算机视觉问题[1,2]。与概率模型有所不同，经典的线性判别回归模型主要是将图像特征投影到一些连续或者离散的目标空间中，然后利用投影矩阵来进行图像分类或者回归分析[3,4]。当构建出的投影矩阵足够鲁棒并且训练样本充分时，线性判别回归模型能够获得意想不到的好性能[5,6]。但是，已有的判别回归学习方法依然存在各种不足和缺陷，仍值得深入研究和探索。本章介绍如何构建用于鲁棒的多任务图像识别的判别性回归表征学习模型。

大多数现有的回归方法在模型学习阶段仍停留在只关注如何将原始的可视化数据特征直接投影到传统的0-1的二值目标矩阵。但是，严格的二元目标空间无法为这类模型提供足够的自由度，导致回归模型无法完美地适应线性回归问题，以至于得到的模型存在较大的回归误差。此外，这类方法学习到的投影矩阵缺乏足够的鲁棒性和紧凑性，所以无法精确地把图像从高维特征空间直接无损地投影到指定的二元目标空间。

值得注意的是，一个鲁棒并且具有强鉴别能力的回归模型应该具备3种重要特性，即紧凑的投影矩阵、强判别性的回归目标和鲁棒的容错能力。针对上述缺陷，本章介绍一种新型的基于弹性网正则化的回归表征学习（Elastic-net Regularized Regressive Representation Learning，ENRRL）框架，进而提出一种判别性弹性网正则化回归表征学习（Discriminative ENRRL，DENRRL）模型来学习有效且紧凑的判别回归数据表征，用于解决多类别图像分类问题。本章介绍的弹性网正则化约束项能够逐步地学习到一个更加简洁有效的投影矩阵；与此同时，对分类任务来说，扩大不同类别间的距离是至关重要的，因为其对性能的提升大有裨益。基于ε-牵引（ε-dragging）技术构造出的线性判别回归目标空间，可以更好地拟合回归任务。

与传统方法直接利用投影矩阵执行分类任务不同，本章介绍的方法首先将数据点基于投影矩阵从原始空间都投射到学习到的判别性目标空间，然后在学习到的判别性目标空间中利用学习到的数据表征执行最后的识别任务，所以该数据表征具有较强的判别性，并且对数据中的错误或噪声有较强的鲁棒性和容错能力。此外，已有的低秩模型在优化过程中需要对矩阵进行奇异值分解，而此步骤为算法优化带来了沉重的计算负担。为了解决这一问题，本章介绍一种高效求解低秩最小化约束的方法，进而满足实际应用问题的实时性要求。本章介绍的方法是将奇异值弹性网正则化模型和学习判别性回归目标两个主要任务融合为一个框架，而这一想法对处理图像数据表征学习问题来说，不仅简单而且非常有效。

3.1　最小二乘回归方法

最小二乘回归（Least Square Regression，LSR）是统计理论方法中的一项经典且至关重要的技术。由于该技术在数学上易处理，算法求解效率高且构造简单，其线性和非线性回归模型已经成功应用于解决多种模式分类问题[2,7]。应用于分类问题的标准线性回归模型的基本思想是在训练阶段学习一个线性的投影矩阵，并利用该投影矩阵将观测图像特征$\boldsymbol{X}=[\boldsymbol{x}_1,\cdots,\boldsymbol{x}_n]\in\Re^{d\times n}$近似映射到目标矩阵$\boldsymbol{Y}=[\boldsymbol{y}_1,\cdots,\boldsymbol{y}_n]^{\mathrm{T}}\in\Re^{n\times c}$。其中，$\boldsymbol{y}_i\in\Re^{c}$，是第$i$个样本$\boldsymbol{x}_i$所对应的类标向量，也就是说，如果第 i 个样本$\boldsymbol{x}_i$属于第k类，那么只有$\boldsymbol{y}_i$的第k个位置，即$\boldsymbol{y}_{ik}=1$，$\boldsymbol{y}_i$中其他位置的元素都是 0；n和c分别是样本的数量和所有样本的类别数。相应的目标函数为

$$\min_{\boldsymbol{D}} \| \boldsymbol{X}^{\mathrm{T}}\boldsymbol{D}-\boldsymbol{Y} \|_{\mathrm{F}}^2 \tag{3-1}$$

其中，$\boldsymbol{X}$是已知的观测数据集；$\boldsymbol{D}\in\Re^{d\times c}$，是学习得到的投影矩阵；$\boldsymbol{Y}$是相应的二元类标指示矩阵。

应用于图像分类问题的线性回归方法的主要步骤是：在训练阶段，学习最优的投影矩阵$\boldsymbol{D}$；在测试阶段，对于任意测试样本$\boldsymbol{x}_{\mathrm{te}}$，计算其类别，即$\arg\max\boldsymbol{D}^{\mathrm{T}}\boldsymbol{x}_{\mathrm{te}}$。

目前已有大量基于 LSR 的变形或改进算法，例如偏最小二乘回归[8]、加权最小二乘回归[9]和非负最小二乘法[10]。此外，还出现了大量改进的 LSR 算法，用以增强回归分析的鲁棒性和有效性。例如，Xiang 等人[7]设计了一种判别最小二乘回归方法的模型，该模型不仅可以用于目标分类，而且可以解决特征选择问题。文献[11]介绍了一种统一的最小二乘框架，该框架可以更加明确地解释多种主成分分析方法隐含的内在机理，同时归纳总结出相应的正则化方法和核方法。因此，LSR 模型已经广泛地应用于解决各种图像分析和图像理解问题[12]。

另一种非常重要的线性回归分析模型的变形是绝对最小收缩和选择算子[13]（Least Absolute Shrinkage and Selection Operator，LASSO），或者称为稀疏表示算子[6,14]。由于其优异的性能，基于稀疏表示的分类算法[14]已经成功地应用于解决人脸识别问题。随后，大量的基于稀疏表示的学习和优化方法涌现出来[15-19]。例如，基于协同表示的分类算法[17]，利用l_2范数正则化代替传统稀疏表示中的l_1范数正则化进行快速人脸识别；局部性线性编码方法，将局部限制性条件强加于特征描述算子中，实现了组合描述字典的局部嵌

入[18,19]。此外，由于在数据表征中的出色表现，低秩最小化约束方法已经引起许多研究人员的关注[20]。其中，鲁棒的主成分分析[21]是众多低秩最小化约束方法中最受欢迎且最原始的应用之一。由于低秩特性的明显优势，低秩回归模型[22]及其改进算法已得到了深入的研究。Cai 等人[22]提出了两种有效的低秩回归模型。低秩线性回归模型[22]可以被看作标准线性回归模型[式（3-1）]的优化版本。与传统的线性回归模型相比，低秩线性回归方法通过秩最小化约束挖掘不同类别间本质的结构化关系，目标函数为

$$\min_{\boldsymbol{D}} \| \boldsymbol{X}^{\mathrm{T}}\boldsymbol{D} - \boldsymbol{Y} \|_{\mathrm{F}}^2 + \lambda \mathrm{rank}(\boldsymbol{D}) \tag{3-2}$$

考虑到秩函数的离散性，并且最小化秩函数是一个非凸非光滑问题，可以松弛到核函数[23]，即

$$\min_{\boldsymbol{D}} \| \boldsymbol{X}^{\mathrm{T}}\boldsymbol{D} - \boldsymbol{Y} \|_{\mathrm{F}}^2 + \lambda \| \boldsymbol{D} \|_* \tag{3-3}$$

研究发现，基于低秩表示的线性回归方法可以等价地转化为基于线性判别分析的回归问题[22]。与满秩线性回归模型相比，低秩线性回归模型可以获得更好的数据挖掘结果。随后，大量基于低秩最小化约束的改进或变形算法出现，并且被应用于解决不同的视觉数据分析问题。

3.2 基于弹性网正则化的回归表征学习模型

本节主要介绍如何学习一种判别的线性回归模型，用于解决鲁棒的多类别图像识别问题。对于线性回归模型，鲁棒的投影矩阵和判别的投影目标都是其必不可少的重要组成部分。本章介绍的方法通过引入奇异值的弹性网正则化约束项得到鲁棒的投影矩阵，并且通过松弛投影目标的构造来提高目标空间的判别性。所以，本节介绍一种普适的弹性网正则化回归表征学习框架和一种判别性弹性网正则化回归表征学习模型。

3.2.1 一种普适的弹性网正则化回归表征学习框架

为了学习到一个鲁棒的判别性投影矩阵，本小节介绍一种普适的弹性网正则化回归表征学习框架，即 ENRRL 框架。该框架的目标函数是

$$\min_{\boldsymbol{D}} \phi(\boldsymbol{D}) + \lambda_1 \| \boldsymbol{D} \|_* + \frac{\lambda_2}{2} \| \boldsymbol{D} \|_{\mathrm{F}}^2 \tag{3-4}$$

其中，λ_1和λ_2是正则化参数，用来平衡对应项的重要性。最直接的回归损失函数是$\phi(\boldsymbol{D}) = \| \boldsymbol{X}^{\mathrm{T}}\boldsymbol{D} - \boldsymbol{Y} \|_{\mathrm{F}}^2$。对于目标函数（3-4），可以得到命题 3-1。

命题 3-1 目标函数（3-4）是一个基于对奇异值弹性网正则化约束的、鲁棒的回归模型。

命题 3-1 揭示出对奇异值弹性网正则化约束的理论及其重要性。首先对线性转换矩

阵$\boldsymbol{D}$进行奇异值分解，即

$$\boldsymbol{D}=\boldsymbol{U\Sigma V}^{\mathrm{T}}=\sum_{i=1}^{r}\boldsymbol{u}_i\boldsymbol{\sigma}_i\boldsymbol{v}_i^{\mathrm{T}} \tag{3-5}$$

其中，$r\leqslant\min\{c,d\}$，是矩阵$\boldsymbol{D}$的非零奇异值个数；$\boldsymbol{u}_i\in\mathfrak{R}^d$和$\boldsymbol{v}_i\in\mathfrak{R}^c$分别是矩阵$\boldsymbol{D}$的左、右奇异向量；$\boldsymbol{\sigma}_i$是矩阵$\boldsymbol{D}$的第$i$个奇异值。

值得注意的是，根据核范数的定义，矩阵$\boldsymbol{D}$的核范数可以表示成该矩阵奇异值的和，也就是$\|\boldsymbol{D}\|_*=\sum_i^r|\boldsymbol{\sigma}_i|$；而矩阵$\boldsymbol{D}$的 Frobenius 范数可以表示成该矩阵奇异值的平方和，也就是$\|\boldsymbol{D}\|_{\mathrm{F}}^2=\mathrm{tr}(\boldsymbol{DD}^{\mathrm{T}})=\mathrm{tr}(\boldsymbol{U\Sigma V}^{\mathrm{T}}\boldsymbol{V\Sigma U}^{\mathrm{T}})=\mathrm{tr}(\boldsymbol{\Sigma\Sigma V}^{\mathrm{T}}\boldsymbol{V})=\mathrm{tr}(\boldsymbol{\Sigma}^2)=\sum_i|\boldsymbol{\sigma}_i|^2$。这样，如果将矩阵$\boldsymbol{D}$的核范数和 Frobenius 范数结合在一起，那么可以得到一个标准的关于奇异值的弹性网约束项，即 $\|\boldsymbol{D}\|_*+\|\boldsymbol{D}\|_{\mathrm{F}}^2=\sum_i|\boldsymbol{\sigma}_i|+\sum_i|\boldsymbol{\sigma}_i|^2$。

根据矩阵分析理论，奇异值的大小通常可以指示出矩阵中相关信息的重要性，也就是说，奇异值越大，表明矩阵中对应的成分越重要，即和奇异值相对应的奇异向量的重要性随奇异值的大小而不同。一个非常有意思的发现是，矩阵的奇异值还可以直接、有效地反映出数据中潜在数据成分的重要性。例如，当得到的数据中存在冗余信息或者噪声时，小的奇异值总是来自那些被噪声污染的元素、冗余信息和相对不重要的成分。所以，一个非常直观的想法就是可以将奇异值作为分析数据的一种有效度量，而已有的方法论忽略了这一重要想法。基于这一想法，奇异值弹性网正则化约束可以提供一种明确可行的方法来消除数据中的噪声和冗余信息。命题 3-2 很好地表达出了奇异值弹性网正则化约束项的内在本质。

命题 3-2　奇异值弹性网正则化约束可以有效地自动选择出数据中的重要成分，并且可以连续剔除数据中的冗余成分。

通过分析命题 3-1 可以发现，奇异值的弹性网正则化约束项是由奇异值的l_2范数和l_1范数约束组合而成。通过对奇异值进行l_2范数最小化约束，其结果倾向于收缩变量向0靠拢，而又同时保持了模型中所有的成分，但这样就可能导致预测器中存在冗余信息。幸运的是，l_2范数正则化的这一缺陷正好在模型拟合阶段产生了“分组”特性，即当某一变量被选择时，l_2范数能够自动选择其所在的一整组变量[14]。相比之下，对奇异值的l_1范数最小化约束可以自动选择重要信息的效果，同时还可以连续地收缩数据中的冗余信息，但当l_1范数最小化约束对相关性很高的一组变量进行特征选择时，倾向于只从这组变量中选择一个变量，而不在乎是哪一个，并且会直接遗弃剩下的其他变量，这样可能会导致次优的选择结果。克服以上缺陷的一种有效方式是直接将高相关性的组变量作为一个整体来进行变量选择，即“组变量选择”。所以，将l_2范数和l_1范数正则化约束混合在一起进行奇异值变量的选择是一种合理的正则化约束方式，进而形成奇异值的弹性网正则

化约束，能够自动选择主成分组变量，同时消除数据中的冗余信息。分析可得，ENRRL框架是一个简明稳定的回归表征学习模型。

更进一步讲，得到最优的回归投影矩阵$\boldsymbol{D}$后，可以利用式（3-6）将数据$\boldsymbol{x}$投影到目标空间（如类标空间）：

$$\boldsymbol{D}^{\mathrm{T}}\boldsymbol{x}=\sum_{i=1}^{r'}\boldsymbol{\sigma}_i(\boldsymbol{u}_i^{\mathrm{T}}\boldsymbol{x})\boldsymbol{v}_i \tag{3-6}$$

其中，r'是选择特征值的数量。

该目标空间可以由目标成分向量集$\{\boldsymbol{v}_i\}_{i=1}^{r'}$的加权线性组合来构成，并且第$i$个权重是由两部分组成，即第$i$个奇异值$\boldsymbol{\sigma}_i$和转换后的特征值$\boldsymbol{u}_i^{\mathrm{T}}\boldsymbol{x}$，其中转化后的特征值$\boldsymbol{u}_i^{\mathrm{T}}\boldsymbol{x}$是由$\{\boldsymbol{u}_i\}_{i=1}^{r'}$来控制。因此，如果可以得到最优的奇异值，那么就可以产生对应最优的特征成分和目标向量集。所以，奇异值的优化选择可以同时揭示出特征之间的相关性和投影目标的相关性。

与脊回归正则化约束[17]和稀疏 LASSO 约束[13]相比，已有的方法已经从诸如特征选择[24]和矩阵分解[25]等多个应用层面分析验证了基于特征的弹性网正则化约束的优越性。但是，基于特征的弹性网正则化约束依然不能有效捕获和挖掘出隐藏在数据内部且更加精细的有用信息。相比之下，基于奇异值的弹性网正则化约束可以发掘出数据中更加精炼且更具区分性的信息，将其应用于学习投影矩阵可以大幅改进回归模型的性能。下面介绍基于 ENRRL 框架的 DENRRL 模型。

3.2.2 判别性弹性网正则化回归表征学习模型

为了增加回归目标空间的判别性，DENRRL 模型利用ε-牵引技术将原始的0-1回归目标转化为分离的且更具判别性的松弛空间，使得到的回归表征更加鲁棒。具体来讲，由于原始严格的二元回归目标具有很弱的可分离性，利用ε-牵引技术可以在学习过程中将不同类别的回归目标分别向着互斥的方向移动，使不同类别间的距离都扩大，所以目标空间中的不同类别更加可分离，从而所得到的回归目标具有更强的鉴别能力。

下面进一步举例说明ε-牵引技术的内在技术原理，证明利用该技术构建的回归目标空间比原始二元目标空间更具判别性。令$\boldsymbol{x}_1$、$\boldsymbol{x}_2$、$\boldsymbol{x}_3$分别是来自第三类、第一类和第二类的 3 个训练样本，其相应的二元类标矩阵可以定义如下：

$$\boldsymbol{Y}=\begin{bmatrix}0&0&1\\1&0&0\\0&1&0\end{bmatrix}\in\mathfrak{R}^{3\times3}$$

但是实际上我们希望这种严格的二元回归目标矩阵可以得到某种程度的松弛，以便更好地切合数据回归任务。为应对这一问题，本小节利用ε-牵引技术巧妙地构造一个松弛的变量矩阵，将这些二元输出值沿着不同的方向拉伸。具体来讲，如果这里把上面 3 个样本作为一个实例来分析，回归目标矩阵可根据ε-牵引技术定义为

$$\widetilde{\boldsymbol{Y}}=\begin{bmatrix}-m_{11} & -m_{12} & 1+m_{13}\\ 1+m_{21} & -m_{22} & -m_{23}\\ -m_{31} & 1+m_{32} & -m_{33}\end{bmatrix}\quad \text{s.t.}\quad m_{ij}\geqslant 0$$

很明显，矩阵$\boldsymbol{Y}$中任意两个样本间的距离都是$\sqrt{2}$，但是由于对变量m的非负约束，矩阵$\widetilde{\boldsymbol{Y}}$中任意两个样本间的距离都大于等于$\sqrt{2}$。例如，$\widetilde{\boldsymbol{Y}}$中第一个和第二个样本间的距离是

$$\sqrt{(-m_{11}-1-m_{21})^2+(-m_{12}+m_{22})^2+(1+m_{13}+m_{23})}\geqslant\sqrt{2}$$

因此，不同类别间的距离可以通过该方法扩大。

通过引入ε-牵引技术，DENRRL 模型可表示为

$$\min_{\boldsymbol{D}}\psi(\boldsymbol{D})+\lambda_1\|\boldsymbol{D}\|_*+\frac{\lambda_2}{2}\|\boldsymbol{D}\|_{\mathrm{F}}^2 \tag{3-7}$$

其中，$\psi(\boldsymbol{D})=\|\boldsymbol{X}^{\mathrm{T}}\boldsymbol{D}-\widetilde{\boldsymbol{Y}}\|_{\mathrm{F}}^2$，$\widetilde{\boldsymbol{Y}}$是一个松弛的回归目标矩阵。

为了获得最优的回归目标矩阵$\widetilde{\boldsymbol{Y}}$，下面介绍一个很有趣的策略。令$\boldsymbol{E}$表示一个常量矩阵，其第$i$行、第$j$列的元素定义为

$$E_{ij}=\begin{cases}+1 & Y_{ij}=1\\ -1 & Y_{ij}=0\end{cases} \tag{3-8}$$

接着，定义$\widetilde{\boldsymbol{Y}}=\boldsymbol{Y}+\boldsymbol{E}\odot\boldsymbol{M}$，其中$\boldsymbol{M}\in\Re^{n\times c}$是一个需要通过学习得到的非负矩阵。所以，DENRRL 模型的目标函数是

$$\min_{\boldsymbol{D},\boldsymbol{M}}\|\boldsymbol{X}^{\mathrm{T}}\boldsymbol{D}-(\boldsymbol{Y}+\boldsymbol{E}\odot\boldsymbol{M})\|_{\mathrm{F}}^2+\lambda_1\|\boldsymbol{D}\|_*+\frac{\lambda_2}{2}\|\boldsymbol{D}\|_{\mathrm{F}}^2\quad \text{s.t.}\quad \boldsymbol{M}\geqslant 0 \tag{3-9}$$

3.2.3 判别性弹性网正则化回归表征学习的快速模型

对于大规模的图像分类问题，模型的高效性是至关重要的。但是，当求解基于核范数最小化的优化问题时，通常需要对矩阵进行奇异值分解，其算法复杂度为 $O(n^3)$。基于以下定理，可以将本节提出的模型转化为快速的优化模型，其算法复杂度能够降低至 $O(n)$（具体计算复杂度分析参见 4.5.2 节），进而大大提高了算法的优化速度，基本上可以满足数据处理的实时性要求。

定理 3-1　对于任意一个矩阵$\boldsymbol{D}$，如下等价性结论很容易得到满足：

$$\|\boldsymbol{D}\|_*=\min_{\boldsymbol{D}=\boldsymbol{A}\boldsymbol{B}}\|\boldsymbol{A}\|_{\mathrm{F}}\|\boldsymbol{B}\|_{\mathrm{F}}=\min_{\boldsymbol{D}=\boldsymbol{A}\boldsymbol{B}}\frac{1}{2}(\|\boldsymbol{A}\|_{\mathrm{F}}^2+\|\boldsymbol{B}\|_{\mathrm{F}}^2) \tag{3-10}$$

证明　假设$\boldsymbol{D}=\boldsymbol{A}\boldsymbol{B}$、$\boldsymbol{A}\in\Re^{d\times r}$、$\boldsymbol{B}\in\Re^{r\times c}$，其中$r$是矩阵$\boldsymbol{D}$的秩。矩阵$\boldsymbol{D}$奇异值分解$\boldsymbol{D}=\boldsymbol{U}\boldsymbol{\Sigma}\boldsymbol{V}^{\mathrm{T}}$，其中$\boldsymbol{U}$和$\boldsymbol{V}$是单位化的矩阵，$\boldsymbol{\Sigma}$是对角线矩阵且每个对角元素是对应的奇异值。此处可以推导出$\boldsymbol{\Sigma}=\boldsymbol{U}^{\mathrm{T}}\boldsymbol{D}\boldsymbol{V}=\boldsymbol{U}^{\mathrm{T}}\boldsymbol{A}\boldsymbol{B}\boldsymbol{V}$，所以有

$$\| \boldsymbol{D} \|_* = \mathrm{tr}(\boldsymbol{\Sigma}) = \mathrm{tr}(\boldsymbol{U}^{\mathrm{T}}\boldsymbol{ABV}) \leqslant \| \boldsymbol{U}^{\mathrm{T}}\boldsymbol{A} \|_{\mathrm{F}} \| \boldsymbol{BV} \|_{\mathrm{F}} = \| \boldsymbol{A} \|_{\mathrm{F}} \| \boldsymbol{B} \|_{\mathrm{F}} \leqslant \frac{1}{2}(\| \boldsymbol{A} \|_{\mathrm{F}}^2 + \| \boldsymbol{B} \|_{\mathrm{F}}^2) \tag{3-11}$$

根据著名的算术和几何平均不等式（Inequality of Arithmetic and Geometric Means，AM-GM Inequality）方法，以上等式和不等式均成立。

值得注意的是，如果令$\boldsymbol{A} = \boldsymbol{U}\sqrt{\boldsymbol{\Sigma}}$和$\boldsymbol{B} = \sqrt{\boldsymbol{\Sigma}}\boldsymbol{V}^{\mathrm{T}}$，那么$\boldsymbol{D} = \boldsymbol{AB}$。容易知道$\| \boldsymbol{D} \|_* = \| \boldsymbol{AB} \|_* = \| \boldsymbol{U\Sigma V}^{\mathrm{T}} \|_* = \mathrm{tr}(\boldsymbol{\Sigma})$。并且，式（3-12）也很容易得到：

$$\begin{aligned} \| \boldsymbol{D} \|_* = \mathrm{tr}(\boldsymbol{\Sigma}) &= \sqrt{\mathrm{tr}(\boldsymbol{U}\sqrt{\boldsymbol{\Sigma}}\sqrt{\boldsymbol{\Sigma}}\boldsymbol{U}^{\mathrm{T}})}\sqrt{\mathrm{tr}(\sqrt{\boldsymbol{\Sigma}}\boldsymbol{V}^{\mathrm{T}}\boldsymbol{V}\sqrt{\boldsymbol{\Sigma}})} \\ &= \sqrt{\| \boldsymbol{U}\sqrt{\boldsymbol{\Sigma}} \|_{\mathrm{F}}^2}\sqrt{\| \sqrt{\boldsymbol{\Sigma}}\boldsymbol{V}^{\mathrm{T}} \|_{\mathrm{F}}^2} = \| \boldsymbol{A} \|_{\mathrm{F}} \| \boldsymbol{B} \|_{\mathrm{F}} \end{aligned} \tag{3-12}$$

此时，式（3-11）中的第一个不等式的等号成立。另一方面，有

$$\begin{aligned} \| \boldsymbol{D} \|_* = \mathrm{tr}(\boldsymbol{\Sigma}) &= \frac{1}{2}(\mathrm{tr}(\boldsymbol{U}\sqrt{\boldsymbol{\Sigma}}\sqrt{\boldsymbol{\Sigma}}\boldsymbol{U}^{\mathrm{T}}) + \mathrm{tr}(\sqrt{\boldsymbol{\Sigma}}\boldsymbol{V}^{\mathrm{T}}\boldsymbol{V}\sqrt{\boldsymbol{\Sigma}})) \\ &= \frac{1}{2}(\| \boldsymbol{U}\sqrt{\boldsymbol{\Sigma}} \|_{\mathrm{F}}^2 + \| \sqrt{\boldsymbol{\Sigma}}\boldsymbol{V}^{\mathrm{T}} \|_{\mathrm{F}}^2) = \frac{1}{2}(\| \boldsymbol{A} \|_{\mathrm{F}}^2 + \| \boldsymbol{B} \|_{\mathrm{F}}^2) \end{aligned} \tag{3-13}$$

此时，式(3-11)中第二个不等式的等号成立。所以，当$\boldsymbol{D} = \boldsymbol{AB}$时，最小化$\frac{1}{2}(\| \boldsymbol{A} \|_{\mathrm{F}}^2 + \| \boldsymbol{B} \|_{\mathrm{F}}^2)$就是$\| \boldsymbol{D} \|_*$。定理 3-1 的结论成立，证明完毕。

基于定理 3-1 的结论，DENRRL 模型可以等价地转化为如下优化问题：

$$\begin{aligned} \min_{\boldsymbol{D},\boldsymbol{M},\boldsymbol{A},\boldsymbol{B}} & \| \boldsymbol{X}^{\mathrm{T}}\boldsymbol{D} - (\boldsymbol{Y} + \boldsymbol{E} \odot \boldsymbol{M}) \|_{\mathrm{F}}^2 + \frac{\lambda_1}{2}(\| \boldsymbol{A} \|_{\mathrm{F}}^2 + \| \boldsymbol{B} \|_{\mathrm{F}}^2) \\ & + \frac{\lambda_2}{2} \| \boldsymbol{D} \|_{\mathrm{F}}^2 \\ & \text{s.t.} \quad \boldsymbol{D} = \boldsymbol{AB}，\ \boldsymbol{M} \geqslant 0 \end{aligned} \tag{3-14}$$

3.3 模型优化求解和算法分类模型

本节主要介绍一种求解式（3-14）的快速优化算法。通常来讲，因为需要求解的优化问题带有一个低秩约束条件$\boldsymbol{D} = \boldsymbol{AB}$，这个约束导致该问题对于整体问题的求解变成了非凸非光滑的优化问题。在应对与式（3-14）类似的带有等式约束的优化问题方面，增广拉格朗日交替方向法（Augmented Lagrangian Alternating Direction Method，ALM）提供了一种可行的途径来求解此类问题的最小值。本节通过采用 ALM 交替最小化每一个变量的方式求解以上优化问题，即当最小化求解某一个变量时，固定其他所有变量。

3.3.1 模型的优化求解

在用 ALM 求解问题时，通常是交替地最小化原始问题的增广拉格朗日函数，同时

最大化其对偶问题。式（3-14）的增广拉格朗日方程是

$$\begin{aligned}\mathcal{L}(\boldsymbol{D},\boldsymbol{M},\boldsymbol{A},\boldsymbol{B},\boldsymbol{C}) &= \|\boldsymbol{X}^{\mathrm{T}}\boldsymbol{D}-(\boldsymbol{Y}+\boldsymbol{E}\odot\boldsymbol{M})\|_{\mathrm{F}}^2+\frac{\lambda_1}{2}(\|\boldsymbol{A}\|_{\mathrm{F}}^2+\|\boldsymbol{B}\|_{\mathrm{F}}^2)\\ &+\frac{\lambda_2}{2}\|\boldsymbol{D}\|_{\mathrm{F}}^2+\langle\boldsymbol{C},\boldsymbol{D}-\boldsymbol{A}\boldsymbol{B}\rangle+\frac{\mu}{2}\|\boldsymbol{D}-\boldsymbol{A}\boldsymbol{B}\|_{\mathrm{F}}^2\end{aligned} \tag{3-15}$$

其中，$\langle\boldsymbol{P},\boldsymbol{Q}\rangle=\mathrm{tr}(\boldsymbol{P}^{\mathrm{T}}\boldsymbol{Q})$表示矩阵内积，$\boldsymbol{C}$是拉格朗日乘子，$\mu>0$是惩罚参数。

尽管基于定理 3-1 将原始问题中的核范数求解做了近似松弛，但是这一变换对算法的整体稳定性是没有影响的。优化问题$\mathcal{L}$的每一个原始变量可以通过块坐标下降法来依次求解，每个最小化问题都是沿着一个坐标梯度的下降方向进行求解，下面详细介绍这一求解过程。

1．更新$\boldsymbol{A}$

通过固定除$\boldsymbol{A}$以外的所有变量来得到$\boldsymbol{A}$的最优解：

$$\begin{aligned}\boldsymbol{A}^{+} &= \arg\min_{\boldsymbol{A}}\frac{\lambda_1}{2}\|\boldsymbol{A}\|_{\mathrm{F}}^2+\langle\boldsymbol{C},\boldsymbol{D}-\boldsymbol{A}\boldsymbol{B}\rangle+\frac{\mu}{2}\|\boldsymbol{D}-\boldsymbol{A}\boldsymbol{B}\|_{\mathrm{F}}^2\\ &= \arg\min_{\boldsymbol{A}}\frac{\lambda_1}{2}\|\boldsymbol{A}\|_{\mathrm{F}}^2+\frac{\mu}{2}\|\boldsymbol{D}-\boldsymbol{A}\boldsymbol{B}+\frac{\boldsymbol{C}}{\mu}\|_{\mathrm{F}}^2\end{aligned} \tag{3-16}$$

其中，由于$\boldsymbol{L}$中与$\boldsymbol{A}$无关的所有变量在本次优化步骤中对求解$\boldsymbol{A}$的最优值没有任何影响，所以都视为常量，且在损失函数中可以直接被忽略。可以发现，式（3-16）是一个典型的正则化最小二乘问题，其解可以直接通过对变量求导，并令其导数为0，得到的解为

$$\boldsymbol{A}^{+}=(\boldsymbol{C}+\mu\boldsymbol{D})\boldsymbol{B}^{\mathrm{T}}(\lambda_1\boldsymbol{I}+\mu\boldsymbol{B}\boldsymbol{B}^{\mathrm{T}})^{-1} \tag{3-17}$$

2．更新$\boldsymbol{B}$

可以使用与更新$\boldsymbol{A}$相似的方式来对$\boldsymbol{B}$进行求解：

$$\boldsymbol{B}^{+}=\arg\min_{\boldsymbol{B}}\frac{\lambda_1}{2}\|\boldsymbol{B}\|_{\mathrm{F}}^2+\frac{\mu}{2}\|\boldsymbol{D}-\boldsymbol{A}\boldsymbol{B}+\frac{\boldsymbol{C}}{\mu}\|_{\mathrm{F}}^2 \tag{3-18}$$

而$\boldsymbol{B}$的最优解为

$$\boldsymbol{B}^{+}=(\lambda_1\boldsymbol{I}+\mu\boldsymbol{A}^{\mathrm{T}}\boldsymbol{A})^{-1}\boldsymbol{A}^{\mathrm{T}}(\boldsymbol{C}+\mu\boldsymbol{D}) \tag{3-19}$$

3．更新$\boldsymbol{D}$

当固定除$\boldsymbol{D}$以外的所有变量时，$\boldsymbol{D}$的最优解为

$$\boldsymbol{D}^{+}=\arg\min_{\boldsymbol{D}}\|\boldsymbol{X}^{\mathrm{T}}\boldsymbol{D}-\boldsymbol{S}\|_{\mathrm{F}}^2+\frac{\lambda_2}{2}\|\boldsymbol{D}\|_{\mathrm{F}}^2+\frac{\mu}{2}\|\boldsymbol{D}-\boldsymbol{A}\boldsymbol{B}+\frac{\boldsymbol{C}}{\mu}\|_{\mathrm{F}}^2 \tag{3-20}$$

其中，$\boldsymbol{S}=\boldsymbol{Y}+\boldsymbol{E}\odot\boldsymbol{M}$。

通过求一阶导数并将其设为$\dfrac{\partial\mathcal{L}}{\partial\boldsymbol{D}}=\boldsymbol{0}$，$\boldsymbol{D}$的最优解为

$$\boldsymbol{D}^{+}=(2\boldsymbol{X}\boldsymbol{X}^{\mathrm{T}}+\lambda_2\boldsymbol{I}+\mu\boldsymbol{I})^{-1}(2\boldsymbol{X}\boldsymbol{S}+\mu\boldsymbol{A}\boldsymbol{B}-\boldsymbol{C}) \tag{3-21}$$

4．更新$\boldsymbol{M}$

当去除与$\boldsymbol{M}$无关的所有变量时，更新求解$\boldsymbol{M}$的最优解问题可以退化到求解如下问题：

$$\boldsymbol{M}^{+}=\arg\min_{\boldsymbol{M}}\|\boldsymbol{T}-\boldsymbol{E}\odot\boldsymbol{M}\|_{\mathrm{F}}^{2}\quad \text{s.t.}\quad \boldsymbol{M}\geqslant 0 \tag{3-22}$$

其中，$\boldsymbol{T}=\boldsymbol{X}^{\mathrm{T}}\boldsymbol{D}-\boldsymbol{Y}$。考虑到 Frobenius 范数的平方最小化问题可以通过逐元素来求解，那么式（3-22）的优化问题可以分解为$n\times c$个子问题来求解。这里，矩阵$\boldsymbol{M}$的第i行、第j列元素M_{ij}可以通过求解如下子问题得到：

$$(T_{ij}-E_{ij}M_{ij})^{2}\quad \text{s.t.}\quad M_{ij}\geqslant 0 \tag{3-23}$$

根据文献[7]中的定理，M_{ij}的最优解是

$$M_{ij}=\max(E_{ij}T_{ij},0) \tag{3-24}$$

所以，式（3-22）最优解的简洁形式可以写成$\boldsymbol{M}^{+}=\max(\boldsymbol{E}\odot\boldsymbol{T},0)$。通过迭代地计算块坐标梯度下降步骤[式(3-17)、式(3-19)、式(3-21)和式(3-24)]，渐近点集($\boldsymbol{A}$,$\boldsymbol{B}$,$\boldsymbol{D}$,$\boldsymbol{M}$)中的每一个点都可以收敛到$\boldsymbol{L}$的最小值点。定理 3-2 可以被推导出来。

定理 3-2　已知变量$\boldsymbol{X}$、$\boldsymbol{C}$和根据式（3-8）定义的变量$\boldsymbol{E}$，假如序列$\{(\boldsymbol{A}_k,\boldsymbol{B}_k,\boldsymbol{D}_k,\boldsymbol{M}_k)\}_{k=1}^{t}$是由多次迭代步骤[式（3-17）、式（3-19）、式（3-21）和式（3-24）]依次产生的解序列，那么每一个有限点集$\{(\boldsymbol{A}_k,\boldsymbol{B}_k,\boldsymbol{D}_k,\boldsymbol{M}_k)\}$都是增广拉格朗日函数$\mathcal{L}(\boldsymbol{A},\boldsymbol{B},\boldsymbol{D},\boldsymbol{M},\boldsymbol{C})$的最小值点。

证明　根据文献[22]中命题 2.7.1 的描述可以推导出，对于所有变量$\boldsymbol{A}$、$\boldsymbol{B}$、$\boldsymbol{D}$和$\boldsymbol{M}$，损失函数$\mathcal{L}(\boldsymbol{A},\boldsymbol{B},\boldsymbol{D},\boldsymbol{M},\boldsymbol{C})$在每一步迭代中都连续可导，并且每一个子问题［式（3-16）、式（3-18）、式（3-20）和式（3-23）］都有唯一对应的解析解，所以经过有限次迭代优化后，所产生的解序列都是目标$\mathcal{L}$的最小值点。证明完毕。

DENRRL 优化问题［式（3-15）］可以通过迭代优化每一个变量直到满足收敛条件来进行求解。为了更加清楚地描述问题的求解步骤，这里将上述优化算法的详细步骤总结在算法 3-1 中。

算法 3-1　DENRRL 算法

输入： 特征矩阵$\boldsymbol{X}$，类标矩阵$\boldsymbol{Y}$，常数矩阵$\boldsymbol{E}$，λ_1、λ_2，$\boldsymbol{M}=\boldsymbol{0}$，$\boldsymbol{D}\in\Re^{d\times c}$，$\boldsymbol{A}\in\Re^{d\times r}$，$\boldsymbol{B}\in\Re^{r\times c}$，$\boldsymbol{C}_1\in\Re^{d\times c}$，$\lambda_1>0$，$\lambda_2>0$，$\mu>0$。

输出： 最优的投影矩阵$\widehat{\boldsymbol{D}}^{*}$。

While　不收敛　**do**
　While　不收敛　**do**
　步骤 1：通过求解式（3-16）更新$\boldsymbol{A}$；
　步骤 2：通过求解式（3-18）更新$\boldsymbol{B}$；
　步骤 3：通过求解式（3-20）更新$\boldsymbol{D}$；
　步骤 4：通过求解式（3-23）更新$\boldsymbol{M}$；
　End While
步骤 5：利用$\boldsymbol{C}=\boldsymbol{C}+\mu(\boldsymbol{D}-\boldsymbol{A}\boldsymbol{B})$更新拉格朗日乘子$\boldsymbol{C}$。
End While

3.3.2　判别性回归表征空间的构造和算法分类模型

利用 DENRRL 方法可以学习到紧凑且鲁棒的投影矩阵$\widehat{\boldsymbol{D}}$，然后将原始特征空间的训练样本和测试样本线性转换到判别的表征空间，最后利用最简单的最近邻分类器进行图像分类。图 3-1 展示了 AR 数据集中前 50 类样本的原始特征和采用 DENRRL 方法学习到的数据表征的 t-SNE 可视化结果。很明显，利用 DENRRL 方法学习到的数据表征更具可分性，同时从图 3-1（b）可以很清楚地看出，该数据表征被划分到了 50 个不同的类别，而且来自同一语义类别的数据都聚集在同一类别的簇中，不同类别的数据被分离到不同的簇内。那么，如果利用这样的数据表征进行数据划分，即使使用最简单的最近邻分类器也能够获得不错的结果。整个算法分类模型已经总结到算法 3-2 中。

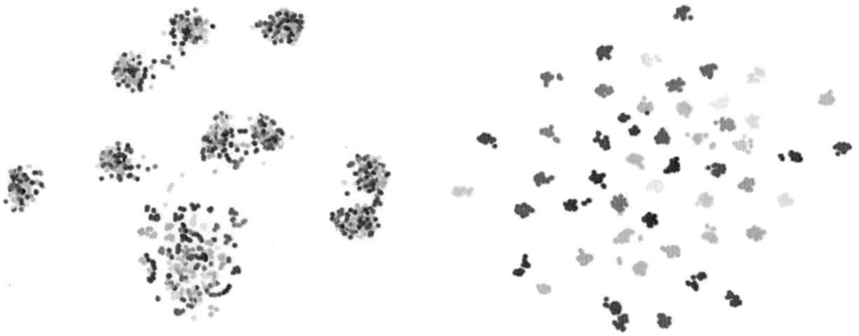

（a）　　（b）

图 3-1　AR 数据集中前 50 类样本的原始特征和采用 DENRRL 学习到的数据表征的t-SNE 可视化结果

（a）原始特征　（b）采用 DENRRL 方法学习到的数据表征

算法 3-2　基于判别性回归表征空间的分类算法

输入： 训练样本特征集$\boldsymbol{X}$，类标矩阵$\boldsymbol{Y}$，测试样本集 $\boldsymbol{Z} \subset \Re^{d\times m}$。

输出： 预测类标矩阵$\boldsymbol{L_Z}$。

步骤 1：对包括训练和测试的所有样本进行基于l_2范数的单位化：

$$\boldsymbol{x}_i = \boldsymbol{x}_i / \| \boldsymbol{x}_i \|_2$$

步骤 2：利用训练样本矩阵$\boldsymbol{X}$减去其均值矩阵，得到相应的中心化特征矩阵；

步骤 3：利用算法 3-1 得到最优的投影矩阵$\widehat{\boldsymbol{D}}$；

步骤 4：利用投影矩阵$\widehat{\boldsymbol{D}}$将$\boldsymbol{X}$和$\boldsymbol{Z}$投影到回归空间，即

$$\widetilde{\boldsymbol{X}} = \boldsymbol{X}^{\mathrm{T}}\widehat{\boldsymbol{D}}，\widetilde{\boldsymbol{Z}} = \boldsymbol{Z}^{\mathrm{T}}\widehat{\boldsymbol{D}}$$

步骤 5：利用最近邻分类器预测所有测试样本$\widetilde{\boldsymbol{Z}}$的类标矩阵$\boldsymbol{L_Z}$。

3.4 算法分析

本节首先分析本章介绍的算法与经典回归模型的关系，然后分析该算法的时间复杂度和理论收敛性。

3.4.1 与经典回归模型的关系

值得注意的是，ENRRL 框架是传统最小二乘回归模型和低秩线性回归模型在普适性及鲁棒性方面的增强型版本。命题 3-3 揭示了 DENRRL 模型与已有的传统最小二乘回归模型及低秩线性回归模型之间的密切关系。

命题 3-3 ENRRL 框架是一个具有普适性且鲁棒的线性回归方法，并且已有的传统最小二乘回归模型和低秩线性回归模型都可以看作 DENRRL 模型的特殊问题。

证明 当$\lambda_1 = 0$、$\lambda_2 = 0$、$\boldsymbol{M} = \boldsymbol{0}_{n\times c}$时，式（3-15）会退化为最原始的最小二乘回归模型［式（3-1)］。此外，如果假设$\lambda_1 = 0$和$\boldsymbol{M} = \boldsymbol{0}_{n\times c}$，式（3-15）就会退化为正则化的线性回归模型［式（3-1)］。更进一步讲，如果直接令参数$\lambda_2 = 0$和$\boldsymbol{M} = \boldsymbol{0}_{n\times c}$，DENRRL 模型就会退化为低秩线性回归模型［式（3-3)］。所以，最原始的线性回归模型和低秩线性回归模型都可以认为是 DENRRL 模型的特殊情况，而 ENRRL 框架是线性回归模型的普适性框架。

更加重要的是，为了实现扩大不同类别间距离的目的，DENRRL 模型通过引入ε-牵引技术并利用学习到的回归目标，可以更可靠地拟合回归任务，所以 DENRRL 模型与已有的线性回归模型相比更加鲁棒且更具判别性。因此，DENRRL 算法可以认为是普适且具判别性的线性回归学习框架，同时该框架也容易扩展到其他回归模型上。

总的来说，ENRRL 框架不仅从本质上扩展了已有的最小二乘回归模型和低秩线性回归模型，而且将灵活的回归目标松弛和奇异值弹性网正则化无缝地结合到已有的线性回归模型中，进而得到更加鲁棒且更具判别性的表征学习算法。证明完毕。

3.4.2 时间复杂度和收敛性分析

DENRRL 方法的整体算法时间复杂度主要集中于算法 3-1 的计算过程，而算法 3-1 的主要计算代价来自步骤 1~步骤 4。具体来说，步骤 1 和步骤 2 的计算复杂度是$O(dcr)$，其中d和c分别表示样本维度和样本类别数，r表示矩阵$\boldsymbol{D}$的秩。由于存在矩阵求逆的计算，求解$\boldsymbol{D}$的复杂度是$O(2d^2nc + d)$，而计算$\boldsymbol{M}$的复杂度是$O(nc)$。所以，DENRRL 方法的总复杂度是$O((2d^2 + 1)nc + 2dcr + d)$。

算法 3-1 能够快速地收敛。首先需要指出的是，算法 3-1 存在最优解，同时目标函数值是有界的。根据定理 3-3 可以推导出算法 3-1 具有弱收敛性且能够收敛到局部最优解。

定理 3-3　对于算法 3-1，将序列$(\boldsymbol{D}_k,\boldsymbol{M}_k,\boldsymbol{A}_k,\boldsymbol{B}_k,\boldsymbol{C}_k)$标记为$\boldsymbol{\Psi}^k$，并且假设序列$\{\boldsymbol{\Psi}^k\}$由算法 3-1 产生，那么如果给出变量矩阵$\boldsymbol{X}$和根据式（3-8）定义的矩阵$\boldsymbol{E}$，序列$\{\boldsymbol{\Psi}^k\}_{k=1}^{n}$是有界的，并且有

$$\lim_{k\to+\infty}\{\boldsymbol{\Psi}^{k+1}-\boldsymbol{\Psi}^k\}=0 \tag{3-25}$$

那么，序列$\{\boldsymbol{\Psi}^k\}_{k=1}^{n}$中每一个有限序列值都是$\{\boldsymbol{\Psi}^k\}_{k=1}^{n}$由式（3-14）产生的 KKT（Karush-Kuhn-Tucker）点。

证明　将式（3-14）的损失函数标记为$\boldsymbol{\Psi}(\boldsymbol{A},\boldsymbol{B},\boldsymbol{D},\boldsymbol{M})$，那么式（3-14）的 KKT 点需要满足如下所有条件：

$$\begin{aligned}
&\boldsymbol{D}-\boldsymbol{AB}=\boldsymbol{0}\\
&\frac{\partial\boldsymbol{\Psi}}{\partial\boldsymbol{A}}=\boldsymbol{A}(\lambda_1\boldsymbol{I}+\mu\boldsymbol{BB}^{\mathrm{T}})-(\boldsymbol{C}+\mu\boldsymbol{D})\boldsymbol{B}^{\mathrm{T}}=\boldsymbol{0}\\
&\frac{\partial\boldsymbol{\Psi}}{\partial\boldsymbol{B}}=(\lambda_1\boldsymbol{I}+\mu\boldsymbol{A}^{\mathrm{T}}\boldsymbol{A})\boldsymbol{B}-\boldsymbol{A}^{\mathrm{T}}(\boldsymbol{C}+\mu\boldsymbol{D})=\boldsymbol{0}\\
&\frac{\partial\boldsymbol{\Psi}}{\partial\boldsymbol{D}}=(2\boldsymbol{XX}^{\mathrm{T}}+\lambda_2\boldsymbol{I}+\mu\boldsymbol{I})\boldsymbol{D}-2\boldsymbol{XS}-\mu\boldsymbol{AB}+\boldsymbol{C}=\boldsymbol{0}\\
&\frac{\partial\boldsymbol{\Psi}}{\partial\boldsymbol{M}}=\boldsymbol{R}\odot\boldsymbol{E}-\boldsymbol{M}=0
\end{aligned} \tag{3-26}$$

其中，$\boldsymbol{S}=\boldsymbol{Y}+\boldsymbol{E}\odot\boldsymbol{M}$和$\boldsymbol{T}=\boldsymbol{X}^{\mathrm{T}}\boldsymbol{D}-\boldsymbol{Y}$。容易验证，拉格朗日乘子$\boldsymbol{C}$满足：

$$\boldsymbol{C}^k=\boldsymbol{C}^{k-1}+\mu(\boldsymbol{D}-\boldsymbol{AB}) \tag{3-27}$$

其中，$\boldsymbol{C}^k$指序列$\{\boldsymbol{C}^k\}_{k=1}^{\infty}$中$\boldsymbol{C}$的第$k$次迭代值。如果拉格朗日乘子序列$\{\boldsymbol{C}^k\}_{k=1}^{\infty}$可以收敛到一个不动点，即$(\boldsymbol{C}^k-\boldsymbol{C}^{k-1})\to\boldsymbol{0}$，那么如下近似结果可以很容易推导出来，即$(\boldsymbol{D}-\boldsymbol{AB})\to\boldsymbol{0}$。所以，式（3-26）的第一个等式得到满足。

对于式（3-26）中的第二个子等式，根据算法 3-1 中对变量$\boldsymbol{A}$的优化结果可得

$$(\boldsymbol{A}^k-\boldsymbol{A}^{k-1})(\lambda_1\boldsymbol{I}+\mu\boldsymbol{BB}^{\mathrm{T}})=\boldsymbol{CB}^{\mathrm{T}}+\mu\boldsymbol{DB}^{\mathrm{T}}-\lambda_1\boldsymbol{A}-\mu\boldsymbol{ABB}^{\mathrm{T}} \tag{3-28}$$

此处，我们可以直接令$\boldsymbol{A}^{k-1}=\boldsymbol{A}$。基于第一个条件$\boldsymbol{D}-\boldsymbol{AB}=\boldsymbol{0}$，可以很容易地推导出：当$(\boldsymbol{A}^k-\boldsymbol{A}^{k-1})\to\boldsymbol{0}$时，$(\boldsymbol{C}_1\boldsymbol{B}^{\mathrm{T}}-\lambda_1\boldsymbol{A})\to\boldsymbol{0}$。所以，式（3-26）中的第二个条件成立。

与第二个条件的验证过程相似，式（3-26）中的第三个条件也可以利用算法 3-1 中对自变量$\boldsymbol{B}$的优化结果得到，即

$$(\lambda_1\boldsymbol{I}+\mu\boldsymbol{A}^{\mathrm{T}}\boldsymbol{A})(\boldsymbol{B}^k-\boldsymbol{B}^{k-1})=(\boldsymbol{A}^{\mathrm{T}}\boldsymbol{C}_1-\lambda_1\boldsymbol{B})+\mu\boldsymbol{A}^{\mathrm{T}}(\boldsymbol{D}-\boldsymbol{AB}) \tag{3-29}$$

与上面相似，这里可以推导出，当$(\boldsymbol{B}^k-\boldsymbol{B}^{k-1})\to\boldsymbol{0}$时，$(\boldsymbol{A}^{\mathrm{T}}\boldsymbol{C}_1-\lambda_1\boldsymbol{B})\to\boldsymbol{0}$成立。所以式（3-26）中的第三个条件也满足。

由算法 3-1 中对变量$\boldsymbol{D}$的优化结果可得

$$(2\boldsymbol{X}\boldsymbol{X}^{\mathrm{T}}+\lambda_2\boldsymbol{I}+\mu\boldsymbol{I})(\boldsymbol{D}^k-\boldsymbol{D}^{k-1})=(\mu\boldsymbol{A}\boldsymbol{B}-\mu\boldsymbol{D})+(2\boldsymbol{X}\boldsymbol{S}-\boldsymbol{C}_1-2\boldsymbol{X}\boldsymbol{X}^{\mathrm{T}}\boldsymbol{D}-\lambda_2\boldsymbol{D}) \quad (3\text{-}30)$$

根据前面的条件可以推导出，当$(\boldsymbol{D}^k-\boldsymbol{D}^{k-1})\to\boldsymbol{0}$时，$(2\boldsymbol{X}\boldsymbol{S}-\boldsymbol{C}_1-2\boldsymbol{X}\boldsymbol{X}^{\mathrm{T}}\boldsymbol{D}-\lambda_2\boldsymbol{D})\to\boldsymbol{0}$成立。所以，式（3-26）的第四个条件也成立。对于式（3-26）中的最后一个条件，如果此处不考虑$\boldsymbol{M}\geqslant 0$，那么根据式（3-8）的定义，$\boldsymbol{E}\odot\boldsymbol{E}=\boldsymbol{1}_{d\times c}$成立。如上面的优化过程，此处可以得到如下等式：

$$\boldsymbol{M}^k-\boldsymbol{M}^{k-1}=\boldsymbol{T}\odot\boldsymbol{E}-\boldsymbol{M} \quad (3\text{-}31)$$

同样，当$(\boldsymbol{M}^k-\boldsymbol{M}^{k-1})\to\boldsymbol{0}$时，$(\boldsymbol{T}\odot\boldsymbol{E}-\boldsymbol{M})\to\boldsymbol{0}$成立。更进一步讲，若增加了非负约束$\boldsymbol{M}\geqslant\boldsymbol{0}$，这里可以直接对$\boldsymbol{M}$的值进行硬阈值化操作，而此操作对优化的收敛性过程是没有影响的。

通过简单验证容易得到，算法 3-1 的目标函数存在下确界，即式（3-14）的值序列$\{\boldsymbol{\Psi}^k\}_{k=1}^{\infty}$是有界的，因此，$\{(\boldsymbol{A}^k)^{\mathrm{T}}\boldsymbol{A}^k\}_{k=1}^{\infty}$和$\{(\boldsymbol{B}^k)^{\mathrm{T}}\boldsymbol{B}^k\}_{k=1}^{\infty}$也是有界的。那么当$\lim\limits_{k\to\infty}\{\boldsymbol{\Psi}^{k+1}-\boldsymbol{\Psi}^k\}=\boldsymbol{0}$时，式（3-27）~式（3-31）中所有等式两侧都趋近于 0。所以，目标函数值的序列$\{\boldsymbol{\Psi}^k\}_{k=1}^{\infty}$可以通过不断地迭代逐渐满足所有的 KKT 条件，并且算法 3-1 中的优化算法可以收敛到一个局部最优解。至此，定理 3-3 的结论在理论上成立，证明完毕。

3.5 实验验证

本节通过在多个数据集上分别执行人脸识别、物体识别和场景识别这 3 种不同的分类任务来评估本章介绍的表征学习方法的性能，并将该方法与多种已有的线性回归方法进行对比，以验证其有效性。

3.5.1 对比方法与实验设置

本实验中，人脸识别任务在 4 个人脸数据集上执行，即 Extended YaleB 数据集[26]、CMU PIE 数据集[27]、AR 数据集[28]和 LFW 数据集[29]，而物体识别任务和场景识别任务分别在 COIL-100 数据集[30]和 Fifteen Scene Categories 数据集[31]上进行。需要指出的是，这些数据集都是常用的多类别图像识别数据集，已有的方法已经在这些数据集上取得非常好的识别性能，所以获得更好的识别性能是很具挑战性的。

与本章方法相关的识别方法依次列举如下：

（1）基于协同性表征的分类方法，包括 SRC[14]、LLC[18]、CRC[17]、LRC[16]；

（2）线性回归和低秩回归方法，包括 DLSR[7]、LRLR[22]、LRRR[22]和 SLRR[22]；

（3）基于低秩表示的分类方法，包括 RPCA[21,32]、LatLRR[33]、LRSI[32]和 CBDS[34]；

（4）SVM，即利用带有高斯核的支持向量机方法在原始的图像特征上进行分类，本实验中直接利用 LibSVM[35]工具包进行分类。

此外，为了证明本章介绍的模型的鲁棒性，我们在场景识别任务中增加了几种基于深度学习的场景图像识别方法，包括 Decaf、VGG-Net-16、VGG-Net-19、DSFL+Decaf、Place-CNN、Hybrid-CNN、SDE+fc1+fc2 和 SDE(scale−1+2)。值得一提的是，SVM 中有一个重要的正则化损失函数C，在集合 [0.001,0.01,1.0,10.0,100.0] 中利用交叉验证的策略选取最优的参数。SVM 实际上也是最小二乘回归模型的变种算法。此外，DENRRL 是本章介绍的判别性回归表征学习模型。为了验证 ε-牵引技术的重要性，这里直接从式（3-14）中移除 ε-牵引项，即$\boldsymbol{E} \odot \boldsymbol{M}$，并将其标记为 ENRRL*。

考虑到实验结果对比的公平性，本实验中所有的对比均直接使用相应文献中的原始代码并配置最优的参数，或者直接引用相应文献中的实验结果。具体来讲，为了保证所有参与对比的方法和本章方法在每一个数据集上都有相同的实验配置，本实验复现了所有参与对比的方法，并且通过 10 次交叉验证选择最优参数，在每个数据集上都随机选取 10 次训练样本和测试样本。此外，场景分类任务的实验配置和文献[31]中的方法完全一致，所以这里直接从其原始文献中引用实验结果参与对比。对于文献[31]中没有出现的对比算法，本实验都基于与 LC-KSVD 算法相同的实验配置重新运行，进而得到最终的实验结果。所以，本节展示的所有方法的对比实验结果均是在相同的测试平台和实验配置下进行的。

3.5.2　在人脸识别任务中的实验结果

本小节将 DENRRL 应用于 4 个人脸数据集，以评估其性能。

1. 在 Extended YaleB 数据集上的实验结果

在这个数据集中，从每个个体中随机选择 15 张、20 张、25 张和 30 张人脸图像用于训练，剩下的样本用于测试。所有其他参与对比的方法都直接用相应文献中建议的参数设置进行分类。不同分类方法的识别准确率已汇总到表 3-1 中，其中，平均识别准确率和相应的标准差（acc±std）同时展示在表中，而且最高的识别准确率都已经被加粗标记。从表 3-1 可以发现，对于不同的训练样本数量，DENRRL 总是可以获得更高的识别准确率。另外，如果将回归目标矩阵的松弛项移除，相应的算法 ENRRL*的性能在大多数情况下也优于其他回归学习算法，例如 LSR、LRC、CRC、LRLR、LRRR 和 SLRR。结果也充分说明了一个事实，弹性网正则化约束项可以得到更加鲁棒的投影矩阵和更高的识别准确率。

表 3-1　不同分类方法在 Extended YaleB 数据集上的识别准确率（单位：%）

算法名称	acc±std （15 个训练样本）	acc±std （20 个训练样本）	acc±std （25 个训练样本）	acc±std （30 个训练样本）
LLC	88.63±0.31	91.52±0.48	94.20±0.58	95.21±0.35
LRC	89.47±1.16	92.05±0.99	93.50±0.67	94.62±0.66
CRC	91.39±1.35	94.26±1.27	95.91±0.90	97.04±0.72
SRC	91.72±0.48	93.71±0.69	95.56±0.36	96.37±0.45
LRLR	82.05±0.98	83.81±1.53	85.03±1.00	85.29±1.00
LRRR	82.37±1.24	83.65±0.78	85.46±0.93	86.01±0.94
SLRR	82.32±1.03	84.25±0.70	85.16±1.12	85.84±1.20
DLSR	92.37±0.73	94.78±0.71	95.84±0.42	96.97±0.43
RPCA	90.52±0.44	93.52±0.61	95.41±0.36	96.68±0.46
LatLRR	90.92±1.32	92.92±0.92	93.81±0.78	95.13±0.83
LRSI	92.71±0.58	94.26±0.33	96.16±0.55	96.98±0.45
CBDS	93.13±1.39	95.89±1.07	96.46±0.83	97.44±0.74
SVM	89.35±1.24	92.74±0.87	95.07±0.57	96.20±0.46
ENRRL*	92.18±0.89	94.28±0.62	95.70±0.61	96.80±0.48
DENRRL	**94.34±1.05**	**96.66±0.56**	**97.70±0.57**	**98.51±0.45**

2. 在 CMU PIE 数据集上的实验结果

在这个数据集中，随机选取每个个体的 15 张、20 张、25 张和 30 张人脸图像作为训练样本，将剩下的所有样本作为测试样本。不同分类方法的识别准确率已经总结在表 3-2 中。从表中可以看出，DENRRL 方法的识别准确率总是最高，而 ENRRL*方法的性能在大多数情况下也可以比其他对比方法更好。

表 3-2　不同分类方法在 CMU PIE 数据集上的识别准确率（单位：%）

算法名称	acc±std （15 个训练样本）	acc±std （20 个训练样本）	acc±std （25 个训练样本）	acc±std （30 个训练样本）
LLC	84.62±0.57	90.90±0.25	93.27±0.36	94.46±0.41
LRC	85.61±0.62	90.17±0.52	92.65±0.38	94.01±0.22
CRC	89.76±0.59	92.42±0.29	93.80±0.29	94.61±0.12
SRC	88.97±0.66	91.14±0.39	92.62±0.38	93.71±0.18
LRLR	83.70±0.57	85.73±0.58	86.80±0.45	87.62±0.48
LRRR	83.88±0.69	85.78±0.61	86.79±0.58	87.59±0.47

续表

算法名称	acc±std（15 个训练样本）	acc±std（20 个训练样本）	acc±std（25 个训练样本）	acc±std（30 个训练样本）
SLRR	83.69±0.64	85.85±0.50	86.77±0.61	87.58±0.47
DLSR	90.73±0.50	92.53±0.45	93.68±0.29	94.47±0.29
RPCA	84.26±0.41	88.24±0.32	91.06±0.12	92.26±0.22
LatLRR	84.26±0.41	88.24±0.32	91.06±0.12	92.26±0.22
LRSI	87.56±0.58	90.60±0.36	93.25±0.61	94.52±0.54
CBDS	88.58±0.65	91.50±0.42	93.41±0.46	94.53±0.37
SVM	86.66±0.75	90.70±0.63	92.66±0.53	93.06±0.35
ENRRL*	90.47±0.53	92.82±0.45	93.94±0.45	94.67±0.26
DENRRL	**92.25±0.49**	**94.06±0.41**	**95.61±0.31**	**95.85±0.09**

3. 在 AR 数据集上的实验结果

在这个数据集中，我们随机选取来自 50 个男性和 50 个女性的 2600 张人脸图像进行实验。对于每个个体，分别随机选取 8 张、11 张、14 张和 17 张图像组成训练样本集，而将剩下的所有样本作为测试样本集。依据文献[32]的实验配置，首先生成一个具有标准正态分布的随机投影矩阵，然后利用此矩阵将整个数据集投影到 540 维的特征空间中，所有的实验都在此空间中进行。不同分类方法在 AR 数据集上的识别准确率总结在表 3-3 中。可以看出，DENRRL 方法可以获得最高的识别准确率，这也再次验证了该方法在训练样本不同的情况下总是比其他参与对比的方法更出色。

表 3-3　不同分类方法在 AR 数据集上的识别准确率（单位：%）

算法名称	acc±std（8 个训练样本）	acc±std（11 个训练样本）	acc±std（14 个训练样本）	acc±std（17 个训练样本）
LLC	54.26±1.27	60.87±0.91	66.88±1.03	71.58±1.32
LRC	63.87±1.42	76.87±1.13	85.20±1.00	90.88±0.97
CRC	86.53±1.07	91.66±0.77	94.06±0.77	95.74±0.76
SRC	84.08±0.98	89.45±0.74	92.20±1.19	95.14±0.67
LRLR	76.75±1.37	88.93±0.86	93.02±0.63	94.92±0.68
LRRR	91.40±0.71	93.82±0.70	95.42±0.48	96.47±0.70
SLRR	90.02±0.76	93.70±0.55	95.15±0.70	96.04±0.49
DLSR	89.56±0.68	93.65±0.67	94.36±0.62	95.18±0.46
RPCA	77.32±1.43	84.39±1.33	88.82±0.90	92.62±0.77
LatLRR	88.42±0.76	92.13±1.06	95.96±0.70	97.13±0.80
LRSI	78.78±1.02	85.93±1.01	89.92±0.76	93.17±0.97

续表

算法名称	acc±std（8 个训练样本）	acc±std（11 个训练样本）	acc±std（14 个训练样本）	acc±std（17 个训练样本）
CBDS	88.65±0.73	92.92±0.69	95.17±0.60	96.63±0.63
SVM	75.74±1.60	86.19±1.02	91.99±0.70	95.08±0.91
ENRRL*	90.42±0.87	93.80±0.83	95.41±0.68	96.31±0.56
DENRRL	**91.94±0.80**	**95.69±0.70**	**97.30±0.62**	**98.21±0.54**

4. 在 LFW 数据集上的实验结果

和其他实验相似，在每个个体中随机选取 5 张、6 张、7 张和 8 张图像分别组成训练样本集，将剩下的相应样本作为测试样本集。不同分类方法在 LFW 数据集上的识别准确率汇总于表 3-4 中。因为 LFW 数据集是一个很具挑战性的人脸数据集，且本实验只使用了非常少的训练样本，所以各分类方法的总体效果都不好，但本章方法依然获得了较高的识别准确率，这又一次验证了该方法的有效性。

表 3-4　不同分类方法在 LFW 数据集上的识别准确率（单位：%）

算法名称	acc±std（5 个训练样本）	acc±std（6 个训练样本）	acc±std（7 个训练样本）	acc±std（8 个训练样本）
LLC	27.42±1.42	29.50±1.59	31.06±1.25	31.90±0.80
LRC	29.88±1.58	33.13±1.76	35.42±1.79	37.23±1.86
CRC	29.54±1.16	31.72±1.22	32.86±1.36	33.81±1.32
SRC	29.03±1.57	32.21±1.53	33.36±2.00	36.21±2.54
LRLR	29.88±1.02	30.18±0.74	34.45±1.63	35.16±2.17
LRRR	30.58±1.39	32.83±1.74	34.80±1.33	36.48±1.77
SLRR	30.72±1.23	33.02±1.53	35.32±1.41	36.40±1.69
DLSR	31.22±0.83	33.81±1.53	35.87±1.60	37.02±1.58
RPCA	29.82±1.59	32.52±1.36	34.45±1.63	36.27±1.43
LatLRR	29.96±1.06	33.22±1.85	35.30±1.90	37.12±1.65
LRSI	29.51±1.91	32.16±1.34	34.62±1.49	36.61±1.65
CBDS	31.13±1.44	32.83±1.46	34.30±1.52	36.30±1.82
SVM	29.66±1.64	32.36±1.70	35.46±1.42	36.73±1.45
ENRRL*	30.66±1.01	33.28±2.13	35.22±1.67	36.41±1.87
DENRRL	**32.69±1.26**	**36.04±1.43**	**38.32±1.51**	**40.09±1.80**

总的来说，在 4 个人脸数据集上，ENRRL*方法可以取得更高的识别准确率，且

DENRRL 方法获得了最优的性能。实验结果表明，本章介绍的表征学习方法可以有效解决人脸识别问题。

3.5.3　在物体识别任务中的实验结果

为了验证 ENRRL*方法和 DENRRL 方法也适用于解决物体识别问题，本小节在 COIL-100 数据集上测试这两种方法的性能表现。从每一个物体收集的图像中随机选取 15 张、20 张、25 张和 30 张图像构成训练样本集，并将剩下的所有图像作为测试样本集。不同分类方法在该数据集上进行实验的结果汇总于表 3-5 中。

表 3-5　不同分类方法在 COIL-100 数据集上的识别准确率（单位：%）

算法名称	acc±std（15 个训练样本）	acc±std（20 个训练样本）	acc±std（25 个训练样本）	acc±std（30 个训练样本）
LLC	86.93±0.49	90.25±0.46	92.50±0.50	93.84±0.37
LRC	85.33±0.66	88.79±0.75	91.09±0.55	92.63±0.42
CRC	81.36±0.42	84.33±0.59	86.33±0.52	87.72±0.51
SRC	86.10±0.83	89.47±0.45	91.99±0.45	93.91±0.58
LRLR	70.59±0.64	72.79±0.82	74.47±0.70	76.00±0.76
LRRR	70.61±0.69	73.22±0.85	74.64±0.57	75.80±0.57
SLRR	71.85±0.59	73.81±0.70	73.69±0.53	76.47±0.51
DLSR	88.07±0.50	90.19±0.39	92.09±0.46	93.24±0.29
RPCA	88.31±0.87	91.72±0.31	93.53±0.35	95.28±0.34
LatLRR	85.30±0.40	88.43±0.43	90.72±0.44	92.47±0.45
LRSI	87.87±0.39	91.56±0.47	93.74±0.51	95.22±0.43
CBDS	77.04±0.80	77.84±0.66	79.55±0.60	81.32±0.75
SVM	84.89±0.62	88.10±0.47	90.80±0.65	92.44±0.42
ENRRL*	88.40±0.36	91.28±0.39	93.37±0.39	94.66±0.27
DENRRL	**91.92±0.40**	**94.36±0.41**	**95.80±0.43**	**96.87±0.37**

从表 3-5 可以直观地看出，DENRRL 方法总比其他对比方法更加优越。例如，当训练样本个数为 15 时，DENRRL 方法的识别准确率比其他所有方法高出至少 3 个百分点。所以，DENRRL 方法在执行物体识别任务方面有着很大的潜力，这也反映出 ENRRL 模型在应对多类别分类问题时非常有效。

3.5.4　在场景识别任务中的实验结果

本小节通过在 Fifteen Scene Categories 数据集上进行的实验来评估本章介绍的方法

在场景识别任务中的性能表现。该实验利用文献[31]中使用的特征来验证方法的有效性。与文献[31]和文献[36]的实验配置相同，我们在每一类中随机选取 100 张图像作为训练样本，然后将剩下的所有图像作为测试样本。该实验中，LLC*方法和 LLC 方法的近邻个数分别取 30 和 70。所有的对比实验结果都汇总于表 3-6 中。

表 3-6　不同分类方法在 Fifteen Scene Categories 数据集上的识别准确率

算法名称	识别准确率（%）	算法名称	识别准确率（%）
LLC	79.40	SVM	93.60
LLC*	89.20	LRSI	92.40
LRC	91.90	LatLRR	91.50
CRC	92.30	CBDS	95.70
LRLR	94.40	DLSR	95.90
LRRR	87.20	SRC	91.80
SLRR	89.50	Lazebnik	81.40
RPCA	92.10	Lian	86.40
LC_KSVD1	90.40	Decaf	87.99
LC_KSVD2	92.90	Xie	83.27±0.83
LRRC	90.10	Hybrid-CNN	91.59±0.48
Place-CNN	90.19±0.34	DSFL+Decaf	92.81±0.69
VGG-Net-16	91.78±0.43	VGG-Net-19	91.42±0.18
SDE+fcl+fc2	93.94±0.57	SDE(scale−1+2)	92.03±0.45
ENRRL*	97.10±0.24	**DENRRL**	**98.70±0.17**

实验结果表明，本章介绍的方法在场景识别任务中又一次取得了最高的识别准确率，体现出了该方法的性能优势。具体来讲，该方法的识别准确率比其他方法至少高出近 3 个百分点，验证了利用该方法学习到的图像数据表征更具判别能力。

3.5.5　与传统的回归表征学习模型进行对比分析

上面在 6 个数据集上的实验结果证明了本章介绍的回归表征学习框架的鲁棒性和有效性，同时也可以得出如下结论。

（1）DENRRL 方法同时考虑投影回归矩阵的弹性网正则化特性和回归目标矩阵的判别性结构。利用这两个重要性质，和那些只持有任意一种性质的其他常规回归方法相比，DENRRL 方法的性能明显更好。前文中展示的大量实验结果也验证了一个非常重要的论点：与其他方法（如基于线性表征学习的方法、常规线性回归方法和低秩线性回归方法等）相比，ENRRL 模型更有优越性。

（2）DENRRL 方法比其他回归分析方法（如 DLSR、LRLR、LRRR、LRC 和 SLRR）都更加有效，因为该方法将投影矩阵的弹性网正则化特性考虑在建模过程中。奇异值弹性网正则化约束不仅可以更好地评估样本本质的分布和内在结构，而且可以增强 DENNRL 方法的普适性，便于使投影矩阵更加紧凑和鲁棒。具体来讲，低秩正则化约束可以很好地捕捉到数据潜在的子空间结构和类别蕴含的关联信息，而 Frobenius 范数正则化可以避免模型的过拟合。将两种模型结合在一起组建成奇异值弹性网正则化约束是有理有据的，这也暗示了学习一个简约而更具判别性的投影矩阵在回归模型中的重要性和必要性。ENRRL*方法的实验结果也同样证明了以上观点，在大多数情况下，与已有的线性回归模型（如 LRC、CRC、LRLR、LRRR、SLRRR 和 DLSR）相比，ENRRL*方法可以取得更好的识别结果。

（3）和传统线性回归方法中直接利用二元矩阵作为回归目标不同，DENRRL 方法扩大了回归目标每一类之间的边缘距离，使通过学习得到的回归目标更加适用于回归问题，所以该方法的识别准确率得到了大幅提升。这也是 DENRRL 方法优于已有线性回归模型的另一个主要原因。此外，当不同类间边缘非常接近时，SVM 方法很难寻找到最好的决策函数，但是，在松弛判别性回归目标矩阵的引导下，DENRRL 方法能够找到最优的分类边界面。因为将严格的二元目标矩阵松弛到更有弹性的目标矩阵时，鲁棒的 ENRRL 模型能大幅改进已有的线性回归模型。并且与当前的线性回归方法相比，DENRRL 方法总是可以获得更高的识别准确率。

（4）DENRRL 方法获得了比 ENRRL*方法更高的识别准确率，这反映了学习判别性回归目标对回归任务是非常有利的。

3.5.6　优化算法的收敛条件和参数敏感性经验分析

本小节主要分析 DENRRL 方法的收敛条件，从实验角度验证其收敛表现以及变量λ_1和λ_2对算法性能的影响。

定理 3-3 从理论上证明了 DENRRL 方法能够随着算法迭代逐渐收敛到问题的局部最优解，也就是说，在某些“温和”的条件下，DENRRL 目标函数的迭代序列可以收敛到满足其原始问题 KKT 条件的一个不动点。但是，过多的迭代次数可能无法满足现实问题的时间需求。为了应对这一问题，考虑该方法回归模型的最终目的是学习到简约且具判别性的投影回归矩阵$\boldsymbol{D}$，然后利用$\boldsymbol{D}$进行表征学习和多类别图像分类。所以，这里直接使用$\|\boldsymbol{D}^{k+1}-\boldsymbol{D}^{k}\|_{\mathrm{F}}^{2}\leqslant 10^{-5}$作为回归表征学习模型的收敛条件，其中$\boldsymbol{D}^k$表示$\boldsymbol{D}$的第$k$次迭代的结果。为了确保该方法可以快速收敛到不动点，本小节在 4 个不同的数据集

（Extended YaleB 数据集、AR 数据集、CMU PIE 数据集和 Fifteen Scene Categories 数据集）上分别重现 DENRRL 方法，并记录每次迭代的目标函数值。图 3-2 描绘了在不同数据集上，随着迭代次数的增加，矩阵$\boldsymbol{D}$的相对误差和算法识别准确率的变化。图 3-2 表明，DENRRL 方法可以快速、有效地收敛，算法 3-1 通常迭代不超过 50 次就可以收敛，并且算法精度经过 35 次迭代就变得稳定。

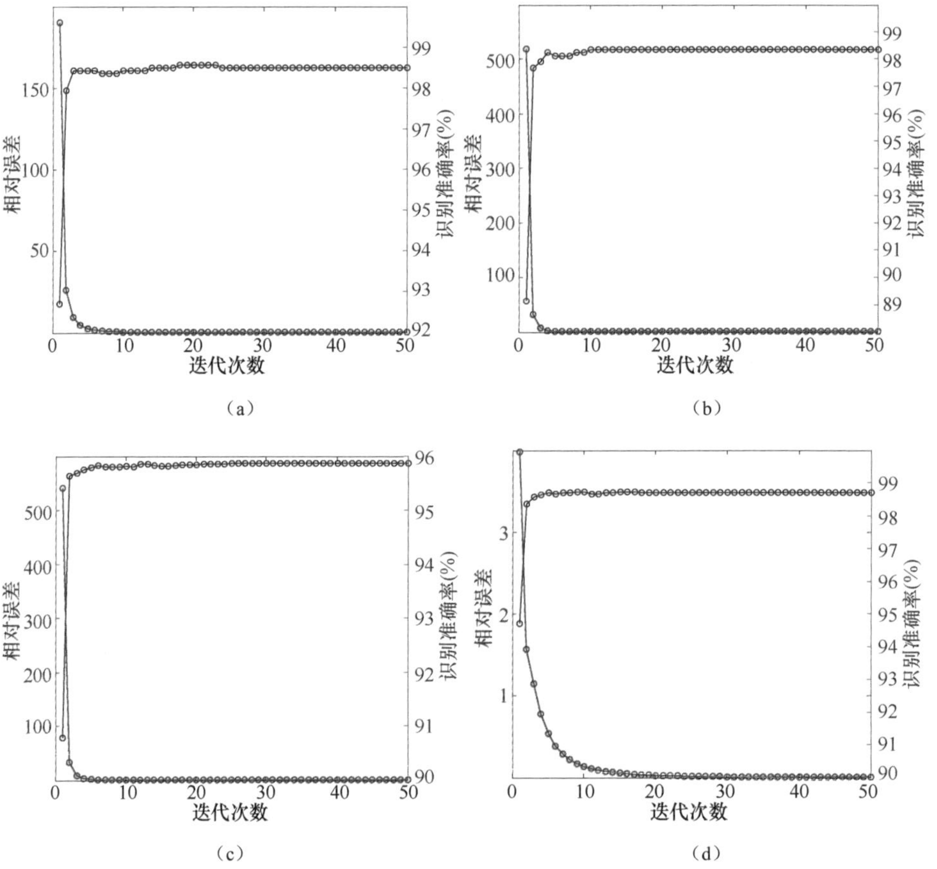

图 3-2　DENRRL 方法在 4 个不同数据集上矩阵 ***D*** 相对误差和识别准确率随迭代次数变化的曲线
（a）Extended YaleB 数据集　（b）AR 数据集
（c）CMU PIE 数据集　（d）Fifteen Scene Categories 数据集

为了进一步考察 DENRRL 方法的其他性质，本小节通过改变变量λ_1和λ_2的取值来探究其对算法性能的影响。为了更加清楚地展示结果，我们同样分别在 4 个数据集上（Extended YaleB 数据集、AR 数据集、CMU PIE 数据集和 Fifteen Scene Categories 数据集）做了大量的实验来进行参数敏感性测试。具体来讲，我们通过从数值集合

{0.0001,0.0005, 0.001,0.005,0.01,0.05,0.1,0.5,1}中不断改变两个变量值来观测识别准确率的变化。图 3-3 展示了随着参数变化，DENRRL 方法相应分类结果的变化。从图 3-3 可以看出，DENRRL 模型的性能不会因参数λ_1和λ_2的改变引起很大的变化，即当参数取值都不是很大时，DENRRL 方法的识别准确率并不会受到很大影响。并且，当两个参数不为 0 时，算法才能获得最高的识别准确率，这也证明了这两个正则化项对于取得优异性能是必不可少的。总体来讲，DENRRL 模型对参数不敏感，即 DENRRL 方法对参数鲁棒。

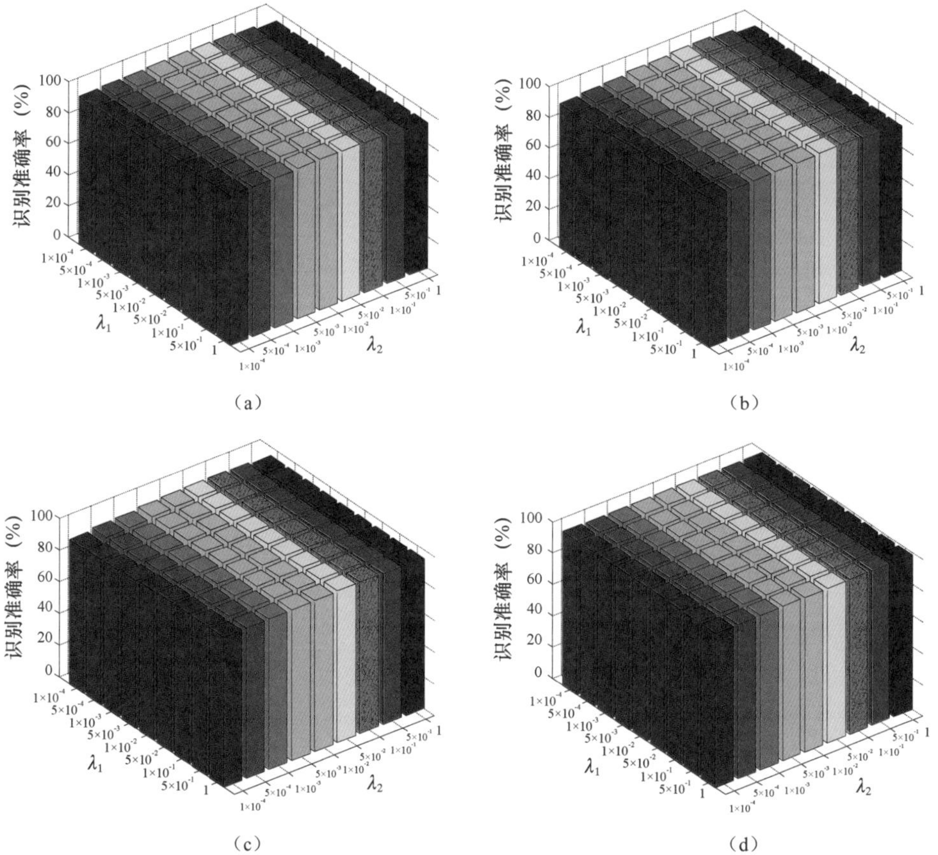

图 3-3　DENRRL 方法在 4 个不同数据集上识别准确率随着参数 λ_1 和 λ_2 变化得到的结果
（a）Extended YaleB 数据集　（b）AR 数据集
（c）CMU PIE 数据集　（d）Fifteen Scene Categories 数据集

3.5.7　算法效率分析

为了证明本章介绍的方法的高效性，本小节通过实验对比分析了 DENRRL 方法和其他对比方法的运行时间。所有的实验结果都是在配置了 8GB 内存、3.3Hz CPU 的个人计算机上运行仿真软件 MATLAB 2013a 得到的。实验在 Extended YaleB 数据集上进行。具体来讲，该实验直接从每个样本个体中随机选取 25 张图像作为训练样本，并将剩下的所有图像作为测试样本。不同方法的运行时间对比结果见表 3-7。可以清楚地看到，大多数的方法都有训练时间和测试时间，而基于线性表征学习的分类方法（例如 LLC、LRC、CRC 和 SRC）由于直接利用训练样本来学习测试样本具体的数据表征，然后直接用学到的表征进行图像分类，因此没有训练时间。从表 3-7 中的数据可以发现，DENRRL 方法与其他所有方法相比花费了最短的运行时间。所以，该方法的高效性得到了充分验证。

表 3-7　不同分类方法在 Extended YaleB 数据集上的运行时间对比

算法名称	训练时间（s）	测试时间（s）	算法名称	训练时间（s）	测试时间（s）
LLC	—	42.83	LatLRR	128.80	0.63
LRC	—	59.50	LRSI	9.29	44.41
CRC	—	43.39	CBDS	153.90	1.71
SRC	—	899.55	DLSR	4.56	0.36
LRLR	3.74	0.13	SVM	0.12	4.24
LRRR	2.58	0.14	LC_KSVD	64.50	0.84
SLRR	20.44	0.16	DENRRL	1.19	0.26
RPCA	89.43	0.61			

3.6　本章小结

本章介绍了一种基于奇异值弹性网正则化约束的回归表征学习框架，并设计了一种判别性较强的图像数据表征学习方法，用于解决多类别图像分类问题。通过引入弹性网正则化约束策略来捕捉不同类别间潜在的结构特性，本章介绍的方法可以学习到一个更加简约且鲁棒的回归矩阵。与传统线性回归模型不同，本章介绍的方法不直接使用二元矩阵作为回归目标，而是把回归目标矩阵松弛到更加灵活的目标空间中，同时将不同类别间样本的距离进一步扩大，构建出一个更加判别的回归目标空间。通过在多个公开数据集上执行不同识别任务获得的大量实验结果证明，本章介绍的方法能够获得更高的识别准确率且计算速度更快。

参考文献

[1] Zhang L, Shum H P H, Shao L. Discriminative semantic subspace analysis for relevance feedback[J]. IEEE Transactions on Image Processing, 2016, 25(3): 1275-1287.

[2] Huang D, Cabral R, De la Torre F. Robust regression[J]. IEEE Transactions on Pattern Analysis and Machine Intelligence, 2015, 38(2): 363-375.

[3] Li S, Fu Y. Learning robust and discriminative subspace with low-rank constraints[J]. IEEE Transactions on Neural Networks and Learning Systems, 2015, 27(11): 2160-2173.

[4] Yu M, Shao L, Zhen X, et al. Local feature discriminant projection[J]. IEEE Transactions on Pattern Analysis and Machine Intelligence, 2015, 38(9): 1908-1914.

[5] Shao L, Liu L, Yu M. Kernelized multiview projection for robust action recognition[J]. International Journal of Computer Vision, 2016, 118(2): 115-129.

[6] Zhang Z, Xu Y, Yang J, et al. A survey of sparse representation: Algorithms and applications[J]. IEEE Access, 2015, 3: 490-530.

[7] Xiang S, Nie F, Meng G, et al. Discriminative least squares regression for multiclass classification and feature selection[J]. IEEE Transactions on Neural Networks and Learning Systems, 2012, 23(11): 1738-1754.

[8] Wold S, Ruhe A, Wold H, et al. The collinearity problem in linear regression. The partial least squares (PLS) approach to generalized inverses[J]. SIAM Journal on Scientific and Statistical Computing, 1984, 5(3): 735-743.

[9] Strutz T. Data fitting and uncertainty: A practical introduction to weighted least squares and beyond[M]. Wiesbaden: Vieweg and Teubner, 2010.

[10] Li Y, Ngom A. Nonnegative least-squares methods for the classification of high-dimensional biological data[J]. IEEE/ACM Transactions on Computational Biology and Bioinformatics, 2013, 10(2): 447-456.

[11] De la Torre F. A least-squares framework for component analysis[J]. IEEE Transactions on Pattern Analysis and Machine Intelligence, 2012, 34(6): 1041-1055.

[12] Wen X, Shao L, Xue Y, et al. A rapid learning algorithm for vehicle classification[J]. Information Sciences, 2015, 295: 395-406.

[13] Tibshirani R. Regression shrinkage and selection via the lasso[J]. Journal of the Royal Statistical Society: Series B (Methodological), 1996, 58(1): 267-288.

[14] Wright J, Yang A Y, Ganesh A, et al. Robust face recognition via sparse representation[J]. IEEE

Transactions on Pattern Analysis and Machine Intelligence, 2008, 31(2): 210-227.

[15] Zhang Z, Wang L, Zhu Q, et al. Noise modeling and representation based classification methods for face recognition[J]. Neurocomputing, 2015, 148: 420-429.

[16] Naseem I, Togneri R, Bennamoun M. Linear regression for face recognition[J]. IEEE Transactions on Pattern Analysis and Machine Intelligence, 2010, 32(11): 2106-2112.

[17] Zhang L, Yang M, Feng X. Sparse representation or collaborative representation: Which helps face recognition?[C]//Proceedings of the 2011 International Conference on Computer Vision. NJ: IEEE, 2011: 471-478.

[18] Wang J, Yang J, Yu K, et al. Locality-constrained linear coding for image classification[C]//2010 IEEE Computer Society Conference on Computer Vision and Pattern Recognition. NJ: IEEE, 2010: 3360-3367.

[19] Xie G S, Zhang X Y, Yan S, et al. Hybrid CNN and dictionary-based models for scene recognition and domain adaptation[J]. IEEE Transactions on Circuits and Systems for Video Technology, 2015, 27(6): 1263-1274.

[20] Li S, Fu Y. Learning balanced and unbalanced graphs via low-rank coding[J]. IEEE Transactions on Knowledge and Data Engineering, 2014, 27(5): 1274-1287.

[21] Candès E J, Li X, Ma Y, et al. Robust principal component analysis?[J]. Journal of the ACM (JACM), 2011, 58(3): 1-37.

[22] Cai X, Ding C, Nie F, et al. On the equivalent of low-rank linear regressions and linear discriminant analysis based regressions[C]//Proceedings of the 19th ACM SIGKDD International Conference on Knowledge Discovery and Data Mining. NY: ACM, 2013: 1124-1132.

[23] Evgeniou A, Pontil M. Multi-task feature learning[J]. Advances in Neural Information Processing Systems, 2007, 19: 41.

[24] Zou H, Hastie T. Regularization and variable selection via the elastic net[J]. Journal of the Royal Statistical Society: Series B (Statistical Methodology), 2005, 67(2): 301-320.

[25] Kim E, Lee M, Oh S. Elastic-net regularization of singular values for robust subspace learning[C]//Proceedings of the IEEE Conference on Computer Vision and Pattern Recognition. NJ: IEEE, 2015: 915-923.

[26] Georghiades A S, Belhumeur P N, Kriegman D J. From few to many: Illumination cone models for face recognition under variable lighting and pose[J]. IEEE Transactions on Pattern Analysis and Machine Intelligence, 2001, 23(6): 643-660.

[27] Sim T, Baker S, Bsat M. The CMU pose, illumination, and expression (PIE) database[C]//Proceedings of the Fifth IEEE International Conference on Automatic Face Gesture Recognition. NJ: IEEE, 2002:

53-58.

[28] Martinez A, Benavente R. The AR face database: CVC Technical Report, 24[R/OL]. 1998.

[29] Huang G B, Mattar M, Berg T, et al. Labeled faces in the wild: A database forstudying face recognition in unconstrained environments[DB/OL]//Workshop on Faces in 'Real-Life' Images: Detection, Alignment, and Recognition. 2008.

[30] Nene S A, Nayar S K, Murase H. Columbia object image library (coil-100): Technical Report CUCS-005-96[DB/OL]. 1996.

[31] Lazebnik S, Schmid C, Ponce J. Beyond bags of features: Spatial pyramid matching for recognizing natural scene categories[C]//2006 IEEE Computer Society Conference on Computer Vision and Pattern Recognition (CVPR'06). NJ: IEEE, 2006, 2: 2169-2178.

[32] Wei C P, Chen C F, Wang Y C F. Robust face recognition with structurally incoherent low-rank matrix decomposition[J]. IEEE Transactions on Image Processing, 2014, 23(8): 3294-3307.

[33] Liu G, Yan S. Latent low-rank representation for subspace segmentation and feature extraction[C]//2011 International Conference on Computer Vision. NJ: IEEE, 2011: 1615-1622.

[34] Li Y, Liu J, Lu H, et al. Learning robust face representation with classwise block-diagonal structure[J]. IEEE Transactions on Information Forensics and Security, 2014, 9(12): 2051-2062.

[35] Chang C C, Lin C J. LIBSVM: A library for support vector machines[J]. ACM Transactions on Intelligent Systems and Technology (TIST), 2011, 2(3): 1-27.

[36] Jiang Z, Lin Z, Davis L S. Label consistent K-SVD: Learning a discriminative dictionary for recognition[J]. IEEE Transactions on Pattern Analysis and Machine Intelligence, 2013, 35(11): 2651-2664.

第 4 章 边缘结构化表征学习

在机器学习领域，当构造分类器或者相关指示器时，具有较强判别性的视觉数据表征学习模型能够更容易地提取出令人信服并且有益的数据表征。优异的数据表征对机器学习算法来说是至关重要的，因为有效的数据表征能够充分挖掘出观测数据中潜在的有效信息和数据结构[1]，并能够大大提升算法性能。对于分类问题而言，判别性主要体现在所得到数据表征的可分性，即不同类别间的表征距离尽可能大，同时同类别间的表征尽可能地相似。除了深度表征学习[1]以外，还有大量的其他表征学习方法，例如基于流形学习的表征学习[2-4]、基于稀疏性约束和低秩性约束的表征学习[5-10]以及基于字典的表征学习[11-13]。本章主要介绍构造适用于多种图像识别任务的结构化表征学习模型的方法。

对机器学习中的识别问题或回归问题而言，已有的表征学习算法依然不够灵活且不能适应多任务的问题求解。这些方法的主要缺陷在于其缺乏对噪声或异常数据的鲁棒性、计算复杂度高以及数据表征的判别能力弱等。具体来讲，流形数据表征的学习过程是通过提纯或投影的方式将原始高维数据转换到新的低维子空间，但是如何降低计算复杂度和找到合适的图结构是两个难以克服的问题。传统的稀疏表征学习和低秩表征学习由于其沉重的计算负担而无法满足实时应用程序的需求[2-4,14]。此外，该方法学到的数据表征依然缺乏足够的区分能力，因为其不能很好地捕获输入数据中潜在的可解释性因子。

为了弥补上述不足，本章介绍一种快速、有效的视觉数据表征学习方法，即边缘结构化表征学习（Marginally Structured Representation Learning，MSRL）方法。首先，MSRL方法主要基于一种非常简单有效的边缘回归目标学习方法。与传统的回归方法不同，MSRL 方法不使用固定的 0-1 二值矩阵作为回归目标，而是直接构建了一个带有近似最优边缘约束的自适应回归目标，这样的回归结果更具判别性且更加精确。其次，为了尽可能地保留原始数据中具有强辨识能力的数据结构，本章介绍一种基于概率的自适应几何结构来保留数据的局部相似性，并且精确地抓住隐藏在数据底层的判别性结构体，进而反过来引导边缘回归目标的构建。再者，本章进一步将回归空间的预测建立在一个判别的隐空间中，然后通过隐空间学习来找到隐含在数据模式中的相互关系。最后，本章介绍一个快速的迭代优化方法来求解所产生的目标函数。基于不同图像识别任务的实验结果表明，利用 MSRL 方法学到的视觉数据表征具有足够的鲁棒性、判别性和有效性。

4.1　判别性最小二乘回归方法

由于稀疏性和低秩性理论在解决不同的计算机视觉问题时可以获得较好的性能表现，基于稀疏性和低秩性的表征学习方法[5,7,8]引起许多研究人员的关注。例如，稀疏表示已被成功应用到人脸识别任务中[5,6]，而研究表明，导致稀疏性的本质是局部性。基于局部性的特质，很多快速的稀疏表示学习方法涌现出来。但是，因为稀疏表示方法通常仅仅考虑到每个独立样本是否可以最优地表达预测样本，所以稀疏性只抓住了数据的局部性表征。随后，研究人员提出了可以获取整个数据全局表征的低秩表征学习方法[15-18]。

基于字典的表征学习方法（简称字典学习方法）主要是探索在某些特定的规则下如何从原始数据中学习到更加紧凑、有效的训练表征。例如，K-SVD 算法[11]是最知名的字典学习方法之一，被广泛地应用于信号复原和去噪等方面。但是，K-SVD 算法主要关注如何构造一个能够最好地重构输入数据的过完备字典，忽视了子空间或类标信息这样的判别性度量标准，所以无法有效地处理分类或回归问题。为了使字典学习方法更加适用于其他机器学习任务，研究人员提出了一系列判别性字典学习方法[12-14,19-22]。例如，文献[12]提出了一种判别性字典学习方法——D-KVD（Discriminative K-SVD）方法，该方法在 K-SVD 字典学习框架下添加了分类器参数的学习；Jiang 等人[13]又在 D-KSVD 方法的基础上增加了类标一致性约束，使其能够更好地进行图像分类。文献[22]提出了一种线性化的核字典学习方法[22]，该方法主要由两部分组成，即核矩阵近似和虚拟样本构造。该方法可以将多种字典学习方法推广到相应的核学习版本。

由于最小二乘回归（Least Squares Regression，LSR）方法在数据分析方面的高效性和实用性，该方法已被广泛地应用于解决众多机器学习问题。目前已有一系列与 LSR 方法相关的改进或变形算法，例如判别 LSR 算法[23]、可放缩判别 LSR 算法[24]和重定向 LSR 算法[25]。此外，还有很多受欢迎的模型也和原始 LSR 模型密切相关，例如稀疏编码[5,7]、岭回归[26,27]和线性 SVM[28]。经典的正则化 LSR 模型旨在学习投影矩阵$\boldsymbol{W} \in \mathfrak{R}^{d\times c}$将训练样本$\boldsymbol{X} = [\boldsymbol{x}_1, \cdots, \boldsymbol{x}_n] \in \mathfrak{R}^{d\times n}$投影到类标空间$\boldsymbol{Y} \in \mathfrak{R}^{c\times n}$，其目标函数是

$$\min_{\boldsymbol{W},\boldsymbol{b}} ||\boldsymbol{W}^{\mathrm{T}}\boldsymbol{X} - \boldsymbol{b}\boldsymbol{e}_n^{\mathrm{T}} - \boldsymbol{Y}||_{\mathrm{F}}^2 + \lambda||\boldsymbol{W}||_{\mathrm{F}}^2 \tag{4-1}$$

其中，$\boldsymbol{b}$是回归误差，$\boldsymbol{e}_n = [1, \cdots, 1]^{\mathrm{T}}$是一个全 1 向量，$\lambda$是正则化参数，$d$、$c$和$n$分别是样本的维度、训练样本类别数和样本个数。如果第i个样本来自第j类，那么，其类标向量$\boldsymbol{y}_i = [0, \cdots, 0, 1, 0, \cdots, 0]^{\mathrm{T}} \in \mathfrak{R}^c$，除了第$j$个元素是 1 以外，其他元素都是 0。所以，式（4-1）中的回归目标是一个二值矩阵。但是实验表明，绝对的 0-1 二值目标矩阵太过苛刻，无法精准地进行数据回归。判别性线性回归（Discriminative Linear Square Regression，

DLSR）利用ε-牵引技术将不同类的二值输出沿不同方向强制拉伸，即

$$\min_{\boldsymbol{W},\boldsymbol{b},\boldsymbol{M}}\|\boldsymbol{W}^{\mathrm{T}}\boldsymbol{X}-\boldsymbol{b}\boldsymbol{e}_n^{\mathrm{T}}-\boldsymbol{Y}-\boldsymbol{B}\odot\boldsymbol{M}\|_{\mathrm{F}}^2+\lambda\|\boldsymbol{W}\|_{\mathrm{F}}^2 \quad \text{s.t.} \quad \boldsymbol{M}\geqslant\boldsymbol{0} \tag{4-2}$$

其中，$\boldsymbol{B}\in\Re^{c\times n}$是一个常数矩阵。如果第$j$个样本来自第$i$类，那么$B_{ij}=1$，否则$B_{ij}=-1$。DLSR 将原始的二值矩阵松弛到了一个相对灵活的投影空间，并扩大了不同类别间的间距，使其更加适用于回归问题。

但是，过度地追求最大化的边缘距离和以贪心的方式搜索最优的投影来适应可分性的目标，极可能会导致算法的过拟合现象。基于图学习的技术[4,14-16]提供了一个解决过拟合问题的可行途径[29]。图结构学习的一个重要优势是其能够自然地抓住多个模态的数据模式或度量，例如数据的相似性关系[30]。基于l_1正则的图结构是众多图学习模型中最具代表性的一种，它能够自动确定数据对间连接边的权重。文献[30]证明了图结构学习在图像聚类应用中的有效性。此外，设计最优的几何关系正则项能够大幅提升所设计算法的性能，并且可以有效防止过拟合。Nie 等人[31]把相似矩阵构造和无监督特征选择统一在一个学习框架下进行数据聚类。所以，在大多数情况下，在模型中增加图结构的正则化对整个模型的学习都是非常有利的。

4.2 边缘结构化表征学习模型

本节详细介绍应用于图像理解的 MSRL 框架，该框架可以从低阶观测数据中提取出判别性的高阶语义信息。

机器学习的算法性能严重依赖数据表征的有效性，必要的语义信息总是由多种有用的数据表征联合形成，因为联合语义表征会比单一特征更加有效。所以，MSRL 模型可以由如下框架阐明：

$$\min_{r_i,f}\sum_{i=1}^{n}\mathcal{L}(\boldsymbol{x}_i,\boldsymbol{r}_i,f)+\beta\Psi(f)+\lambda\Phi(f) \tag{4-3}$$

其中，$\mathcal{L}(\cdot)$是用于评测预定义的边缘目标与预测结果间近似回归误差的经验损失函数，$\Psi(f)$是控制函数f复杂度的正则项，$\Phi(f)$是用于控制函数f平滑性的自适应概率图结果。此外，λ和β是用于平衡以上 3 项重要性的超参数。

4.2.1 损失函数

对不同的应用来说，损失函数$\mathcal{L}(\cdot)$通常根据经验来确定。最常用的 3 个凸的度量函数是最小二乘损失函数、逻辑回归损失函数和铰链（Hinge）损失函数。其中，最简单且最常用的损失函数是最小二乘损失函数，因为它是一个凸且光滑的函数，并且在大多

数情况下总是可以得到与 Hinge 损失函数相比更具竞争力的结果。而与最小二乘损失度量相比，逻辑回归损失函数对异常更加敏感。所以，这里定义一个基于最小二乘损失函数的回归优化问题：

$$\mathcal{L}(\boldsymbol{x}_i,\boldsymbol{r}_i,f)=\sum_{i=1}^{n}||f(\boldsymbol{x}_i)-\boldsymbol{r}_i||_2^2 \tag{4-4}$$

其中，$\boldsymbol{r}_i\in\mathfrak{R}^c$是一个学习到的回归目标。

传统的 LSR 目标向量是诸如式（4-1）中的二值类标向量。但是，因为直接将原始的高维观测向量投影到一个严格的二值向量会导致很高的回归错误率，所以直接用二值向量作为回归目标对回归问题来说太过苛刻，无法获得最好的回归性能[23-25]。为克服这一缺陷，这里介绍一种直接从数据本身来学习回归目标的方法，即以一种监督的方式来将其松弛到一个灵活但类别间边缘距离更远的空间。这里将回归目标的真实类别与错误类别间的边缘距离强制性地扩大到常数值C，即

$$r_{iy_i}-\max_{j\neq y_i}r_{ij}\geqslant C \tag{4-5}$$

其中，C是一个正的常数值，$\boldsymbol{y}_i$指示的是第i个样本真实类别的位置。例如，如果第i个样本来自第k类（$y_i=k$），那么$\boldsymbol{r}_i$的第k个元素r_{ik}应该比$\boldsymbol{r}_i$中剩下的所有元素大至少一个边缘距离C。这样一个简单的策略可以很明显地增加每一个样本在目标空间中的数据表征能力，回归目标的边缘距离也就随之变大了。另外，该方法使用线性转换矩阵$\boldsymbol{W}$将数据从原始的$\mathfrak{R}^d$空间投影到边缘化目标空间$\mathfrak{R}^c$：

$$\mathcal{L}(\boldsymbol{x}_i,\boldsymbol{r}_i,f)=\sum_{i=1}^{n}||\boldsymbol{W}^{\mathrm{T}}\boldsymbol{x}_i-\boldsymbol{r}_i||_2^2\quad \text{s.t.}\quad r_{iy_i}-\max_{j\neq y_i}r_{ij}\geqslant C \tag{4-6}$$

4.2.2　算法复杂度正则项

有效的正则项是鲁棒的表征学习模型必不可少的组成部分，能够直接影响算法的计算复杂度。为了挖掘不同类别间潜在的关联模式，MSRL 方法中添加了低秩性正则项。假设投影矩阵$\boldsymbol{W}$的秩由$s<\min(c,n)$来决定，那么可以很容易地推导出如下优化问题：

$$\min_{\boldsymbol{W},\boldsymbol{r}_i}\sum_{i=1}^{n}||\boldsymbol{W}^{\mathrm{T}}\boldsymbol{x}_i-\boldsymbol{r}_i||_2^2\quad \text{s.t.}\quad \mathrm{rank}(\boldsymbol{W})\leqslant s,\ r_{iy_i}-\max_{j\neq y_i}r_{ij}\geqslant C \tag{4-7}$$

等价于如下问题：

$$\min_{\boldsymbol{A},\boldsymbol{B},\boldsymbol{r}_i}\sum_{i=1}^{n}||(\boldsymbol{AB})^{\mathrm{T}}\boldsymbol{x}_i-\boldsymbol{r}_i||_2^2\quad \text{s.t.}\quad r_{iy_i}-\max_{j\neq y_i}r_{ij}\geqslant C \tag{4-8}$$

其中，$\boldsymbol{A}\in\mathfrak{R}^{d\times s}$，$\boldsymbol{B}\in\mathfrak{R}^{s\times c}$。通过简单推导，可以得出式（4-8）和式（4-7）有相同的解，但是$\boldsymbol{W}$却拥有了更具可解释性和判别性的低秩属性。更有趣的是，式（4-8）可

以重写成如下问题：

$$\min_{\boldsymbol{A},\boldsymbol{B},\boldsymbol{r}_i}\sum_{i=1}^{n}||\boldsymbol{B}^{\mathrm{T}}(\boldsymbol{A}^{\mathrm{T}}\boldsymbol{x}_i)-\boldsymbol{r}_i||_2^2 \quad \text{s.t.} \quad r_{iy_i}-\max_{j\neq y_i} r_{ij}\geqslant C \tag{4-9}$$

矩阵$\boldsymbol{A}$可以看作一个能够将高维数据投影到隐式解析空间的转换矩阵。

对于每一个样本点$\boldsymbol{x}_i$，其在隐空间中的相应数据表征是$\boldsymbol{A}^{\mathrm{T}}\boldsymbol{x}_i$。本章采用一个简单的线性函数来评测判别子空间和目标空间的转换关系，即

$$l_k(\boldsymbol{x}_i)=\boldsymbol{b}_k^{\mathrm{T}}\boldsymbol{A}^{\mathrm{T}}\boldsymbol{x}_i+\boldsymbol{e} \tag{4-10}$$

其中，$\boldsymbol{b}_k\in\mathfrak{R}^s$是指矩阵$\boldsymbol{B}$的第$k$列，$\boldsymbol{e}$表示预测误差。为了使问题更易处理，这里增加了对矩阵$\boldsymbol{A}$的正交约束，即$\boldsymbol{A}^{\mathrm{T}}\boldsymbol{A}=\boldsymbol{I}$。通过定义$\boldsymbol{B}=[\boldsymbol{b}_1,\cdots,\boldsymbol{b}_c]$，可以得到$\boldsymbol{W}^{\mathrm{T}}\boldsymbol{x}_i=\boldsymbol{B}^{\mathrm{T}}\boldsymbol{A}^{\mathrm{T}}\boldsymbol{x}_i+\boldsymbol{e}_i$，其中，$\boldsymbol{e}_i\in\mathfrak{R}^c$。此外，这里利用二次正则项来趋近预测误差$\boldsymbol{e}_i$，可以得到如下目标函数：

$$\begin{aligned}&\min_{\boldsymbol{W},\boldsymbol{A},\boldsymbol{B},\boldsymbol{r}_i}\sum_{i=1}^{n}||\boldsymbol{W}^{\mathrm{T}}\boldsymbol{x}_i-\boldsymbol{r}_i||_2^2+\gamma||\boldsymbol{W}-\boldsymbol{AB}||_{\mathrm{F}}^2\\&\text{s.t.}\quad r_{iy_i}-\max_{j\neq y_i} r_{ij}\geqslant C，\ \boldsymbol{A}^{\mathrm{T}}\boldsymbol{A}=\boldsymbol{I}\end{aligned} \tag{4-11}$$

为了使式（4-11）获得更稳定的解，这里使用$\boldsymbol{W}$的 Frobenius 范数来确定数据的组表示特征，进而定义如下正则项来掌控整个优化问题的复杂度：

$$\Psi(f)=||\boldsymbol{W}||_{\mathrm{F}}^2+\frac{\gamma}{\beta}||\boldsymbol{W}-\boldsymbol{AB}||_{\mathrm{F}}^2 \quad \text{s.t.} \quad \boldsymbol{A}^{\mathrm{T}}\boldsymbol{A}=\boldsymbol{I} \tag{4-12}$$

4.2.3 自适应流形结构学习

对于目标预测问题，目标函数中$\boldsymbol{W}$的主要作用是将原始特征空间的语义信息传送至更优的目标空间。一个很直观的想法是，预测目标应该保留数据中原本的局部结构，即若$\boldsymbol{x}_i$和$\boldsymbol{x}_j$在原始空间中是近邻关系，那么在预测空间中，$\boldsymbol{W}^{\mathrm{T}}\boldsymbol{x}_i$和$\boldsymbol{W}^{\mathrm{T}}\boldsymbol{x}_j$也应该是近邻关系，这在流形学习理论中称为局部不变性假设。但是，值得注意的是，原始高维空间中通常会含有很多冗余数据和噪声信息，这样建立起的数据连通性其实是不可靠的，这样的图结构也无法保证数据的结构相似性，难以挖掘出数据中的潜在有用信息。所以，可以在判别的语义空间中利用自适应概率图结构建立近似数据的连通性图结构，该图模型基于监督语义类标信息和无监督距离信息构建而成。更重要的是，把紧凑的局部结构嵌入算法学习过程中，能够有效地克服过拟合问题[21,23]。为了维持数据的几何结构并区分预测目标间的相互关系，本节介绍一种基于概率的几何图模型来保证紧密相关的预测目标应该以更高的概率依然连接在一起。基于矩阵$\boldsymbol{W}$，局部结构保持的假设性条件通过以下流形正则项来定义：

$$\Phi(f)=\sum_{i,j=1}^{n}\operatorname{dist}\left(\boldsymbol{W}^{\mathrm{T}}\boldsymbol{x}_i,\boldsymbol{W}^{\mathrm{T}}\boldsymbol{x}_j\right)\times P_{ij}\quad \text{s.t.}\quad 0<P_{ij}<1,\ \boldsymbol{P}\boldsymbol{e}_n=\boldsymbol{e}_n \tag{4-13}$$

其中，$\operatorname{dist}(a,b)$度量的是数据点a和b之间的距离；约束矩阵$\boldsymbol{P}$是转移概率矩阵，即其每一行都是一个概率分布。本章简单地使用欧几里得距离的平方来定义任意两个预测目标间的距离。此外，这里不使用固定的概率矩阵$\boldsymbol{P}$，而是使用自调整的技术来自适应地学习一个更加可行的相似性度量。为了实现这一目标并避免$\boldsymbol{P}$出现平凡解，对矩阵$\boldsymbol{P}$增加一个简单限制：

$$\Phi(f)=\sum_{i,j=1}^{n}||\boldsymbol{W}^{\mathrm{T}}\boldsymbol{x}_i-\boldsymbol{W}^{\mathrm{T}}\boldsymbol{x}_j||_2^2P_{ij}+\sigma P_{ij}^2\quad \text{s.t.}\quad 0<P_{ij}<1,\ \boldsymbol{P}\boldsymbol{e}_n=\boldsymbol{e}_n \tag{4-14}$$

其中，σ是一个非负权衡参数，但是在本书后续章节中会证明它的值可以自动确定。值得一提的是，自适应概率图建立在学习到的判别投影空间中，并利用了基于概率的数据连通性来增强类内数据的紧凑性。所以，将损失方程［式（4-6）］、复杂度正则项［式（4-12）］和流形平滑项［式（4-14）］结合在一起，可以得到最终关于 MSRL 模型的目标函数：

$$\begin{aligned}\Gamma(\boldsymbol{W},\boldsymbol{A},\boldsymbol{B},\boldsymbol{R},\boldsymbol{P})=&||\boldsymbol{W}^{\mathrm{T}}\boldsymbol{X}-\boldsymbol{R}||_{\mathrm{F}}^2+\gamma||\boldsymbol{W}-\boldsymbol{A}\boldsymbol{B}||_{\mathrm{F}}^2+\beta||\boldsymbol{W}||_{\mathrm{F}}^2\\&+\lambda\left(\sum_{i,j=1}^{n}||\boldsymbol{W}^{\mathrm{T}}\boldsymbol{x}_i-\boldsymbol{W}^{\mathrm{T}}\boldsymbol{x}_j||_2^2P_{ij}+\sigma P_{ij}^2\right)\end{aligned} \tag{4-15}$$

$$\text{s.t.}\quad R_{iy_i}-\max_{j\neq y_i}R_{ij}\geqslant C,\ \boldsymbol{A}^{\mathrm{T}}\boldsymbol{A}=\boldsymbol{I},\ 0\leqslant P_{ij}\leqslant 1,\ \boldsymbol{P}\boldsymbol{e}_n=\boldsymbol{e}_n$$

通过以上目标函数学到的数据表征$\boldsymbol{W}^{\mathrm{T}}\boldsymbol{X}\in\mathfrak{R}^{c\times n}$拥有以下特性。

（1）局部一致性。该数据表征是和判别隐子空间中的近邻点关系保持一致的，因为线性判别分析的关联模型能够搜索到一个最优的子空间，更好地满足类间可分性。

（2）全局一致性。通过对回归目标的边缘距离进行优化，并对其进行微调，该数据表征会和真实类别信息保持一致但更具区分性。

（3）利用有效的上下文相关信息，式（4-15）的第 4 项充分地避免了算法的过拟合问题，同时也将语义链接嵌入到了自适应概率几何关系模型的设计中。

（4）该模型联合了优化映射方程和学习边缘化数据表征，使得它们之间能够相互引导并得到更优的数据表征，保证了数据表征的判别性。

（5）和已有的算法不同，该模型更加灵活，因为它没有使用绝对的二元矩阵作为回归目标，而是直接从每一个数据样本本身来学习回归目标，同时增大了不同类别间的边缘距离；图嵌入的权重是自动地由数据本身来确定，而不是使用的固定权重。

4.3 边缘结构化表征学习算法的优化策略

对于优化问题，可以很容易地确认式（4-15）不能直接得到解析解，因为变量$\boldsymbol{W}$、$\boldsymbol{A}$、$\boldsymbol{B}$、$\boldsymbol{R}$、$\boldsymbol{P}$之间相互约束。所以，本节介绍一种迭代优化算法来求解以上目标函数。

4.3.1 求解优化变量$\boldsymbol{W}$、$\boldsymbol{A}$和$\boldsymbol{B}$

遵循通用的块坐标梯度下降法的优化过程，当固定变量$\boldsymbol{R}$和$\boldsymbol{P}$时，迭代更新变量$\boldsymbol{W}$、$\boldsymbol{A}$、$\boldsymbol{B}$，那么式（4-15）可以重写成如下优化问题：

$$\begin{gathered}\Gamma(\boldsymbol{W},\boldsymbol{A},\boldsymbol{B}) = ||\boldsymbol{W}^{\mathrm{T}}\boldsymbol{X} - \boldsymbol{R}||_{\mathrm{F}}^2 + \gamma||\boldsymbol{W} - \boldsymbol{A}\boldsymbol{B}||_{\mathrm{F}}^2 + \beta||\boldsymbol{W}||_{\mathrm{F}}^2 \\ +\lambda\sum_{i,j=1}^{n}||\boldsymbol{W}^{\mathrm{T}}\boldsymbol{x}_i - \boldsymbol{W}^{\mathrm{T}}\boldsymbol{x}_j||_2^2 P_{ij} \\ \text{s.t.}\quad \boldsymbol{A}^{\mathrm{T}}\boldsymbol{A} = \boldsymbol{I}\end{gathered} \tag{4-16}$$

该问题可以转化成如下等价的优化问题：

$$\begin{gathered}\Gamma(\boldsymbol{W},\boldsymbol{A},\boldsymbol{B}) = ||\boldsymbol{W}^{\mathrm{T}}\boldsymbol{X} - \boldsymbol{R}||_{\mathrm{F}}^2 + \gamma||\boldsymbol{W} - \boldsymbol{A}\boldsymbol{B}||_{\mathrm{F}}^2 + \beta||\boldsymbol{W}||_{\mathrm{F}}^2 \\ +\lambda\mathrm{tr}(\boldsymbol{W}^{\mathrm{T}}\boldsymbol{X}\boldsymbol{L}\boldsymbol{X}^{\mathrm{T}}\boldsymbol{W}) \\ \text{s.t.}\quad \boldsymbol{A}^{\mathrm{T}}\boldsymbol{A} = \boldsymbol{I}\end{gathered} \tag{4-17}$$

其中，$\boldsymbol{L}$是概率矩阵$\boldsymbol{P}$的拉普拉斯图矩阵，其定义是$\boldsymbol{L} = \boldsymbol{D} - \boldsymbol{P}$。$\boldsymbol{D}$是一个对角线矩阵，它的每一个主对角元素是矩阵$\boldsymbol{P}$相对应列的和，即$D_{ii} = \sum_{j=1}^{n} P_{ij}$。

1. 更新$\boldsymbol{B}$

显然，式（4-17）中变量$\boldsymbol{B}$的最优解可以使用变量$\boldsymbol{A}$和$\boldsymbol{W}$来表达。基于约束条件$\boldsymbol{A}^{\mathrm{T}}\boldsymbol{A} = \boldsymbol{I}$，令一阶微分$\dfrac{\partial\Gamma}{\partial\boldsymbol{B}} = \boldsymbol{0}$，推导出$\boldsymbol{B}$的最优解：

$$2\gamma(\boldsymbol{A}^{\mathrm{T}}\boldsymbol{A}\boldsymbol{B} - \boldsymbol{A}^{\mathrm{T}}\boldsymbol{W}) = \boldsymbol{0} \ \Leftrightarrow \ \boldsymbol{B} = \boldsymbol{A}^{\mathrm{T}}\boldsymbol{W} \tag{4-18}$$

2. 更新$\boldsymbol{W}$

和上述更新$\boldsymbol{B}$的方法相似，当固定变量$\boldsymbol{A}$和$\boldsymbol{B}$时，将变量$\boldsymbol{B}$的解代入式（4-17）的Γ中，目标函数Γ可以重新写成如下问题：

$$\begin{aligned}\Gamma = {}& ||\boldsymbol{W}^{\mathrm{T}}\boldsymbol{X} - \boldsymbol{R}||_{\mathrm{F}}^2 + \lambda\mathrm{tr}(\boldsymbol{W}^{\mathrm{T}}\boldsymbol{X}\boldsymbol{L}\boldsymbol{X}^{\mathrm{T}}\boldsymbol{W}) \\ & +\beta||\boldsymbol{W}||_{\mathrm{F}}^2 + \gamma\mathrm{tr}[(\boldsymbol{W} - \boldsymbol{A}\boldsymbol{A}^{\mathrm{T}}\boldsymbol{W})^{\mathrm{T}}(\boldsymbol{W} - \boldsymbol{A}\boldsymbol{A}^{\mathrm{T}}\boldsymbol{W})]\end{aligned} \tag{4-19}$$

该问题等价于如下问题：

$$\begin{aligned}\Gamma = {}& ||\boldsymbol{W}^{\mathrm{T}}\boldsymbol{X} - \boldsymbol{R}||_{\mathrm{F}}^2 + \lambda\mathrm{tr}(\boldsymbol{W}^{\mathrm{T}}\boldsymbol{X}\boldsymbol{L}\boldsymbol{X}^{\mathrm{T}}\boldsymbol{W}) \\ & + \beta||\boldsymbol{W}||_{\mathrm{F}}^2 + \gamma\mathrm{tr}[\boldsymbol{W}^{\mathrm{T}}(\boldsymbol{I} - \boldsymbol{A}\boldsymbol{A}^{\mathrm{T}})(\boldsymbol{I} - \boldsymbol{A}\boldsymbol{A}^{\mathrm{T}})\boldsymbol{W}]\end{aligned} \tag{4-20}$$

因为$(\boldsymbol{I} - \boldsymbol{A}\boldsymbol{A}^{\mathrm{T}})(\boldsymbol{I} - \boldsymbol{A}\boldsymbol{A}^{\mathrm{T}}) = \boldsymbol{I} - \boldsymbol{A}\boldsymbol{A}^{\mathrm{T}}$，令式（4-20）的一阶微分$\dfrac{\partial\Gamma}{\partial\boldsymbol{W}} = \boldsymbol{0}$，那么有

$$\boldsymbol{X}\boldsymbol{X}^{\mathrm{T}}\boldsymbol{W} - \boldsymbol{X}\boldsymbol{R}^{\mathrm{T}} + \lambda\boldsymbol{X}\boldsymbol{L}\boldsymbol{X}^{\mathrm{T}}\boldsymbol{W} + \beta\boldsymbol{W} + \gamma(\boldsymbol{I} - \boldsymbol{A}\boldsymbol{A}^{\mathrm{T}})\boldsymbol{W} = \boldsymbol{0} \tag{4-21}$$

即可得到变量$\boldsymbol{W}$的最优解：

$$\boldsymbol{W}=(\boldsymbol{G}-\gamma\boldsymbol{A}\boldsymbol{A}^{\mathrm{T}})^{-1}\boldsymbol{X}\boldsymbol{R}^{\mathrm{T}} \tag{4-22}$$

其中，$\boldsymbol{G}=\boldsymbol{X}\boldsymbol{X}^{\mathrm{T}}+\lambda\boldsymbol{X}\boldsymbol{L}\boldsymbol{X}^{\mathrm{T}}+(\beta+\gamma)\boldsymbol{I}$。

3. 更新$\boldsymbol{A}$

为了得到更加高效的解，这里直接给出关于变量$\boldsymbol{A}$的优化结果。当忽略与$\boldsymbol{A}$无关的变量以后，最小化问题［式（4-17）］变成了如下优化问题：

$$\min\|\boldsymbol{W}-\boldsymbol{A}\boldsymbol{B}\|_{\mathrm{F}}^{2}\quad \text{s.t.}\quad \boldsymbol{A}^{\mathrm{T}}\boldsymbol{A}=\boldsymbol{I} \tag{4-23}$$

这是非常有名的正交普罗克汝斯忒斯问题（Orthogonal Procrustes Problem，OPP）。引理 4-1 给出了该问题［式（4-23）］的一个最优解。

引理 4-1 令矩阵$\boldsymbol{W}\boldsymbol{B}^{\mathrm{T}}$的奇异值分解是$\boldsymbol{W}\boldsymbol{B}^{\mathrm{T}}=\boldsymbol{U}\boldsymbol{\Sigma}\boldsymbol{V}^{\mathrm{T}}$，那么，$\boldsymbol{A}=\boldsymbol{U}\boldsymbol{V}^{\mathrm{T}}$就是式（4-23）的最优解。

4.3.2 求解优化变量$\boldsymbol{R}$

与 4.3.1 节中的求解过程相似，这里直接移除与变量$\boldsymbol{R}$不相关的所有常数项，式（4-15）中的$\varGamma$可以重写成如下问题：

$$\min_{\boldsymbol{R}}\|\boldsymbol{W}^{\mathrm{T}}\boldsymbol{X}-\boldsymbol{R}\|_{\mathrm{F}}^{2}\quad \text{s.t.}\quad R_{iy_i}-\max_{j\neq y_i}R_{ij}\geqslant C \tag{4-24}$$

和 SVM[25,28]方法相似，此处直接设置$C=1$，那么式（4-24）转化为

$$\min_{\boldsymbol{R}}\|\boldsymbol{F}-\boldsymbol{R}\|_{\mathrm{F}}^{2}\quad \text{s.t.}\quad R_{iy_i}-\max_{j\neq y_i}R_{ij}\geqslant 1 \tag{4-25}$$

其中，$\boldsymbol{F}=\boldsymbol{W}^{\mathrm{T}}\boldsymbol{X}$。式（4-25）是一个图约束的二次规划问题[32]，并且可以直接分解成n个独立的子问题。**矩阵$\boldsymbol{F}$和$\boldsymbol{R}$的第i行标记为**$\boldsymbol{f}=[f_1,\cdots,f_c]^{\mathrm{T}}\in\mathfrak{R}^c$和$\boldsymbol{r}=[r_1,\cdots,r_c]^{\mathrm{T}}\in\mathfrak{R}^c$。假设第$i$个样本来自第$j$类，那么式（4-25）的第$i$个子问题为

$$\min_{\boldsymbol{r}}\|\boldsymbol{f}-\boldsymbol{r}\|_2^2=\sum_{j=1}^{c}\left(f_j-r_j\right)_2^2\quad \text{s.t.}\quad r_m-\max_{j\neq m}r_j\geqslant 1 \tag{4-26}$$

为了优化式（4-26），此处引入一个新的额外变量$\boldsymbol{s}\in\mathfrak{R}^c$，并且令$s_j=f_j+1-f_m$，其中$s_i\leqslant 0$表示预测目标满足边缘距离约束条件，否则不满足条件。这里假设$r_m=f_m+\zeta$，其中ζ是一个学习因子。对于$\forall j\neq m$，$r_m-r_j\geqslant 1$，那么式（4-26）的第j个子问题是

$$\min_{r_j}(f_j-r_j)_2^2\quad \text{s.t.}\quad f_m+\zeta-r_j\geqslant 1,\quad \forall j\neq m \tag{4-27}$$

显然，式（4-27）是一个简单的二次规划问题，其最优解是$r_j=f_j+\min\left(\zeta-s_j,0\right)$。那么，式（4-26）的最优解是

$$r_j=\begin{cases} f_j+\zeta & j=m \\ f_j+\min\left(\zeta-s_j,0\right) & \text{其他}\end{cases} \tag{4-28}$$

那么，式（4-26）就转化成

$$\min_{\zeta}\psi(\zeta)=\zeta^2+\sum_{j\neq m}\left(\min(\zeta-s_j)\right)^2 \tag{4-29}$$

式（4-29）的一阶偏导是$\psi'(\zeta)=2\left(\zeta+\sum_{j\neq m}\min(\zeta-s_j)\right)$。令$\psi'(\zeta)=0$，那么学习因子的最优值$\zeta$可以通过式（4-30）计算：

$$\zeta=\frac{\sum_{j\neq m}s_j\,\Omega\left(\psi'(s_j)>0\right)}{1+\sum_{j\neq m}s_j\,\Omega\left(\psi'(s_j)>0\right)} \tag{4-30}$$

其中，$\Omega(\cdot)$是指示算子。求解变量$\boldsymbol{R}$第i列最优解的步骤见算法 4-1。

算法 4-1　求解式（4-26）

输入： $\boldsymbol{r}=[r_1,\cdots,r_c]^{\mathrm{T}}\in\mathfrak{R}^c$，真实的类标索引$m;\forall j$，$s_j=f_j+1-f_m$，$\zeta=0$，$t=0$。

输出： 边缘化目标向量$\boldsymbol{r}$。

1 **For** $j\neq m$ **do**

2 **If** $\psi'(s_j)>0$ **then** $\zeta=\zeta+s_j$，$t=t+1$ **end**

3 **End**

4 定义$\zeta=\zeta/(1+t)$，并且利用式（4-28）更新r_j。

4.3.3 求解优化变量$\boldsymbol{P}$

去除所有与$\boldsymbol{P}$无关的变量后，式（4-15）转化成了如下问题：

$$\sum_{i,j=1}^{n}||\boldsymbol{f}_i-\boldsymbol{f}_j||_2^2P_{ij}+\sigma P_{ij}^2\quad \text{s.t.}\quad 0\leqslant P_{ij}\leqslant 1,\ \boldsymbol{P}\boldsymbol{e}_n=\boldsymbol{e}_n \tag{4-31}$$

其中，$\boldsymbol{f}_i=\boldsymbol{W}^{\mathrm{T}}\boldsymbol{x}_i$，为矩阵$\boldsymbol{F}$的第$i$列。式（4-31）依然可以分解成$n$个独立的子问题，并且每一个子问题都有形如式（4-32）的问题：

$$\min_{\boldsymbol{p}_i}\sum_{j=1}^{n}||\boldsymbol{f}_i-\boldsymbol{f}_j||_2^2P_{ij}+\sigma P_{ij}^2\quad \text{s.t.}\quad 0\leq\boldsymbol{p}_i\leq 1,\ \boldsymbol{p}_i^{\mathrm{T}}\boldsymbol{e}_n=1 \tag{4-32}$$

当定义$d_{ij}=-\frac{1}{2\sigma}||\boldsymbol{f}_i-\boldsymbol{f}_j||_2^2$，那么式（4-32）能够进一步写成

$$\min_{\boldsymbol{p}_i^{\mathrm{T}}}\frac{1}{2}|\boldsymbol{d}_i^{\mathrm{T}}-\boldsymbol{p}_i^{\mathrm{T}}||_2^2\quad \text{s.t.}\quad 0\leq\boldsymbol{p}_i^{\mathrm{T}}\leq 1,\ \boldsymbol{p}_i^{\mathrm{T}}\boldsymbol{e}_n=1 \tag{4-33}$$

其中，$\boldsymbol{p}_i$和$\boldsymbol{d}_i$分别是矩阵$\boldsymbol{P}$和$\boldsymbol{D}$的第i行向量。式（4-33）的拉格朗日函数为

$$\min_{\boldsymbol{p}_i}\frac{1}{2}||\boldsymbol{d}_i^{\mathrm{T}}-\boldsymbol{p}_i^{\mathrm{T}}||_2^2-\mu(\boldsymbol{p}_i^{\mathrm{T}}\boldsymbol{e}_n-1)-\eta\boldsymbol{p}_i^{\mathrm{T}} \tag{4-34}$$

其中，μ和η是拉格朗日乘子。为了获得更好的性能并加快运算时间，在优化过程中，这里只使用用k稀疏的向量$\boldsymbol{p}_i$，即只有k个近邻样本用于保持数据的局部性。根据 KKT 条件的定义，式（4-34）有解析解，即

$$\boldsymbol{p}_i = \max(\boldsymbol{d}_i + z, 0)，\ z = \frac{1}{k}\left(1 - \sum_{j=1}^{k} \breve{d}_{ij}\right) \tag{4-35}$$

其中，$\breve{\boldsymbol{d}}_i$是对向量$\boldsymbol{d}_i$进行升序排列后的向量。此外，对于每一个子问题，都可以得到如下不等式：

$$\frac{k}{2}d_{i,k} - \frac{1}{2}\sum_{j=1}^{k} d_{i,j} < \sigma_i \leqslant \frac{k}{2}d_{i,k+1} - \frac{1}{2}\sum_{j=1}^{k} d_{i,j} \tag{4-36}$$

因为该方法希望只有k个近邻样本用于构造数据的局部信息，即σ_i中只有k个非零元素值，则σ_i必须满足式（4-36）。那么，矩阵$\boldsymbol{P}$每一行的非零元素值的均值近似等于k，所以σ的值可以设置为

$$\sigma = \frac{1}{n}\sum_{i=1}^{n}\left(\frac{k}{2}d_{i,k+1} - \frac{1}{2}\sum_{j=1}^{k} d_{i,j}\right) \tag{4-37}$$

基于以上分析，求解 MSRL 目标函数[式(4-15)]优化问题的主要步骤见算法 4-2。在实际的实验中，该算法的收敛条件是迭代次数达到30或者$|\Gamma_{t+1} - \Gamma_t|/\Gamma_t < 0.001$，其中，$\Gamma_t$是第$t$次迭代后的目标函数值。一旦得到回归矩阵$\boldsymbol{W}$，就可直接利用$\boldsymbol{W}$来分别得到训练样本和测试样本的数据表征，最后利用最简单的最近邻分类器进行最终的数据分类。

算法 4-2　求解 MSRL 目标函数优化问题的主要步骤

输入： 特征矩阵 $\boldsymbol{X}$，类标矩阵 $\boldsymbol{Y}$，超参数 λ、β、γ、k 和 s。

输出： $\boldsymbol{W}$、$\boldsymbol{A}$、$\boldsymbol{B}$、$\boldsymbol{T}$、$\boldsymbol{P}$ 的最优解。

令 iter = 0，利用基本的 LSR 算法初始化 $\boldsymbol{W}$，$\boldsymbol{R} = \boldsymbol{Y}$；
将变量 $\boldsymbol{A}$、$\boldsymbol{B}$、$\boldsymbol{P}$ 都设置成单位矩阵；
Repeat
$\boldsymbol{B} = \boldsymbol{A}^{\mathrm{T}}\boldsymbol{W}$；
$\boldsymbol{G} = \boldsymbol{X}\boldsymbol{X}^{\mathrm{T}} + \lambda\boldsymbol{X}\boldsymbol{L}\boldsymbol{X}^{\mathrm{T}} + (\beta + \gamma)\boldsymbol{I}$；
$\boldsymbol{W} = (\boldsymbol{G} - \gamma\boldsymbol{A}\boldsymbol{A}^{\mathrm{T}})^{-1}\boldsymbol{X}\boldsymbol{R}^{\mathrm{T}}$；
$[\boldsymbol{U}, \boldsymbol{\Sigma}, \boldsymbol{V}^{\mathrm{T}}] = \mathrm{svd}(\boldsymbol{W}\boldsymbol{B}^{\mathrm{T}})$；
$\boldsymbol{A} = \boldsymbol{U}\boldsymbol{V}^{\mathrm{T}}$；
利用算法 4-1 逐列更新目标矩阵 $\boldsymbol{R}$；
利用式（4-35）依次更新矩阵 $\boldsymbol{P}$ 的第 i 行，即$\boldsymbol{p}_i$；
iter = iter + 1；
Until 收敛条件满足。

4.4 半监督学习模型的扩展

本节介绍 MSRL 算法的半监督学习的扩展模型。假设有l个带有类标的标记样本$\boldsymbol{X}=[\boldsymbol{x}_1,\cdots,\boldsymbol{x}_l]$和$u$个无标记的数据$\widehat{\boldsymbol{X}}=[\widehat{\boldsymbol{x}}_1,\cdots,\widehat{\boldsymbol{x}}_u]$，整个数据集表示成$\widetilde{\boldsymbol{X}}=[\boldsymbol{X},\widehat{\boldsymbol{X}}]$，其中$N=l+u$，并且半监督模型只使用了所有标记样本的类标用于优化学习边缘化目标$\boldsymbol{R}$。所以，最终形成的半监督 MSRL（Semi-supervised MSRL，SMSRL）模型是

$$
\begin{aligned}
\Gamma(\boldsymbol{W},\boldsymbol{A},\boldsymbol{B},\boldsymbol{R},\boldsymbol{P}) = & ||\boldsymbol{W}^{\mathrm{T}}\boldsymbol{X}-\boldsymbol{R}||_{\mathrm{F}}^2+\gamma||\boldsymbol{W}-\boldsymbol{AB}||_{\mathrm{F}}^2+\beta||\boldsymbol{W}||_{\mathrm{F}}^2 \\
& +\lambda\left(\sum_{i,j=1}^{N}||\boldsymbol{W}^{\mathrm{T}}\widetilde{\boldsymbol{x}}_i-\boldsymbol{W}^{\mathrm{T}}\widetilde{\boldsymbol{x}}_j||_2^2 P_{ij}+\sigma P_{ij}^2\right)
\end{aligned}
\tag{4-38}
$$

$$
\text{s.t.}\quad R_{iy_i}-\max_{j\neq y_i}R_{ij}\geqslant C,\ \boldsymbol{A}^{\mathrm{T}}\boldsymbol{A}=\boldsymbol{I},\ 0\leqslant P_{ij}\leqslant 1,\ \boldsymbol{P}\boldsymbol{e}_n=\boldsymbol{e}_n
$$

其中，$\boldsymbol{P}\in\Re^{N\times N}$，$\widetilde{\boldsymbol{x}}_i$表示的是来自整个样本集$\widetilde{\boldsymbol{X}}$的第$i$个样本。具体来讲，式（4-38）的第一项主要关注如何得到判别投影矩阵$\boldsymbol{W}$，并将标记样本$\boldsymbol{X}$投影到判别目标空间$\boldsymbol{R}$；第二项和第三项与 MSRL 算法中的约束项一样，用于学习线性结构化预测器；最后一项主要用于在标记和未标记样本表征上构建自适应概率图结构。

需要指出的是，所有标记样本的语义类标信息都用于优化边缘目标矩阵$\boldsymbol{R}$。SMSRL 模型利用自适应概率图正则项来建立标记样本和非标记样本间的语义联系。这里需要指明的是，SMSRL 算法使用了所有的样本进行模型训练，而 MSRL 算法只使用了标记样本进行训练；MSRL 算法分两步来获取标记和未标记样本的数据表征，而 SMSRL 算法直接获得所有样本的数据表征。由于式（4-38）和式（4-15）拥有相似的优化问题，因此也可以通过算法 4-2 求解。二者的不同之处在于，拉普拉斯图矩阵的构建是利用了所有的可获取样本$\widetilde{\boldsymbol{X}}$，而矩阵$\boldsymbol{R}$的构建对应的依然是所有标记样本$\boldsymbol{X}$。

4.5 边缘结构化表征学习的算法分析

4.5.1 优化算法收敛性的理论分析

基于算法 4-1 和算法 4-2 的优化过程，可以得到性质 4-1。

性质 4-1 式（4-15）对每一个变量（$\boldsymbol{W}$、$\boldsymbol{A}$、$\boldsymbol{B}$、$\boldsymbol{T}$和$\boldsymbol{P}$）的子问题都是凸的。

基于性质 4-1，可以证明本章介绍的优化算法能够收敛到一个唯一的最优解，并且定理 4-1 也能够得到严格的证明。

定理 4-1 在每一次迭代过程中，本章介绍的优化算法都可以单调地减小目标函数

［式（4-15）］的值。

证明　为了分析本章介绍的优化算法的收敛性，将目标方程在第 t 次迭代后得到的值标记为$\Gamma(\boldsymbol{W}^t,\boldsymbol{A}^t,\boldsymbol{B}^t,\boldsymbol{R}^t,\boldsymbol{P}^t)$。那么，对于第 t+1 次迭代，在固定变量 $\boldsymbol{T}$ 和 $\boldsymbol{P}$ 的情况下，子问题$\min_{\boldsymbol{W},\boldsymbol{A},\boldsymbol{B}}\Gamma(\boldsymbol{W},\boldsymbol{A},\boldsymbol{B},\boldsymbol{R}^t,\boldsymbol{P}^t)$可以通过式（4-16）得到最优解。因为求解的每一个子问题都是凸问题且均可以得到相应的唯一最优解，所以容易得到如下 3 个不等式：

$$\Gamma(\boldsymbol{W}^t,\boldsymbol{A}^t,\boldsymbol{B}^t,\boldsymbol{R}^t,\boldsymbol{P}^t)\geqslant\Gamma(\boldsymbol{W}^{t+1},\boldsymbol{A}^t,\boldsymbol{B}^t,\boldsymbol{R}^t,\boldsymbol{P}^t) \tag{4-39}$$

$$\Gamma(\boldsymbol{W}^{t+1},\boldsymbol{A}^t,\boldsymbol{B}^t,\boldsymbol{R}^t,\boldsymbol{P}^t)\geqslant\Gamma(\boldsymbol{W}^{t+1},\boldsymbol{A}^{t+1},\boldsymbol{B}^t,\boldsymbol{R}^t,\boldsymbol{P}^t) \tag{4-40}$$

$$\Gamma(\boldsymbol{W}^{t+1},\boldsymbol{A}^{t+1},\boldsymbol{B}^t,\boldsymbol{R}^t,\boldsymbol{P}^t)\geqslant\Gamma(\boldsymbol{W}^{t+1},\boldsymbol{A}^{t+1},\boldsymbol{B}^{t+1},\boldsymbol{R}^t,\boldsymbol{P}^t) \tag{4-41}$$

将式（4-39）～式（4-41）结合在一起，可以看出

$$\Gamma(\boldsymbol{W}^t,\boldsymbol{A}^t,\boldsymbol{B}^t,\boldsymbol{R}^t,\boldsymbol{P}^t)\geqslant\Gamma(\boldsymbol{W}^{t+1},\boldsymbol{A}^{t+1},\boldsymbol{B}^{t+1},\boldsymbol{R}^t,\boldsymbol{P}^t) \tag{4-42}$$

当变量$\boldsymbol{W}$、$\boldsymbol{A}$、$\boldsymbol{B}$和$\boldsymbol{P}$固定时，优化$\boldsymbol{R}$是一个凸的子问题，那么有

$$\Gamma(\boldsymbol{W}^{t+1},\boldsymbol{A}^{t+1},\boldsymbol{B}^{t+1},\boldsymbol{R}^t,\boldsymbol{P}^t)\geqslant\Gamma(\boldsymbol{W}^{t+1},\boldsymbol{A}^{t+1},\boldsymbol{B}^{t+1},\boldsymbol{R}^{t+1},\boldsymbol{P}^t) \tag{4-43}$$

类似地，由于式（4-31）是凸问题，那么有

$$\Gamma(\boldsymbol{W}^{t+1},\boldsymbol{A}^{t+1},\boldsymbol{B}^{t+1},\boldsymbol{R}^{t+1},\boldsymbol{P}^t)\geqslant\Gamma(\boldsymbol{W}^{t+1},\boldsymbol{A}^{t+1},\boldsymbol{B}^{t+1},\boldsymbol{R}^{t+1},\boldsymbol{P}^{t+1}) \tag{4-44}$$

所以，通过联合式（4-42）～式（4-44）可以得到：

$$\Gamma(\boldsymbol{W}^t,\boldsymbol{A}^t,\boldsymbol{B}^t,\boldsymbol{R}^t,\boldsymbol{P}^t)\geqslant\Gamma(\boldsymbol{W}^{t+1},\boldsymbol{A}^{t+1},\boldsymbol{B}^{t+1},\boldsymbol{R}^{t+1},\boldsymbol{P}^{t+1}) \tag{4-45}$$

所以，定理 4-1 得到证明。本定理证明了本章介绍的优化算法能够通过每一次迭代来单调地减小目标函数的值，并且优化得到的解是 MSRL 问题的唯一最优解。基于定理 4-1 可得出结论，本章介绍的优化算法可以收敛到一个局部最优解。

4.5.2　计算复杂度

本小节简要分析本章介绍的优化算法的复杂度。在每一次迭代中，计算变量$\boldsymbol{B}$的复杂度是$O(dns)$，其中，d、n和s分别代表样本特征维度、已标记图像样本个数和隐空间的维度。计算变量$\boldsymbol{G}$的复杂度是$O(dn^2+d^2n)$。优化子问题$\boldsymbol{W}$的复杂度是$O(dn^2+d^2n+dnc)$，而得到$\boldsymbol{A}$的优化结果需要的复杂度是$O(d^2s+ds^2)$。如算法 4-1 所示，计算变量$\boldsymbol{R}$需要的复杂度是$O(nc)$。求解概率矩阵$\boldsymbol{P}$的复杂度是 $O(cn^2)$。所以，整个优化算法在每一次迭代中总的计算复杂度是$O(dnc+dn^2+d^2n)$，其中，$s<d$且$s<n$。

4.6　实验验证

为评估 MSRL 模型，本节通过实验对比了与本章介绍的方法最相关的 18 种表征学

习方法，并且在 4 种不同实际应用场景中验证了该模型的优越性，包括物体识别、人脸识别、纹理识别和场景识别。实验结果表明，MSRL 方法和 SMSRL 方法都优于其他参与对比的表征学习方法。此外，大量的实验分析也再次验证了这两种方法可以很好地平衡判别性、高效性和有效性。

4.6.1 实验设置

本实验中参与对比的表征学习方法包括低秩线性回归（LRLR）模型[18]、低秩鲁棒回归（LRRR）模型[18]、稀疏低秩鲁棒回归（SLRR）模型[18]、支持向量机（SVM）[28]、协同表征分类（CRC）模型[26]、线性回归分类（LRC）模型[27]、局部约束线性回归（LLC）模型[32]、稀疏表示分类器（SRC）[5]、逐类块对角结构学习（CBDS）模型[21]、DLSI 方法[20]、判别稀疏表示方法（DSRM）[5]、DLSR 方法[23]、RPCA 方法[15]、LatLRR 方法[16]、SLRM 方法[29]、DKSVD 方法[12]、LC_KSVD 方法[13]、主成分嵌入 PCE 方法[33]。值得指出的是，SLRM 方法[29]是一种较新的半监督表征学习方法。为了公平比较，本小节利用相应文献作者提供的代码完全复现了所有的对比方法，并且通过交叉验证的方式为每一种方法寻找最优的参数，或者直接引用相应文献中的结果。对于 RPCA 方法和 LatLRR 方法，本实验首先使用各自的方法获取特征，然后使用式（4-1）进行图像识别。在实验中，MSRL 方法和 SMSRL 方法中 γ 的值均设置为固定值 0.05。为了公平比较，本实验也从候选集{0.001, 0.005, 0.01, 0.05, 0.1, 0.5, 1.0}中利用交叉验证的方式选取其他方法中变量的最优值。需要特别指出的是，SMSRL 方法的训练过程和标准的半监督训练方法有所不同，这里采用直推学习的方法来提升识别性能。本节直接用所有的训练样本作为标记样本，剩下相应的测试样本作为未标记样本对 MSRL 模型进行训练。所有训练样本的语义类标均用于优化求解判别边缘化回归目标，这和 MSRL 模型的训练过程是一样的。同时，用整个数据集上的自适应图结果来保证所有近似样本的数据表征应以较高的概率连接在一起，实现了近邻数据局部连接性的特点。

本实验在多个公开的数据集上执行了 4 种不同类型的识别任务：

（1）物体识别数据集有 PFID（Pittsburgh Food Image Dataset）食物识别数据集[34]和 COIL-100 物体识别数据集[35]；

（2）人脸图像数据集有 Extended YaleB 数据集[36]、CMU PIE 数据集[37]和 AR 人脸数据集[38]；

（3）纹理识别数据集有 KTH-TIPS 纹理数据集[39]和 CurRet 纹理数据集[40]；

（4）场景识别数据集有 Fifteen Scene Categories 数据集[41]。

值得注意的是，这些数据集都是非常具有挑战性的。对于每一个数据集的识别任务，本实验对于每一个类别都随机地选取几张图像作为训练样本，而将剩下的所有图像作为测试样本。每种方法都随机选取 10 次训练样本和测试样本，汇总最终的平均识别准确率和相应的标准差（acc±std）作为最后的识别结果。

4.6.2　在物体识别任务中的实验结果

为了证明本章介绍的方法在处理物体识别问题方面的有效性，本小节在 PFID 食物识别数据集和 COIL-100 物体识别数据集上评估 MSRL 方法和 SMSRL 方法的性能。

1. 在 PFID 数据集上的实验结果

在该数据集上对食物进行识别是非常困难的。本小节使用相关文献中的方法进行特征提取，将提取出的灰度 PRICoLBP 特征[42]作为输入，进行图像识别；随机选取每一类中的 6 张、8 张、10 张和 12 张图像组成训练样本集，并将剩下的所有样本作为测试样本集。表 4-1 展示了不同识别方法在 PFID 数据集上的实验结果。

表 4-1　不同识别方法在 PFID 数据集上的实验结果（单位：%）

算法名称	acc±std（6 张图像）	acc±std（8 张图像）	acc±std（10 张图像）	acc±std（12 张图像）
LRLR	41.13±1.18	47.03±2.42	49.41±1.96	52.81±2.62
LRRR	49.62±1.91	52.90±1.12	53.18±1.44	55.49±2.29
SLRR	49.44±2.07	52.95±1.08	54.36±1.40	56.09±1.85
SVM	52.02±1.31	57.44±1.61	60.51±1.69	63.03±2.05
CRC	52.54±1.74	55.54±1.71	57.34±1.01	59.54±2.71
LLC	54.88±1.99	57.98±1.70	59.41±2.35	62.08±2.12
LRC	48.83±1.74	53.61±1.80	56.66±1.22	59.29±2.43
SRC	52.09±1.04	55.18±1.29	56.89±1.58	59.13±2.36
CBDS	56.78±2.11	60.92±1.72	62.30±1.65	64.56±1.63
DLSI	53.19±1.50	56.36±1.35	57.98±1.65	61.96±2.30
DSRM	53.42±1.39	58.52±1.68	62.70±1.42	66.39±1.21
DLSR	56.49±1.75	61.43±1.36	64.47±2.58	65.85±2.69
RPCA	49.41±1.81	59.48±2.11	62.30±1.56	64.24±2.02
LatLRR	51.89±1.71	56.79±1.65	60.27±1.61	65.50±2.95
SLRM	54.77±1.87	59.57±0.85	61.56±1.73	63.44±2.77
DKSVD	51.64±1.04	54.03±1.68	56.31±1.91	59.55±1.36
LC_KSVD	52.43±1.78	55.74±1.05	58.47±1.57	60.84±1.25
PCE	51.09±1.83	53.93±1.75	56.35±1.04	59.56±2.05
BDLRR	61.61±1.57	65.90±1.00	68.44±1.65	70.49±1.31
DENRRL	60.66±1.93	66.39±1.03	69.67±1.88	70.77±1.95
MSRL	**61.48±1.86**	**67.02±1.79**	**70.12±1.38**	**73.11±1.95**
SMSRL	**62.69±1.42**	**67.93±1.56**	**70.86±1.30**	**74.45±2.13**

2. 在COIL-100数据集上的实验结果

这个数据集的挑战在于其中的每张图像都随着角度的变化而呈现出不同的形状。本实验随机选取每一类中的10张、15张、20张和25张图像作为训练样本，并且将剩下的所有图像作为测试样本。表4-2展示了不同识别方法在COIL-100数据集上的实验结果。

表4-2 不同识别方法在COIL-100数据集上的实验结果（单位：%）

算法名称	acc±std（10张图像）	acc±std（15张图像）	acc±std（20张图像）	acc±std（25张图像）
LRLR	66.12±0.73	70.59±0.64	72.79±0.82	74.47±0.70
LRRR	65.98±0.94	70.11±0.65	73.22±0.71	75.64±0.59
SLRR	68.17±0.76	71.85±0.59	73.81±0.70	73.69±0.53
SVM	79.25±0.52	84.80±0.62	88.15±0.47	90.79±0.65
CRC	76.20±0.61	81.36±0.42	84.33±0.59	86.33±0.52
LLC	81.63±0.82	86.93±0.49	90.25±0.46	92.50±0.50
LRC	84.23±0.60	89.32±0.50	91.88±0.55	93.71±0.41
SRC	78.33±0.61	85.10±0.62	87.43±0.50	90.89±0.65
CBDS	71.46±0.54	78.56±0.37	79.28±0.36	82.65±0.89
DLSI	79.79±0.57	87.87±0.39	91.56±0.47	93.74±0.51
DSRM	82.97±0.48	88.23±0.52	91.10±0.42	92.93±0.37
DLSR	84.59±0.55	88.07±0.50	90.19±0.39	92.09±0.46
RPCA	82.56±0.65	88.31±0.87	91.72±0.31	93.53±0.35
LatLRR	83.27±0.74	88.30±0.37	91.18±0.32	93.24±0.38
SLRM	83.72±0.75	88.86±0.22	91.56±0.36	93.80±0.45
DKSVD	78.99±0.67	83.80±0.54	86.51±0.59	88.53±0.31
LC_KSVD	79.99±0.65	85.15±0.56	87.94±0.60	90.13±0.36
PCE	78.61±0.31	84.86±0.65	88.08±0.42	90.81±0.77
BDLRR	86.19±0.68	89.33±0.56	93.35±0.57	94.59±0.71
DENRRL	87.58±0.37	91.92±0.40	94.36±0.41	95.80±0.43
MSRL	**88.40±0.59**	**93.32±0.57**	**95.87±0.41**	**97.15±0.30**
SMSRL	**93.71±0.40**	**96.50±0.31**	**97.70±0.49**	**98.38±0.31**

对比表4-1和表4-2容易发现，与其他所有方法相比，在大多数情况下，MSRL方法和SMSRL方法都能够获得更高的识别准确率，并且在大多数情况下，SMSRL方法的识别准确率比MSRL方法更高。即使和较新的DSRM方法、SLRM方法及PCE方法相比，本章介绍的这两种方法依然拥有明显优势。同为半监督方法，SMSRL方法与SLRM

方法相比也有很明显的性能改进。例如，在表 4-2 中，当训练样本个数是 25 时，SMSRL 方法能够达到 98.38%的最高识别准确率。

4.6.3 在人脸识别任务中的实验结果

接下来，本实验将 MSRL 方法和 SMSRL 方法应用于真实的人脸识别场景，以评估其性能。在人脸数据集 Extended YaleB 和 CMU PIE 上，本实验随机选取每个个体的 10 张、15 张、20 张和 25 张图像作为训练样本，并将剩下的所有图像作为测试样本；在 AR 数据集上，本实验随机选取每个个体的 8 张、11 张、14 张和 17 张图像组成训练样本集，并将剩下的所有样本组成测试样本集进行算法验证。不同识别方法在这 3 个数据集上的实验结果分别见表 4-3～表 4-5。实验结果表明，MSRL 方法和 SMSRL 方法能够获得更高的识别准确率，这验证了这两种方法在处理人脸识别问题方面有着巨大的应用潜力，也证明了它们在图像识别问题上的有效性。和其他所有参与对比的方法相比，SMSRL 方法在不同的数据集上均有准确率的提升。

表 4-3 不同识别方法在 Extended YaleB 数据集上的实验结果（单位：%）

算法名称	acc±std（10 张图像）	acc±std（15 张图像）	acc±std（20 张图像）	acc±std（25 张图像）
LRLR	82.72±0.89	86.21±0.74	85.37±0.94	87.67±0.86
LRRR	83.22±1.52	87.26±1.45	89.29±0.71	90.59±0.80
SLRR	83.77±1.55	88.37±1.46	90.34±0.55	91.33±0.67
SVM	80.88±1.82	89.35±1.24	92.74±0.87	95.07±0.57
CRC	86.22±1.34	92.43±0.77	94.99±0.50	96.73±0.49
LLC	79.82±0.46	88.63±0.31	91.52±0.48	94.20±0.58
LRC	82.67±1.52	89.50±0.82	91.86±0.77	93.53±0.74
SRC	85.23±1.12	93.45±0.68	95.35±0.62	96.18±0.50
CBDS	85.59±1.44	93.18±1.19	95.53±0.80	96.46±0.62
DLSI	87.01±0.63	92.71±0.58	94.26±0.33	96.16±0.55
DSRM	89.08±0.84	92.95±0.78	94.62±0.59	96.54±0.46
DLSR	86.44±0.97	93.60±0.73	94.78±0.71	95.84±0.42
RPCA	86.21±0.26	90.52±0.44	93.52±0.61	95.41±0.36
LatLRR	83.65±2.03	90.40±1.19	93.59±1.00	95.85±0.58
SLRM	83.70±1.47	89.92±1.19	93.10±0.97	95.28±0.86
DKSVD	83.67±0.77	85.58±0.32	89.50±0.26	92.34±0.71
LC_KSVD	84.15±1.79	89.59±0.93	93.24±0.69	94.34±0.72

续表

算法名称	acc±std（10 张图像）	acc±std（15 张图像）	acc±std（20 张图像）	acc±std（25 张图像）
PCE	84.78±1.50	90.69±1.27	93.49±0.68	95.57±0.85
BDLRR	88.85±1.87	95.47±1.39	96.89±0.67	97.96±0.42
DENRRL	89.05±1.66	94.34±1.05	96.66±0.56	97.70±0.57
MSRL	**89.89±1.05**	**94.97±0.99**	**96.88±0.58**	**98.09±0.47**
SMSRL	**93.58±1.21**	**97.29±0.78**	**98.41±0.29**	**99.09±0.22**

表 4-4　不同识别方法在 CMU PIE 数据集上的实验结果（单位：%）

算法名称	acc±std（10 张图像）	acc±std（15 张图像）	acc±std（20 张图像）	acc±std（25 张图像）
LRLR	79.89±1.17	83.70±0.57	85.73±0.58	86.80±0.45
LRRR	82.55±0.84	86.98±0.83	89.19±0.65	90.23±0.84
SLRR	83.93±0.73	87.65±0.70	89.61±0.69	90.52±0.82
SVM	77.95±1.06	86.66±0.75	90.70±0.63	92.66±0.53
CRC	85.51±0.54	90.43±0.48	92.62±0.45	93.73±0.39
LLC	80.46±0.40	86.62±0.57	91.90±0.25	93.27±0.36
LRC	75.42±0.92	85.61±0.62	90.17±0.52	92.65±0.38
SRC	83.98±0.71	89.97±0.66	91.55±0.39	92.92±0.38
CBDS	81.74±0.92	88.33±0.82	91.37±0.55	93.21±0.66
DLSI	82.54±0.51	87.56±0.58	90.60±0.36	93.25±0.61
DSRM	85.60±0.61	90.94±0.46	93.08±0.35	94.49±0.52
DLSR	85.21±0.61	91.06±0.45	92.53±0.45	93.68±0.29
RPCA	81.69±0.36	84.26±0.41	88.24±0.32	91.06±0.12
LatLRR	81.74±0.79	84.68±0.55	88.36±0.63	91.83±0.48
SLRM	84.24±0.73	88.60±0.62	91.74±0.63	93.24±0.53
DKSVD	81.83±0.86	88.86±0.73	91.77±0.34	93.69±0.29
LC_KSVD	83.62±0.67	89.66±0.68	92.44±0.34	93.95±0.31
PCE	83.87±0.54	87.76±0.50	88.69±0.52	90.16±0.33
BDLRR	87.07±1.21	92.45±0.65	94.67±0.31	95.79±0.29
DENRRL	88.16±0.19	92.25±0.49	94.06±0.41	95.61±0.31
MSRL	**89.51±0.62**	**93.39±0.47**	**95.02±0.27**	**95.96±0.22**
SMSRL	**90.23±0.63**	**93.78±0.37**	**95.49±0.28**	**96.25±0.23**

表 4-5　不同识别方法在 AR 数据集上的实验结果（单位：%）

算法名称	acc±std（8 张图像）	acc±std（11 张图像）	acc±std（14 张图像）	acc±std（17 张图像）
LRLR	76.75±1.37	88.93±0.86	93.02±0.63	94.92±0.68
LRRR	90.16±0.55	93.34±0.67	94.54±0.56	95.19±0.69
SLRR	88.61±0.57	92.23±0.72	93.89±0.46	95.45±0.84
SVM	80.74±1.58	85.59±1.15	92.00±0.78	95.21±0.95
CRC	86.48±0.92	91.67±0.62	94.29±0.53	95.59±0.62
LLC	81.01±1.17	86.03±1.29	89.71±1.03	92.18±0.95
LRC	77.17±1.53	85.62±0.97	90.68±1.07	93.98±1.04
SRC	83.74±0.99	89.59±1.10	93.14±0.61	95.19±0.80
CBDS	88.68±0.86	93.19±0.44	95.19±0.41	96.31±0.46
DLSI	78.78±1.02	85.93±1.01	89.92±0.76	93.17±0.97
DSRM	88.96±1.11	93.13±0.92	94.58±1.00	95.78±1.44
DLSR	87.76±1.42	93.68±0.88	94.36±0.62	95.18±0.46
RPCA	77.32±1.43	84.39±1.33	88.82±0.90	92.62±0.77
LatLRR	87.85±1.36	93.71±0.87	95.49±0.47	96.13±0.50
SLRM	86.18±1.35	92.64±0.98	95.97±0.43	96.78±0.57
DKSVD	83.86±1.03	90.66±0.98	93.95±0.88	95.91±0.78
LC_KSVD	89.24±0.82	92.43±0.80	93.47±0.80	96.08±0.95
PCE	87.60±0.86	91.65±0.78	94.08±0.66	96.00±0.58
BDLRR	90.65±0.73	95.17±0.60	96.69±0.41	97.92±0.30
DENRRL	91.94±0.80	95.69±0.70	97.30±0.62	98.21±0.54
MSRL	**91.97±0.81**	**95.33±0.64**	**96.83±0.46**	**97.89±0.65**
SMSRL	**95.11±0.65**	**97.30±0.66**	**98.28±0.44**	**98.64±0.42**

4.6.4　在纹理识别任务中的实验结果

本小节在两个常用的纹理数据集上评估 MSRL 方法和 SMSRL 方法的性能，即 KTH-TIPS 数据集和 CurRet 数据集。为了在这两个数据集上得到比较紧凑有效的图像特征，同样使用 PRICoLBP 特征来构建本章的表征学习模型。对于这两个纹理数据集，本实验均随机地从每一个类别中选取 40 个样本来构造训练样本集，把剩下的所有图像作为测试样本。使用不同识别方法在两个数据集上进行实验的结果已经分别汇总到了表 4-6 和表 4-7 中(其中,对比算法 LLC 和 LLC*的近邻个数分别取 70 和 30)。可以看出，MSRL 方法和 SMSRL 方法可同时在 KTH-TIPS 和 CurRet 这两个数据集上获得很有竞争力的实验性能。需要指出的是，MSRL 方法和 SMSRL 方法能够学习到边缘距离较远的数据表征，这也揭示了这两种方法能够从纹理图像中学习到强判别性的数据表征。

表 4-6　不同识别方法在 KTH-TIPS 数据集上的实验结果（单位：%）

算法名称	acc±std	算法名称	acc±std
LLC	95.32±0.87	DLSI	96.00±2.00
LLC*	95.71±1.44	LatLRR	94.93±1.73
LRC	90.41±2.26	CBDS	95.44±1.22
CRC	95.44±1.43	DLSR	95.27±1.40
LRLR	82.90±1.45	SRC	93.77±0.99
LRRR	82.78±1.28	DKSVD	95.85±0.87
SLRR	82.12±2.22	DSRM	95.63±1.23
RPCA	95.20±1.37	SLRM	93.51±1.54
PCE	95.76±0.57	**MSRL**	**97.31±1.20**
LC_KSVD	96.01±1.15	**SMSRL**	**97.88±0.91**

表 4-7　不同识别方法在 CurRet 数据集上的实验结果（单位：%）

算法名称	acc±std	算法名称	acc±std
LLC	95.63±0.87	DLSI	96.20±0.12
LLC*	96.03±0.94	LatLRR	95.86±0.29
LRC	95.27±0.30	CBDS	88.36±0.39
CRC	92.28±0.43	DLSR	95.80±0.43
LRLR	88.40±0.71	SRC	93.06±0.41
LRRR	88.17±0.77	DKSVD	92.59±0.58
SLRR	89.90±0.81	DSRM	94.86±0.49
RPCA	93.67±0.61	SLRM	95.89±0.30
PCE	90.64±0.44	**MSRL**	**98.72±0.18**
LC_KSVD	92.75±0.51	**SMSRL**	**98.80±0.19**

4.6.5　在场景识别任务中的实验结果

场景识别是计算机视觉中一类经典的识别问题。为了评估 MSRL 方法和 SMSRL 方法在应对场景识别上的有效性，本小节使用 Fifteen Scene Categories 数据集进行场景分类评估。和文献[19,27]使用的数据特征和实验配置相同，这里随机在每一类中选取 100 张图像作为训练样本，把剩下的所有图像当作测试样本。为了实验公平，这里直接引用了文献[19]中的实验结果。表 4-8 统计了不同识别方法在此数据集上的平均识别准确率。可以看到，SMSRL 方法依然得到了高达 99.00%的识别准确率。

表 4-8 不同识别方法在 Fifteen Scene Categories 数据集上的实验结果（单位：%）

算法名称	识别准确率	算法名称	识别准确率
LLC	89.20	DLSI	92.40
LRC	91.90	LatLRR	91.50
CRC	92.30	CBDS	95.70
LRLR	94.40	DLSR	95.90
SRC	91.80	SVM	93.60
LRRR	87.20	DSRM	97.60
SLRR	89.50	Lazebnik	81.40
RPCA	92.10	BDLRR	98.90±0.19
DKSVD	89.10	DENRRL	98.70±0.17
PCE	96.40	**MSRL**	**98.50**
LC_KSVD	92.90	**SMSRL**	**99.00**

4.6.6 识别性能对比分析

从表 4-1～表 4-8 可知，MSRL 方法和 SMSRL 方法在 4 个不同的应用场景中均获得了优越的识别性能。基于这些实验结果可以得到以下结论。

（1）在大多数情况下，和目前最好的表征学习方法相比，本章介绍的方法在 8 个数据集上都可以获得最好的实验性能，这也证明了 MSRL 方法拥有学习判别性视觉数据表征的能力，并且能够有效地提升识别准确率。为了更清楚地展示所得到数据表征的判别性，我们从 Extended YaleB 数据集中的每一类随机选取 3 张图像，以二维视觉可视化的方式呈现了使用 4 种不同方法学习到的数据表征（见图 4-1）。可以看出，利用 MSRL 方法学到的数据表征，其每类之间的边缘是非常明显的，这也充分证实了使用 MSRL 方法得到的判别性数据表征能够获得更好的识别性能。

（2）和其他线性回归方法（LRLR、LRRR、SLRR 和 SLRM）相比，本章提出的 MSRL 方法和 SMSRL 方法的性能得到了大幅提升，这表明引入弹性网正则项及自适应几何结构学习对于识别问题是很有优势的，并且证实了在鲁棒的隐空间中学习预测目标的必要性。MSRL 方法能够有效地将最优的隐含数据信息转移到判别性表征学习过程中，这些结果也为本章论点提供了实验支撑。

（3）MSRLR 方法和 SMSRL 方法得到了比其他基于稀疏和低秩的表征学习方法更高的识别准确率。主要原因是，其他基于稀疏和低秩的表征学习方法主要关注如何更好地重建原始数据，而不是如何学习更具判别性的数据表征。这一结果也清楚地证明了利用边缘距离约束及图正则化约束对学习判别的数据表征有着积极的促进作用，可提升识别性能。图 4-2 展示出 Extended YaleB 数据集的原始特征和利用 MSRL 方法学习到的数据表征的 *t*-SNE 可视化分布，从中可以很清楚地看到，同一类别的数据分布非常相近，而不同类之间的数据分布相差很远。同时，通过图 4-2（b）可以清楚地看出，该数据集有 38 个类别，这也反映出了利用 MSRL 方法学习到的数据表征具有强判别性。

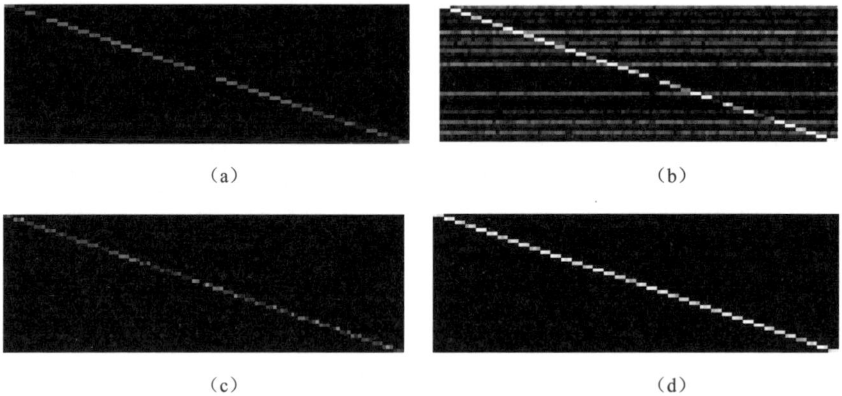

图 4-1　通过 4 种不同方法学习到的数据表征的二维视觉化展示
（a）SLRR 方法　（b）DLSR 方法　（c）SLRM 方法　（d）MSRL 方法

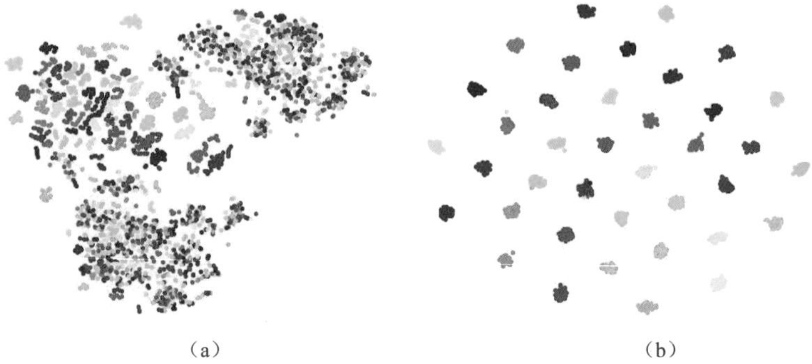

图 4-2　Extended YaleB 数据集的原始特征和利用 MSRL 方法学习到的数据表征的 *t*-SNE 可视化分布
（a）原始特征　（b）利用 MSRL 方法学习到的数据表征

（4）DLSR 方法、MSRL 方法和 SMSRL 方法由于对回归目标的松弛而获得更好的性能，然而 MSRL 方法和 SMSRL 方法可以给投影目标空间更大的自由度，因为其直接从数据本身学习投影目标。

（5）整体来讲，半监督的方法明显倾向于获得更高的识别准确率，这也证明了动态图结构的设计能够增加未标记样本的可解释性，同时提高了数据表征的内在判别能力。在 MSRL 方法的训练阶段，其对表征学习的约束条件是：当来自同一语义空间的训练样本近似时，其学习到的数据表征在自适应概率图学习过程中应有更大的概率连接在一起。但是，这个过程没有考虑测试样本的表征学习，而是直接使用$\boldsymbol{W}^{\mathrm{T}}\widehat{\boldsymbol{X}}$作为测试样本表征。相比之下，SMSRL 方法不仅保证了对训练样本的最优投影矩阵学习，而且利用自适应概率图结构保证了整个数据集上表征的局部连接性。所以，SMSRL 方法的实验性能优于 MSRL 方法。

总而言之，MSRL 方法和 SMSRL 方法通过无缝地将鲁棒隐空间学习、概率几何结构自适应和灵活的边缘回归结构结合在同一个框架下，可学习到判别的边缘视觉数据表征。实验结果表明，MSRL 方法和 SMSRL 方法可以得到更优的识别性能，这也从侧面证实了通过本章介绍的方法学习到的数据表征具有很强的判别性。

4.6.7　算法参数敏感性经验分析

本小节通过实验检验 MSRL 方法的参数敏感性，在本章介绍的框架中有几个正则化参数需要调整。在实验中，为了保留数据的低秩适应性，隐空间的维度 s 应该比数据的满秩小，通常设置在$[c/2, c)$，其中 c 是样本类别数。实验结果表明，s 的值不会对算法输出结果有很大影响，所以凭经验将其设置为 $c-1$ 附近的值。为了简单，本实验直接设参数 γ=0.05。本小节主要讨论参数 λ 和 β 对整个算法的影响，即通过从小到大地调整这两个参数的值来评测其对 MSRL 方法性能的影响。这两个参数的值都从预备集{0.00001, 0.001, 0.005, 0.01, 0.05, 0.1, 0.5, 1.0, 10.0}中选取，其在 8 个数据集上对 MSRL 方法识别性能的影响如图 4-3 所示，其中 Tr(#)是每类训练样本的个数。很容易看出，两

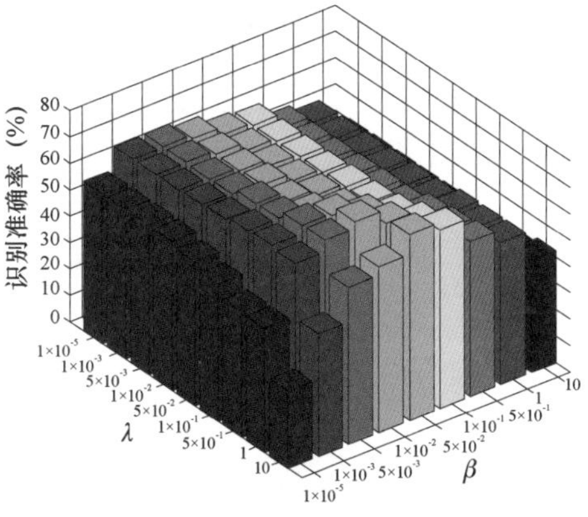

(a)

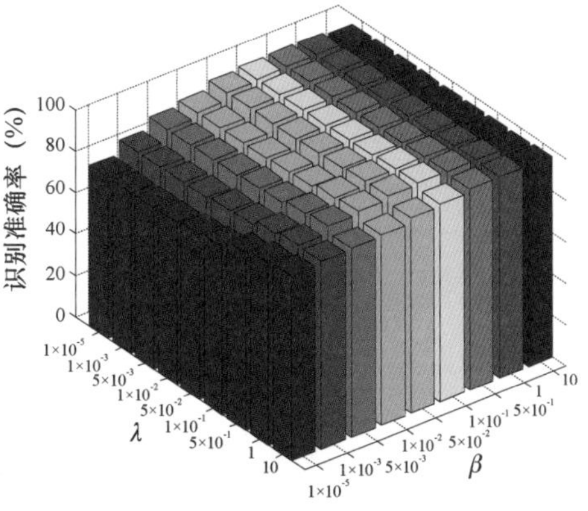

(b)

图 4-3　MSRL 方法在 8 个数据集上随参数 λ 和 β 变化的性能变化

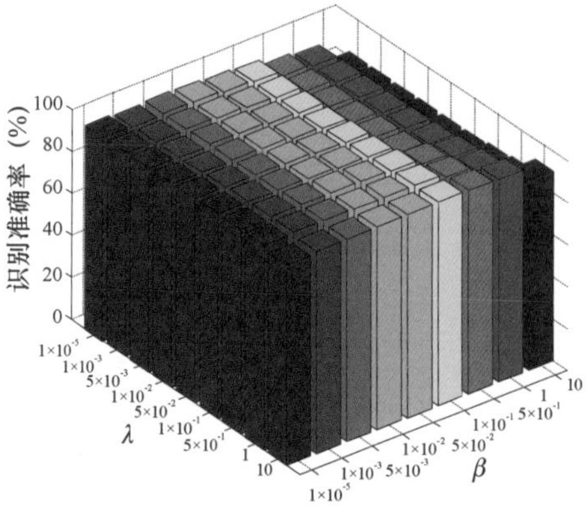

（c）

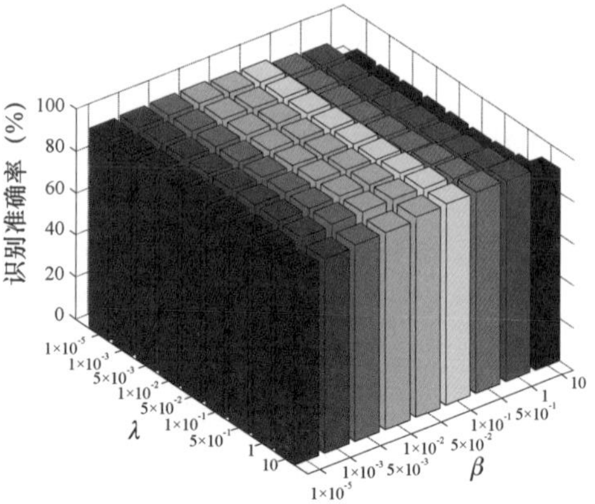

（d）

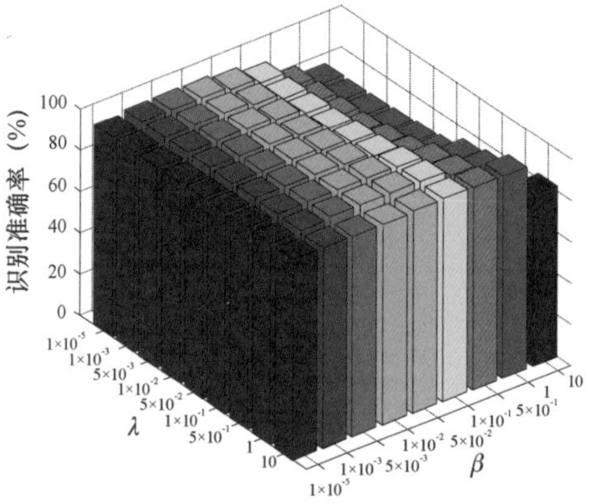

（e）

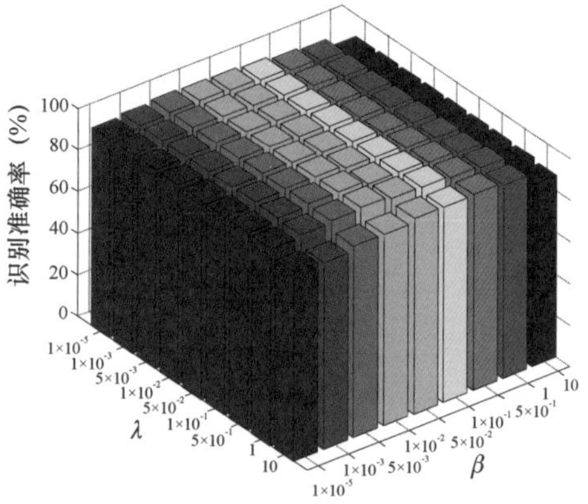

（f）

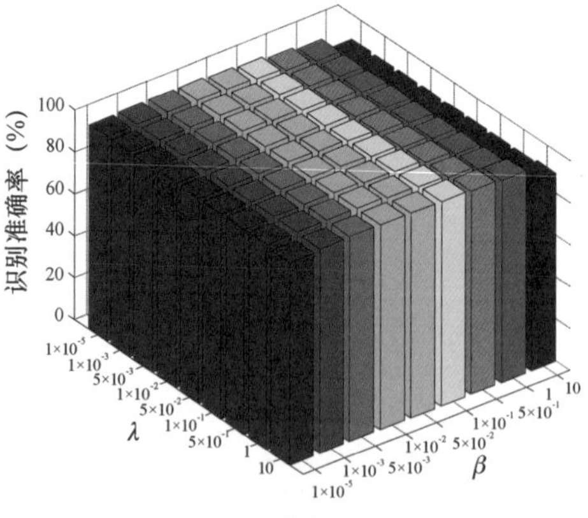

（g）

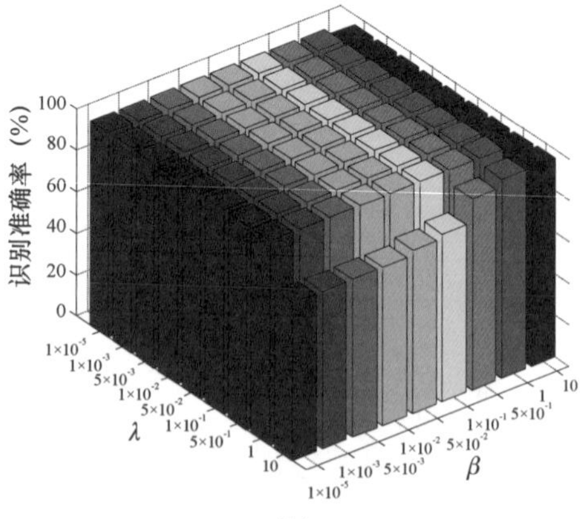

（h）

图 4-3　MSRL 方法在 8 个数据集上随参数 λ 和 β 变化的性能变化（续）

（a）PFID（#12）　（b）COIL-100（#25）　（c）Extended YaleB（#25）　（d）CMU PIE（#25）
（e）AR（#17）　（f）KTH-TIPS（#40）　（g）CurRet（#40）　（h）Scene15（#100）

个参数的变化对 MSRL 方法在不同数据集上性能的影响有所不同，但是整体来说，当参数都不是很大时，其对 MSRL 方法输出结果的影响相对较小。这也充分说明了基于概率的几何结构自适应应项和弹性网正则化项对学习边缘结构化视觉表征是同样重要且不可缺少的。

4.6.8　算法收敛性实验验证

基于性质 4-1 和定理 4-1，本章介绍的模型［式（4-15）］对每一个子问题的变量都是凸的，并且本章介绍的优化算法理论上的收敛性已经得到证明。本小节从实验角度来说明本章介绍的优化算法在 8 个数据集上也能够快速收敛。MSRL 方法在 8 个不同数据集上的收敛性曲线如图 4-4 所示。可以发现，算法 4-2 具有很好的收敛性，MSRL 方

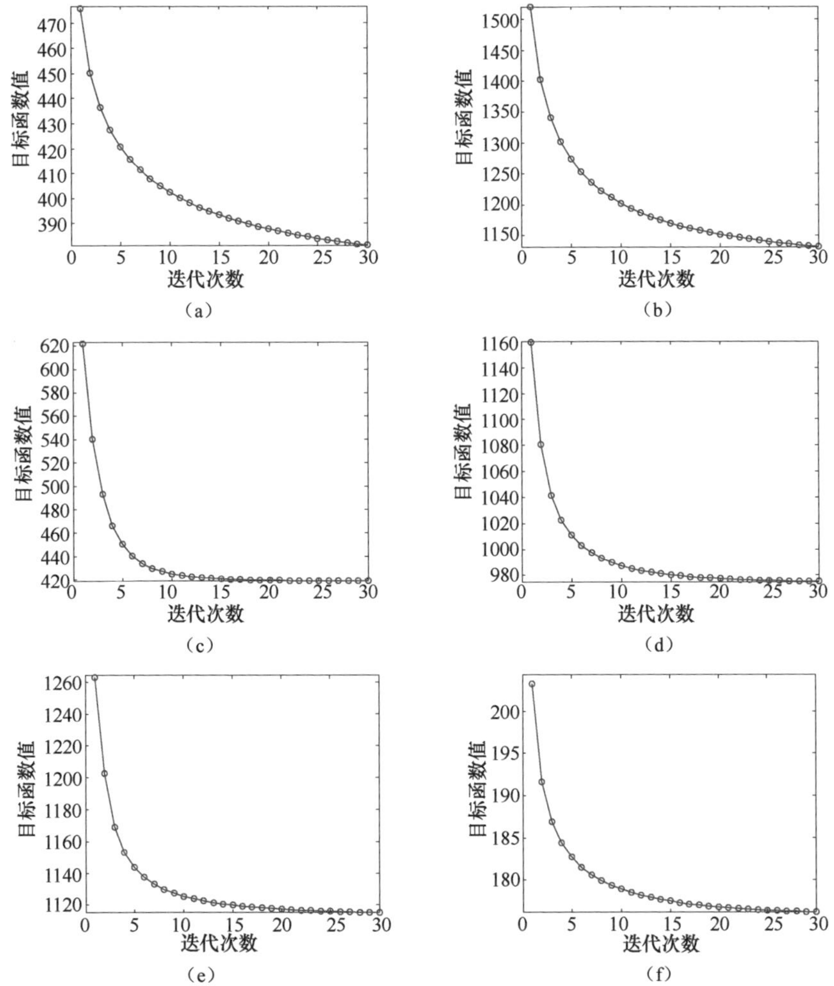

图 4-4　MSRL 方法在 8 个不同数据集上的收敛性曲线

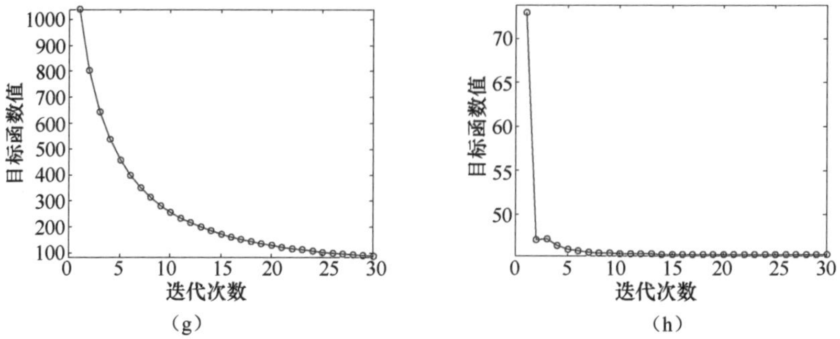

图 4-4　MSRL 方法在 8 个不同数据集上的收敛性曲线（续）
（a）PFID（#12）　（b）COIL-100（#25）　（c）Extended YaleB（#25）　（d）CMU PIE（#25）
（e）AR（#17）　（f）KTH-TIPS（#40）　（g）CurRet（#40）　（h）Scene15（#100）

法的目标函数值随着迭代次数的增加不断减小。显然，在这 8 个数据集上，MSRL 方法的目标函数值经过 30 次迭代以后就会相对稳定，这也证明本章介绍的优化算法的有效性和快收敛性。

4.6.9　效率对比分析

为了明确地展示模型的算法复杂度，这里将 MSRL 方法和其他方法的运行时间进行进一步对比。所有对比方法的算法代码都由相应的作者提供，所有的对比实验都在一台配置了 8GB 内存、3.30GHz CPU、Windows 7 操作系统的个人计算机上进行。作为一个例子，本小节在 Extended YaleB 数据集上进行实验，随机选取每个样本的 25 张图像作为训练样本，而将剩下的所有图像作为测试样本。不同识别方法在这个数据集上的训练时间和测试时间见表 4-9。对比结果表明，和 17 种对比方法相比，MSRL 方法的运行速度非常快，能够进入前 5 名。然而，与比它更快的方法相比，MSRL 方法的性能要优越很多。所以，MSRL 方法的模型框架不仅能够获得更优的识别性能，同时和其他有竞争力的方法相比拥有更高的计算效率。

表 4-9　不同识别方法的算法运行时间并对比（单位：s）

算法名称	训练时间	测试时间	算法名称	训练时间	测试时间
LLC	—	42.83	PCE	1.39	0.30
LRC	—	59.50	DLSI	9.29	44.41
CRC	—	43.39	CBDS	153.90	1.71
SRC	—	899.55	DLSR	5.56	0.54
LRLR	3.74	0.13	DKSVD	76.72	0.53
LRRR	2.58	0.14	LC_KSVD	64.50	0.84

续表

算法名称	训练时间	测试时间	算法名称	训练时间	测试时间
SLRR	20.44	0.16	SLRM	10.97	6.81
RPCA	89.43	0.61	DSRM	—	92.67
LatLRR	128.80	0.63	**MSRL**	**7.07**	**0.20**

4.7 本章小结

本章介绍了一个判别的边缘结构化表征学习框架，该框架可以无缝地将自适应几何结构和局部与全局的一致性投影目标学习统一于一个框架下来解决判别的表征学习问题。自学习边缘投影目标为回归分析提供了足够灵活的回归空间，同时利用数据中潜在的隐信息来探索目标预测。通过引入自适应概率图结构学习，本章介绍的方法将局部流形信息保留在了表征学习过程中。此外，利用该方法得到的数据表征包含充足的判别性语义信息。迭代优化策略能够高效地求解所形成的优化问题，并且相应算法的收敛性在理论和实验两个角度都得到了证明。大量的实验结果表明，本章介绍的方法能够获得更高的识别准确率;边缘结构化表征学习框架能够高效地进行监督和半监督表征学习。

参考文献

[1] Bengio Y, Courville A, Vincent P. Representation learning: A review and new perspectives[J]. IEEE Transactions on Pattern Analysis and Machine Intelligence, 2013, 35(8): 1798-1828.

[2] Turk M, Pentland A. Eigenfaces for recognition[J]. Journal of Cognitive Neuroscience, 1991, 3(1): 71-86.

[3] Belhumeur P N, Hespanha J P, Kriegman D J. Eigenfaces vs. fisherfaces: Recognition using class specific linear projection[J]. IEEE Transactions on Pattern Analysis and Machine Intelligence, 1997, 19(7): 711-720.

[4] Fan Z, Xu Y, Zhang D. Local linear discriminant analysis framework using sample neighbors[J]. IEEE Transactions on Neural Networks, 2011, 22(7): 1119-1132.

[5] Wright J, Yang A Y, Ganesh A, et al. Robust face recognition via sparse representation[J]. IEEE Transactions on Pattern Analysis and Machine Intelligence, 2008, 31(2): 210-227.

[6] Xu Y, Zhong Z, Yang J, et al. A new discriminative sparse representation method for robust face recognition via l_2 regularization[J]. IEEE Transactions on Neural Networks and Learning Systems, 2016, 28(10): 2233-2242.

[7] Zhang Z, Xu Y, Yang J, et al. A survey of sparse representation: Algorithms and applications[J]. IEEE Access, 2015, 3: 490-530.

[8] Liu G, Lin Z, Yan S, et al. Robust recovery of subspace structures by low-rank representation[J]. IEEE Transactions on Pattern Analysis and Machine Intelligence, 2012, 35(1): 171-184.

[9] Zhang Z, Xu Y, Shao L, et al. Discriminative block-diagonal representation learning for image recognition[J]. IEEE Transactions on Neural Networks and Learning Systems, 2017, 29(7): 3111-3125.

[10] Li S, Fu Y. Learning robust and discriminative subspace with low-rank constraints[J]. IEEE Transactions on Neural Networks and Learning Systems, 2015, 27(11): 2160-2173.

[11] Aharon M, Elad M, Bruckstein A. K-SVD: An algorithm for designing overcomplete dictionaries for sparse representation[J]. IEEE Transactions on Signal Processing, 2006, 54(11): 4311-4322.

[12] Zhang Q, Li B. Discriminative K-SVD for dictionary learning in face recognition[C]//2010 IEEE Computer Society Conference on Computer Vision and Pattern Recognition. NJ: IEEE, 2010: 2691-2698.

[13] Jiang Z, Lin Z, Davis L S. Label consistent K-SVD: Learning a discriminative dictionary for recognition[J]. IEEE Transactions on Pattern Analysis and Machine Intelligence, 2013, 35(11): 2651-2664.

[14] Roweis S T, Saul L K. Nonlinear dimensionality reduction by locally linear embedding[J]. Science, 2000, 290(5500): 2323-2326.

[15] Candès E J, Li X, Ma Y, et al. Robust principal component analysis?[J]. Journal of the ACM (JACM), 2011, 58(3): 1-37.

[16] Liu G, Yan S. Latent low-rank representation for subspace segmentation and feature extraction[C]//2011 International Conference on Computer Vision. NJ: IEEE, 2011: 1615-1622.

[17] Yin M, Gao J, Lin Z. Laplacian regularized low-rank representation and its applications[J]. IEEE Transactions on Pattern Analysis and Machine Intelligence, 2015, 38(3): 504-517.

[18] Cai X, Ding C, Nie F, et al. On the equivalent of low-rank linear regressions and linear discriminant analysis based regressions[C]//Proceedings of the 19th ACM SIGKDD International Conference on Knowledge Discovery and Data Mining. NY: ACM, 2013: 1124-1132.

[19] Li Z, Lai Z, Xu Y, et al. A locality-constrained and label embedding dictionary learning algorithm for image classification[J]. IEEE Transactions on Neural Networks and Learning Systems, 2015,

28(2): 278-293.

[20] Wei C P, Chen C F, Wang Y C F. Robust face recognition with structurally incoherent low-rank matrix decomposition[J]. IEEE Transactions on Image Processing, 2014, 23(8): 3294-3307.

[21] Li Y, Liu J, Li Z, et al. Learning low-rank representations with classwise block-diagonal structure for robust face recognition[C]//Proceedings of the Twenty-Eighth AAAI Conference on Artificial Intelligence. CA: AAAI, 2014, 28(1): 2810-2816.

[22] Golts A, Elad M. Linearized kernel dictionary learning[J]. IEEE Journal of Selected Topics in Signal Processing, 2016, 10(4): 726-739.

[23] Xiang S, Nie F, Meng G, et al. Discriminative least squares regression for multiclass classification and feature selection[J]. IEEE Transactions on Neural Networks and Learning Systems, 2012, 23(11): 1738-1754.

[24] Zhang Z, Lai Z, Xu Y, et al. Discriminative elastic-net regularized linear regression[J]. IEEE Transactions on Image Processing, 2017, 26(3): 1466-1481.

[25] Zhang X Y, Wang L, Xiang S, et al. Retargeted least squares regression algorithm[J]. IEEE Transactions on Neural Networks and Learning Systems, 2014, 26(9): 2206-2213.

[26] Zhang L, Yang M, Feng X. Sparse representation or collaborative representation: Which helps face recognition?[C]//Proceedings of the 2011 International Conference on Computer Vision. NJ: IEEE, 2011: 471-478.

[27] Naseem I, Togneri R, Bennamoun M. Linear regression for face recognition[J]. IEEE Transactions on Pattern Analysis and Machine Intelligence, 2010, 32(11): 2106-2112.

[28] Chang C C, Lin C J. LIBSVM: A library for support vector machines[J]. ACM Transactions on Intelligent Systems and Technology (TIST), 2011, 2(3): 1-27.

[29] Jing L, Yang L, Yu J, et al. Semi-supervised low-rank mapping learning for multi-label classification[C]//Proceedings of the IEEE Conference on Computer Vision and Pattern Recognition. NJ: IEEE, 2015: 1483-1491.

[30] Nie F, Wang X, Huang H. Clustering and projected clustering with adaptive neighbors[C]//Proceedings of the 20th ACM SIGKDD International Conference on Knowledge Discovery and Data Mining. NY: ACM, 2014: 977-986.

[31] Nie F, Zhu W, Li X. Unsupervised feature selection with structured graph optimization[C]//Proceedings of the Thirtieth AAAI Conference on Artificial Intelligence. CA: AAAI, 2016, 30(1): 1302-1308.

[32] Koyejo O, Acharyya S, Ghosh J. Retargeted matrix factorization for collaborative filtering[C]//Proceedings of the 7th ACM Conference on Recommender Systems. NY: ACM, 2013: 49-56.

[33] He X, Niyogi P. Locality preserving projections[J]. Advances in Neural Information Processing

Systems, 2004, 16(16): 153-160.

[34] Chen M, Dhingra K, Wu W, et al. PFID: Pittsburgh fast-food image dataset[C]//2009 16th IEEE International Conference on Image Processing (ICIP). NJ: IEEE, 2009: 289-292.

[35] Nene S A, Nayar S K, Murase H. Columbia object image library (coil-100): Technical Report CUCS-005-96[DB/OL]. 1996.

[36] Georghiades A S, Belhumeur P N, Kriegman D J. From few to many: Illumination cone models for face recognition under variable lighting and pose[J]. IEEE Transactions on Pattern Analysis and Machine Intelligence, 2001, 23(6): 643-660.

[37] Sim T, Baker S, Bsat M. The CMU pose, illumination, and expression (PIE) database[C]// Proceedings of the Fifth IEEE International Conference on Automatic Face Gesture Recognition. NJ: IEEE, 2002: 53-58.

[38] Martinez A, Benavente R. The AR face database: CVC technical report, 24[R/OL]. 1998.

[39] Hayman E, Caputo B, Fritz M, et al. On the significance of real-world conditions for material classification[C]//European Conference on Computer Vision. Berlin: Springer, 2004: 253-266.

[40] Dana K J, Van Ginneken B, Nayar S K, et al. Reflectance and texture of real-world surfaces[J]. ACM Transactions on Graphics (TOG), 1999, 18(1): 1-34.

[41] Lazebnik S, Schmid C, Ponce J. Beyond bags of features: Spatial pyramid matching for recognizing natural scene categories[C]//2006 IEEE Computer Society Conference on Computer Vision and Pattern Recognition (CVPR'06). NJ: IEEE, 2006, 2: 2169-2178.

[42] Qi X, Xiao R, Li C G, et al. Pairwise rotation invariant co-occurrence local binary pattern[J]. IEEE Transactions on Pattern Analysis and Machine Intelligence, 2014, 36(11): 2199-2213.

第 5 章　基于联合学习的二值多视图表征学习

聚类一直是计算机视觉和数据挖掘领域的一个重要的研究课题[1-4]。聚类的目的是将具有相似结构或模式的数据项分类到同一组中，以降低数据的复杂性并便于解释。随着视觉数据量的爆炸式增长，如何有效地对大规模图像数据进行聚类成为一个极具挑战性的问题。而且在实际应用中，数据通常会从不同来源被收集到一起，并且用不同视图的异构特征来表征。然而，现有的单视图和多视图聚类方法由于计算复杂度和存储成本高而无法有效且高效地划分大规模的多视图数据。

基于 k-means 的聚类方法由于其简单性且便于进行数学处理而备受关注[5-10]，但它的运行时间太长、内存需求太大，无法在具有大量数据和集群的现实应用中使用。为了减少迭代次数和避免不必要的距离计算，许多优化的 k-means 方法被提出[7-10]，但是这些方法都不能完全克服高复杂度和内存负载的限制。传统的谱聚类（Spectral Clustering，SC）[2,11]是一种经典的单视图聚类方法，但由于其邻接矩阵与特征空间构造会占用很大内存，也不能直接应用于大规模数据集[12]。这些方法的时间复杂度为$O(n^2d+n^3)$，空间复杂度为$O(n^2+nt)$，其中n、d、t分别表示数据实例数、维数和邻接矩阵的邻居数。例如，当数据量为 50,000 时，邻接矩阵会消耗近 2TB 的内存。高计算负荷也是导致谱聚类难以应用于大规模数据的一个主要瓶颈。尽管一些改进的谱聚类方法已被提出[12-17]，但它们没有从本质上解决这些问题。

近年来，利用数据的异构特征进行多视图聚类引起了广泛的关注[13,14,18]。与单视图聚类相比，多视图聚类通常可以获取更多隐藏在数据中的特征和结构信息，并且不同视图的特征之间呈现互补性特点，可基于多角度的数据特征融合达到聚类性能提升的效果。传统的方法要么将这些特征直接拼接起来，要么将每个视图独立处理[13]。然而，这两种策略都没有实际意义，因为它们无法从多个不同的表征中挖掘数据的兼容和互补信息。目前有很多多视图聚类方法[6,13,19]，这些方法大致可分为 3 类：第一类是多视图子空间聚类方法[20-22]，它们将不同来源的特征投影到一个公共的低维特征子空间，例如使用典型相关分析（Canonical Correlation Analysis，CCA）[14]来最小化互相关误差，然后使用现有的聚类方法（如 k-means）对数据进行分组；第二类是多视图谱聚类方法[17,19-24]，它们构造多个图来表示几何结构，并利用现有的聚类方法进行数据划分；第三类是多视图矩阵分解方法[6,25-27]，由于矩阵分解的直观解释性[28]，这种方法[6,15]将来自多个视图的信息聚合起来，或者将异构特征分解为类中心矩阵和聚类指示矩阵。这些方法在样本数量有限的情况下取得了不错的聚类性能，但并没有解决大规模多视图聚类面临的主要问题，即高计算成本和高内存开销。

二值表征学习的发展[29-31]为克服上述挑战提供了一个更优且可行的解决方案，这类方法在计算效率和空间占用上均有突出的优势。二值表征学习的核心思想[29-32]是将观测数据从高维数据特征空间投影到低维的海明空间，即将高维度的实数特征编码成极低维度的二值特征（二值码），同时在特征变换过程中，保持数据之间的语义相似性。所以，二值表征学习有时也被称为语义相似度保持学习。它有两个特点，一是能通过内置异或运算快速计算汉明距离，二是与原始特征相比存储需求大大减少。二值表征在各种大规模视觉应用中显示出了强大的数据处理能力，特别是在视觉检索[29-31]和目标识别[32-34]等方面。近年来，与单视图数据相比，基于多视图数据的表征学习由于其更好的表征能力和学习性能而得到研究人员的广泛关注[35-38]。然而，对于大规模多视图聚类问题，二值表征学习的研究却极少。

为此，本章介绍一种轻量级的大规模多源异构数据分析和学习算法框架，名为基于联合学习的二值多视图表征学习。该学习框架主要包括多源数据的一致性二值表征学习和与任务相关的二值表征划分两部分。在此基础上，我们设计了两种具体的二值多视图表征学习算法，并以多视图图像聚类为例，将该学习算法用于解决多视图图像聚类问题。在应对无监督多视图聚类任务时，该学习框架主要包括基于多视图联合学习的二值表征学习和离散聚类结构学习。具体来讲，本章为解决海量多视图图像数据的快速处理和分析问题，提出一种高效的可扩展多视图图像聚类（Highly-economized Scalable Image Clustering，HSIC）算法，框架如图 5-1 所示。该算法以多视图特征联合优化的二值表征学习为基础，结合数据聚类算法的核心思想，实现对大规模的多视图图像数据进行快速聚类的目标。该算法框架能够很容易地扩展至其他多源数据分析任务中，如多视图模态（或多模态）数据分类、聚类、检索等。

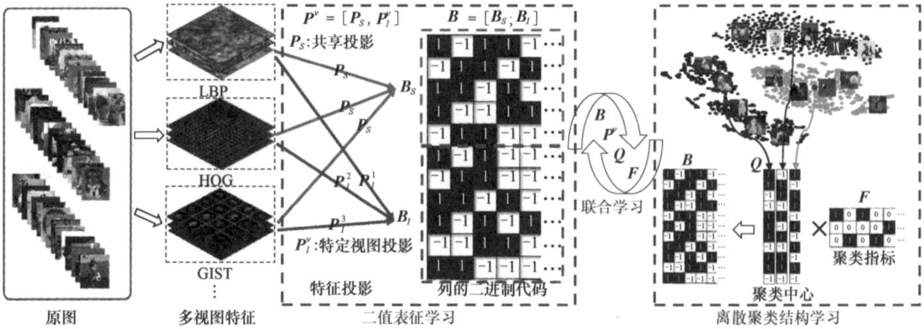

图 5-1　HSIC 框架

图 5-1 所示的 HSIC 框架采用联合学习策略，即将协同二值表征学习和任务相关目标学习结合到一个学习框架内，再以交替优化学习为优化步骤，可有效解决通用二值表征学习和离散聚类结构学习问题，大大降低计算复杂度和内存需求。与现有的实数值聚类方法不同，HSIC 并行学习多视图数据的协同二值表示，同时优化二值聚类，以保证不同视图间的结果一致。前者可以最大限度地保存多个视图之间的可共享信息和单视图信息，后者可以显著提高聚类的计算效率和鲁棒性。这种联合学习策略可以促进两个目标之间的协作，性能优于单独学习每个目标。针对联合离散优化问题，本章将给出一种高效的交替优化算法。

5.1　二值多视图表征学习框架

本节着重介绍将多视图的学习算法扩展至二值表征学习领域的方法，即基于联合学习的二值多视图表征学习框架，并以多视图图像聚类为例，提出二值多视图聚类（Binary Multi-view Clustering，BMVC）模型和 HSIC 模型。

5.1.1　二值多视图聚类模型

本小节介绍一种 BMVC 方法，它是大规模多视图离散聚类的一般学习方法。BMVC 将两个关键组件——协同离散表征学习（Collaborative Discrete Representation Learning，CDRL）和二值聚类结构学习（Binary Clustering Structure Learning，BCSL）合并到一个联合的学习框架中。

假设一个多视图数据集由n个实例的M个视图组成，表示为一组矩阵$\boldsymbol{\chi}=[\boldsymbol{X}^1,\cdots,\boldsymbol{X}^M]$，其中$\boldsymbol{X}^v\in\mathfrak{R}^{d_v\times n}$表示矩阵的第$v$个视图，$d_v$表示第$v$个视图的数据特征的维度。假设每个视图中的点都已进行中心化处理，即$\sum_s \boldsymbol{X}_s^v=0$。在预处理步骤中，首先需通过简单的非线性径向基函数（Radial Basis Function，RBF）映射对数据进行编码：

$$\phi(\boldsymbol{x}_s^v)=[\exp(-\|\boldsymbol{x}_s^v-\boldsymbol{a}_1^v)\|^2/\sigma,\cdots,\exp(-\|\boldsymbol{x}_s^v-\boldsymbol{a}_m^v)\|^2/\sigma]^{\mathrm{T}} \tag{5-1}$$

其中，σ表示核宽度，$\phi(\boldsymbol{x}_s^v)\in\mathfrak{R}^m$表示样本$s$的第 v 个视图$\boldsymbol{x}_s^v\in\mathfrak{R}^{d_v}$的 m 维非线性嵌入，$\{\boldsymbol{a}_i^v\}_{i=1}^m$表示随机选取的 m 个锚点样本的第 v 个视图。

下面分别介绍如何学习通用的二值表征和鲁棒的二值聚类结构，并最终得到 BMVC 的联合损失函数。

（1）CDRL 损失旨在将不同视图的特征投影到同一个汉明空间中，即$R\rightarrow\{-1,1\}^{1\times n}$。为此，定义$\boldsymbol{x}_s^v$的二值哈希函数为

$$\boldsymbol{h}_s^v(\phi(\boldsymbol{x}_s^v);\boldsymbol{U}^v)=\mathrm{sgn}(\boldsymbol{U}^v\phi(\boldsymbol{x}_s^v)) \tag{5-2}$$

其中，sgn(·)是逐个元素的 sgn 运算，$\boldsymbol{U}\in\mathfrak{R}^{l\times m}$表示第 v 个视图的映射矩阵。为了同时考虑多视图的相关性和互补性，将 CDRL 的目标函数定义为

$$\begin{gathered}\min_{\boldsymbol{U}^v,\boldsymbol{b}_s,\boldsymbol{\alpha}}\sum_{v=1}^{M}(\alpha^v)^r\left(\sum_{s=1}^{n}\|\boldsymbol{b}_s-\boldsymbol{h}_s^v\|_{\mathrm{F}}^2+\beta\|\boldsymbol{U}^v\|_{\mathrm{F}}^2-\gamma\sum_{s=1}^{n}\mathrm{var}(h_s^v)\right)\\ \text{s.t.}\quad\sum_{v}\alpha^v=1\text{，}\alpha^v>0\text{，}\boldsymbol{b}_s\in\{-1,1\}^{l\times 1}\end{gathered}\tag{5-3}$$

其中，$\boldsymbol{b}_s$是s实例的协同二值表征，$\boldsymbol{\alpha}=[\alpha^1,\cdots,\alpha^M]\in\mathfrak{R}^M$是一个非负的规范化加权向量，用于平衡不同视图的重要性，$r>1$是控制权重的标量；γ是一个非负的常量。具体来说，式（5-3）右侧的第一项确保学习不同视图的统一二值表征；后两项的目的分别是确保得到稳定的解和保证平衡性。特别是最后一项，它使产生平衡位的编码函数的方差最大化，这是二值表征学习的典型要求。

（2）对于 BCSL 损失而言，除了协同多视图表征学习外，它还需要保持各视图聚类结构的一致性。基于传统 k-means 聚类和矩阵分解的等价性[39]，可以构建 BCSL 的目标函数为

$$\begin{gathered}\min_{\boldsymbol{C},\boldsymbol{g}_s}\|\boldsymbol{b}_s-\boldsymbol{C}\boldsymbol{g}_s\|_{\mathrm{F}}^2\quad\text{s.t.}\quad\boldsymbol{C}^{\mathrm{T}}1=0\text{，}\boldsymbol{C}\in\{-1,1\}^{l\times c}\\ \boldsymbol{g}_s\in\{0,1\}^c\text{，}\sum_i g_{is}=1\end{gathered}\tag{5-4}$$

其中，$\boldsymbol{C}$和$\boldsymbol{g}_s$分别是聚类中心和指示向量。为了高效地生成表征和最大化每一位的信息，需要对聚类中心施加平衡约束（第一个约束），使其适应基于二值表征学习的快速聚类任务。

（3）对于总体目标函数的设计，CDRL 和 BCSL 为高效的大规模多视图聚类中不可或缺的两方面，需同时加以考量。通过调整式（5-2）中的sgn函数，可将 BMVC 的目标函数转化为

$$\begin{aligned}&\min\mathcal{F}(\boldsymbol{U}^v,\boldsymbol{B},\boldsymbol{C},\boldsymbol{G},\alpha)\\&=\sum_{v=1}^{M}(\alpha^v)^r(\|\boldsymbol{B}-\boldsymbol{U}^v\phi(\boldsymbol{x}^v)\|_{\mathrm{F}}^2+\beta\|\boldsymbol{U}^v\|_{\mathrm{F}}^2\\&\quad-\frac{\gamma}{n}\mathrm{tr}((\boldsymbol{U}^v\phi(\boldsymbol{x}^v))(\boldsymbol{U}^v\phi(\boldsymbol{x}^v))^{\mathrm{T}}))+\lambda\|\boldsymbol{B}-\boldsymbol{C}\boldsymbol{G}\|_{\mathrm{F}}^2\\&\text{s.t.}\quad\boldsymbol{C}^{\mathrm{T}}\mathbf{1}=0\text{，}\sum_{v}\alpha^v=1\text{，}\alpha^v>0\text{，}\boldsymbol{B}\in\{-1,1\}^{l\times n}\\&\qquad\boldsymbol{C}\in\{-1,1\}^{l\times c}\text{，}\boldsymbol{G}\in 0,1^{c\times n}\text{，}\sum_i g_{is}=1\end{aligned}\tag{5-5}$$

其中，$\boldsymbol{B}=[\boldsymbol{b}_1,\cdots,\boldsymbol{b}_n]$，$\boldsymbol{G}=[\boldsymbol{g}_1,\cdots,\boldsymbol{g}_n]$，$\lambda$是正则化参数。

5.1.2 高效的可扩展多视图图像聚类分析模型

本小节介绍 5.1.1 节中提到的 BMVC 框架的优化版本，即 HSIC，这也是本章的重

点内容。

与上述 BMVC 算法一致，为了解决大规模多视图聚类问题，HSIC 将特征映射到低维度的汉明空间中进行快速聚类，使用学习到的二值表征来进行多视图压缩（将多视图特征投影到共享汉明空间）。同时，在学习到的汉明空间中构造鲁棒的离散聚类结构，以提高聚类效率。

预处理时，首先需将每个视图的特征规范化为零中心向量。受文献[35,40]的启发，本章中每个特征向量都采用非线性 RBF 核映射，即$\Psi(\boldsymbol{x}_i^v)=[\exp(-\|\boldsymbol{x}_i^v-\boldsymbol{\alpha}_1^v\|^2/\gamma),\cdots,\exp(-\|\boldsymbol{x}_i^v-\boldsymbol{\alpha}_l^v\|^2/\gamma)]^{\mathrm{T}}$，其中$\gamma$是定义的核宽度，$\Psi(\boldsymbol{x}_i^v)\in\mathfrak{R}^{l\times 1}$表示第 v 个视图的第 i 个特征的l维非线性嵌入。与文献[35,40-41]相似，$\{\boldsymbol{\alpha}_i^v\}_{i=1}^l$是从$\boldsymbol{X}_v$中随机选择的$l$个锚点（每个视图中的$l=1000$）。整个 HSIC 框架依然包括通用二值表征学习和鲁棒二值聚类结构学习，并最终得出一个联合学习目标，下面对这 3 个部分分别进行介绍。

1．通用二值表征学习

我们在 HSIC 中学习一组（K 个）哈希函数，它将每个$\Psi(\boldsymbol{x}_i^v)$量化为一个二值表征$\boldsymbol{b}_i^v=[\boldsymbol{b}_{i1}^v,\cdots,\boldsymbol{b}_{iK}^v]^{\mathrm{T}}\in\{-1,1\}^{K\times 1}$。为了消除不同视图之间的语义差异，HSIC 通过组合多视图特征生成通用的二值表征。具体而言，HSIC 同时将来自多个视图的特征投影到一个共同的汉明空间，即$\boldsymbol{b}_i=\mathrm{sgn}((\boldsymbol{P}^v)^{\mathrm{T}}\Psi(\boldsymbol{x}_i^v))$。其中，$\boldsymbol{b}_i$是来自不同视图的第 i 个特征的通用二值码（$\boldsymbol{x}_i^v$，$\forall v=1,\cdots,m$）；$\mathrm{sgn}(\cdot)$是逐元素 sgn 函数；$\boldsymbol{P}^v=[\boldsymbol{P}_1^v,\cdots,\boldsymbol{P}_K^v]\in\mathfrak{R}^{l\times K}$是第 v 个特征的映射矩阵，$\boldsymbol{p}_i^v$是第 i 个哈希函数的投影向量。这样，就可以通过最小化以下损失来构建目标函数：

$$\min_{\boldsymbol{P}^v,\boldsymbol{b}_i}\sum_{v=1}^{M}\sum_{i=1}^{N}\|\boldsymbol{b}_i-(\boldsymbol{P}^v)^{\mathrm{T}}\Psi(\boldsymbol{x}_i^v)\|_{\mathrm{F}}^2 \tag{5-6}$$

因为每个视图从不同的角度描述特征，投影$\{\boldsymbol{P}^v\}_{v=1}^M$应该捕捉可以最大化多个视图之间相似度的共享信息，以及区分不同视图中个性化特征的特定信息。为此，我们将每个投影分解为可共享投影和个性化投影的组合，即$\boldsymbol{P}^v=[\boldsymbol{P}_S,\boldsymbol{P}_I^v]$。$\boldsymbol{P}_S\in\mathfrak{R}^{l\times K_S}$是多个视图的共享投影，而$\boldsymbol{P}_I^v\in\mathfrak{R}^{l\times K_I}$是第 v 个视图的个体投影，其中$K=K_S+K_I$。因此，HSIC 通过式（5-7）从多个视图中学习通用二值表征：

$$\begin{aligned}&\min_{\boldsymbol{P}^v,\boldsymbol{B},\alpha^v}\sum_{v=1}^{M}(\alpha^v)^r(\|\boldsymbol{B}-(\boldsymbol{P}^v)^{\mathrm{T}}\Psi(\boldsymbol{X}^v)\|_{\mathrm{F}}^2+\lambda_1\|\boldsymbol{P}^v\|_{\mathrm{F}}^2)\\&\text{s.t.}\quad\sum_{v}\alpha^v=1,\ \alpha^v>0,\ \boldsymbol{B}=[\boldsymbol{B}_S;\boldsymbol{B}_I]\in\{-1,1\}^{K\times N},\ \boldsymbol{P}^v=[\boldsymbol{P}_S,\boldsymbol{P}_I^v]\end{aligned} \tag{5-7}$$

其中，$\boldsymbol{B}=[\boldsymbol{b}_1,\cdots,\boldsymbol{b}_N]$，$\boldsymbol{\alpha}=[\alpha^1,\cdots,\alpha^m]\in\mathfrak{R}^M$是各视图的权重，$r>1$是一个管理权重分布的常数，$\lambda_1$是正则化参数，第二部分是控制参数尺度的正则化项。

从信息论的角度来看，二值码的每一位提供的信息都需要最大化[42]。基于这一点，在文献[34,39]的启发下，我们利用最大熵原理对二值码 $\boldsymbol{B}$ 施加了一个正则化项，即最大化$\mathrm{var}[\boldsymbol{B}] = \mathrm{var}[\mathrm{sgn}((\boldsymbol{P}^v)^{\mathrm{T}}\Psi(\boldsymbol{x}_i^v))]$。该正则化项可以保证二值码的均匀划分，减少二值码的冗余。这里用符号量化代替符号函数，则松弛正则化公式如下：

$$\max\sum_k \mathbb{E}\left[\|(\boldsymbol{p}_i^v)^{\mathrm{T}}\Psi(\boldsymbol{x}_i^v)\|^2\right] = \frac{1}{N}\mathrm{tr}((\boldsymbol{P}^v)^{\mathrm{T}}\Psi(\boldsymbol{X}^v)\Psi(\boldsymbol{X}^v)^{\mathrm{T}}\boldsymbol{P}^v) = g(\boldsymbol{P}^v) \tag{5-8}$$

最后将式（5-7）和式（5-8）结合起来，得到整体的通用二值表征学习公式：

$$\begin{aligned} &\min_{\boldsymbol{P}^v,\boldsymbol{B}}\sum_{v=1}^{M}(\alpha^v)^r(\|\boldsymbol{B}-(\boldsymbol{P}^v)^{\mathrm{T}}\Psi(\boldsymbol{X}^v)\|_{\mathrm{F}}^2+\lambda_1\|\boldsymbol{P}^v\|_{\mathrm{F}}^2-\lambda_2 g(\boldsymbol{P}^v)) \\ &\mathrm{s.t.}\ \sum_v \alpha^v = 1，\alpha^v > 0，\boldsymbol{B} = [\boldsymbol{B}_s;\boldsymbol{B}_I] \in \{-1,1\}^{K\times N}，\boldsymbol{P}^v = [\boldsymbol{P}_s,\boldsymbol{P}_I^v] \end{aligned} \tag{5-9}$$

其中，λ_2是权重参数。

2. 鲁棒二值聚类结构学习

对于二值聚类，HSIC 直接将学习到的二值表征 $\boldsymbol{B}$ 分解为二值聚类中心 $\boldsymbol{Q}$ 和离散聚类指标 $\boldsymbol{F}$，那么目标函数定义为

$$\begin{aligned} &\min_{\boldsymbol{Q},\boldsymbol{F}}\|\boldsymbol{B}-\boldsymbol{Q}\boldsymbol{F}\|_{21} \\ &\mathrm{s.t.}\ \boldsymbol{Q}\boldsymbol{1} = 0，\boldsymbol{Q}\in\{-1,1\}^{K\times c}，\boldsymbol{F}\in\{0,1\}^{c\times N}，\sum_j f_{ji} = 1 \end{aligned} \tag{5-10}$$

其中，$\|\boldsymbol{A}\|_{21} = \sum_i\|\boldsymbol{a}^i\|_2$，$\boldsymbol{a}_i$是矩阵 $\boldsymbol{A}$ 的第 i 行。

式（5-10）的第一个约束确保了聚类中心的平衡性。施加在损失函数上的l_{21}范数可以用 Frobenius 范数代替，即$\|\boldsymbol{B}-\boldsymbol{Q}\boldsymbol{F}\|_{\mathrm{F}}^2$。然而，为了获得更稳定、更鲁棒的聚类性能，这里采用稀疏引导的l_{21}范数。在文献[43]中还发现，l_{21}范数不仅保持了每个特征的旋转不变性，而且控制了重建误差，显著降低了表征异常值的负面影响。

3. 联合目标函数

为了保持二值表征与聚类结构之间的语义联系，可以将通用二值表征学习和离散聚类结构结合到一个联合学习框架中。通过这种方式，联合框架可以交互地提高所学二值表征和聚类结构的质量。因此，可以有以下联合目标函数：

$$\begin{aligned} &\min_{\boldsymbol{P}^v,\boldsymbol{B},\boldsymbol{Q},\boldsymbol{F},\alpha^v}\sum_{v=1}^{M}(\alpha^v)^r(\|\boldsymbol{B}-(\boldsymbol{P}^v)^{\mathrm{T}}\Psi(\boldsymbol{X}^v)\|_{\mathrm{F}}^2+\lambda_1\|\boldsymbol{P}^v\|_{\mathrm{F}}^2-\lambda_2 g(\boldsymbol{P}^v))+\lambda_3\|\boldsymbol{B}-\boldsymbol{Q}\boldsymbol{F}\|_{21} \\ &\mathrm{s.t.}\ \sum_v \alpha^v = 1，\alpha^v > 0，\boldsymbol{B} = [\boldsymbol{B}_s;\boldsymbol{B}_I] \in \{-1,1\}^{K\times N}，\boldsymbol{P}^v = [\boldsymbol{P}_s,\boldsymbol{P}_I^v] \\ &\qquad \boldsymbol{Q}\boldsymbol{1} = 0，\boldsymbol{Q}\in\{-1,1\}^{K\times c}，\boldsymbol{F}\in\{0,1\}^{c\times N}，\sum_j f_{ji} = 1 \end{aligned} \tag{5-11}$$

其中，λ_1、λ_2、λ_3是权衡参数，用于平衡不同项的影响。

本书 5.2 节将介绍一种交替优化算法，可用于优化离散规划问题。

5.2 高效的可扩展多视图图像聚类算法

优化问题［式（5-10)］的解是非平凡的，因为它涉及具有 3 个离散约束的混合二值整数规划，是个 NP-困难问题。本节介绍一种交替优化算法，可在每次迭代中更新$\boldsymbol{P}_s \rightarrow \boldsymbol{P}_I^v \rightarrow \boldsymbol{B} \rightarrow \boldsymbol{Q} \rightarrow \boldsymbol{F} \rightarrow \boldsymbol{\alpha}$。

由于l_{21}范数损失函数难以处理，首先将式（5-11）中的最后一项改写为$\lambda_3 \mathrm{tr}(\boldsymbol{U}^{\mathrm{T}}\boldsymbol{D}\boldsymbol{U})$。其中，$\boldsymbol{U}=\boldsymbol{B}-\boldsymbol{Q}\boldsymbol{F}$；$\boldsymbol{D} \in \Re^{K\times K}$是一个对角线矩阵，其第 i 个对角元素定义为$d_{ii}=\frac{1}{2}\parallel \boldsymbol{u}^i \parallel$（$\boldsymbol{u}^i$是 $\boldsymbol{U}$ 的第 i 行）。下面依次介绍每一个变量的迭代更新步骤。

1．$\boldsymbol{P}_s$的迭代更新步骤

固定其他变量，使用式（5-12）更新可共享投影：

$$\min_{\boldsymbol{P}_s} \sum_{v=1}^{m} (\boldsymbol{\alpha}^v)^r \left(\parallel \boldsymbol{B}_s - \boldsymbol{P}_s^{\mathrm{T}}\Psi(\boldsymbol{X}^v) \parallel_{\mathrm{F}}^2 + \lambda_1 \parallel \boldsymbol{P}_s \parallel_{\mathrm{F}}^2 - \frac{\lambda_2}{N}\mathrm{tr}(\boldsymbol{P}_s^{\mathrm{T}}\Psi(\boldsymbol{X}^v)\Psi^{\mathrm{T}}(\boldsymbol{X}^v)\boldsymbol{P}_s)\right) \tag{5-12}$$

为了便于标注，这里将$\Psi(\boldsymbol{X}^v)\Psi^{\mathrm{T}}(\boldsymbol{X}^v)$写作$\widetilde{\boldsymbol{X}}$。取$\mathcal{L}$对$\boldsymbol{P}_s$的导数，设$\frac{\partial \mathcal{L}}{\partial \boldsymbol{P}_s}=0$，可以得到$\boldsymbol{P}_s$的闭式解，即

$$\boldsymbol{P}_s = \left(\boldsymbol{A} + \lambda_1 \sum_{v=1}^{m} (\boldsymbol{\alpha}^v)^r \boldsymbol{I}\right)^{-1} \boldsymbol{T}\boldsymbol{B}^{\mathrm{T}} \tag{5-13}$$

其中，$\boldsymbol{A}=(1-\frac{\lambda_2}{N})\sum_{v=1}^{m}(\boldsymbol{\alpha}^v)^r \widetilde{\boldsymbol{X}}$，$\boldsymbol{T}=\sum_{v=1}^{m}(\boldsymbol{\alpha}^v)^r \Psi(\boldsymbol{X}^v)$。

2．$\boldsymbol{P}_I^v$的迭代更新步骤

相似地，固定其他参数，第 v 个特定视图投影矩阵的最优解可由式（5-14）得到：

$$\min_{\boldsymbol{P}_I^v} \parallel \boldsymbol{B}_I - (\boldsymbol{P}_I^v)^{\mathrm{T}}\Psi(\boldsymbol{X}^v) \parallel_{\mathrm{F}}^2 + \lambda_1 \parallel \boldsymbol{P}_I^v \parallel_{\mathrm{F}}^2 - \frac{\lambda_2}{N}\mathrm{tr}(\boldsymbol{P}_I^v \widetilde{\boldsymbol{X}} (\boldsymbol{P}_I^v)^{\mathrm{T}}) \tag{5-14}$$

该式的闭式解为$\boldsymbol{P}_I^v=\boldsymbol{W}\Psi(\boldsymbol{X}^v)\boldsymbol{B}^{\mathrm{T}}$，其中$\boldsymbol{W}=(1-\frac{\lambda_2}{N}\widetilde{\boldsymbol{X}}+\lambda_1\boldsymbol{I})^{-1}$可预先计算得到。

3．$\boldsymbol{B}$的迭代更新步骤

与 $\boldsymbol{B}$ 相关的式（5-11）可写作：

$$\min_{\boldsymbol{B}} \sum_{v=1}^{m} (\boldsymbol{\alpha}^v)^r \left(\parallel \boldsymbol{B} - (\boldsymbol{P}^v)^{\mathrm{T}}\Psi(\boldsymbol{X}^v) \parallel_{\mathrm{F}}^2\right) + \lambda_3 \mathrm{tr}(\boldsymbol{U}^{\mathrm{T}}\boldsymbol{D}\boldsymbol{U})$$
$$\text{s.t.} \quad \boldsymbol{B} \in \{-1,1\}^{K\times N} \tag{5-15}$$

$\boldsymbol{B}$ 只有 1 和-1两种取值，$\boldsymbol{D}$ 是一个对角线矩阵，$\mathrm{tr}(\boldsymbol{B}\boldsymbol{B}^{\mathrm{T}})=\mathrm{tr}(\boldsymbol{B}^{\mathrm{T}}\boldsymbol{B})=KN$和$\mathrm{tr}(\boldsymbol{B}^{\mathrm{T}}\boldsymbol{D}\boldsymbol{B})=\boldsymbol{N}*\mathrm{tr}(\boldsymbol{D})$都是与 $\boldsymbol{B}$ 相关的常数项，因此式（5-15）可以重新表示为

$$\min_{\boldsymbol{B}} -\operatorname{tr}[\boldsymbol{B}^{\mathrm{T}}(\sum_{v=1}^{m}(\boldsymbol{\alpha}^{v})^{r}((\boldsymbol{P}^{v})^{\mathrm{T}}\Psi(\boldsymbol{X}^{v}))+\lambda_{3}\boldsymbol{QF})]+\text{const}$$
$$\text{s.t.}\quad \boldsymbol{B}\in\{-1,1\}^{K\times N} \tag{5-16}$$

其中，const 表示常数项。

该问题有闭式解：

$$\boldsymbol{B}=\operatorname{sgn}(\sum_{v=1}^{m}(\boldsymbol{\alpha}^{v})^{r}((\boldsymbol{P}^{v})^{\mathrm{T}}\Psi(\boldsymbol{X}^{v}))+\lambda_{3}\boldsymbol{QF}) \tag{5-17}$$

4. $\boldsymbol{Q}$的迭代更新步骤

当我们去除与 $\boldsymbol{Q}$ 无关的量及约束后，式（5-11）可写作：

$$\min_{\boldsymbol{Q},\boldsymbol{F}} \operatorname{tr}(\boldsymbol{U}^{\mathrm{T}}\boldsymbol{DU})+v\parallel\boldsymbol{Q}^{\mathrm{T}}1\parallel_{\mathrm{F}}^{2}$$
$$\text{s.t.}\quad \boldsymbol{Q}\in\{-1,1\}^{K\times c},\ \boldsymbol{F}\in\{0,1\}^{c\times K},\ \sum_{j}\boldsymbol{f}_{ji}=1 \tag{5-18}$$

当$v>0$且足够大时，式（5-11）和式（5-18）是等价的。通过固定变量 $\boldsymbol{F}$，式（5-18）变成

$$\underset{\boldsymbol{Q}}{\operatorname{Min}}\mathcal{L}(\boldsymbol{Q})=-2\operatorname{tr}(\boldsymbol{B}^{\mathrm{T}}\boldsymbol{DQF})+v\|\boldsymbol{Q}^{\mathrm{T}}\boldsymbol{1}\|_{\mathrm{F}}^{2}+\text{const}$$
$$\text{s.t.}\quad \boldsymbol{Q}\in\{-1,1\}^{K\times c} \tag{5-19}$$

受文献[29,44]中高效离散优化算法的启发，我们开发了一种自适应离散近似线性优化算法，该算法在 p+1 次迭代中通过$\boldsymbol{Q}^{p+1}=\operatorname{sgn}(\boldsymbol{q}^{p}-\frac{1}{\eta}\nabla\mathcal{L}(\boldsymbol{Q}^{p}))$更新 $\boldsymbol{Q}$，其中$\nabla\mathcal{L}(\boldsymbol{Q}^{p})$是$\mathcal{L}(\boldsymbol{Q}^{p})$的梯度，$\frac{1}{\eta}$是学习率，$\eta\in(\boldsymbol{C},2\boldsymbol{C})$，$\boldsymbol{C}$ 是利普希茨常数。直观来看，对于 sgn(·)函数，如果步长$\frac{1}{\eta}$太大或太小，$\boldsymbol{Q}$ 的解将陷入局部极小值或发散。为此，可根据相邻迭代之间$\mathcal{L}(\boldsymbol{Q}^{p})$值的变化自适应地增加或减小$\eta$的值，从而加速收敛。

5. $\boldsymbol{F}$的迭代更新步骤

相似地，固定 $\boldsymbol{Q}$，与 $\boldsymbol{F}$ 相关的问题变成

$$\min_{\boldsymbol{f}_i}\sum_{i=1}^{N}d_{ii}\parallel\boldsymbol{b}_{i}-\boldsymbol{Qf}_{i}\parallel_{21}$$
$$\text{s.t.}\quad \boldsymbol{f}_{i}\in\{0,1\}^{c\times 1},\ \sum_{j}\boldsymbol{f}_{ji}=1 \tag{5-20}$$

上述问题可分解为 $\boldsymbol{N}$ 个子问题，并逐列优化聚类指标，即每次计算 $\boldsymbol{F}$ 的一列$\boldsymbol{f}_i$。具体来说，我们采用穷举搜索的方式来解决子问题，这与传统 k-means 算法类似。对于第 i 列$\boldsymbol{f}_i$，其第 j 项的最优解可通过式（5-21）得到：

$$f_{ji}=\begin{cases}1 & j=\arg\min\limits_{k}\boldsymbol{H}(\boldsymbol{d}_{ii}*\boldsymbol{n}_{i},\boldsymbol{q}_{\wp})\\0 & 其他\end{cases} \tag{5-21}$$

其中，$\boldsymbol{q}_{\wp}$是 $\boldsymbol{Q}$ 的第p个向量，$\boldsymbol{H}(\cdot,\cdot)$表示汉明距离矩阵。汉明距离的计算要远快于欧几里得距离的计算。

6. **$\boldsymbol{\alpha}$的迭代更新步骤**

令$\boldsymbol{h}^v = \| \boldsymbol{B} - (\boldsymbol{P}^v)^{\mathrm{T}}\Psi(\boldsymbol{X}^v) \|_{\mathrm{F}}^2 + \lambda_1 \| \boldsymbol{P}^v \|_{\mathrm{F}}^2 - \lambda_2 g(\boldsymbol{P}^v)$，关于$\boldsymbol{\alpha}$的式（5-11）可变为

$$\min_{\alpha^v} \sum_{v=1}^{m} (\alpha^v)^r \boldsymbol{h}^v \text{，s.t.} \sum_{v} \alpha^v = 1 \text{，} \alpha^v > 0 \tag{5-22}$$

式（5-22）的拉格朗日函数为 $\min \mathcal{L}(\alpha^v, \zeta) = \sum_{v=1}^{m} (\alpha^v)^r \boldsymbol{h}^v - \zeta(\sum_{v=1}^{m} \alpha^v - 1)$，其中$\zeta$是拉格朗日乘子。计算$\boldsymbol{\alpha}^v$和$\zeta$的偏导数：

$$\begin{cases} \dfrac{\partial \mathcal{L}}{\partial \boldsymbol{\alpha}^v} = r(\alpha^v)^{r-1} \boldsymbol{h}^v - \zeta \\ \dfrac{\partial \mathcal{L}}{\partial \zeta} = \displaystyle\sum_{v=1}^{m} \alpha^v - 1 \end{cases} \tag{5-23}$$

通过设置$\boldsymbol{\nabla}_{\alpha^v,\zeta} \mathcal{L} = 0$，$\alpha^v$的最优解为

$$\boldsymbol{\alpha}^v = \frac{(\boldsymbol{h}^v)^{\frac{1}{1-r}}}{\sum_{v} (\boldsymbol{h}^v)^{\frac{1}{1-r}}}$$

为了得到优化问题［式（5-10）］的局部最优解，需要对上述 6 个变量进行迭代更新，直到收敛。为了解决图像聚类中的外样本问题，HSIC 需要利用公式$\boldsymbol{b}^v = \mathrm{sgn}((\boldsymbol{P}^v)^{\mathrm{T}}\Psi(\hat{\boldsymbol{x}}^v))$从第 v 个视图$\hat{\boldsymbol{x}}^v$中生成一个新的查询图像$\hat{\boldsymbol{x}}$的二值表征，然后将其分配给由$j = \arg\min_k H(\boldsymbol{b}^v, \boldsymbol{q}_k)$分配的第 j 个聚类。对于多视图聚类，$\hat{\boldsymbol{x}}$的通用二值编码为$\boldsymbol{b} = \mathrm{sgn}(\sum_{v=1}^{m} (\alpha^v)^r (\boldsymbol{P}^v)^{\mathrm{T}}\Psi(\hat{\boldsymbol{x}}^v))$。$\boldsymbol{F}$的解确定了$\hat{\boldsymbol{x}}$的最优聚类分配。算法 5-1 展示了 HSIC 的全部迭代学习过程。

算法 5-1　HSIC 的迭代学习过程

输入： 多视图特征$\{\boldsymbol{X}^v\}_{v=1}^{m} \in \Re^{d_v \times N}$，$m \geqslant 3$；编码长度$\geqslant K$；质心数 c；最大迭代次数κ和t；λ_1、λ_2、λ_3。

输出： 二进制表征$\boldsymbol{B}$，簇质心$\boldsymbol{Q}$和簇指标$\boldsymbol{F}$。

1 初始化：从每个视图中随机选取锚点 I 计算核化特征嵌入$\Psi(\boldsymbol{X}^v) \in \Re^{l \times N}$，并将其归一化为零中心均值。
2 **Repeat**
3 $\boldsymbol{P}_s$步骤：通过式（5-13）更新$\boldsymbol{P}_s$；
4 $\boldsymbol{P}_I^v$步骤：通过式（5-14）更新$\boldsymbol{P}_I^v$，$\forall v = 1, \cdots, m$；
5 $\boldsymbol{B}$步骤：通过式（5-17）更新$\boldsymbol{B}$；
6 　**Repeat**
7 　　$\boldsymbol{Q}$步骤：通过式（5-19）迭代更新$\boldsymbol{Q}$；

　　$\boldsymbol{F}$步骤：通过式（5-21）迭代更新$\boldsymbol{F}$；
Until 收敛或者达到最大迭代次数κ；
$\boldsymbol{\alpha}$步骤：通过式（5-23）迭代更新$\boldsymbol{\alpha}$；
Until 收敛或者达到最大迭代次数t。

5.3 高效的可扩展多视图图像聚类算法分析

5.3.1 收敛性分析

本书 5.2 节介绍的优化算法可以得到目标函数［式（5-11）］的局部最优解。为了证明该优化算法的收敛性，首先介绍引理 5-1。

引理 5-1　对于任意非零实值向量 $\boldsymbol{a}$ 和 $\boldsymbol{b}$，下列不等式始终成立：

$$\|\boldsymbol{a}\|_2-\frac{\|\boldsymbol{a}\|_2^2}{2\|\boldsymbol{b}\|_2}\leqslant\|\boldsymbol{b}\|_2-\frac{\|\boldsymbol{b}\|_2^2}{2\|\boldsymbol{b}\|_2}\tag{5-24}$$

该优化算法的快速收敛性满足定理 5-1。

定理 5-1　本书 5.2 节介绍的优化算法在每次迭代中会使式（5-11）中的目标函数单调地下降，直到其收敛至一个局部最优点。

证明　令$\mathcal{L}(\boldsymbol{Q},\boldsymbol{F},\boldsymbol{D},\boldsymbol{P},\boldsymbol{B},\boldsymbol{\alpha})$表示式（5-11）中 HSIC 的目标函数。假设$\boldsymbol{Q}^t$、$\boldsymbol{F}^t$、$\boldsymbol{D}^t$、$\boldsymbol{P}^t$、$\boldsymbol{B}^t$和$\boldsymbol{\alpha}^t$分别表示参数$\boldsymbol{Q}$、$\boldsymbol{F}$、$\boldsymbol{D}$、$\boldsymbol{P}$、$\boldsymbol{B}$和$\boldsymbol{\alpha}$在第 t 次迭代中的解。根据文献[45]中与近似算子和算法有关的理论分析和文献[33]中提到的离散线性近似优化策略，可以推断，在给定适当的更新步长的情况下，该优化算法可以得到$\boldsymbol{Q}$的最优解，于是有

$$\boldsymbol{Q}^{t+1}=\arg\min_{\boldsymbol{Q}}\|\boldsymbol{B}-\boldsymbol{QF}\|_{21}\quad \text{s.t.}\quad \boldsymbol{Q1}=1,\ \boldsymbol{Q}\in\{-1,1\}\tag{5-25}$$

同时，根据传统 k-means 的学习框架，$\boldsymbol{Q}$和$\boldsymbol{F}$的最优解可以通过以下方法得到：

$$\{\boldsymbol{Q}^{t+1},\boldsymbol{F}^{t+1}\}=\arg\min\|\boldsymbol{B}-\boldsymbol{QF}\|_{21}=\operatorname{tr}(\boldsymbol{U}^{\mathrm{T}}\boldsymbol{DU})\tag{5-26}$$

所以有

$$\operatorname{tr}((\boldsymbol{U}^{t+1})^{\mathrm{T}}\boldsymbol{D}^t\boldsymbol{U}^{t+1})\leqslant\operatorname{tr}((\boldsymbol{U}^t)^{\mathrm{T}}\boldsymbol{D}^t\boldsymbol{U}^t)\tag{5-27}$$

基于矩阵$\boldsymbol{D}$中对角元素的定义，可以把式（5-27）改写为

$$\sum_{i=1}^{K}\frac{\|(\boldsymbol{u}^i)^{t+1}\|_2^2}{2\|(\boldsymbol{u}^i)^t\|_2}\leqslant\sum_{i=1}^{K}\frac{\|(\boldsymbol{u}^i)^t\|_2^2}{2\|(\boldsymbol{u}^i)^t\|_2}\tag{5-28}$$

其中，$(\boldsymbol{u}^i)^t$是$\boldsymbol{U}^t$的第i行。根据引理 5-1，可以得到

$$\sum_{i=1}^{K}\left(\|(\boldsymbol{u}^i)^{t+1}\|_2-\frac{\|(\boldsymbol{u}^i)^{t+1}\|_2^2}{2\|(\boldsymbol{u}^i)^t\|_2}\right)\leqslant\sum_{i=1}^{K}\left(\|(\boldsymbol{u}^i)^t\|_2-\frac{\|(\boldsymbol{u}^i)^t\|_2^2}{2\|(\boldsymbol{u}^i)^t\|_2}\right)\tag{5-29}$$

式（5-29）表明：

$$\| \boldsymbol{U}^{t+1} \|_{21} \leqslant \| \boldsymbol{U}^{t} \|_{21} \Leftrightarrow \operatorname{tr}((\boldsymbol{U}^{t+1})^{\mathrm{T}}\boldsymbol{D}^{t+1}\boldsymbol{U}^{t+1}) \leqslant \operatorname{tr}((\boldsymbol{U}^{t})^{\mathrm{T}}\boldsymbol{D}^{t}\boldsymbol{U}^{t}) \tag{5-30}$$

即$\mathcal{L}(\boldsymbol{Q}^{t+1}, \boldsymbol{F}^{t+1}, \boldsymbol{D}^{t+1}, \boldsymbol{P}^{t}, \boldsymbol{B}^{t}, \boldsymbol{\alpha}^{t}) \leqslant \mathcal{L}(\boldsymbol{Q}^{t}, \boldsymbol{F}^{t}, \boldsymbol{D}^{t}, \boldsymbol{P}^{t}, \boldsymbol{B}^{t}, \boldsymbol{\alpha}^{t})$。根据$\boldsymbol{P}_s$和$\boldsymbol{P}_I^v$在第$t+1$次迭代中的更新步骤，可以得到

$$\mathcal{L}(\boldsymbol{Q}^{t+1}, \boldsymbol{F}^{t+1}, \boldsymbol{D}^{t+1}, \boldsymbol{P}^{t+1}, \boldsymbol{B}^{t}, \boldsymbol{\alpha}^{t}) \leqslant \mathcal{L}(\boldsymbol{Q}^{t+1}, \boldsymbol{F}^{t+1}, \boldsymbol{D}^{t+1}, \boldsymbol{P}^{t}, \boldsymbol{B}^{t}, \boldsymbol{\alpha}^{t}) \tag{5-31}$$

由于关于$\boldsymbol{B}$的优化问题有闭式解［式（5-16）］，于是有

$$\mathcal{L}(\boldsymbol{Q}^{t+1}, \boldsymbol{F}^{t+1}, \boldsymbol{D}^{t+1}, \boldsymbol{P}^{t+1}, \boldsymbol{B}^{t+1}, \boldsymbol{\alpha}^{t}) \leqslant \mathcal{L}(\boldsymbol{Q}^{t+1}, \boldsymbol{F}^{t+1}, \boldsymbol{D}^{t+1}, \boldsymbol{P}^{t+1}, \boldsymbol{B}^{t}, \boldsymbol{\alpha}^{t}) \tag{5-32}$$

相似地，根据$\boldsymbol{\alpha}$的精确解，可以得到

$$\mathcal{L}(\boldsymbol{Q}^{t+1}, \boldsymbol{F}^{t+1}, \boldsymbol{D}^{t+1}, \boldsymbol{P}^{t+1}, \boldsymbol{B}^{t+1}, \boldsymbol{\alpha}^{t+1}) \leqslant \mathcal{L}(\boldsymbol{Q}^{t}, \boldsymbol{F}^{t}, \boldsymbol{D}^{t}, \boldsymbol{P}^{t}, \boldsymbol{B}^{t}, \boldsymbol{\alpha}^{t}) \tag{5-33}$$

综上所述，目标函数$\mathcal{L}(\boldsymbol{P}, \boldsymbol{B}, \boldsymbol{Q}, \boldsymbol{F}, \boldsymbol{D})$的值在本书 5.2 节介绍的优化算法的每一次迭代中都会单调地下降。同时，容易知道，由于 HSIC 的目标函数是正范数求和，所以该目标函数有下界。由于单调有界收敛定理保证了所有单调有界序列的收敛性，本书 5.2 节介绍的优化算法一定能够收敛到一个局部最优解。证明完毕。

5.3.2 复杂度分析

首先，分析 HSIC 的时间复杂度。HSIC 的主要计算量在于压缩二值表征学习和鲁棒的离散聚类结构学习。$\boldsymbol{P}_S$和$\boldsymbol{P}_I^v$的计算复杂度分别为$O(K_S lN)$和$O(mK_I lN)$)。计算 $\boldsymbol{B}$ 的复杂度为$O(KlN)$。与文献[46]类似，构造离散聚类结构的复杂度为$O(N)$，其中每次距离计算只需要$O(1)$。HSIC 的总计算复杂度为$O(t((K_s + mK_I + K)lN + kN))$，其中 t 和 K 在该实验中设置为 10。一般来说，优化 HSIC 的计算复杂度与样本数呈线性关系，即$O(N)$。

接下来，分析 HSIC 的内存负载。HSIC 的内存开销主要在于映射矩阵$\boldsymbol{P}_S$和$\boldsymbol{P}_I^v$，分别为$O(lK_S)$和$O(lK_I)$。值得注意的是，学习的二值表征和离散的聚类中心在每一位上只需要$O(K(N+c))$的内存负载，远小于 k-means 的$O(d(N+c))$。

5.4 实验验证

5.4.1 数据集和评估标准

实验在 4 个图像数据集上进行，即 ILSVRC2012 1K 数据集[47]、CIFAR-10 数据集[48]、YouTube Faces（YTBF）数据集[49]和 NUS-WIDE 数据集[50]。我们从 ILSVRC2012 1K 数据集中随机选择 10 个类别，每个类别选择 1300 张图像，组成一个子集，命名为 ImageNet-10，用于中等规模的多视图聚类研究。CIFAR-10 数据集包含 10 个类别的 60,000 张微型彩色图像，即每个类别包含 6000 张图像。YTBF 数据集的一个子集包含了来自 89 个不同人群

的 182,881 张人脸图像（每个人超过 1200 张）。与文献[33]类似，我们选取 NUS-WIDE 数据集的一个子集，其中共有分属 21 个类别的 195,834 张图像，每个类别至少包含 3091 张图像。由于 NUS-WIDE 数据集中的很多图像存在多个标签，实验中只选择其中一个最具代表性的标签作为其真正的类别。同时，我们对各个数据集提取多个特征。对于 ImageNet-10 数据集、CIFAR-10 数据集和 YTBF 数据集，该实验采用了 3 种不同类别的特征，即 1450 维 LBP、1024 维 GIST 和 1152 维 HOG。对于 NUS-WIDE 数据集，该实验采用了 5 种特征，即 64 维颜色直方图（CH）、255 维颜色矩（CM）、144 维颜色相关性（CORR）、73 维边缘分布（EDH）和 128 维小波纹理（WT）。

该实验采用了 4 个评估指标[51]，即聚类准确度（ACC）、归一化信息（NMI）、纯度（Purity）和 F-score。此外，该实验还比较了计算时间和内存占用。为了比较不同的方法，该实验中运行的是各论文提供的原始代码，并使用论文中默认或微调的参数设置。二值聚类方法采用 128 位编码长度。对于 HSIC 的超参数λ_1、$\frac{\lambda_2}{N}$、λ_3，我们首先在 ImageNet-10 数据集上使用网格搜索策略找到最佳值（分别为10^{-1}、10^{-3}、10^{-5}），然后直接将其用于其他数据集以简化计算。本节所有实验中，r 和$\delta = \frac{K_S}{K}$（即共享二值码的比例）均分别设置为 5 和 0.2。多视图聚类结果表示为“MulView”。5.4.2 节中将展示每种方法随机初始化 10 次的平均聚类结果。

实验从 3 个角度进行。首先，在中等规模数据集 ImageNet-10 上验证 HSIC 的各种特性，并将 HSIC 与单视图图像聚类算法、多视图图像聚类算法（包括实值和二值方法）进行比较。然后，针对具有挑战性的大规模多视图图像聚类问题，利用 3 个大规模数据集对 HSIC 进行评估。基于 ImageNet-10 数据集的结果见表 5-1，实值多视图图像聚类的结果与 k-means 相当，但耗时很长。此外，将这些多视图图像聚类（如 AMGL 和 MLAN）应用于更大的数据集时会出现内存不足的问题。因此，实值多视图图像聚类没有参与在 3 个大规模数据集上的比较。最后，我们对 HSIC 进行了实验分析。

5.4.2 中等规模多视图数据实验验证

本小节将 HSIC 与几种先进的聚类方法进行了比较，包括单视图图像聚类方法［k-means[1]、k-means++（或称 kmeans-plus）[1]、k-Medoids[52]、Ak-kmeans[52]、Nyström[12]、NMF、LSC-K］、多视图图像聚类方法（AMGL[23]、MVKM[15]、MLAN[24]、Multi NMF[6]、OMVC[29]、MVSC[17]），以及两种现有的二值聚类方法（ITQ-bk-means[46]和 CKM[5]）。此外，还比较了两种 HSIC 的效率，即 Frobenius 范数正则化二值聚类（HSIC-F）和两步二值表征学习和离散聚类（HSIC-TS）。和文献[6,17]类似，对于所有的单视图图像聚类方法，我们将所有视图的特征向量拼接起来进行多视图聚类。表 5-1 展示了所有聚类方法的性能对比结果，表中粗体数字表示最优的聚类结果。

表 5-1　不同方法在 ImageNet-10 数据集上的性能对比

算法名称		ACC				NMI				Purity				F-score			
		LBP	CIST	HOG	MulView	LBP	CIST	HOG	MulView	LBP	CIST	HOG	MulView	LBP	CIST	HOG	MulView
单视图图像聚类方法	k-means	0.2265	0.3085	0.2492	0.3073	0.1120	**0.1853**	0.1134	0.1803	**0.2361**	0.3098	0.2439	0.3133	0.1628	0.1970	0.1363	0.1996
	k-Medoids	0.1925	0.2634	0.2268	0.2605	0.0755	0.1721	0.1298	0.1461	0.1988	0.2852	0.2329	0.2690	0.1110	**0.1973**	0.1836	0.1874
	Ak-kmeans	0.2159	0.2988	0.2515	0.3113	0.1000	0.1541	0.1279	0.1966	0.2255	0.2805	0.2761	0.3254	0.1662	0.1827	0.1870	0.2122
	Nyström	0.2234	0.2459	0.2544	0.2950	0.0936	0.1222	0.1317	0.1719	0.2181	0.2585	0.2741	0.3320	0.1490	0.1749	0.1639	0.2050
	NMF	0.2178	0.2540	0.2509	0.2737	0.1076	0.1353	0.1434	0.1610	0.2178	0.2614	0.2705	0.2887	0.1571	0.1798	0.1609	0.1854
	LSC-K	**0.2585**	**0.3192**	0.2529	0.3284	0.1356	0.1806	0.1254	0.2215	0.2260	0.2660	0.2797	0.3447	**0.1748**	0.1748	0.1625	0.2301
多视图图像聚类方法	AMGL	0.2093	0.2843	0.2516	0.2822	0.1131	0.1301	0.1368	0.2110	0.2149	0.3090	0.2796	0.2902	0.1311	0.1571	**0.2021**	0.2305
	MVKM	0.2321	0.2882	0.2535	0.3058	0.1181	0.1612	0.1372	0.1881	0.2115	0.3091	0.2538	0.3082	0.1461	0.1730	0.1861	0.2161
	MLAN	0.2109	0.2197	0.2127	0.3182	0.1173	0.1255	0.1152	0.1648	0.2117	0.2258	0.2168	0.3248	0.1403	0.1614	0.1813	0.1813
	Multi NMF	0.2113	0.2639	0.2574	0.2632	0.0986	0.1732	**0.1605**	0.1708	0.2202	0.2735	**0.2855**	0.2905	0.1531	0.1789	0.1802	0.1906
	OMVC	0.2062	0.2706	0.2544	0.2739	0.1196	0.1613	0.1222	0.1744	0.1925	0.2611	0.2592	0.2637	0.1333	0.1739	0.1761	0.1885
	MVSC	0.2248	0.2629	**0.2732**	0.3191	0.1293	0.1593	0.1294	0.2097	0.2132	0.3126	0.2828	0.3393	0.1481	0.1909	0.1911	0.2180
二值聚类方法	ITQ-bk-means	0.1861	0.2923	0.2562	0.3101	0.0604	0.1746	0.1200	0.2304	0.1879	0.2842	0.2644	0.3168	0.1214	0.1954	0.1643	0.2032
	CKM	0.1712	0.2382	0.1906	0.2794	0.0394	0.1352	0.0738	0.1823	0.1784	0.2556	0.1962	0.2844	0.1107	0.1687	0.1389	0.1990
	HSIC-TS	0.1829	0.3030	0.2523	0.3568	0.1367	0.1672	0.1013	0.2376	0.1935	0.3247	0.2577	0.3665	0.1194	0.1945	0.1525	0.2309
	HSIC-F	0.1951	0.2923	0.2516	0.3749	0.1289	0.1592	0.1015	0.2411	0.2062	0.3165	0.2625	0.3795	0.1252	0.1832	0.1566	0.2321
	HSIC	0.2275	0.3128	0.2597	**0.3865**	**0.1396**	0.1692	0.1219	**0.2515**	0.2131	0.3253	0.2723	**0.3905**	0.1353	0.1929	0.1739	**0.2530**

从表 5-1 可以看出，在大多数情况下，HSIC 在单视图聚类上可以取得与实值/二值聚类方法相当的结果，但在多视图聚类方法上效果更好。这说明 HSIC 对通用二值表征学习和鲁棒聚类结构学习的有效性。此外，HSIC 明显优于 HSIC-F 和 HSIC-TS，这表明联合学习框架的稳健性和有效性。

不同方法在 ImageNet-10 数据集上的时间消耗见表 5-2。从最右侧的 3 列可以看出，由于在汉明空间中高效的距离计算，二值聚类方法的计算时间远小于 k-means 和 LSC-K 等实值聚类方法。HSIC 比实值聚类方法和二值聚类方法快很多，证明了本章介绍的算法的高效性。

表 5-2　不同方法在 ImageNet-10 数据集上的时间消耗

特征类别	k-means 时间(s)	k-means 倍速	Ak-kmeans 时间(s)	Ak-kmeans 倍速	Nyström 时间(s)	Nyström 倍速	LSC-K 时间(s)	LSC-K 倍速	AMGL 时间(s)	AMGL 倍速
LBP	69	1×	16	4.31×	15	4.60×	211	0.33×	1693	0.04×
GIST	43	1×	11	3.91×	11	3.91×	226	0.19×	1730	0.03×
HOG	82	1×	11	7.46×	12	6.83×	331	0.25×	1862	0.04×
MulView	201	1×	21	9.57×	19	10.58×	503	0.40×	3820	0.05×

特征类别	MLAN 时间(s)	MLAN 倍速	OMVC 时间(s)	OMVC 倍速	CKM 时间(s)	CKM 倍速	HSIC-TS 时间(s)	HSIC-TS 倍速	**HSIC** 时间(s)	**HSIC** 倍速
LBP	1431	0.05×	696	0.10×	17	4.06×	18	3.83 ×	4	17.25 ×
GIST	1557	0.03×	616	0.07×	11	3.91×	16	2.69 ×	**4**	**10.75** ×
HOG	2226	0.04×	643	0.13×	18	4.56×	16	5.13 ×	3	27.33 ×
MulView	3336	0.06×	1109	0.18×	27	7.44×	20	10.05 ×	**5**	**40.20** ×

总体来说，HSIC 对多视图聚类的速度提升很大，与 k-means 相比提高了 40.20 倍。在内存占用方面，k-means 和 HSIC 分别需要 361MB 和 2.73MB，即使用 HSIC 大约可以将内存占用减少为 k-means 的 $\frac{1}{132}$。

上述实验结果阐释了 HSIC 优于实值方法的原因。表 5-1 表明，与实值聚类方法相比，HSIC 具有更好的性能。

（1）HSIC 极大地受益于本章介绍的离散优化算法，使得学习的二值表征可以消除原始实值特征中的冗余和噪声信息。如图 5-2 所示，相同簇的相似结构在表征空间中得到增强，同时消除了来自原始特征的一些噪声。

（2）对于图像聚类，二值表征对局部变化的鲁棒性更强，因为量化二值表征可以消除由环境引起的变化。

（3）HSIC 是一个基于联合学习的二值表征和聚类结构的交互式学习框架，性能比独立的学习方法（如 LSC-K、NMF、MVSC、AMGL 和 MLAN）更好。

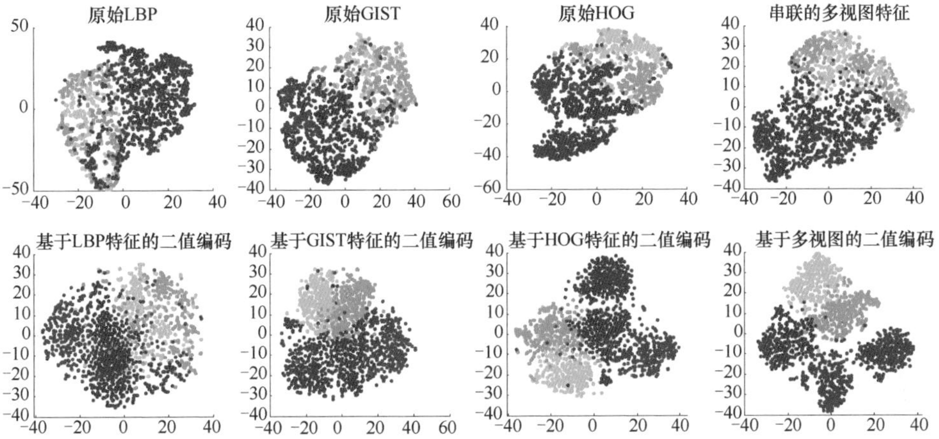

图 5-2　从 ImageNet-10 数据集中随机选取的 5 个类别的 *t*-SNE 可视化结果

5.4.3　大规模多视图数据实验验证

本小节在 3 个大规模多视图数据集上对 HSIC 与几种先进的快速方法进行了对比。表 5-3 展示了各方法的聚类性能对比结果，表中加粗的数字分别表示最优的聚类结果。

通过对比，我们可以得到以下结论。

（1）总体而言，多视图聚类的性能优于单视图聚类，这表示在图像聚类中加入多种特征是有必要的。HSIC 在单视图聚类上取得了相当的或更好的结果，在多视图聚类上的性能最佳，主要得益于自适应权值学习策略以及从异构特征中挖掘可共享和个性化的信息。

（2）从表 5-3 中最右侧的 3 列可以看出，HSIC 及其变体比实值方法性能更好，说明 HSIC 学习的二值码比实值码效果更好。

（3）与 HSIC-TS 和 HSIC-F 相比，HSIC 在大多数情况下性能更好，体现了联合学习策略和鲁棒的二值聚类结构的优势。

表 5-4 和表 5-5 分别为不同方法在运行时间和内存占用方面的对比。

从表 5-4 可以看出，在大多数情况下，HSIC 的速度更快。表 5-5 显示，与 k-means 相比，HSIC 显著降低了大规模多视图聚类的内存负载。HSIC 的内存开销与其他二值聚类方法相似，但明显低于实值方法。此外，如表 5-4 和表 5-5 所示，对于 5 个视图的 NUS-WIDE 数据集上的多视图聚类，HSIC 仅使用 5.52MB 内存就可以在 81s 内聚类近百万（195,834×5）个特征，而 k-means 需要大约 29min 以及 961MB 内存。因此，HSIC 可以有效解决大规模多视图聚类问题，而且仅需更少的内存和更短的运行时间。

5.4.4 经验性分析

本小节分别从 HSIC 的组件、编码长度、聚类簇数、共享结构和特定结构学习的效果 4 个方面进行经验性分析。

1. HSIC 组件分析

图 5-3 展示了不同聚类方法取不同编码长度时在 CIFAR-10 数据集上的性能。具体来说，除了 HSIC-TS 和 HSIC-F 之外，我们通过去除二值表征和聚类中心上的平衡和独立约束获得了 HSIC-U。HSIC-（特征名）和 ITQ-（特征名）分别指使用 HSIC 和 ITQ-bk-means 在相应视图特定特征上获得的单视图聚类结果。从图 5-3 可以看出，每个组件都在一定程度上提高了模型的性能。

2. 编码长度的影响

图 5-3 展示了模型性能随着编码长度增加的变化。较长的表征可以提供更多的信息。具体而言，基于 ITQ-bk-means 和 HSIC 的模型性能都随着位数的增加而提高。此外，当二进制编码长度大于 32 时，基于 HSIC 的方法优于 k-means。不同编码长度的 HSIC 聚类性能最好，因为 HSIC 可以有效地协调不同视图的重要性并挖掘它们之间的语义关联。

3. 聚类簇数的影响

以上实验均以真实簇数为基础进行评价。但是，如果簇数未知，不同簇数的聚类性能会怎样变化？为此，我们在 CIFAR-10 数据集上进行了实验，以评估不同聚类方法在簇数不同时的稳定性。图 5-4 展示了以 5 为间隔将簇数从 5 增加到 40 时各聚类方法的性能变化。当簇数从 5 增加到 10 时，HSIC 的性能（ACC、NMI 和 F-score）会提高，但簇数大于 10 时，性能会急剧下降，这表明 10 是最佳簇数。在大多数情况下，HSIC 的聚类性能优于其他所有参与对比的方法，基于 HSIC 的方法结果最好。这表明，HSIC 能够适应不同的簇数，并可以用于预测最佳簇数。

4. 共享结构和特定结构学习的效果

为了展示共享结构和特定视图的结构在多视图二值压缩中的必要性，我们改变了共享表征的比例，即$\delta = \frac{K_S}{K}$（K_S是共享投影的维度），并在 ImageNet-10 数据集和 CIFAR-10 数据集上进行了实验。具体来说，$\delta = 0$意味着 HSIC 仅学习 m 个独立的投影而不学习共享的投影，$\delta = 1$表示仅学习 1 个共享的投影。如表 5-6 所示，随着δ的增加，共享的投影和独立的投影都有助于提升 MVIC 的性能，并且当$\delta = 0.2$时，本节的所有实验中均取得了最好的结果。

表 5-3　不同方法在 3 个大规模多视图数据集上的聚类性能对比

数据集	评估指标	特征类别	k-means	k-means++	k-Medoids	Ak-kmeans	LSC-K	Nyström	ITQ-bk-means	CKM	HSIC-TS	HSIC-F	HSIC
CIFAR-10	ACC	LBP	0.2185	0.2182	0.2171	0.2066	0.2550	0.2339	0.2322	0.2225	0.2440	0.2536	**0.2681**
		GIST	0.2842	0.2845	0.2419	0.2847	0.3010	0.2592	0.2777	0.2521	0.3209	0.3456	**0.3595**
		HOG	0.2661	0.2703	0.2456	0.2608	0.2838	0.2408	0.2481	0.2294	0.3178	0.3394	**0.3389**
		MulView	0.2877	0.2882	0.2630	0.2879	0.3488	0.2747	0.2787	0.2703	0.3742	0.3809	**0.3951**
	NMI	LBP	0.1044	0.1044	0.0862	0.1021	0.1303	0.0922	0.0963	0.1092	0.1105	0.1094	**0.1220**
		GIST	0.1692	0.1691	0.1238	0.1692	0.1869	0.1226	0.1502	0.1184	0.2063	0.2134	**0.2299**
		HOG	0.1634	0.1645	0.1328	0.1607	0.1668	0.1415	0.1570	0.1034	0.2053	**0.2199**	0.2170
		MulView	0.1803	0.1805	0.1565	0.1808	0.2382	0.1511	0.1613	0.1499	0.2547	0.2596	**0.2629**
	Purity	LBP	0.2401	0.2400	0.2339	0.2275	0.2768	0.2445	0.2490	0.2476	0.2526	0.2697	**0.2837**
		GIST	0.3056	0.3052	0.2483	0.3054	0.3306	0.2626	0.2882	0.2649	0.3650	0.3651	**0.3828**
		HOG	0.2943	0.2953	0.2561	0.2847	0.3039	0.2655	0.2756	0.2319	0.3199	**0.3589**	0.3481
		MulView	0.3136	0.3138	0.2921	0.3148	0.3787	0.2975	0.2953	0.2846	0.3956	0.4045	**0.4204**
	F-score	LBP	0.1677	0.1676	0.1703	0.1643	0.1692	0.1517	0.1685	0.1509	0.1717	0.1670	**0.1721**
		GIST	0.1866	0.1866	0.1744	0.1867	0.2044	0.1654	0.1808	0.1606	0.2318	0.2318	**0.2397**
		HOG	0.1887	0.1895	0.1808	0.1882	0.1878	0.1680	0.1769	0.1479	0.2221	0.2337	**0.2383**
		MulView	0.1998	0.2001	0.2035	0.2001	0.2477	0.1793	0.1863	0.1807	0.2422	0.2564	**0.2595**
YouTube-Faces（YTBF）	ACC	LBP	0.5870	0.5994	0.5262	0.5584	0.6017	0.5647	0.5765	0.5319	0.5930	0.6208	**0.6471**
		GIST	0.4081	0.4068	0.3584	0.2937	0.4638	0.4497	0.3547	0.3760	0.5432	0.6059	**0.6121**
		HOG	0.5751	0.5821	0.4810	0.5542	0.5830	0.5642	0.5574	0.5584	0.5436	**0.6133**	0.6099
		MulView	0.5927	0.6067	0.5290	0.5562	0.6099	0.6190	0.5852	0.5574	0.5974	0.6315	**0.6547**
	NMI	LBP	0.7473	0.7460	0.6835	0.7251	**0.7725**	0.7515	0.6870	0.6222	0.7256	0.7478	0.7690
		GIST	0.5528	0.5472	0.5062	0.4165	0.6237	0.6630	0.5146	0.5094	0.6889	0.7272	**0.7436**
		HOG	0.7442	0.7375	0.6640	0.7206	**0.7536**	0.7193	0.6827	0.6805	0.6965	0.7342	0.7483
		MulView	0.7492	0.7488	0.6774	0.7215	0.7515	0.7307	0.6921	0.6827	0.7579	0.7785	**0.7899**
	Purity	LBP	0.6744	0.6760	0.6033	0.6155	0.6782	0.6697	0.6529	0.5695	0.6597	0.6600	**0.6915**
		GIST	0.4641	0.4622	0.4315	0.3157	0.5366	0.5729	0.4405	0.4398	0.6099	0.6530	**0.6766**
		HOG	0.6499	0.6481	0.5733	0.6218	0.6602	0.6602	0.6257	0.6369	0.6105	0.6606	**0.6682**
		MulView	0.6712	0.6692	0.5969	0.6376	0.6687	0.6778	0.6642	0.6257	0.6615	0.6955	**0.7023**
	F-score	LBP	0.4240	0.4378	0.4034	0.4412	0.5058	0.4375	0.4421	0.4105	0.4286	0.4982	**0.5123**
		GIST	0.2567	0.2551	0.2310	0.1666	0.3390	0.3455	0.2308	0.2578	0.3367	0.4871	**0.4914**
		HOG	0.4813	0.4572	0.3715	0.4464	0.4627	0.3990	0.4303	0.4663	0.3379	0.4960	**0.5016**
		MulView	0.4886	0.4853	0.4236	0.4209	0.4650	0.4211	0.4650	0.4303	0.4517	0.5113	**0.5425**

续表

数据集	评估指标	特征类别	k-means	k-means++	k-Medoids	Ak-kmeans	LSC-K	Nyström	ITQ-bk-means	CKM	HSIC-TS	HSIC-F	HSIC
NUS-WIDE	ACC	CH	0.1321	0.1370	**0.1433**	0.1351	0.1253	0.1391	0.1193	0.1244	0.1243	0.1314	0.1282
		CM	0.1334	**0.1379**	0.1305	0.1300	0.1297	0.1130	0.1123	0.1202	0.1346	0.1376	0.1360
		CORR	0.1352	**0.1358**	0.1222	0.1301	0.1344	0.1277	0.1143	0.1161	0.1349	0.1253	0.1279
		EDH	0.1402	**0.1425**	0.1382	0.1399	0.1266	0.1129	0.1180	0.1223	0.1343	0.1343	0.1396
		WT	0.1145	0.1182	0.1176	0.1169	0.1110	0.1226	0.1240	0.1172	0.1242	0.1147	**0.1293**
		MulView	0.1434	0.1458	0.1545	0.1499	0.1567	0.1452	0.1295	0.1296	0.1607	0.1639	**0.1661**
	NMI	CH	0.0687	0.0675	0.0706	0.0682	0.0638	0.0684	0.0629	0.0613	0.0668	0.0662	**0.0938**
		CM	0.0755	0.0687	0.0615	0.0747	0.0746	0.0656	0.0625	0.0580	0.0775	0.0870	**0.0944**
		CORR	0.0701	0.0699	0.0639	0.0714	0.0691	0.0661	0.0655	0.0589	0.0784	0.0652	**0.0882**
		EDH	0.0844	0.0877	0.0830	0.0900	0.0866	0.0707	0.0758	0.0731	**0.0961**	0.0872	0.0925
		WT	0.0571	0.0593	0.0559	0.0558	0.0661	0.0711	0.0632	0.0645	0.0878	0.0652	**0.0748**
		MulView	0.0944	0.0967	0.0823	0.0947	0.0980	0.0880	0.0773	0.0696	0.0937	0.0989	**0.1032**
	Purity	CH	0.2459	0.2418	0.2498	0.2439	0.2432	0.2443	0.2422	0.2390	0.2437	0.2397	**0.2589**
		CM	0.2453	0.2459	0.2284	0.2507	0.2516	0.2495	0.2433	0.2414	**0.2601**	0.2371	0.2515
		CORR	0.2370	0.2341	0.2402	0.2413	0.2408	0.2387	0.2404	0.2344	0.2564	0.2337	**0.2589**
		EDH	0.2388	0.2448	0.2365	0.2467	0.2393	0.2193	0.2354	0.2308	0.2451	0.2296	**0.2587**
		WT	0.2256	0.2274	0.2235	0.2237	0.2297	0.2328	0.2273	0.2256	0.2339	0.2306	**0.2393**
		MulView	0.2625	0.2634	0.2446	0.2711	0.2657	0.2546	0.2487	0.2413	0.2647	0.2653	**0.2753**
	F-score	CH	0.1128	0.1134	**0.1147**	0.1095	0.0946	0.1031	0.0867	0.0882	0.0863	0.0901	0.1009
		CM	0.1011	**0.1128**	0.0981	0.0956	0.0896	0.0867	0.0836	0.0879	0.0941	0.1095	0.1010
		CORR	0.1005	**0.1027**	0.0954	0.0947	0.0945	0.0969	0.0854	0.0841	0.0985	0.0888	0.0965
		EDH	**0.1163**	0.1150	0.1079	0.1149	0.0972	0.0865	0.0892	0.0899	0.0966	0.1130	0.1033
		WT	0.0933	0.0949	0.0940	0.0975	0.0893	0.0914	0.0889	0.0892	0.0903	0.0912	**0.1019**
		MulView	0.1106	0.1125	0.1105	0.1061	0.1071	0.1006	0.0905	0.0903	0.1076	0.1055	**0.1216**

表 5-4　不同方法在 3 个大规模多视图数据集上的运行时间对比

数据集	特征类别	k-means		k-means++		Ak-kmeans		LSC-K		Nyström		ITQ-bk-means		CKM		HSIC-TS		HSIC	
		时间(s)	倍速	时间(s)	倍速	时间(s)	倍速	时间(s)	倍速	时间(s)	倍速	时间(s)	倍速	时间(s)	倍速	时间(s)	倍速	时间(s)	倍速
CIFAR-10	LBP	409	1×	294	1.39×	61	6.71×	112	3.65×	26	15.73×	24	17.04×	29	14.10×	**29**	**14.10×**	**10**	**40.90×**
	GIST	305	1×	334	0.91×	56	5.44×	834	0.37×	28	10.89×	23	13.26×	28	10.89×	**30**	**10.17×**	**10**	**30.50×**
	HOG	412	1×	266	1.55×	58	7.10×	913	0.45×	32	12.87×	27	15.26×	30	13.73×	**25**	**16.48×**	**10**	**41.20×**
	MulView	977	1×	791	1.23×	77	12.69×	1877	0.52×	58	16.85×	48	20.35×	46	21.24×	**34**	**28.74×**	**17**	**57.47×**
YTBF	LBP	2344	1×	1974	1.18×	533	4.40×	3546	0.66×	766	3.06×	90	26.04×	141	16.62×	**97**	**24.17×**	**40**	**58.60×**
	GIST	2299	1×	1705	1.34×	515	4.46×	3796	0.61×	828	2.78×	107	21.49×	153	15.03×	**98**	**23.46×**	**36**	**63.86×**
	HOG	3329	1×	1508	2.21×	523	6.37×	4042	0.83×	870	3.83×	104	32.01×	197	16.90×	**105**	**31.71×**	**48**	**69.35×**
	MulView	5879	1×	4250	1.38×	539	10.91×	12546	0.47×	998	5.89×	**110**	**53.45×**	309	19.03×	**162**	**36.29×**	139	42.30×
NUS-WIDE	CH	1027	1×	852	1.21×	464	2.21×	1693	0.61×	327	3.14×	91	11.29×	83	12.37×	**85**	**12.08×**	**34**	**30.21×**
	CM	1206	1×	937	1.29×	464	2.60×	1987	0.61×	352	3.43×	82	14.71×	93	12.97×	**89**	**13.55×**	**35**	**34.46×**
	CORR	1101	1×	876	1.26×	467	2.36×	1854	0.59×	382	2.88×	83	13.27×	83	13.26×	**89**	**12.37×**	**35**	**31.46×**
	EDH	1000	1×	829	1.21×	454	2.21×	1825	0.55×	371	2.70×	99	10.10×	91	10.99×	**98**	**10.20×**	**34**	**29.41×**
	WT	1206	1×	784	1.54×	491	2.46×	1984	0.61×	427	2.82×	82	14.71×	99	12.18×	**81**	**14.89×**	**34**	**35.47×**
	MulView	1711	1×	1147	1.49×	479	3.57×	8978	0.19×	485	3.53×	105	16.30×	142	12.05×	**112**	**15.28×**	**81**	**21.12×**

表 5-5　多视图 k-means 与 HSIC 在 3 个大规模多视图数据集上的内存占用对比

数据集	k-means 内存			HSIC 内存			
	数据（实数值特征）	类中心	减少倍数	数据（128bit 二进制码）	类中心	投影	减少倍数
CIFAR-10（60,000 张图像）	1.62GB	0.28MB	1×	0.92MB	0.15×10^{-3}MB	**2.53**MB	**481×**
YTBF（182,881 张图像）	4.94GB	2.46MB	1×	2.79MB	1.36×10^{-3}MB	**2.53**MB	**951×**
NUS-WIDE（195,834 张图像）	961MB	0.10MB	1×	2.99MB	0.32×10^{-3}MB	**2.53**MB	**174×**

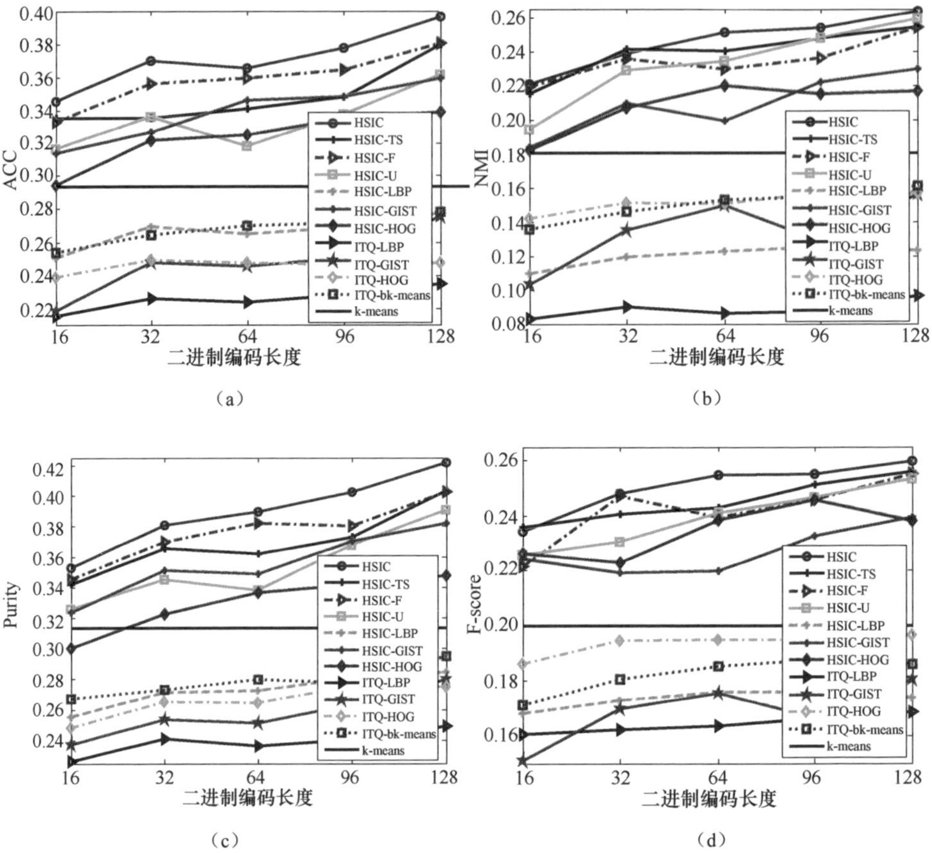

图 5-3　不同聚类方法取不同编码长度在 CIFAR-10 数据集上的性能
（a）ACC　（b）NMI　（c）Purity　（d）F-score

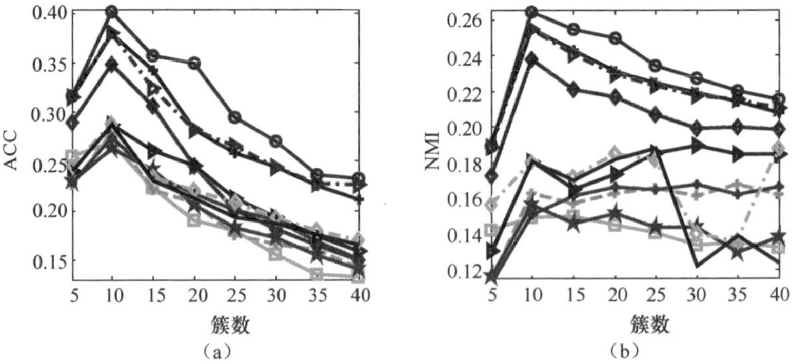

图 5-4　不同簇数时，各聚类方法在 CIFAR-10 数据集上的性能

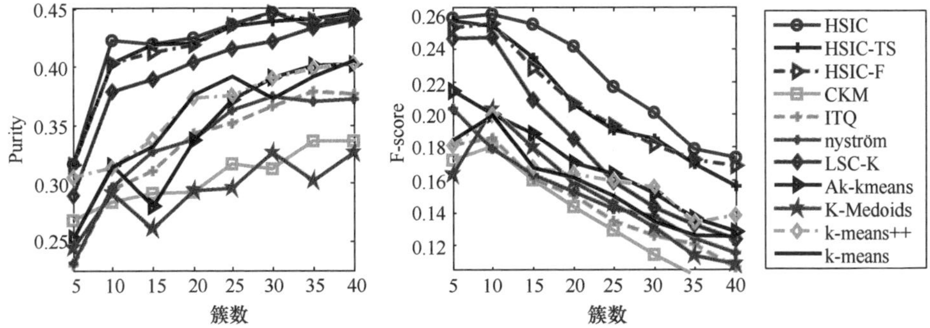

（c）　　　　　　　　　　（d）

图 5-4　不同簇数时，各聚类方法在 CIFAR-10 数据集上的性能（续）
（a）ACC　（b）NMI　（c）Purity　（d）F-score

表 5-6　在 ImageNet-10 数据集和 CIFAR-10 数据集上取不同共享表征比例δ时的聚类性能对比

δ	ImageNet-10				CIFAR-10			
	ACC	NMI	Purity	F-score	ACC	NMI	Purity	F-score
0	0.3827	0.2592	0.3843	0.2522	0.3629	0.2353	0.3680	0.2570
0.2	0.3894	0.2423	0.3923	0.2543	0.3966	0.2636	0.4220	0.2604
0.4	0.3704	0.2543	0.3752	0.2465	0.3660	0.2631	0.3943	0.2646
0.6	0.3684	0.2531	0.3714	0.2459	0.3405	0.2454	0.3662	0.2531
0.8	0.3688	0.2531	0.3722	0.2467	0.3342	0.2196	0.3530	0.2306
1.0	0.3693	0.2535	0.3727	0.2472	0.3191	0.1831	0.3237	0.2172

5.4.5　可视化分析

本小节对比分析原始实值特征和学习的二值表征的 *t*-SNE 可视化结果，并展示 HSIC 聚类实例。

我们分别从 ImageNet-10 数据集、CIFAR-10 数据集和 YouTube-Faces（YTBF）数据集中随机抽取一部分样本，并展示它们的 *t*-SNE 可视化结果，结果如图 5-2、图 5-5 和图 5-6 所示（图 5-5 和图 5-6 中的上下两行分别展示了实值特征和基于 HSIC 的 128 位二值表征的可视化结果）。通过比较原始实值特征和学习到的二值表征可视化结果之间的差异可以发现，学习到的二值表征保留了邻域相似性，同时，来自不同簇的样本能够被更清楚地分散到不同的组中。

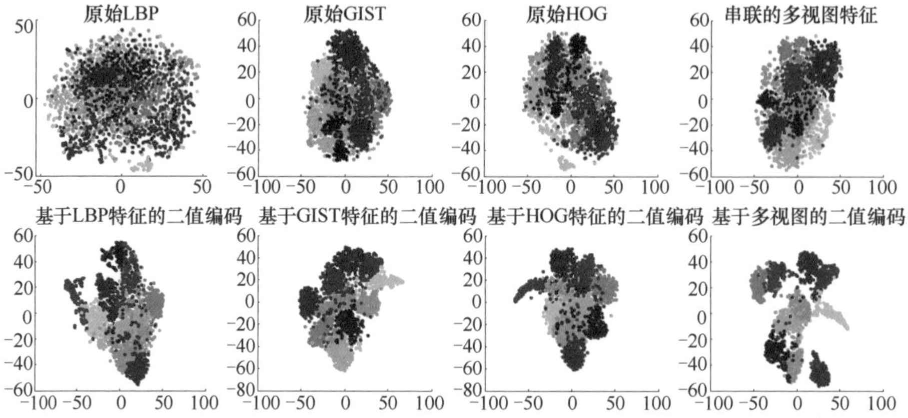

图 5-5　CIFAR-10 数据集随机抽样的 *t*-SNE 可视化结果

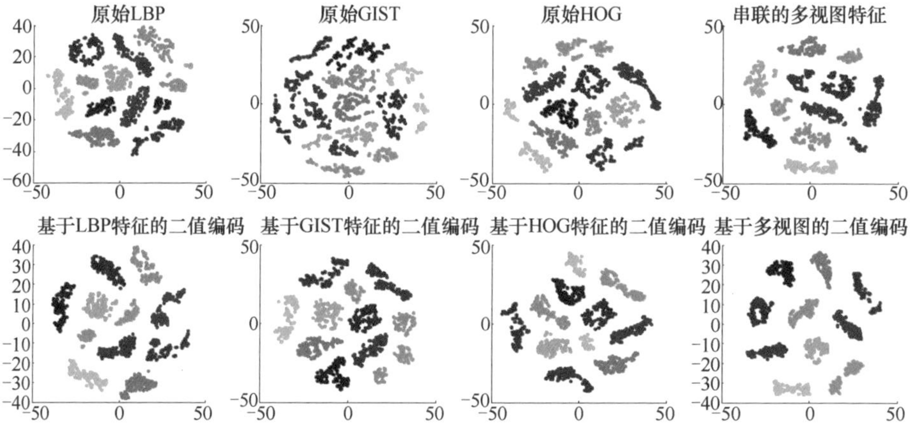

图 5-6　YTBF 数据集随机抽样 10 个类别的 *t*-SNE 可视化结果

最后，我们定量地说明 HSIC 在 ImageNet-10 数据集上的聚类结果，如图 5-7 所示，图中每一列表示属于同一个簇的几个样本，虚线框中的图像表征被分到错误的簇的样本。从图 5-7 中可以看出，相似的样本被准确地分到相同的簇中，并且大多数分组失败的样例都是合理的。例如，与其他不是飞行器的簇相比，从飞行物体的角度来看，飞机和气球的图片非常相似。另外，系统地分析 *t*-SNE 可视化结果和图 5-7 的聚类实例样本可以发现，学习有效的二值表示有助于鲁棒的二值聚类，这反过来证明了联合学习框架的有效性和重要性。

图 5-7 HSIC 在 ImageNet-10 数据集上的聚类实例

5.5 本章小结

本章主要介绍如何解决大规模多视图数据分析问题，提出了一种基于联合学习的二值多视图表征学习框架，并以多视图图像聚类为例，介绍了两种快速且鲁棒的二值多视图表征学习算法，即二值多视图聚类（BMVC）和高效的可扩展二值多视图图像聚类（HSIC）方法，用于联合学习压缩二值表征和鲁棒的离散聚类结构。具体来说，与 BMVC 相比，HSIC 更加精细地利用了多个视图的可共享和个性化信息，将异构特征集成到了通用二值代码中。同时，本章还介绍了一种鲁棒的聚类结构学习模型，以提高聚类性能；引入了一种交替优化算法，以得到高质量的离散优化解。在大规模多视图数据集上的大量实验证明，HSIC 在聚类性能方面优于现有的方法，并显著缩短了运行时间、减少了内存占用。

参 考 文 献

[1] Hartigan J A, Wong M A. Algorithm AS 136: A k-means clustering algorithm[J]. Journal of the Royal Statistical Society. Series C (Applied Statistics), 1979, 28(1): 100-108.

[2] Ng A, Jordan M, Weiss Y. On spectral clustering: Analysis and an algorithm[C]. Advances in Neural Information Processing Systems. [S.l.]: NeurIPS. 2001, 14: 849-856.

[3] Berkhin P. A survey of clustering data mining techniques[M]//Kogan J, Nicholas C, Teboulle M.Grouping Multidimensional Data. Berlin: Springer, 2006: 25-71.

[4] Jain A K. Data clustering: 50 years beyond k-means[J]. Pattern Recognition Letters, 2010, 31(8): 651-666.

[5] Shen X, Liu W, Tsang I, et al. Compressed k-means for large-scale clustering[C]//Proceedings of the 31st AAAI Conference on Artificial Intelligence. CA: AAAI, 2017, 31(1): 2527-2533.

[6] Liu J, Wang C, Gao J, et al. Multi-view clustering via joint nonnegative matrix factorization [C]//Proceedings of the 2013 SIAM International Conference on Data Mining. Society for Industrial and Applied Mathematic. PA: SIAM, 2013: 252-260.

[7] Arthur D, Vassilvitskii S. k-means++: The advantages of careful seeding[R]. California: Stanford University, 2006.

[8] Ding Y, Zhao Y, Shen X, et al. Yinyang k-means: A drop-in replacement of the classic k-means with consistent speedup[C]//Proceedings of the 32nd International Conference on Machine Learning. [S.l.]: ICML, 2015: 579-587.

[9] Hamerly G, Drake J. Accelerating Lloyd's algorithm for k-means clustering[M]//Celebi E M. Partitional Clustering Algorithms. Cham: Springer, 2015: 41-78.

[10] Newling J, Fleuret F. Fast k-means with accurate bounds[C]//Proceedings of the 33rd International Conference on Machine Learning. [S.l.]: PMLR, 2016, 48: 936-944.

[11] He X, Yan S, Hu Y, et al. Face recognition using laplacianfaces[J]. IEEE Transactions on Pattern Analysis and Machine Intelligence, 2005, 27(3): 328-340.

[12] Chen W Y, Song Y, Bai H, et al. Parallel spectral clustering in distributed systems[J]. IEEE Transactions on Pattern Analysis and Machine Intelligence, 2010, 33(3): 568-586.

[13] Xu C, Tao D, Xu C. A survey on multi-view learning[Z/OL]. (2013-4-16). arXiv:1304.5634.

[14] Chaudhuri K, Kakade S M, Livescu K, et al. Multi-view clustering via canonical correlation analysis[C]//Proceedings of the 26th Annual International Conference on Machine Learning. [S.l.]: PMLR, 2009: 129-136.

[15] Cai X, Nie F, Huang H. Multi-view k-means clustering on big data[C]//Proceedings of the Twenty-Third International Joint Conference on Artificial Intelligence. CA: Morgan Kaufmann, 2013: 2598-2604.

[16] Chen X, Cai D. Large scale spectral clustering with landmark-based representation[C]//Proceedings of the 25th AAAI Conference on Artificial Intelligence. CA: AAAI, 2011, 25(1): 313-318.

[17] Li Y, Nie F, Huang H, et al. Large-scale multi-view spectral clustering via bipartite graph[C]//Proceedings of the 29th AAAI Conference on Artificial Intelligence. CA: AAAI, 2015, 29(1): 2750-2756.

[18] Xia T, Tao D, Mei T, et al. Multiview spectral embedding[J]. IEEE Transactions on Systems, Man, and Cybernetics, Part B (Cybernetics), 2010, 40(6): 1438-1446.

[19] Kumar A, Rai P, Daume H. Co-regularized multi-view spectral clustering[C]//Proceedings of the 24th International Conference on Neural Information Processing Systems. Cambridge: MIT Press, 2011, 24: 1413-1421.

[20] Gao H, Nie F, Li X, et al. Multi-view subspace clustering[C]//Proceedings of the IEEE International Conference on Computer Vision. NJ: IEEE, 2015: 4238-4246.

[21] Wang X, Guo X, Lei Z, et al. Exclusivity-consistency regularized multi-view subspace clustering[C]//Proceedings of the IEEE Conference on Computer Vision and Pattern Recognition. NJ: IEEE, 2017: 923-931.

[22] Zhang C, Hu Q, Fu H, et al. Latent multi-view subspace clustering[C]//Proceedings of the IEEE Conference on Computer Vision and Pattern Recognition. NJ: IEEE, 2017: 4279-4287.

[23] Nie F, Li J, Li X. Parameter-free auto-weighted multiple graph learning: A framework for multiview clustering and semi-supervised classification[C]//Proceedings of the Twenty-fifth International Joint Conference on Artificial Intelligence. CA: Morgan Kaufmann, 2016: 1881-1887.

[24] Nie F, Cai G, Li X. Multi-view clustering and semi-supervised classification with adaptive neighbours[C]//Proceedings of the AAAI Conference on Artificial Intelligence. CA: AAAI, 2017, 31(1): 2408-2414.

[25] Wang H, Nie F, Huang H, et al. Fast nonnegative matrix tri-factorization for large-scale data co-clustering[C]// Proceedings of the Twenty-Second International Joint Conference on Artificial Intelligence. CA: AAAI, 2011, 2: 1553-1558.

[26] Yang Y, Shen F, Huang Z, et al. A unified framework for discrete spectral clustering[C]// Proceedings of the Twenty-Fifth International Joint Conference on Artificial Intelligence. CA: Morgan Kaufmann, 2016: 2273-2279.

[27] Yang Y, Shen F, Huang Z, et al. Discrete nonnegative spectral clustering[J]. IEEE Transactions on Knowledge and Data Engineering, 2017, 29(9): 1834-1845.

[28] Lee D D, Seung H S. Algorithms for non-negative matrix factorization[C]//Proceedings of the 13th International Conference on Neural Information Processing Systems. 2001: 556-562.

[29] Shao W, He L, Lu C T, et al. Online multi-view clustering with incomplete views[C]//2016 IEEE International Conference on Big Data (Big Data). NJ: IEEE, 2016: 1012-1017.

[30] Shen F, Xu Y, Liu L, et al. Unsupervised deep hashing with similarity-adaptive and discrete optimization[J]. IEEE Transactions on Pattern Analysis and Machine Intelligence, 2018, 40(12): 3034-3044.

[31] Shen F, Yang Y, Liu L, et al. Asymmetric binary coding for image search[J]. IEEE Transactions on Multimedia, 2017, 19(9): 2022-2032.

[32] Liu L, Yu M, Shao L. Latent structure preserving hashing[J]. International Journal of Computer Vision, 2017, 122(3): 439-457.

[33] Shen F, Zhou X, Yang Y, et al. A fast optimization method for general binary code learning[J]. IEEE Transactions on Image Processing, 2016, 25(12): 5610-5621.

[34] Gong Y, Lazebnik S, Gordo A, et al. Iterative quantization: A procrustean approach to learning binary codes for large-scale image retrieval[J]. IEEE Transactions on Pattern Analysis and Machine Intelligence, 2012, 35(12): 2916-2929.

[35] Shen F, Shen C, Liu W, et al. Supervised discrete hashing[C]//Proceedings of the IEEE Conference on Computer Vision and Pattern Recognition. NJ: IEEE, 2015: 37-45.

[36] Liu L, Yu M, Shao L. Projection bank: From high-dimensional data to medium-length binary codes[C]//Proceedings of the IEEE International Conference on Computer Vision. NJ: IEEE, 2015: 2821-2829.

[37] Gong Y, Kumar S, Rowley H A, et al. Learning binary codes for high-dimensional data using bilinear projections[C]//Proceedings of the IEEE Conference on Computer Vision and Pattern Recognition. NJ: IEEE, 2013: 484-491.

[38] Shen F, Mu Y, Yang Y, et al. Classification by retrieval: Binarizing data and classifiers[C]//Proceedings of the 40th International ACM SIGIR Conference on Research and Development in Information Retrieval. NY: ACM, 2017: 595-604.

[39] Wang J, Kumar S, Chang S F. Semi-supervised hashing for scalable image retrieval[C]// Proceedings of the 2010 IEEE Computer Society Conference on Computer Vision and Pattern Recognition. NJ: IEEE, 2010: 3424-3431.

[40] Liu W, Wang J, Kumar S, et al. Hashing with graphs[C]// Proceedings of the 28th International

Conference on Machine Learning. [S.l.]: PMLR, 2011: 1-8.

[41] Liu W, Mu C, Kumar S, et al. Discerte graph hashing[C]// Proceedings of the 27th International Conference on Neural Information Precossing Systems. Cambridge: MIT Press, 2014, 2: 3419-3427.

[42] Baluja S, Covell M. Learning to hash: Forgiving hash functions and applications[J]. Data Mining and Knowledge Discovery, 2008, 17(3): 402-430.

[43] Ding C, Zhou D, He X, et al. R1-PCA: Rotational invariant l1-norm principal component analysis for robust subspace factorization[C]//Proceedings of the 23rd International Conference on Machine Learning. [S.l.]: PMLR, 2006: 281-288.

[44] Chitta R, Jin R, Havens T C, et al. Approximate kernel k-means: Solution to large scale kernel clustering[C]//Proceedings of the 17th ACM SIGKDD International Conference on Knowledge Discovery and Data Mining. NY: ACM, 2011: 895-903.

[45] Parikh N, Boyd S. Proximal algorithms[J]. Foundations and Trends in Optimization, 2014,1(3): 127-139.

[46] Gong Y, Pawlowski M, Yang F, et al. Web scale photo hash clustering on a single machine[C]//Proceedings of the IEEE Conference on Computer Vision and Pattern Recognition. NJ: IEEE, 2015: 19-27.

[47] Deng J, Dong W, Socher R, et al. Imagenet: A large-scale hierarchical image database[C]// Proceedings of the 2009 IEEE Conference on Computer Vision and Pattern Recognition. NJ: IEEE, 2009: 248-255.

[48] Krizhevsky A, Hinton G. Learning multiple layers of features from tiny images[R]. Toronto: University of Toronto, 2009.

[49] Wolf L, Hassner T, Maoz I. Face recognition in unconstrained videos with matched background similarity[C]//Proceedings of the CVPR 2011. NJ: IEEE, 2011: 529-534.

[50] Chua T S, Tang J, Hong R, et al. Nus-wide: A real-world web image database from national university of singapore[C]//Proceedings of the ACM International Conference on Image and Video Retrieval. NY: ACM, 2009: 1-9.

[51] Schütze H, Manning C D, Raghavan P. Introduction to information retrieval[M]. Cambridge: Cambridge University Press, 2008.

[52] Park H S, Jun C H. A simple and fast algorithm for k-medoids clustering[J]. Expert Systems with Applications, 2009, 36(2): 3336-3341.

第6章 基于灵活局部结构扩散的广义不完整多视图聚类

作为一种流行的数据分析技术，聚类已经被广泛地应用在许多现实世界的场景中，例如信息/图像检索[1,2]、前景分割[3]、医学诊断[4]、物联网分析[5]、社交网络分析[6]、媒体数据分析[7]等。从技术上讲，聚类是一种无监督的学习方法，它试图将给定的数据点分到特定的簇中，使得同一个簇内的数据对象的相似性尽可能大，同时不同簇中的数据对象的差异性也尽可能大。在日常生活中，数据总是包含多种模态，或是从多个源头收集的，由此产生了多视图数据[8-14]。与单视图数据相比，多视图数据可从不同角度全面地描述同一个对象。因此，利用多视图特征可以突破单视图聚类的瓶颈，进一步提高聚类性能。近年来，多视图聚类受到越来越多学者的关注[15-17]，因此许多多视图聚类方法被提出[18-23]。例如，多视图 k-均值（k-means）聚类算法构建了一个联合矩阵分解模型，直接从多个视图中学习一个共同的隐含指标进行聚类[18]。多视图谱聚类的目的是从所有视图的多个局部图中学习到一个具有清晰簇状结构的二分图[22]。在文献[24]中，联合正则化的多视图谱聚类通过联合正则化技术将所有的个体表征推向一个共同的共有表征进行聚类。

值得注意的是，大多数现有的多视图聚类方法通常假设输入数据是从多个视图全面观察得到的。然而，在实际应用中，多视图数据经常存在视图缺失的现象，从而导致不完整多视图学习问题[25-28]。例如，在疾病诊断中，我们可能只有部分患者的血液检查或超声检查的数据[29]。对于网页聚类，一般认为文本、链接和图片是 3 种视图[30]，而有些网页可能缺少文本或图片，这也会产生不完整的多视图数据。对于上述不完整多视图的例子，现有的传统方法显然是无能为力的。与完整的多视图数据相比，在不完整数据中，特别是对于视图缺失率较大的数据，多视图之间的配对信息（互补信息）严重不足。此外，对于有 c 个簇和 n 个样本的不完整数据，可能会出现不同视图的可用实例数不同，或不同视图中可用实例的簇数不同或小于c。换言之，不同视图的可用实例数或实际簇数可能严重失衡，表明不同视图中的判别信息是不平衡的。这些因素大大增加了利用互补和一致信息进行聚类的难度。为了简单起见，本章将不完整视图上的多视图聚类简称为不完整多视图聚类（Incomplete Multi-view Clustering，IMC）。

目前，解决 IMC 问题的工作非常有限[31]。例如，基于核 CCA 的方法[25]首先对有缺失实例的视图的核矩阵进行填补，然后从填补完的核矩阵中提取特征，进行聚类。该方法最大的局限在于它只能处理非常特殊的多视图数据，这些多视图数据必须至少有一个完整的视图。随后，基于多核 k-means 的方法[32-35]和基于矩阵分解的方法[29,30,36,37]被提出，用于缓解该局限性。这两种方法都侧重于通过计算所有视图的一致表征来进行聚类。然而，基于多核 k-means 的方法对预先构造的核的质量很敏感。作为基于矩阵分解方法的代表，部分多视图聚类（Partial Multi-view Clustering，PVC）[30]试图为所有视图寻找一个潜在的公共子空间，在这个子空间内，同一样本在不同视图中的实例具有相同的表征。在 PVC 的基础上，不完整多模态聚类（Incomplete Multi-modal Grouping，IMG）[36]和部分多视图子空间聚类（Partial Multi-view Subspace Clustering，PMSC）[38]分别引入了一个图拉普拉斯算子项和一个基于自表示的重构项来捕获几何信息和自表示信息。除此以外，Zhao 等人[28]还将 PVC 扩展为一个深度模型，以捕获数据的高阶特征。然而，这 4 种方法仍然不够灵活，因为它们只能处理一种特殊的不完整情况，即一些样本包含所有视图，而其他样本只包含一个视图。此外，IMG 和 PMSC 的计算复杂度非常高，以至于限制了它们的实际应用。最近，人们提出了许多灵活的、基于加权矩阵分解的 IMC 方法，可以处理各种不完整的情况。例如，多个不完整视图聚类（Multiple Incomplete-view Clustering，MIC）[29]和在线多视图聚类（Online Multi-view Clustering，OMVC）[39]将视图缺失和可用信息强加在基于矩阵分解的表征项上，以减少缺失视图的负面影响。但是，这两种方法不能保证在高缺失率的情况下有良好的性能。在加权矩阵分解的基础上，双对齐 IMC（Doubly Aligned Incomplete Multi-view Clustering，DAIMC）进一步引入回归约束，对所有视图的基矩阵进行对齐，这样可以捕捉到多个视图之间的更多信息[37]。为了解决 MIC 和 OMVC 中计算成本高和缺失实例填充的问题，文献[40]提供了一种更高效的基于加权矩阵分解的模型，称为单通不完整多视图聚类（One-pass Incomplete Multi-view Clustering，OPIMC），该模型试图生成不完整数据的一致标签以提高效率。此外，OPIMC 还利用了逐块优化的方法来降低内存成本。

虽然上述方法是为了解决多视图聚类的不完整性问题而提出的，但它们仍然存在以下局限：一方面，这些方法在一致表征学习过程中不能充分利用数据的局部几何信息；另一方面，由于这些方法对所有视图一视同仁，因此忽略了不同视图共享的不平衡的判别信息。这显然是不合理的，因为不同的视图具有不同的物理含义，而且这些视图对应的可用实例的数量和特征维度不平衡。本章介绍的基于灵活局部结构扩散的广义不完整多视图聚类（Generalized IMC with Flexible Locality Structure Diffusion，GIMC_FLSD）作为一种新颖、有效的 IMC 框架，能够解决上述问题。GIMC_FLSD 的目标是基于矩阵分解策略，为所有不完整视图学习到一个共同的一致表征。与现有方法不同的是，

GIMC_FLSD 引入了一个新颖的图正则化矩阵分解项来捕获所有视图的局部几何信息，并对所有视图的学习模型施加一些自适应学习的权重，以解决信息不平衡的问题。

6.1 多视图聚类方法

本节主要介绍与 GIMC_FLSD 框架最为相关的两项工作，即 PVC[30]和 MIC[29]。我们将包含所有视图的样本视为配对样本，并将只有一个视图的样本视为单视图样本。为方便起见，下面给出本章中使用的一些符号。对于任意矩阵$\boldsymbol{A} \in \mathfrak{R}^{m\times n}$，其 Frobenius 范数、$l_1$范数和$l_{2,1}$范数分别定义为

$$\|\boldsymbol{A}\|_{\mathrm{F}}^2 = \sum_{i=1}^{m}\sum_{j=1}^{n} a_{i,j}^2$$

$$\|\boldsymbol{A}\|_1 = \sum_{i=1}^{m}\sum_{j=1}^{n} |a_{i,j}|$$

$$\|\boldsymbol{A}\|_{2,1} = \sum_{i=1}^{m}\left(\sum_{j=1}^{n} a_{i,j}^2\right)^{\frac{1}{2}}$$

其中，$a_{i,j}$表示矩阵$\boldsymbol{A}$的第(i,j)个元素。

$\boldsymbol{A}\geqslant 0$表示矩阵$\boldsymbol{A}$的所有元素都是非负的，$\boldsymbol{A}^{\mathrm{T}}$和$\boldsymbol{A}^{-1}$分别表示矩阵$\boldsymbol{A}$的转置矩阵和逆矩阵，$\boldsymbol{I}$表示单位矩阵。

6.1.1 部分多视图聚类

PVC 是解决 IMC 问题最具代表性的方法之一[30]。对于有两个不完整视图的数据$\boldsymbol{X} = \{\boldsymbol{X}^{(1)}, \boldsymbol{X}^{(2)}\}$，PVC 通过优化问题来学习所有视图的共同表征。

$$\begin{aligned}
&\min_{\boldsymbol{P}_c,\bar{\boldsymbol{P}}^{(1)},\bar{\boldsymbol{P}}^{(2)},\boldsymbol{U}^{(1)},\boldsymbol{U}^{(2)}} \left\|\begin{bmatrix}\boldsymbol{X}_c^{(1)}\\ \bar{\boldsymbol{X}}^{(1)}\end{bmatrix} - \begin{bmatrix}\boldsymbol{P}_c\\ \bar{\boldsymbol{P}}(1)\end{bmatrix}\boldsymbol{U}^{(1)}\right\|_{\mathrm{F}}^2 \\
&+ \left\|\begin{bmatrix}\boldsymbol{X}_c^{(2)}\\ \bar{\boldsymbol{X}}^{(2)}\end{bmatrix} - \begin{bmatrix}\boldsymbol{P}_c\\ \bar{\boldsymbol{P}}^{(2)}\end{bmatrix}\boldsymbol{U}^{(2)}\right\|_{\mathrm{F}}^2 + \lambda\left\|\begin{bmatrix}\boldsymbol{P}_c\\ \bar{\boldsymbol{P}}^{(1)}\end{bmatrix}\right\|_1 + \lambda\left\|\begin{bmatrix}\boldsymbol{P}_c\\ \bar{\boldsymbol{P}}^{(2)}\end{bmatrix}\right\|_1 \\
&\text{s.t.}\quad \boldsymbol{U}^{(1)}\geqslant 0,\ \boldsymbol{U}^{(2)}\geqslant 0,\ \boldsymbol{P}_c\geqslant 0,\ \bar{\boldsymbol{P}}^{(1)}\geqslant 0 \\
&\bar{\boldsymbol{P}}^{(2)}\geqslant 0
\end{aligned} \tag{6-1}$$

其中，λ为惩罚参数。$\boldsymbol{X}^{(1)} = \left[\boldsymbol{X}_c^{(1)\mathrm{T}}, \bar{\boldsymbol{X}}^{(1)\mathrm{T}}\right]^{\mathrm{T}}$和$\boldsymbol{X}^{(2)} = [\boldsymbol{X}_c^{(2)\mathrm{T}}, \bar{\boldsymbol{X}}^{(2)\mathrm{T}}]^{\mathrm{T}}$分别是两个视图的数据实例，其中每一行向量代表相应视图的一个实例。具体来说，$\boldsymbol{X}_c^{(1)} \in \mathfrak{R}^{n_c\times m_1}$和$\boldsymbol{X}_c^{(2)} \in \mathfrak{R}^{n_c\times m_2}$表示来自两个视图的$n_c$个配对样本，其中$m_i$表示第$i$个视图的特征维度。$\bar{\boldsymbol{X}}^{(1)} \in \mathfrak{R}^{n_1\times m_1}$和$\bar{\boldsymbol{X}}^{(2)} \in \mathfrak{R}^{n_2\times m_2}$表示来自各自视图的单视图样本集，其中$n_1$和$n_2$为对应两

组单视图样本的数量。显然，多视图数据的总样本数为$n = n_1 + n_2 + n_c$。在式（6-1）中，$\boldsymbol{U}^{(1)} \in \mathfrak{R}^{d\times m_1}$和$\boldsymbol{U}^{(2)} \in \mathfrak{R}^{d\times m_2}$为两个视图的基矩阵，其中$d$表示多视图数据的公共子空间的维度。$\boldsymbol{P}_c \in \mathfrak{R}^{n_c\times d}$、$\overline{\boldsymbol{P}}^{(1)} \in \mathfrak{R}^{n_1\times d}$、$\overline{\boldsymbol{P}}^{(2)} \in \mathfrak{R}^{n_2\times d}$分别是配对样本和两个单视图样本的低维表征。

从式（6-1）可以看出，PVC 主要是利用配对样本的互补信息来学习共同的隐含表征$\boldsymbol{P} = [\boldsymbol{P}_c^{\mathrm{T}}, \overline{\boldsymbol{P}}^{(1)\mathrm{T}}, \overline{\boldsymbol{P}}^{(2)\mathrm{T}}]^{\mathrm{T}} \in \mathfrak{R}^{n\times d}$，其中每一行表示对应样本的低维表征。此外，PVC 只能处理数据仅由配对样本和单视图样本组成的特殊不完整情况，无法处理一些常见的不完整情况，例如一些缺失视图的样本有多个视图，或者没有样本有所有的视图。

6.1.2 多个不完整视图聚类

MIC 可以处理各种不完整情况[29]，它也是与 GIMC_FLSD 最相关的工作之一。基于加权非负矩阵分解，MIC 构建了以下模型用来解决 IMC：

$$\min_{\boldsymbol{U}^{(k)},\boldsymbol{P}^{(k)},\boldsymbol{P}^*} \sum_{k=1}^{v} \left(\left\| \left(\boldsymbol{W}^{(k)} (\boldsymbol{X}^{(k)} - \boldsymbol{P}^{(k)}\boldsymbol{U}^{(k)} \right) \right\|_{\mathrm{F}}^2 + \alpha_k \left\| \boldsymbol{W}^{(k)} \left(\boldsymbol{P}^{(k)} - \boldsymbol{P}^* \right) \right\|_{\mathrm{F}}^2 + \beta_k \left\| \boldsymbol{P}^{(k)} \right\|_{2,1} \right)$$
$$\text{s.t.}\ \ \boldsymbol{U}^{(k)} \geqslant 0,\ \ \boldsymbol{P}^{(k)} \geqslant 0,\ \ \boldsymbol{P}^* \geqslant 0 \tag{6-2}$$

其中，α_k和β_k是第k个视图的惩罚参数，v表示视图的数量。对于 MIC 来说，$\boldsymbol{X}^{(k)} \in \mathfrak{R}^{n\times m_k}$包括第$k$个视图的可用和缺失的实例，其中缺失的实例由相应视图的平均样本来填充，n为样本总数，m_k为第k个视图中实例的特征维度。$\boldsymbol{P}^{(k)} \in \mathfrak{R}^{n\times d}$和$\boldsymbol{U}^{(k)} \in \mathfrak{R}^{d\times m_k}$分别是第$k$个视图的编码矩阵和基矩阵，其中$d$表示学习到的特定视图表征的特征维度。$\boldsymbol{P}^* \in \mathfrak{R}^{n\times d}$为所有视图的共同一致表征矩阵。在式（6-2）中，$\boldsymbol{W}^{(k)}$是第$k$个视图的对角线加权矩阵，其第$j$个对角线元素定义如下：

$$w_{j,j}^{(k)} = \begin{cases} 1 & \text{第}k\text{个视图的第}j\text{个实例没有丢失} \\ \delta_k & \text{其他情况} \end{cases} \tag{6-3}$$

其中，δ_k是第k个视图的常量值，计算方法为$\delta_k = n_k/n$。n_k表示第k个视图中可用（未丢失）实例的数量。显然，对于不完整的多视图数据，$\delta_k < 1$。从式（6-2）和式（6-3）可以看出，通过根据先验不完整信息定义不同的加权矩阵，可使 MIC 适用于各种不完整多视图情况。

6.2 基于灵活局部结构扩散的广义不完整多视图聚类模型

值得注意的是，不完整多视图学习是一个非常具有挑战性的研究课题，它与传统的多视图学习有明显的不同。由于多视图数据的不完整性，多视图之间的相关性缺失且难以被完全挖掘，直接导致现有的多视图方法失效。GIMC_FLSD 能够解决上述问题。GIMC_FLSD 学习模型主要由 3 个部分组成：单视图个体表征学习、多视图一致表征学习和自适应加权多视图学习。GIMC_FLSD 的总体框架如图 6-1 所示。

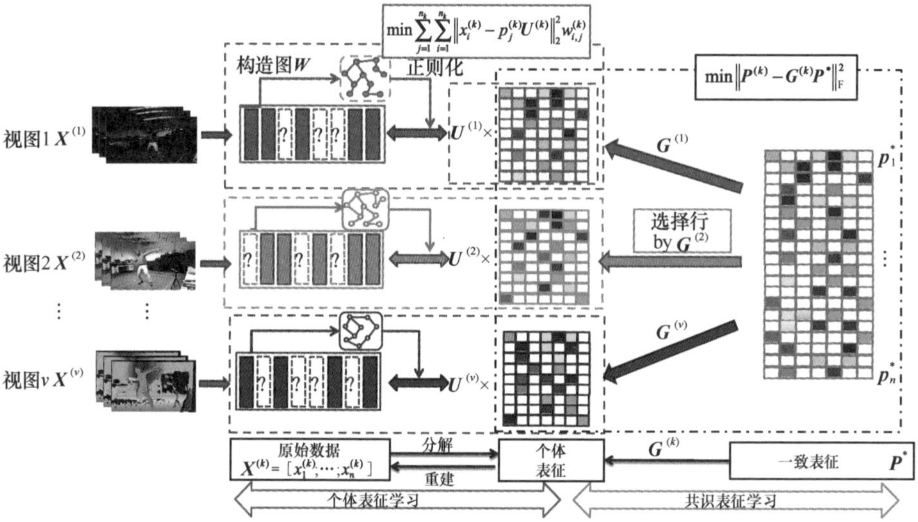

图 6-1　GIMC_FLSD 的总体框架

6.2.1　单视图个体表征学习

矩阵分解在数据分析中得到了广泛的利用，如聚类和分类[41-42]。特别是现有的大多数 IMC 算法也是基于矩阵分解来构建其模型的[29,30,36,37,39,43]。由于简单、有效、效率高，GIMC_FLSD 框架也利用矩阵分解模型来学习多视图的低维表征。与现有方法不同的是，由于不完整多视图数据的特殊性，GIMC_FLSD 不强求基矩阵和低维表征的非负性。特别是，GIMC_FLSD 期望将由每个视图的所有可用实例构成的数据矩阵分解为如下的一个正交基和一个稀疏的低维表征：

$$\min_{\boldsymbol{P}^{(k)},\boldsymbol{U}^{(k)}} \sum_{k=1}^{v} \|\boldsymbol{X}^{(k)} - \boldsymbol{P}^{(k)}\boldsymbol{U}^{(k)}\|_{\mathrm{F}}^2 + \lambda_1\|\boldsymbol{P}^{(k)}\|_1 \quad \text{s.t.} \quad \boldsymbol{U}^{(k)}\boldsymbol{U}^{(k)\mathrm{T}} = \boldsymbol{I} \tag{6-4}$$

其中，$\boldsymbol{X}^{(k)} \in \mathfrak{R}^{n_k \times m_k}$表示第$k$个视图的可用（未缺失）实例，$v$表示视图的数量，$n_k$和$m_k$分别为第$k$个视图的可用实例的数量和特征维度；$\boldsymbol{P}^{(k)} \in \mathfrak{R}^{n_k \times d}$和$\boldsymbol{U}^{(k)} \in \mathfrak{R}^{d \times m_k}$分别为第$k$个视图的低维表征和基矩阵，其中$d$为簇数或构造子空间的特征维度；$\lambda_1$为正参数，用于平衡相应项的重要性。正交约束$\boldsymbol{U}^{(k)}\boldsymbol{U}^{(k)\mathrm{T}} = \boldsymbol{I}$，使得基之间相互独立。

此外，通过观察可以发现，式（6-4）相当于问题 $\min_{\boldsymbol{P}^{(k)},\boldsymbol{U}^{(k)}\boldsymbol{U}^{(k)\mathrm{T}}=\boldsymbol{I}} \sum vk_{=1} \|\boldsymbol{X}^{(k)}\boldsymbol{U}^{(k)\mathrm{T}} -$

$\boldsymbol{P}^{(k)}\|_{\mathrm{F}}^{2}+\lambda_{1}\|\boldsymbol{P}^{(k)}\|_{1}$，这说明$\boldsymbol{U}^{(k)}$可以看作特征提取的投影矩阵。换言之，说明GIMC_FLSD有可能处理样本外的问题。更重要的是，保留局部几何结构对子空间（或低维表征）学习意义重大，已被证明是进一步提高聚类或分类性能的一种有效方法，并可避免模型过拟合[36,43-48]。为此，传统方法一般会引入至少一个图正则化项来学习简洁的表征。例如，蔡登等人[44]在低维表征上施加了一个拉普拉斯图约束，以保留数据的最近邻结构。Nishant Rai 等人[43]引入了一个拉普拉斯图约束项，以保证原始数据在低维子空间中具有与原来相同的局部几何结构。然而，增加一个图正则化项显然会不可避免地引入一个额外的惩罚参数，这将增加惩罚参数选择的负担。为了解决该问题，GIMC_FLSD 构建了一个新颖的无参数模型，将结构保留和表征学习整合如下：

$$\min_{\boldsymbol{P}^{(k)},\boldsymbol{U}^{(k)}}\sum_{k=1}^{v}\sum_{j=1}^{n_k}\sum_{i=1}^{n_k}\|\boldsymbol{x}_i^{(k)}-\boldsymbol{p}_j^{(k)}\boldsymbol{U}^{(k)}\|_2^2\,w_{i,j}^{(k)}+\lambda_1\sum_{k=1}^{v}\|\boldsymbol{P}^{(k)}\|_1 \quad \text{s.t.}\quad \boldsymbol{U}^{(k)}\boldsymbol{U}^{(k)\mathrm{T}}=\boldsymbol{I} \tag{6-5}$$

其中，$\boldsymbol{x}_i^{(k)}$和$\boldsymbol{p}_j^{(k)}$分别为矩阵$\boldsymbol{X}^{(k)}$和矩阵$\boldsymbol{P}^{(k)}$的第i行和第j行元素，$w_{i,j}^{(k)}$表示第k个视图的最近邻图$\boldsymbol{W}^{(k)}$的第(i,j)个元素。

下面构建一个二值图$\boldsymbol{W}^{(k)}$来表示每个视图的最近邻关系，具体如下：

$$w_{i,j}^{(k)}=\begin{cases}1 & \boldsymbol{x}_i^{(k)}\in\Phi\left(\boldsymbol{x}_j^{(k)}\right)\text{或}\boldsymbol{x}_j^{(k)}\in\Phi\left(\boldsymbol{x}_j^{(k)}\right)\\ 0 & \text{其他}\end{cases} \tag{6-6}$$

其中，$\Phi\left(\boldsymbol{x}_j^{(k)}\right)$表示第$k$个视图中样本$\boldsymbol{x}_j^{(k)}$的最近邻的样本集。

与传统的图正则化方法[43,47]类似，式（6-5）在表征学习过程中也能捕捉到数据的局部几何结构，有利于获得所有视图更简洁的低维表征。最重要的是，上述方法能够避免引入任何额外的约束项和惩罚参数来保留数据的局部相似性，从而简化了模型并减轻了参数选择的负担。

6.2.2　多视图一致性表征学习

一般来说，不同的视图不仅反映了数据的不同特征，而且还共享一致的语义信息，如相同的标签分布或一致表征[28,49]。基于这种语义一致的特性，许多多视图聚类方法试图学习到所有视图共享的一致表征用以聚类[30,37,43,47,50]。本小节将利用以下基于语义一致性的模型，基于给定数据的不完整的先验信息，将个体表征推向一致表征：

$$\min_{\boldsymbol{P}^*}\sum_{k=1}^{v}\|\boldsymbol{P}^{(k)}-\boldsymbol{G}^{(k)}\boldsymbol{P}^*\|_{\mathrm{F}}^2 \tag{6-7}$$

其中，$\boldsymbol{P}^*\in\mathfrak{R}^{n\times d}$是要学习的一致表征，$n$是多视图数据的样本数；$\boldsymbol{G}^{(k)}\in\mathfrak{R}^{n_k\times n}$是第$k$个视图的索引矩阵，用于从一致表征$\boldsymbol{P}^*$中删除缺失实例对应的条目。$\boldsymbol{G}^{(k)}\in\mathfrak{R}^{n_k\times n}$根据先验不完整信息，定义如下：

$$g_{i,j}^{(k)}=\begin{cases}1 & \boldsymbol{X}^{(k)}\text{的第}i\text{个实例是第}k\text{个视图的完整}\boldsymbol{Y}^{(k)}\text{中的第}j\text{个实例}\\0 & \text{其他}\end{cases} \tag{6-8}$$

其中，$\boldsymbol{Y}^{(k)}\in\Re^{n\times m_k}$表示第$k$个视图中的完整实例集（包括所有可用和缺失的实例）。

6.2.3 自适应加权多视图学习

在实际应用中，多视图往往具有不同的特征维度，可提供不同的视图来描述对象。这表明，不同的视图可能拥有不同的信息判别能力。此外，对于具有不完整视图的多视图数据，不同视图的可用实例数也可能存在很大差异，从而导致多视图的信息不平衡。因此，在隐含共同表征学习过程中，对所有视图一视同仁是不合理的。为了解决该问题，借鉴文献[51]的思想，本小节引入了一种自适应加权策略来平衡不同视图的重要性，具体如下：

$$\min_{\mu^{(k)}}\sum_{k=1}^{v}(\mu^{(k)})^r\boldsymbol{\gamma}^{(k)}\quad \text{s.t.}\quad 0\leqslant\mu^{(k)}\leqslant 1,\ \sum_k\mu^{(k)}=1 \tag{6-9}$$

其中，$\boldsymbol{\gamma}^{(k)}$表示第$k$个视图的目标函数；$\mu^{(k)}$表示用于平衡第$k$个视图重要性的权重；$r$是一个正整数，用于控制不同权重的平滑分布[22]。

6.2.4 GIMC_FLSD 的总体目标函数

为了保留上述 3 个部分之间的语义相关性，可将上述 3 个项［式（6-5）、式（6-7）和式（6-9）］整合成统一的不完整多视图学习模型，具体如下：

$$\min_{\psi}\sum_{k=1}^{v}(\mu^{(k)})^r\left(\sum_{j=1}^{n_k}\sum_{i=1}^{n_k}\|x_i^{(k)}-p_j^{(k)}\boldsymbol{U}^{(k)}\|_2^2\,w_{i,j}^{(k)}+\lambda_1\|\boldsymbol{P}^{(k)}\|_1+\lambda_2\|\boldsymbol{P}^{(k)}-\boldsymbol{G}^{(k)}\boldsymbol{P}^*\|_{\mathrm{F}}^2\right) \tag{6-10}$$

$$\text{s.t.}\quad 0\leqslant\mu^{(k)}\leqslant 1,\ \sum_k\mu^{(k)}=1,\ \boldsymbol{U}^{(k)}\boldsymbol{U}^{(k)\mathrm{T}}=\boldsymbol{I}$$

其中，$\varPsi=\{\mu^{(k)},\boldsymbol{P}^{(k)},\boldsymbol{U}^{(k)},\boldsymbol{P}^*\}_{k=1}^{v}$表示未知变量集；$\lambda_2$是一个正的惩罚参数，用来平衡相应项的重要性。

通过观察式（6-10）可以发现，GIMC_FLSD 具有以下特性。

（1）式（6-10）可以根据不完整先验信息定义不同的索引矩阵$\{\boldsymbol{G}^{(k)}\}_{k=1}^{v}$，灵活处理各种不完整情况。

（2）式（6-10）是一个非常新颖的图正则化的 IMC 框架。在这个框架中，表征学习和最近邻图正则化被整合成一个统一的项。该方法不仅可以有效地利用不完整数据的局部信息进行表征学习，而且可以在避免引入任何额外的约束项［如文献[45]中的拉普拉斯图约束$\sum_{k=1}^{v}\lambda_k \operatorname{tr}\left(\boldsymbol{P}^{(k)\mathrm{T}}\boldsymbol{L}^{(k)}\boldsymbol{P}^{(k)}\right)$］和相应的惩罚超参数（如$\lambda_k$）的情况下，进行局部结构保持。

（3）通过引入一些权重$\{\mu^{(k)}\}_{k=1}^{v}$，GIMC_FLSD 可以自适应地平衡不同视图的重要性，有助于获得更好的性能。

（4）通过引入正交约束，基矩阵可以被视为特征学习的投影。这使得 GIMC_FLSD 能够处理样本外的数据[52]，与传统的 IMC 方法相比，这是一个优越的特性。具体来说，对于任何一个新样本$\boldsymbol{y}=\{\boldsymbol{y}^{(k)}\}_{k=1}^{l}$，它有$l$个视图（$l\leqslant v$），我们可以先得到其一致表征$\boldsymbol{p}_y=\sum_{k=1}^{l}\boldsymbol{y}^{(k)}\boldsymbol{U}^{(k)\mathrm{T}}/l$，然后简单利用最近邻分类器得到其标签。

6.3　GIMC_FLSD 的优化算法

由于式（6-10）有两个以上的未知变量，所以很难得到它的解析解。本节介绍一种迭代优化的方法来求解目标学习模型[19,53,54]。首先，将式（6-10）转化为以下等价的最优化问题：

$$\min_{\psi}\sum_{k=1}^{v}(\mu^{(k)})^{r}\begin{pmatrix}\operatorname{tr}(\boldsymbol{X}^{(k)\mathrm{T}}\boldsymbol{\Sigma}^{(k)}\boldsymbol{X}^{(k)})\\-2\operatorname{tr}(\boldsymbol{X}^{(k)\mathrm{T}}\boldsymbol{W}^{(k)}\boldsymbol{P}^{(k)}\boldsymbol{U}^{(k)})\\+\operatorname{tr}(\boldsymbol{P}^{(k)\mathrm{T}}\boldsymbol{\Sigma}^{(k)}\boldsymbol{P}^{(k)})\\+\lambda_1\|\boldsymbol{P}^{(k)}\|_1+\lambda_2\|\boldsymbol{P}^{(k)}-\boldsymbol{G}^{(k)}\boldsymbol{P}^{*}\|_{\mathrm{F}}^{2}\end{pmatrix} \tag{6-11}$$

$$\text{s.t.}\quad 0\leqslant\ \mu^{(k)}\leqslant 1,\ \sum_{k}\mu^{(k)}=1,\ \boldsymbol{U}^{(k)}\boldsymbol{U}^{(k)\mathrm{T}}=\boldsymbol{I}$$

其中，$\boldsymbol{\Sigma}^{(k)}$是一个对角线矩阵，其第$i$个对角元素计算为$\Sigma_{i,i}^{(k)}=\sum_j w_{i,j}^{(k)}$。

然后，可以通过对 4 个变量进行迭代更新，得到式（6-11）的局部最优解。

1．$\boldsymbol{U}^{(k)}$的迭代更新

当固定其他变量并从式（6-11）中去掉与$\boldsymbol{U}^{(k)}$无关的项时，可以得到对基矩阵$\boldsymbol{U}^{(k)}$的最优化问题。

$$\begin{aligned}&\min_{\boldsymbol{U}^{(k)}\boldsymbol{U}^{(k)\mathrm{T}}=\boldsymbol{I}}-2\operatorname{tr}\left(\boldsymbol{X}^{(k)\mathrm{T}}\boldsymbol{W}^{(k)}\boldsymbol{P}^{(k)}\boldsymbol{U}^{(k)}\right)\\ \Leftrightarrow&\max_{\boldsymbol{U}^{(k)}\boldsymbol{U}^{(k)\mathrm{T}}=\boldsymbol{I}}\operatorname{tr}\left(\boldsymbol{X}^{(k)\mathrm{T}}\boldsymbol{W}^{(k)}\boldsymbol{P}^{(k)}\boldsymbol{U}^{(k)}\right)\end{aligned} \tag{6-12}$$

根据文献[55,Th.4]，可以得到最优$\boldsymbol{U}^{(k)}$如下：

$$\boldsymbol{U}^{(k)}=\boldsymbol{A}^{(k)}\boldsymbol{B}^{(k)\mathrm{T}} \tag{6-13}$$

其中，$\boldsymbol{A}^{(k)}$和$\boldsymbol{B}^{(k)}$是矩阵$\left(\boldsymbol{P}^{(k)\mathrm{T}}\boldsymbol{W}^{(k)\mathrm{T}}\boldsymbol{X}^{(k)}\right)$的左、右奇异矩阵[56]。

2．$\boldsymbol{P}^{(k)}$的迭代更新

当固定其他与$\boldsymbol{P}^{(k)}$无关的项时，局部最优化问题被简化为

$$\min_{\boldsymbol{P}^{(k)}} \lambda_1\|\boldsymbol{P}^{(k)}\|_1 + \lambda_2\|\boldsymbol{P}^{(k)} - \boldsymbol{G}^{(k)}\boldsymbol{P}^*\|_{\mathrm{F}}^2 \\ -2\mathrm{tr}\left(\boldsymbol{X}^{(k)\mathrm{T}}\boldsymbol{W}^{(k)}\boldsymbol{P}^{(k)}\boldsymbol{U}^{(k)}\right) + \mathrm{tr}(\boldsymbol{P}^{(k)\mathrm{T}}\boldsymbol{\Sigma}^{(k)}\boldsymbol{P}^{(k)}) \tag{6-14}$$

定义$\boldsymbol{F}^{(k)} = \boldsymbol{W}^{(k)\mathrm{T}}\boldsymbol{X}^{(k)}\boldsymbol{U}^{(k)\mathrm{T}} + \lambda_2\,\boldsymbol{G}^{(k)}\boldsymbol{P}^*$和$\boldsymbol{E}^{(k)} = \boldsymbol{\Sigma}^{(k)} + \lambda_2\boldsymbol{I}$，可将式（6-14）等价转化为

$$\min_{\boldsymbol{P}^{(k)}} \mathrm{tr}\left(\boldsymbol{P}^{(k)\mathrm{T}}\boldsymbol{E}^{(k)}\boldsymbol{P}^{(k)}\right) - 2\mathrm{tr}\left(\boldsymbol{F}^{(k)\mathrm{T}}\boldsymbol{P}^{(k)}\right) + \lambda_1\|\boldsymbol{P}^{(k)}\|_1 \tag{6-15}$$

由于$\boldsymbol{\Sigma}^{(k)}$是一个对角线矩阵，其所有对角元素都大于0，因此$\boldsymbol{E}^{(k)}$仍然是一个对角线矩阵，可以分解为$\boldsymbol{E}^{(k)} = \boldsymbol{H}^{(k)}\boldsymbol{H}^{(k)}$，其中$\boldsymbol{H}^{(k)}$是一个对角线矩阵，每个对角元素为$h_{i,i}^{(k)} = \sqrt{e_{i,i}^{(k)}}$，$e_{i,i}^{(k)}$表示矩阵$\boldsymbol{E}^{(k)}$的第$i$个对角元素。因而，式（6-15）可进一步简化为

$$\min_{\boldsymbol{P}^{(k)}}\|\boldsymbol{H}^{(k)}\boldsymbol{P}^{(k)} - (\boldsymbol{H}^{(k)})^{-1}\boldsymbol{F}^{(k)}\|_{\mathrm{F}}^2 + \lambda_1\|\boldsymbol{P}^{(k)}\|_1 \tag{6-16}$$

不难发现，式（6-16）对每一行都是独立的，因此可转化为以下基于稀疏约束的传统最优化问题：

$$\sum_{i=1}^{n_k} \min_{p_i^{(k)}} e_{i,i}^{(k)}\,\|\boldsymbol{p}_i^{(k)} - \boldsymbol{f}_i^{(k)}/e_{i,i}^{(k)}\|_2^2 + \lambda_1\|\boldsymbol{p}_i^{(k)}\|_1 \tag{6-17}$$

其中，$\boldsymbol{p}_i^{(k)}$和$\boldsymbol{f}_i^{(k)}$分别是$\boldsymbol{P}^{(k)}$和$\boldsymbol{F}^{(k)}$的第i个行向量。接着，可使用收缩算子从式（6-17）中得到$\boldsymbol{p}_i^{(k)}$，即

$$\boldsymbol{p}_i^{(k)} = \Theta_{\lambda_1/2e_{i,i}^{(k)}}(\boldsymbol{f}_i^{(k)}/e_{i,i}^{(k)}) \tag{6-18}$$

其中，Θ表示收缩算子[57]。

3. $\boldsymbol{P}^*$的迭代更新

在固定其他变量并去掉无关项的情况下，可得到对于变量$\boldsymbol{P}^*$的以下子问题：

$$\min_{\boldsymbol{P}^*}\sum_{k=1}^{v}(\mu^{(k)})^r\,\|\boldsymbol{P}^{(k)} - \boldsymbol{G}^{(k)}\boldsymbol{P}^*\|_{\mathrm{F}}^2 \tag{6-19}$$

通过定义$\Phi(\boldsymbol{P}^*) = \sum_{k=1}^{v}\left(\mu^{(k)}\right)^r\|\boldsymbol{P}^{(k)} - \boldsymbol{G}^{(k)}\boldsymbol{P}^*\|_{\mathrm{F}}^2$，$\Phi(\boldsymbol{P}^*)$对$\boldsymbol{P}^*$的偏导数如下：

$$\frac{\partial\Phi(\boldsymbol{P}^*)}{\partial\boldsymbol{P}^*} = 2\sum_{k=1}^{v}\left(\mu^{(k)}\right)^r\boldsymbol{G}^{(k)\mathrm{T}}(\boldsymbol{G}^{(k)}\boldsymbol{P}^* - \boldsymbol{P}^{(k)}) \tag{6-20}$$

假设$\partial\Phi(\boldsymbol{P}^*)/\,\partial\boldsymbol{P}^* = 0$，可得到最优$\boldsymbol{P}^*$如下：

$$\boldsymbol{P}^* = \left(\sum_{k=1}^{v}\left(\mu^{(k)}\right)^r\boldsymbol{G}^{(k)\mathrm{T}}\boldsymbol{G}^{(k)}\right)^{-1}\left(\sum_{k=1}^{v}\left(\boldsymbol{\mu}^{(k)}\right)^r\boldsymbol{G}^{(k)\mathrm{T}}\boldsymbol{P}^{(k)}\right) \tag{6-21}$$

4. 权重μ^k的迭代更新

如果假设

$$\begin{aligned}\boldsymbol{Y}(k) = &\operatorname{tr}(\boldsymbol{X}^{(k)\mathrm{T}}\boldsymbol{\Sigma}^{(k)}\boldsymbol{X}^{(k)}) - 2\operatorname{tr}(\boldsymbol{X}^{(k)\mathrm{T}}\boldsymbol{W}^{(k)}\boldsymbol{P}^{(k)}\boldsymbol{U}^{(k)}) \\ &+\operatorname{tr}\left(\boldsymbol{P}^{(k)\mathrm{T}}\boldsymbol{\Sigma}^{(k)}\boldsymbol{P}^{(k)}\right) + \lambda_1\|\boldsymbol{P}^{(k)}\|_1 \\ &+\lambda_2\|\boldsymbol{P}^{(k)} - \boldsymbol{G}^{(k)}\boldsymbol{P}^*\|_\mathrm{F}^2\end{aligned} \tag{6-22}$$

那么，$\mu^{(k)}$的子问题就可以转化为如下问题：

$$\min_{0\leqslant \mu^{(k)}\leqslant 1,\sum_k \mu^{(k)}=1} \sum_{k=1}^{v}\left(\mu^{(k)}\right)^r \boldsymbol{Y}(k) \tag{6-23}$$

其最优解为[19,20]

$$\mu^{(k)} = (\boldsymbol{Y}^{(k)})^{1/(1-r)}/\sum_{k=1}^{v}(\boldsymbol{Y}^{(k)})^{1/(1-r)} \tag{6-24}$$

算法 6-1 总结了 GIMC_FLSD 的完整更新步骤。

算法 6-1 GIMC_FLSD［求解式（6-11）］

输入： 不完整多视图数据$\boldsymbol{X} = \boldsymbol{X}^{(1)},\cdots,\boldsymbol{X}^{(v)}$，所有视图的索引矩阵$\boldsymbol{G} = \boldsymbol{G}^{(1)},\cdots,\boldsymbol{G}^{(v)}$，惩罚参数$\lambda_1$、$\lambda_2$，放缩参数$r$。

输出： $\boldsymbol{P}^*$。

1 **初始化：** 将$\boldsymbol{P}^*$初始化为随机值，$\boldsymbol{U}^{(k)}$是随机值初始化过的正交矩阵，$\boldsymbol{P}^{(k)} = \boldsymbol{X}^{(k)}\boldsymbol{U}^{(k)\mathrm{T}}$，构造所有视图的最近邻图$\boldsymbol{W} = \boldsymbol{W}^{(1)},\cdots,\boldsymbol{W}^{(v)}$，$\mu^{(k)} = 1/v$。

2 **While** 不收敛 **do**

3 **For** *k* 从 1 至 *v*

4 使用式（6-13）更新$\boldsymbol{U}^{(k)}$；

5 使用式（6-18）更新$\boldsymbol{P}^{(k)}$；

6 **End**

7 使用式（6-21）更新$\boldsymbol{P}^*$；

8 使用式（6-23）更新$\boldsymbol{\mu} = \mu^{(1)},\cdots,\mu^{(v)}$。

9 **End while**

6.4 GIMC_FLSD 的理论分析

6.4.1 计算复杂度

算法 6-1 主要包含 4 个步骤。对于$\boldsymbol{U}^{(k)}$，其主要计算成本是奇异值分解（SVD）运算。值得注意的是，由于矩阵加、减、乘、除和矩阵元素运算非常简单，可以被快速计算，因此没有考虑这些运算的计算复杂度。对于一个$m\times n$的矩阵，SVD 的计算复杂度约为$\mathcal{O}(mn^2)$。所以，$\boldsymbol{U}^{(k)}$的总计算复杂度约为$\mathcal{O}(\sum_{k=1}^{v}m_k\,d^2)$，其中$d$为特征维度或簇数。对于$\boldsymbol{P}^{(k)}$，每个$\boldsymbol{P}^{(k)}$表征可以通过简单的基于元素的收缩算子快速获得。因此，$\boldsymbol{P}^{(k)}$的计算复杂度可以被忽略。对于$\boldsymbol{P}^*$，逆运算是在对角线矩阵（$\sum_{k=1}^{v}(\boldsymbol{\mu}^{(k)})^r\boldsymbol{G}^{(k)\mathrm{T}}\boldsymbol{G}^{(k)}$）上执行的，可以被快速计算。因此，$\boldsymbol{P}^*$的计算复杂度也可以被忽略。可以看出，$\mu^{(k)}$的计算复杂度也可以被忽略，因为它只包含元素运算和基本矩阵运算。根据以上分析，GIMC_FLSD 的总计算复杂度约为$\mathcal{O}(\tau\sum_{k=1}^{v}m_k\,d^2)$，其中$\tau$为迭代次数。

6.4.2 收敛性分析

本书 6.3 节已经提供了一种可选的参数更新方法来解决目标函数［式（6-11)］。很明显，式（6-11）对每个变量都是凸的。因此，本小节为优化算法提出定理 6-1。

定理 6-1 GIMC_FLSD 在迭代过程中单调地降低了式（6-11）的目标函数值。

证明 设$\Gamma(\boldsymbol{U}_t^{(k)},\boldsymbol{P}_t^{(k)},\boldsymbol{P}_t^*,\boldsymbol{\mu}_t^{(k)})$和$\Gamma(\boldsymbol{U}_{t+1}^{(k)},\boldsymbol{P}_{t+1}^{(k)},\boldsymbol{P}_{t+1}^*,\boldsymbol{\mu}_{t+1}^{(k)})$分别是式（6-11）在第$t$次和第$t+1$次迭代时的目标函数值。由前面的 4 个优化步骤可以断定，所有子问题都是凸的，并具有闭式解。因此，通过对上述 4 个子问题的逐一求解，可得到以下不等式：

$$\begin{aligned}&\Gamma\left(\boldsymbol{U}_t^{(k)},\boldsymbol{P}_t^{(k)},\boldsymbol{P}_t^*,\boldsymbol{\mu}_t^{(k)}\right)\geqslant\Gamma\left(\boldsymbol{U}_{t+1}^{(k)},\boldsymbol{P}_t^{(k)},\boldsymbol{P}_t^*,\boldsymbol{\mu}_t^{(k)}\right)\\ &\geqslant\Gamma\left(\boldsymbol{U}_{t+1}^{(k)},\boldsymbol{P}_{t+1}^{(k)},\boldsymbol{P}_t^*,\boldsymbol{\mu}_t^{(k)}\right)\geqslant\Gamma\left(\boldsymbol{U}_{t+1}^{(k)},\boldsymbol{P}_{t+1}^{(k)},\boldsymbol{P}_{t+1}^*,\boldsymbol{\mu}_t^{(k)}\right)\\ &\geqslant\Gamma\left(\boldsymbol{U}_{t+1}^{(k)},\boldsymbol{P}_{t+1}^{(k)},\boldsymbol{P}_{t+1}^*,\boldsymbol{\mu}_{t+1}^{(k)}\right)\end{aligned}\tag{6-25}$$

由此证明了通过连续更新这 4 个变量，式（6-11）的目标函数值是单调递减的。至此，证明完毕。

另外，由于目标函数值$\Gamma(\boldsymbol{U}_t^{(k)},\boldsymbol{P}_t^{(k)},\boldsymbol{P}_t^*,\boldsymbol{\mu}_t^{(k)})\geqslant 0$，式（6-11）明显是有下界的。综上可以得出结论，目标函数值序列$\{\Gamma(\boldsymbol{U}^{(k)},\boldsymbol{P}^{(k)},\boldsymbol{P}^*,\boldsymbol{\mu}^{(k)})\}_t$是一个有下界的单调递减序列。这保证了 GIMC_FLSD 的收敛性[19,58]。

6.4.3 与其他方法的联系

本小节主要分析 GIMC_FLSD 与一些最相关的 IMC 方法之间的联系和区别，包括 PVC[30]、MIC[29]、图正则化部分多视图聚类 GPMVC[43]和 DAIMC[37]。

1. GIMC_FLSD 与 PVC 和 GPMVC 的联系

GIMC_FLSD 和 GPMVC 可以看作 PVC 的两个延伸。这 3 种方法的主要区别如下。

（1）与 PVC 相比，GIMC_FLSD 和 GPMVC 引入了图嵌入的方法来捕捉局部几何信息。特别是在 GPMVC 中，相似度图直接被强加在个体表征上，这不可避免地引入了一个额外的惩罚参数，增加了参数选择的负担。而在 GIMC_FLSD 中，图被整齐地施加在数据重构项上，这就避免了引入任何额外的惩罚参数。

（2）在这 3 种方法中，PVC 只能处理有配对样本和单视图样本的特殊不完整情况，因此它是不灵活的。GPMVC 和 GIMC_FLSD 比 PVC 更灵活，因为它们可以处理各种不完整情况，也可以处理完整情况。

（3）PVC 和 GPMVC 都忽略了不同视图的重要性。与这两种方法相比，GIMC_FLSD 通过引入自适应加权约束，可以平衡不同视图的重要性，从而有可能获得一个更合理的一致表征。

2. GIMC_FLSD 与 MIC 和 DAIMC 的联系

MIC 和 DAIMC 是最流行的基于加权矩阵分解的 IMC 方法。这两种方法与 GIMC_FLSD 的主要区别如下。

（1）DAIMC 直接从多视图数据中学习共同的隐含表征，而 MIC 和 GIMC_FLSD 则试图从所有视图的个体表征中间接地获得一个一致表征。显然，MIC 和 GIMC_FLSD 在表征学习方面比 DAIMC 更加灵活。

（2）这 3 种方法中，只有 GIMC_FLSD 考虑了不同视图的不平衡信息这一因素。

（3）这 3 种方法中，只有 GIMC_FLSD 捕捉了数据的局部几何信息。这说明 GIMC_FLSD 有可能学习到一个比 MIC 和 DAIMC 更具判别性的一致表征。

总体而言，根据以上分析，GIMC_FLSD 优于 PVC、MIC、GPMVC 和 DAIMC。

6.5 实验验证

在本节实验中，我们评估了 GIMC_FLSD 与现有的先进方法在 7 个多视图数据集上的聚类准确率（ACC）、归一化互信息（NMI）和纯度（Purity）等指标，以证明其有效性。

6.5.1 实验配置

本小节首先详细介绍 9 种参与对比的 IMC 方法以及 7 个多视图数据集，然后介绍构建不完整多视图数据的方式，最后阐述实验评估准则。

1. 参与对比的方法

本节将 GIMC_FLSD 与 9 种流行的 IMC 方法进行比较，包括 PVC[30]、GPMVC[43]、IMG[36]、MIC[29]、DAIMC[37]、OMVC[39]和以下 3 种方法。

（1）最佳单视图（BSV）：BSV 通过k-means 对所有视图进行单视图聚类，并报告最佳结果进行比较，其中缺失的实例由相应视图的平均实例填补。

（2）拼接[36]：该方法将所有视图拼接为一个视图，并利用k-means 获得最终聚类结果，其中缺失的实例也像 BSV 一样被填充到平均实例中。

（3）基于图正则化矩阵分解的 IMC（IMC_GRMF）：该方法可以看作 GIMC_FLSD 的简化模型，它基于正交矩阵分解来学习一致表征。需要指出的是，PVC、IMG 和 IMC_GRMF 的提出是为了解决“一些样本包含所有视图，而其余样本只有任一视图”的特殊 IMC 任务。

对于 GIMC_FLSD 和 IMC_GRMF，在聚类过程之前，本节首先会简单地将每个实例归一化为单位范数（$x_i = x_i/\|x_i\|_2$）。其他方法则采用了与它们的原始代码相同的数据预处理方法。此外，本节还使用建议的参数集来实现这些被比较的方法，并报告最佳的聚类结果以进行公平的比较。

2. **数据集**

本节选择以下 7 个多视图数据集来评估上述方法。

（1）Handwritten Digit 数据集。该数据集中有 2000 个样本，包含 10 个数字（0~9）的 5 个视图。本节只选择两个视图来比较这些方法，其中第一个视图包含 240 个像素的平均特征，第二个视图是 76 个维度的傅里叶系数特征。

（2）Cornell 数据集[59,60]。该数据集由从康奈尔大学网页上收集的 195 份文档组成，涉及 5 个标签。本节使用的数据集包含内容视图，每个样本有 1703 个单词；也包含引用视图，每个样本有 195 个维度。

（3）Washington 数据集。本节使用的 Washington 数据集包含 230 个文档，有 5 个标签（学生、项目、课程、员工和教职员工）。每个文档由两个视图来描述，即具有 1703 个单词的内容视图和 230 个特征的引用视图。

（4）Cora 数据集。该数据集由 2708 篇科学出版物文献组成，有 7 个标签。本节使用的多视图 Cora 数据集包含两个视图，即具有 2708 个单词的内容视图和 1433 个特征的引用视图。

（5）BBCSport 数据集[61]。原始的 BBCSport 数据集包含 737 个来自英国广播公司（British Broadcasting Corpor atioo，BBC）体育网站的文档。本节利用其中一个子集进行实验，该子集有 116 个文档，由来自 5 个类的 4 个视图描述。

（6）3 Sources 数据集[62]。该数据集由 948 篇来自英国广播公司（British Broadcasting Corporation，BBC）、路透社、卫报等新闻源的文本组成。本节使用包含这 3 个新闻源的 169 篇新闻文章和 6 个时事标签的子集进行了实验。

（7）Caltech7 数据集[18]。多视图 Caltech7 数据集是 Caltech101 数据集的一个子集，该数据集由来自 7 个类别（“人脸”“摩托车”“美元钞票”“加菲猫”“史努比”“站牌”和“温莎椅”）的 1474 个样本组成。从数据集中提取到“Gabor”“Wavelet moments”“Cenhist”“Hog”“Gist”“LBP” 6 种类型的特征，作为 6 种视图。

表 6-1 简要总结了上述基准数据集的情况。

表 6-1　用于实验的基准数据集的基本情况

数据集	种类数	视图数	样本数	特征数
Handwritten Digit	10	2	2000	240/76
Cornell	5	2	195	195/1703
Washington	5	2	230	230/1703
Cora	7	2	2708	2708/1433
BBCSport	5	4	116	1991/2063/2113/2158
3 Sources	6	3	169	3560/3631/3068
Caltech7	7	6	1474	48/40/254/1474/512/928

3. 不完整多视图数据的构建

在上述数据集中，我们选择 Handwritten Digit 数据集、Cornell 数据集、Washington 数据集和 Cora 数据集来比较上述方法在特殊的不完整多视图情况下的效果，其中只有 $p\%$（$p \in \{30,50,70,90\}$）的样本被随机选为配对样本，其余样本只有一个视图。另外，利用其他 3 个数据集来证明 GIMC_FLSD 在处理任意不完整情况时的有效性，即从每个视图中随机删除$p\%$（$p \in \{10,30,50\}$）的实例来构建缺失率为$p\%$的不完整数据。

4. 评估

为方便比较，本节实验同样使用 ACC、NMI 和 Purity 作为评价指标来比较上述 IMC 方法[18,37,43]。这些指标的值越大，说明聚类质量越好。对于每个具有一定不完整率的多视图数据，实验会在 15 个随机生成的不完整的数据组上反复执行不同的方法，然后报告平均聚类结果，以进行公平比较。

6.5.2　实验结果和分析

表 6-2 和表 6-3 展示了不同方法在 7 个数据集上的 ACC、NMI 和 Purity 的平均值和标准差。表中的粗体数字表示最好的结果。

观察实验结果可得出以下结论。

（1）与所有最先进的方法相比，GIMC_FLSD 始终保持着最好的性能。例如，与第二好的方法（即 DAIMC）相比，GIMC_FLSD 在 BBCSport 数据集上获得了约 15%的 ACC、16%的 NMI 和 15%的 Purity 的巨大改进。事实上，DAIMC 中使用的基矩阵的对齐约束与 GIMC_FLSD 中使用的正交约束在一定程度上起到了相同的作用。因此，与 DAIMC 相比，GIMC_FLSD 良好的性能证明了通过图形嵌入捕捉局部几何信息的有效性。

（2）在 Handwritten Digit 数据集上，GPMVC、DAIMC 和 GIMC_FLSD 在 ACC 和 Purity 方面明显优于 PVC、MIC 和 OMVC。在 Washington 数据集上，IMG、IMC_GRMF 和 GIMC_FLSD 获得了比其他方法更好的聚类性能。这些都表明，捕捉更多的信息，如互补信息和局部信息，有利于提高聚类性能。

表 6-2　不同方法在带有不同样本配对率的 Handwritten Digit 数据集、Cornell 数据集、Washington 数据集和 Cora 数据集上的 ACC、NMI 和 Purity 的平均值和标准差

数据集	方法	ACC（%）				NMI（%）				Purity（%）			
		0.3	0.5	0.7	0.9	0.3	0.5	0.7	0.9	0.3	0.5	0.7	0.9
Handwritten Digit	BSV	51.90±1.83	58.27±1.70	65.08±2.62	71.25±2.59	45.52±1.16	52.03±1.20	58.85±1.48	57.46±1.38	52.29±1.69	58.86±1.35	66.15±1.98	74.05±2.27
	Concat	56.50±1.94	65.92±1.93	79.11±2.14	87.68±1.19	53.66±1.41	60.79±1.48	70.40±1.22	79.47±0.72	57.62±1.76	66.20±1.89	79.19±2.03	87.88±0.98
	PVC	70.61±2.61	73.10±3.12	74.84±2.52	77.30±3.41	60.98±1.98	65.07±1.88	68.20±1.64	72.73±1.50	71.92±2.29	74.97±2.53	76.79±2.15	79.45±2.49
	GPMVC	74.30±6.01	79.97±4.42	84.87±3.12	85.57±3.96	70.58±3.61	71.72±3.62	75.87±2.55	78.75±2.99	76.13±4.71	80.37±3.68	84.75±3.15	85.81±3.65
	IMG	74.52±2.56	75.58±3.12	76.42±3.62	79.89±3.53	61.57±1.81	64.42±2.01	67.84±2.34	72.38±2.14	73.59±2.42	75.84±2.96	76.98±3.94	80.03±2.22
	MIC	60.41±3.89	66.12±3.52	74.64±4.69	80.81±2.62	52.64±2.58	58.53±2.00	66.72±2.34	72.59±1.52	61.22±3.62	67.04±2.86	75.86±3.91	81.25±2.07
	DAIMC	67.77±4.96	77.41±4.19	81.35±3.72	85.43±3.07	55.11±2.97	64.20±2.29	68.31±2.40	74.47±2.01	68.80±4.17	77.65±3.83	81.47±3.44	85.53±2.77
	OMVC	62.63±3.96	70.28±3.46	75.29±2.74	79.48±2.95	53.78±3.45	60.33±4.05	64.54±2.23	70.57±2.91	63.40±4.11	70.82±3.01	75.09±2.83	80.33±2.94
	IMC_GRMF	78.18±3.42	85.77±1.58	88.54±0.68	90.36±1.06	71.09±2.01	76.98±1.62	79.88±0.86	83.09±1.36	78.25±3.34	85.49±1.47	87.59±0.68	90.39±1.06
	GIMC_FLSD	**78.35±2.31**	**85.85±1.68**	**88.89±1.74**	**91.02±0.57**	**71.33±1.73**	**77.23±1.37**	**80.44±1.15**	**83.75±0.85**	**78.55±1.87**	**85.86±1.49**	**88.45±1.65**	**91.02±0.57**
Cornell	BSV	42.97±0.60	43.09±0.48	44.87±1.22	47.20±3.99	6.51±0.87	7.62±1.01	9.08±4.87	20.79±2.64	44.09±0.37	45.19±0.86	48.65±3.35	54.25±2.11
	Concat	38.15±2.11	37.69±2.03	36.70±1.69	36.24±1.18	8.10±1.33	8.66±1.33	9.57±1.24	10.72±1.15	46.08±1.55	46.14±1.44	46.46±1.34	46.37±0.93
	PVC	41.26±6.02	41.02±5.65	42.48±3.17	42.53±2.45	17.19±2.00	17.90±2.37	18.84±2.41	21.39±3.13	54.80±2.23	55.41±3.19	56.67±2.56	57.68±3.61
	GPMVC	40.69±5.30	41.62±4.06	43.75±1.69	44.30±1.52	16.13±4.21	15.21±3.57	15.63±3.15	15.29±3.84	51.84±4.07	50.53±3.89	50.68±3.23	48.91±3.56
	IMG	44.49±3.02	44.70±3.47	45.22±1.41	45.72±2.46	16.48±2.76	17.82±3.06	18.96±3.48	21.79±3.85	51.01±2.39	51.91±3.06	52.56±3.53	54.68±3.68
	MIC	44.21±2.59	44.49±2.65	45.94±2.60	46.53±2.68	17.72±3.32	19.60±2.99	20.60±2.83	23.21±2.54	52.61±2.29	54.76±2.80	55.80±2.76	56.89±2.79
	DAIMC	39.04±4.58	38.63±4.26	39.04±3.16	39.15±3.03	13.09±3.27	13.19±4.16	16.04±3.97	17.39±4.40	48.67±3.69	48.17±3.83	49.61±4.01	51.35±4.39
	OMVC	41.85±6.78	43.34±4.07	43.78±4.52	44.73±4.68	11.89±4.70	12.50±2.73	13.97±2.44	14.55±3.42	48.30±4.10	48.56±2.83	49.85±2.84	50.44±3.07
	IMC_GRMF	46.83±4.17	47.18±4.57	46.66±5.25	48.31±2.89	19.13±3.08	20.93±1.44	20.25±3.61	23.81±3.25	56.10±2.44	56.14±1.79	56.27±3.42	58.64±2.93
	GIMC_FLSD	**50.93±3.83**	**51.13±5.38**	**51.32±6.14**	**50.53±2.33**	**19.54±3.73**	**21.36±3.75**	**23.70±3.36**	**26.66±2.09**	**56.62±2.19**	**57.12±3.03**	**58.36±3.37**	**61.02±2.12**

续表

数据集	方法	ACC（%）				NMI（%）				Purity（%）			
		0.3	0.5	0.7	0.9	0.3	0.5	0.7	0.9	0.3	0.5	0.7	0.9
Washington	BSV	50.92±2.98	53.07±2.57	54.53±2.28	56.18±2.54	23.65±2.56	27.22±1.65	31.17±1.73	35.49±1.82	61.79±1.82	65.16±1.23	68.37±1.10	70.36±0.97
	Concat	46.86±2.73	47.49±2.31	49.41±1.51	51.90±2.94	21.61±3.13	23.09±2.52	26.86±1.99	30.66±1.63	64.32±2.19	65.05±1.59	66.61±0.97	67.91±0.93
	PVC	56.14±2.33	57.77±1.09	58.41±1.83	60.33±1.77	22.02±4.39	23.68±2.43	26.79±2.66	29.33±3.24	63.72±2.69	66.54±1.72	66.92±0.99	68.31±2.01
	GPMVC	53.86±5.51	58.20±2.87	61.76±2.17	63.71±2.21	19.36±2.57	20.37±1.90	21.87±1.82	23.47±1.45	63.78±1.82	64.49±1.51	65.26±0.89	66.04±0.75
	IMG	58.72±4.87	62.12±3.74	62.40±4.24	63.74±4.16	22.24±2.75	26.75±3.11	29.07±3.26	32.04±4.24	65.48±2.10	68.05±2.13	69.36±2.59	71.02±1.74
	MIC	47.31±2.92	52.34±2.78	53.92±2.77	55.63±3.08	21.13±2.13	22.35±2.38	23.81±2.69	24.74±2.83	64.17±1.75	63.81±1.15	64.52±2.03	66.27±1.62
	DAIMC	54.59±4.54	55.36±4.40	58.69±4.76	60.54±3.12	19.36±4.24	20.54±4.59	28.14±4.03	32.47±3.79	61.94±3.63	62.69±3.21	67.24±1.85	69.39±1.86
	OMVC	58.72±5.26	59.41±5.81	62.41±5.56	64.13±5.08	20.62±4.54	21.75±4.74	23.74±4.63	24.97±5.45	63.80±4.20	64.32±4.96	66.65±5.18	67.19±5.28
	IMC_GRMF	59.96±2.62	61.16±2.96	63.54±2.50	64.71±2.69	29.15±2.42	31.05±2.48	33.11±2.54	35.76±1.83	68.23±1.69	69.13±1.58	69.30±1.92	70.00±1.41
	GIMC_FLSD	**60.76±3.14**	**63.94±2.71**	**64.99±2.75**	**65.59±2.62**	**29.68±3.59**	**31.59±1.45**	**35.47±2.37**	**37.06±1.80**	**68.90±2.05**	**69.44±1.20**	**70.72±1.20**	**71.39±1.28**
Cora	BSV	31.60±0.87	32.43±1.18	33.41±1.44	34.32±0.78	9.79±0.69	10.43±2.71	13.86±1.63	15.99±1.26	35.88±0.57	36.81±1.93	38.84±1.36	40.26±1.21
	Concat	29.62±1.12	31.72±1.34	34.58±1.25	36.62±1.18	10.67±0.77	12.04±0.94	16.91±1.26	19.85±1.29	36.33±0.69	36.80±0.97	40.69±1.24	42.67±1.25
	PVC	34.06±1.97	36.14±1.61	38.52±1.60	39.61±1.34	16.14±1.64	17.66±0.98	19.15±1.13	20.34±1.24	42.74±1.66	44.19±1.25	47.17±1.54	48.33±1.64
	GPMVC	32.32±2.29	32.22±3.33	35.33±2.03	36.56±2.35	14.92±2.00	14.30±2.11	18.18±2.19	23.38±2.17	39.45±2.11	38.62±1.67	41.46±2.23	46.63±2.34
	IMG	34.94±1.99	34.61±2.25	34.82±1.72	35.20±1.51	15.51±1.02	16.23±0.96	17.00±1.06	17.65±0.51	41.39±1.25	41.37±1.66	41.84±1.20	41.33±0.64
	MIC	31.20±1.18	32.26±1.92	33.30±1.66	39.58±3.73	11.53±1.36	13.78±2.03	14.37±1.25	20.52±2.28	37.79±1.13	38.97±1.73	39.21±1.18	44.58±2.26
	DAIMC	31.29±2.73	32.96±2.76	34.64±2.21	40.57±1.51	10.54±2.41	12.37±2.35	15.49±2.09	20.91±1.84	37.05±2.04	37.62±1.91	39.49±2.02	45.41±2.07
	OMVC	30.77±0.77	31.35±0.81	35.12±0.87	35.89±0.84	9.45±0.57	12.14±1.35	12.35±1.76	14.79±1.23	35.95±0.64	37.77±1.05	39.45±1.92	39.88±1.44
	IMC_GRMF	39.18±2.58	42.70±2.92	44.19±2.31	48.00±2.09	20.64±1.80	23.20±1.56	25.52±1.54	30.22±1.16	45.13±1.59	47.64±2.20	48.78±2.29	52.17±2.00
	GIMC_FLSD	**41.55±2.34**	**44.21±2.29**	**47.72±1.13**	**50.95±1.52**	**22.56±1.45**	**24.79±1.36**	**27.45±0.87**	**30.84±1.63**	**46.64±1.68**	**48.69±2.10**	**52.01±1.92**	**55.70±2.59**

表 6-3 不同方法在带有不同视图缺失率的 BBCSport 数据集、3 Sources 数据集和 Caltech7 数据集上的 ACC、NMI 和 Purity 的平均值和标准差

数据集	方法	ACC（%）			NMI（%）			Purity（%）		
		0.1	0.3	0.5	0.1	0.3	0.5	0.1	0.3	0.5
BBCSport	BSV	59.82±4.35	50.61±3.07	42.17±3.45	44.76±3.71	30.23±3.51	21.05±3.47	66.66±3.49	55.14±3.01	47.34±3.04
	Concat	68.41±6.98	56.51±6.00	40.92±4.05	60.73±7.86	37.77±6.36	15.76±4.63	77.04±5.98	61.63±5.14	43.54±3.88
	GPMVC	49.48±6.46	42.89±4.66	40.13±4.77	28.14±6.93	18.94±4.84	17.82±5.18	56.83±6.16	47.84±4.16	45.60±4.21
	MIC	50.51±2.10	47.05±3.96	45.52±1.87	30.47±2.91	26.30±4.57	24.54±3.19	56.19±2.13	51.22±4.38	50.41±2.91
	DAIMC	62.53±8.16	60.66±9.71	54.51±9.18	49.24±8.20	46.99±9.23	36.54±9.40	71.49±7.03	69.71±9.91	62.90±8.24
	OMVC	51.45±5.67	44.28±5.01	49.57±4.37	39.37±6.46	40.32±5.12	42.65±4.91	52.56±5.78	54.52±5.24	56.47±5.16
	GIMC_FLSD	**79.02±4.47**	**76.29±1.91**	**69.71±4.20**	**71.81±3.60**	**64.64±2.54**	**52.28±5.91**	**88.45±2.70**	**85.34±1.68**	**77.67±5.16**
3 Sources	BSV	49.08±2.98	40.25±2.92	35.24±2.90	46.70±2.30	32.66±2.41	22.83±3.10	64.95±1.84	54.92±1.83	48.14±1.48
	Concat	47.39±4.68	44.44±5.37	43.83±3.20	26.59±6.56	16.66±5.85	14.89±2.98	53.94±4.98	47.40±5.29	47.87±3.09
	GPMVC	48.85±7.09	44.39±6.25	41.44±6.91	34.73±8.26	29.42±6.86	26.33±6.52	59.78±6.51	56.42±4.94	54.31±5.88
	MIC	50.83±4.36	48.21±4.05	43.16±2.79	38.64±2.49	37.52±3.73	27.81±2.24	58..64±3.54	60.67±3.17	53.11±2.18
	DAIMC	51.97±7.01	50.43±6.92	49.33±6.39	52.02±4.89	47.21±6.90	40.38±6.68	69.63±4.33	66.98±6.19	62.60±6.11
	OMVC	43.94±6.42	39.51±2.84	38.30±3.48	32.13±6.62	24.68±3.98	22.09±2.53	55.01±4.39	49.19±3.69	44.58±2.68
	GIMC_FLSD	**69.28±5.45**	**68.76±5.31**	**63.78±4.69**	**61.44±4.31**	**60.48±3.02**	**53.92±3.56**	**80.83±2.62**	**80.06±2.43**	**75.21±2.97**
Caltech7	BSV	45.47±3.79	43.68±4.93	42.49±1.96	40.87±1.90	32.83±2.96	26.80±1.12	83.35±1.13	75.39±1.29	69.17±0.86
	Concat	42.18±2.25	41.98±1.83	38.65±2.19	44.28±1.34	39.73±1.93	31.15±1.39	85.19±0.56	83.25±1.17	78.22±1.19
	GPMVC	43.34±3.30	40.81±4.90	34.25±3.93	29.08±3.00	21.24±7.05	13.41±3.31	78.41±1.86	74.31±6.28	68.71±3.75
	MIC	41.77±3.64	40.47±3.36	38.88±4.95	35.52±1.72	31.10±1.95	26.67±3.29	80.86±1.12	78.24±1.62	74.99±3.58
	DAIMC	42.26±4.03	41.16±3.49	38.35±2.78	42.71±2.65	40.29±2.44	36.22±2.27	84.63±1.37	83.79±1.25	82.60±0.96
	OMVC	38.89±2.64	37.77±3.91	36.50±2.79	27.74±1.57	23.76±3.47	19.87±3.32	78.95±0.88	76.90±2.19	75.23±2.46
	GIMC_FLSD	**48.20±1.55**	**47.14±1.12**	**44.08±2.41**	**44.84±0.85**	**42.32±1.05**	**36.53±1.91**	**86.62±0.34**	**85.63±0.65**	**83.33±0.96**

（3）从表 6-2 中可以发现，GIMC_FLSD 的性能优于 IMC_GRMF。例如，在 Cornell 数据集和 Cora 数据集上，配对样本比例为 70%时，GIMC_FLSD 的 ACC 比 IMC_GRMF 高 3%左右。从表 6-1 中对 Cornell 数据集和 Cora 数据集的描述来看，其中一个视图的特征维度明显大于另一个视图。这说明两个视图可能包含不同的信息量。因此，实验结果验证了引入自适应加权策略可以有效降低这种不平衡信息的负面影响，也有利于提高 IMC 的性能。

（4）从表 6-2 可以看出，所有方法在样本配对率为 90%时的不完全多视图数据集上的表现都比样本配对率为 30%时的表现要好得多。从表 6-3 可以看出，在视图缺失率为 50%的数据集上，所有方法的性能都比在视图缺失率为 10%的数据集上差很多，这说明聚类性能会随着多视图之间互补信息的减少而降低。

（5）从表 6-2 和表 6-3 的标准差值可以发现，在大多数情况下，MIC、OMVC 和 DAIMC 得到的标准差值都比其他方法大。例如，在 BBCSport 数据集和 3 Sources 数据集上，DAIMC 的 ACC 的标准差大于 8%。在这些方法中，GIMC_FLSD 得到的 3 个指标的标准差值相对较小，这说明 GIMC_FLSD 与其他方法相比，对不同的不完全情况具有较强的鲁棒性。图 6-2 展示了 GIMC_FLSD 在 Caltech7 数据集上获得的不同视图缺失率的视图正则化权重。很明显，GIMC_FLSD 可以通过自适应地分配不同的权重来平衡不同视图的重要性，其中特征维数最多的第 4 个视图被赋予最小的权重。这样就避免了一个视图主导训练过程的问题。

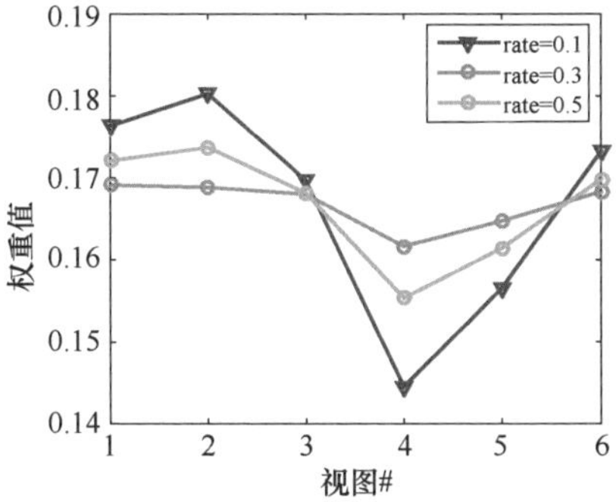

图 6-2 Caltech7 数据集中不同视图的权重值（$\mu^{(k)}$）

6.5.3 时间复杂度分析

表 6-4 展示了不同方法在样本配对率为 70%或视图缺失率为 50%的数据集上的运行时间，其中所有方法都是在相同的软硬件环境中实现的：Windows10 系统、MATLAB 2015a、Intel Core i7-7700 CPU 和 32GB 内存。

观察表 6-4，可以得到以下结论。

（1）随着样本数的增加，几乎所有方法的运行时间都明显增加，且这些方法一般在

表 6-4　不同方法在样本配对率为 70%或视图缺失率为 50%的数据集上的运行时间

方法	运行时间							计算复杂度
	Handwritten Digit 数据集	Cornell 数据集	Washington 数据集	Cora 数据集	BBCSport 数据集	3 Source 数据集	Caltech7 数据集	
BSV	0.651	0.216	0.783	90.66	0.758	1.978	10.64	$O\left(t\sum_{k=1}^{v}m_k^2 n\right)$
Concat	1.648	0.651	0.817	145.15	0.924	2.230	19.665	$O\left(tn\left(\sum_{k=1}^{v}m_k\right)^2\right)$
PVC	3.936	1.982	2.351	104.751	—	—	—	$O\left(\tau\sum_{k=1}^{v}m_k n_v d + tnd^2\right)$
GPMVC	34.523	2.099	2.322	71.627	4.283	5.799	41.626	$O\left(\tau\sum_{k=1}^{v}\max(m_k, n_v)n_v d + tnd^2\right)$
IMG	704.575	4.627	6.358	1513.756	—	—	—	$O\left(\tau\left(2n^3 + T\sum_{k=1}^{v}m_k d_n\right) + tnd^2\right)$
MIC	133.953	3.974	4.707	286.280	5.582	10.105	534.51	$O\left(\tau T\sum_{k=1}^{v}m_k d_n + tnd^2\right)$
DAIMC	17.253	30.752	22.990	136.880	217.197	774.178	146.970	$O\left(\tau(Tndm_{\max} + vm_{\max}^3) + tnd^2\right)$
OMVC	14.082	0.916	0.973	129.349	6.144	19.05	429.454	$O\left(\tau T\sum_{k=1}^{v}m_k cn + tnd^2\right)$
IMC_GRMF	29.198	3.253	3.729	184.626	—	—	—	$O\left(\tau\sum_{k=1}^{v}m_k d^2 + tnd^2\right)$
GIMC_FLSD	46.055	3.439	3.858	222.415	3.914	20.119	19.114	$O\left(\tau\sum_{k=1}^{v}m_k d^2 + tnd^2\right)$

注：表中 T 表示内循环的迭代次数，$m_{\max}$ 表示视图中最大的维度，t 表示 k-means 聚类的迭代次数，d 表示公共表征的特征维度或簇数，n 表示数据总数，τ 表示迭代次数，m_k 表示第 k 个视图数据特征维度，v 表示总视角个数。

Cora 数据集和 Handwritten Digit 数据集上花费更多时间。

（2）这些方法中，IMG 的计算复杂度最高[约为$O(n^3)$]。这说明 IMG 不适合大规模数据集。

（3）GIMC_FLSD 比 IMG 和 MIC 执行得更快，其中 GIMC_FLSD 在 Caltech7 数据集上的运行时间比 MIC 短得多。这验证了 GIMC_FLSD 的有效性。

6.5.4 参数灵敏度分析

本小节通过一些实验来分析惩罚参数λ_1和λ_2、放缩参数r，以及图$\boldsymbol{W}^{(k)}$的最近邻数的灵敏度。在这些实验中，我们只是对所有视图的图设置了相同的最近邻数。

1. 参数λ_1和λ_2

图 6-3 中展示了在 Handwritten Digit 数据集、Washington 数据集、BBCSport 数据集和 3 Sources 数据集上 ACC 与 GIMC_FLSD 中两个惩罚参数λ_1和λ_2的关系。可以看出，当这两个参数的值分别在 Handwritten Digit 数据集的 10 和 1000、Washington 数据集的 1 和 10、BBCSport 数据集的 0.1 和 100、3 Sources 数据集的 1 和 10 这些点附近选取时，GIMC_FLSD 获得了最好的性能。这说明，一个较大的参数λ_2和一个合适的参数λ_1有利于让 GIMC_FLSD 获得更好的性能。这是合理的，因为一个大的参数λ_2可以促进获得的表征对所有视图更加一致。据我们所知，如何在不需要人工干预的情况下为不同的数据集自适应地设置惩罚参数仍然是一个开放性的问题。本小节利用网格搜索的方法来寻找最合适的参数λ_1和λ_2，并展示了最好的聚类结果以便比较。根据图 6-3 所展示的实验结果，λ_1和λ_2的候选参数范围分别为{0.001,0.01,0.1,1,10,100}和{1,10,100,1000,10000}。

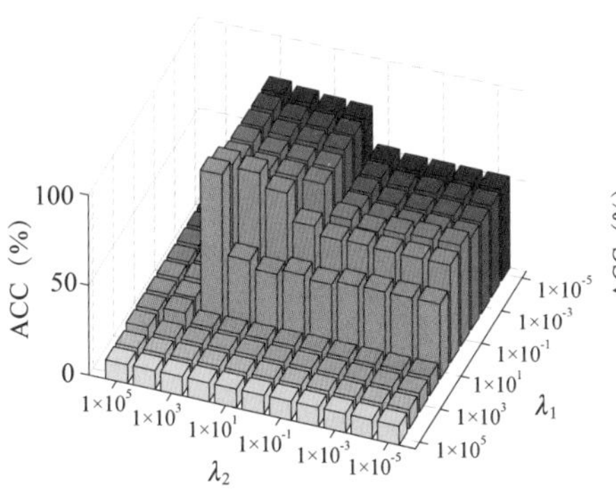

（a）

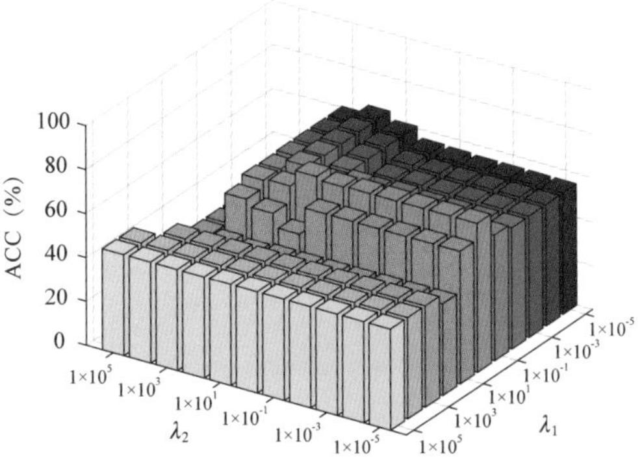

（b）

图 6-3　ACC 与 GIMC_FLSD 的参数 λ_1 和 λ_2 在 4 个数据集上的关系

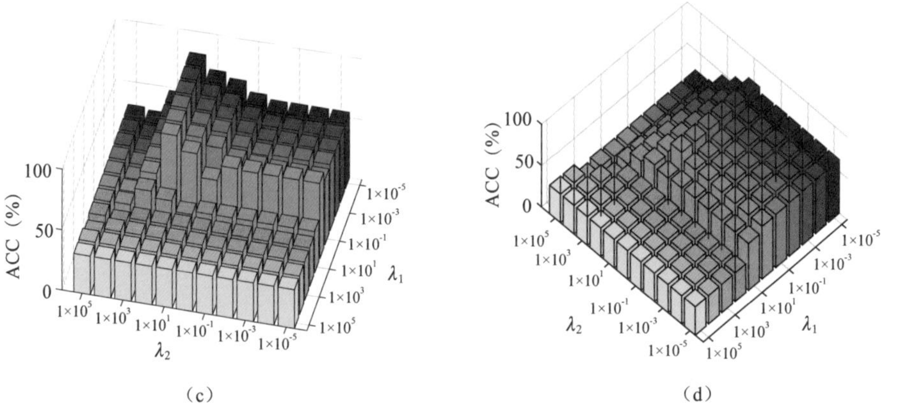

图 6-3　ACC 与 GIMC_FLSD 的参数 λ_1 和 λ_2 在 4 个数据集上的关系（续）

（a）样本配对率为 50% Handwritten Digit 数据集　（b）样本配对率为 50%的 Washington 数据集

（c）视图缺失率为 10%的 BBCSport 数据集　（d）视图缺失率为 10%的 3 Sources 数据集

2. 放缩参数r

图 6-4 展示了在 Handwritten Digit 数据集、Washington 数据集、BBCSport 数据集

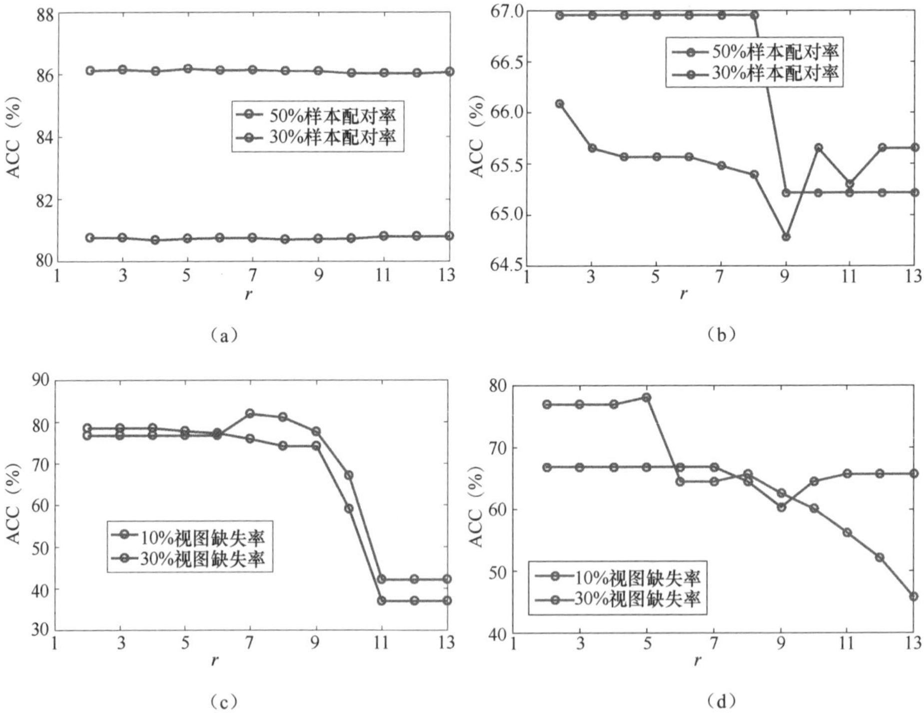

图 6-4　ACC 与 GIMC_FLSD 的放缩参数 r 在 4 个数据集上的关系

（a）Handwritten Digit 数据集　（b）Washington 数据集

（c）BBCSport 数据集　（d）3 Sources 数据集

和3 Sources数据集上ACC与放缩参数r的关系。在Handwritten Digit数据集[图6-4(a)]上，GIMC_FLSD的ACC对参数r不敏感；在Washington数据集、BBCSport数据集和3 Sources数据集上，当r分别位于[2,9]、[2,9] 和[2,5]范围内时，GIMC_FLSD可以获得令人满意的性能。因此，根据上述分析，我们可以从候选范围[2,9]中选择一个合适的参数r进行实验。

3．最近邻数

图6-5展示了在Handwritten Digit数据集、Washington数据集、BBCSport数据集和3 Sources数据集上ACC与图$\boldsymbol{W}^{(k)}$的最近邻数的关系。可以发现，在Handwritten Digit数据集上，当最近邻数位于[17,25]范围内时，在Washington数据集上，当最近邻数位于[9,15]范围内时，在BBCSport数据集上，当最近邻数位于[5,9]范围内时，在3 Sources数据集上，当最近邻数位于[5,9]范围内时，GIMC_FLSD均获得了令人满意的性能。需要指出的是，BBCSport数据集和3 Sources数据集相对于Handwritten Digit数据集来说是小规模的数据集，其中BBCSport数据集和3 Sources数据集分别包含每类5~39个样本和每类11~56个样本，而Handwritten Digit数据集提供每类200个样本。因此，图6-5所示的

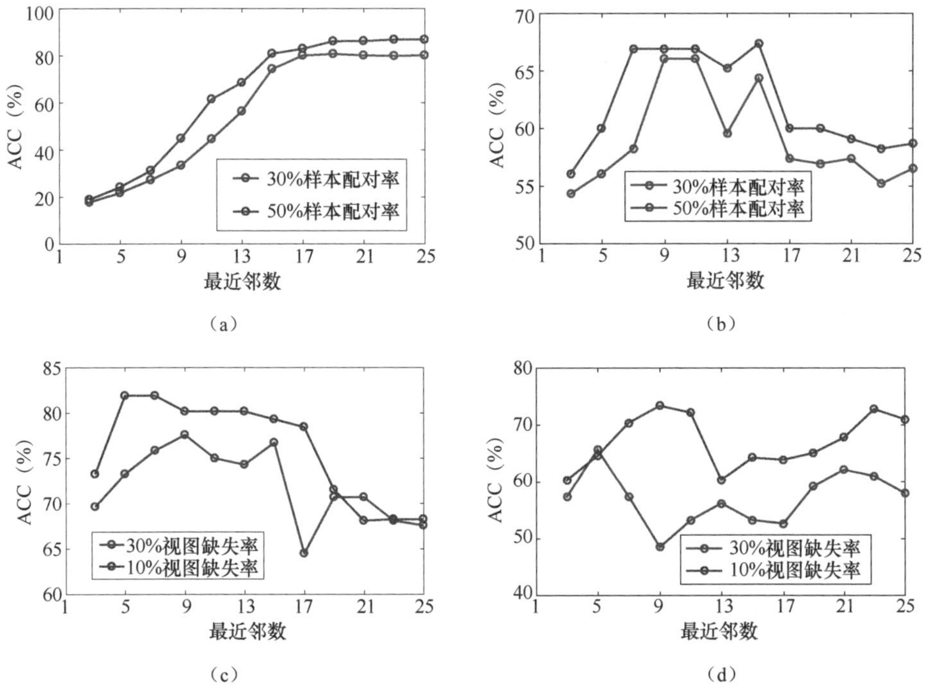

图6-5 ACC与GIMC_FLSD的最近邻数在4个数据集上的关系
(a) Handwritten Digit数据集 (b) Washington数据集
(c) BBCSport数据集 (d) 3 Sources数据集

实验结果表明，对于每类样本数较多的数据集来说，设置一个较大的最近邻数更合适。相比之下，对于小规模的数据集，如 BBCSport 数据集和 3 Sources 数据集，设置一个较小的最近邻数更好。

6.5.5 收敛性分析

本小节通过实验证明 GIMC_FLSD 的收敛性。图 6-6 展示了在 Handwritten Digit 数据集、Washington 数据集、BBCSport 数据集和 3 Sources 数据集上目标函数值和 ACC 与迭代次数的关系。在本节中，目标函数值的计算方法为

$$\mathrm{Obj}=\sum_{k=1}^{v}(\mu^{(k)})^r\begin{pmatrix}\mathrm{tr}(\boldsymbol{X}^{(k)\mathrm{T}}\boldsymbol{\Sigma}^{(k)}\boldsymbol{X}^{(k)})\\ -2\mathrm{tr}(\boldsymbol{X}^{(k)\mathrm{T}}\boldsymbol{W}^{(k)}\boldsymbol{P}^{(k)}\boldsymbol{U}^{(k)})\\ +\mathrm{tr}(\boldsymbol{P}^{(k)\mathrm{T}}\boldsymbol{\Sigma}^{(k)}\boldsymbol{P}^{(k)})\\ +\lambda_1\|\boldsymbol{P}^{(k)}\|_1+\lambda_2\|\boldsymbol{P}^{(k)}-\boldsymbol{G}^{(k)}\boldsymbol{P}^*\|_{\mathrm{F}}^2\end{pmatrix}$$

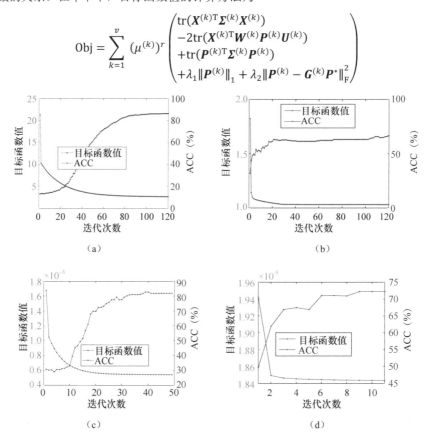

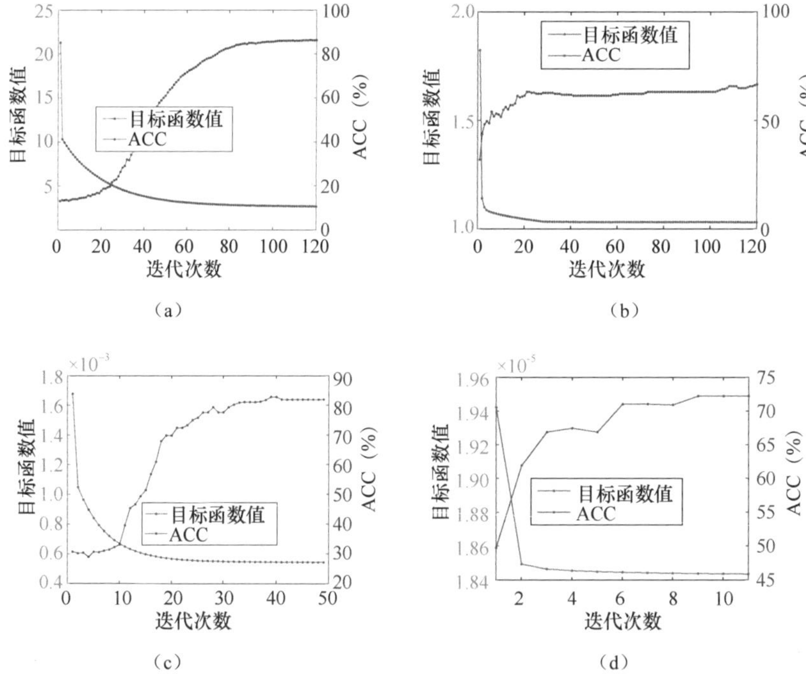

图 6-6 目标函数值和 ACC 与 GIMC_FLSD 的迭代次数在 4 个数据集上的关系
（a）样本配对率为 50%的 Handwritten Digit 数据集 （b）样本配对率为 50%的 Washington 数据集
（c）视图缺失率为 10%的 BBCSport 数据集 （d）视图缺失率为 10%的 3 Sources 数据集

显然，在这 4 个数据集上，目标函数值分别在 90、40、40 和 10 次迭代内单调下降，直到达到静止水平。同时，ACC 也快速上升，直至达到 4 个数据集的静止点。这些都表

明，GIMC_FLSD 可以快速收敛到局部最优点。

6.6 本章小结

本章介绍了一个稳健的不完整多视图聚类框架，该框架同时考虑了所有视图的局部信息、互补信息和判别能力。本章介绍的 GIMC_FLSD 灵活地将个体表征学习和局部结构保存整合为一个统一的项，这不仅使该方法能够利用多视图的互补特征进行共同表征的学习，而且可以避免引入任何额外的惩罚参数。此外，为了突出视图之间的重要性和不平衡特征，我们对不完整的多个视图进行了自适应赋权，这反过来又帮助我们的模型生成有效的一致性表征。这些因素使得 GIMC_FLSD 与现有的方法有很大的不同，但又优于现有的方法。在 7 个不完整的多视图数据集上进行大量实验的结果表明，GIMC_FLSD 与现有方法相比，可以明显提高 IMC 的性能。

未来，作者团队希望将 GIMC_FLSD 扩展为一个深度神经网络，以解决包含不同特征类型（如图像、文本和视频等）的混合数据的聚类问题。此外，研究一种更高效、更高性能的算法对实际大规模应用也有重要意义。

参考文献

[1] Jardine N, Van Rijsbergen C J. The use of hierarchic clustering in information retrieval[J]. Information Storage and Retrieval, 1971, 7(5): 217-240.

[2] Li M, Xue X B, Zhou Z H. Exploiting multi-modal interactions: A unified framework[C]// Proceedings of the 21st International Joint Conference on Artificial Intelligence. CA: Morgan Kaufmann, 2009: 1120-1125.

[3] Yang W, Dou L, Zhan J. A multi-histogram clustering approach toward Markov random field for foreground segmentation[J]. International Journal of Image and Graphics, 2011, 11(1): 65-81.

[4] Zhang Z, Zhu Q, Xie G S, et al. Discriminative margin-sensitive autoencoder for collective multi-view disease analysis[J]. Neural Networks, 2020, 123: 94-107.

[5] Fu H, Wang M, Li P, et al. Tracing knowledge development trajectories of the internet of things domain: A main path analysis[J]. IEEE Transactions on Industrial Informatics, 2019, 15(12): 6531-6540.

[6] Breiger R L, Boorman S A, Arabie P. An algorithm for clustering relational data with applications

to social network analysis and comparison with multidimensional scaling[J]. Journal of Mathematical Psychology, 1975, 12(3): 328-383.

[7] Ngiam J, Khosla A, Kim M, et al. Multimodal deep learning[C]//Proceedings of the 28th International Conference on International Conference on Machine Learning. [S.l.]: PMLR, 2011: 689-696.

[8] Yang Y, Shen F, Huang Z, et al. Discrete nonnegative spectral clustering[J]. IEEE Transactions on Knowledge and Data Engineering, 2017, 29(9): 1834-1845.

[9] Li J, Zhang B, Lu G, et al. Generative multi-view and multi-feature learning for classification[J]. Information Fusion, 2019, 45: 215-226.

[10] Fu Y, Guo Y, Zhu Y, et al. Multi-view video summarization[J]. IEEE Transactions on Multimedia, 2010, 12(7): 717-729.

[11] Tian C, Xu Y, Li Z, et al. Attention-guided CNN for image denoising[J]. Neural Networks, 2020, 124: 117-129.

[12] Yan K, Fang X, Xu Y, et al. Protein fold recognition based on multi-view modeling[J]. Bioinformatics, 2019, 35(17): 2982-2990.

[13] Zhang C, Cheng J, Tian Q. Multiview label sharing for visual representations and classifications[J]. IEEE Transactions on Multimedia, 2017, 20(4): 903-913.

[14] Hou C, Nie F, Tao H, et al. Multi-view unsupervised feature selection with adaptive similarity and view weight[J]. IEEE Transactions on Knowledge and Data Engineering, 2017, 29(9): 1998-2011.

[15] Chao G, Sun S, Bi J. A survey on multi-view clustering[Z/OL]. 2017. arXiv:1712.06246.

[16] Wang C D, Lai J H, Philip S Y. Multi-view clustering based on belief propagation[J]. IEEE Transactions on Knowledge and Data Engineering, 2015, 28(4): 1007-1021.

[17] Wang Y, Lin X, Wu L, et al. Robust subspace clustering for multi-view data by exploiting correlation consensus[J]. IEEE Transactions on Image Processing, 2015, 24(11): 3939-3949.

[18] Cai X, Nie F, Huang H. Multi-view k-means clustering on big data[C]//Proceedings of the Twenty-Third International Joint Conference on Artificial Intelligence. CA: Morgan Kaufmann, 2013: 2598-2604.

[19] Zhang Z, Liu L, Shen F, et al. Binary multi-view clustering[J]. IEEE Transactions on Pattern Analysis and Machine Intelligence, 2018, 41(7): 1774-1782.

[20] Zhang Z, Liu L, Qin J, et al. Highly-economized multi-view binary compression for scalable image clustering[C]//Proceedings of the European Conference on Computer Vision (ECCV). Cham: Springer, 2018: 731-748.

[21] Nie F, Cai G, Li X. Multi-view clustering and semi-supervised classification with adaptive

neighbours[C]//Proceedings of the AAAI Conference on Artificial Intelligence. CA: AAAI, 2017, 31(1): 2408-2414.

[22] Li Y, Nie F, Huang H, et al. Large-scale multi-view spectral clustering via bipartite graph [C]//Proceedings of the 29th AAAI Conference on Artificial Intelligence. CA: AAAI, 2015, 29(1): 2750-2756.

[23] Zhang C, Fu H, Hu Q, et al. Flexible multi-view dimensionality co-reduction[J]. IEEE Transactions on Image Processing, 2016, 26(2): 648-659.

[24] Kumar A, Rai P, Daume H. Co-regularized multi-view spectral clustering[C]//Proceedings of the 24th International Conference on in Neural Information Processing Systems. Cambridge: MIT Press, 2011, 24: 1413-1421.

[25] Trivedi A, Rai P, Daumé III H, et al. Multiview clustering with incomplete views[C]//NIPS Workshop. 2010, 224: 1-8.

[26] Wen J, Xu Y, Liu H. Incomplete multiview spectral clustering with adaptive graph learning[J]. IEEE Transactions on Cybernetics, 2018, 50(4): 1418-1429.

[27] Guo J, Zhu W. Partial multi-view outlier detection based on collective learning[C]//Proceedings of the 32nd AAAI Conference on Artificial Intelligence. CA: AAAI, 2018, 32(1): 298-305.

[28] Zhao L, Chen Z, Yang Y, et al. Incomplete multi-view clustering via deep semantic mapping[J]. Neurocomputing, 2018, 275: 1053-1062.

[29] Shao W, He L, Philip S Y. Multiple incomplete views clustering via weighted nonnegative matrix factorization with $l_{2,1}$ Regularization[C]//Proceedings of the 2015 European Conference on Machine Learning and Knowledge Discovery in Databases. Cham: Springer, 2015: 318-334.

[30] Li S Y, Jiang Y, Zhou Z H. Partial multi-view clustering[C]//Proceedings of the 28th AAAI Conference on Artificial Intelligence. CA: AAAI, 2014, 28(1): 1968-1974.

[31] Gao H, Peng Y, Jian S. Incomplete multi-view clustering[C]//International Conference on Intelligent Information Processing. Cham: Springer, 2016: 245-255.

[32] Liu X, Zhu X, Li M, et al. Multiple Kernel k k-means with incomplete kernels[J]. IEEE Transactions on Pattern Analysis and Machine Intelligence, 2019, 42(5): 1191-1204.

[33] Liu X, Zhu X, Li M, et al. Late fusion incomplete multi-view clustering[J]. IEEE Transactions on Pattern Analysis and Machine Intelligence, 2018, 41(10): 2410-2423.

[34] Liu X, Wang L, Zhu X, et al. Absent multiple kernel learning algorithms[J]. IEEE Transactions on Pattern Analysis and Machine Intelligence, 2019, 42(6): 1303-1316.

[35] Liu X, Zhu X, Li M, et al. Efficient and effective incomplete multi-view clustering[C]//Proceedings of the AAAI Conference on Artificial Intelligence. CA: AAAI, 2019, 33(1): 4392-4399.

[36] Zhao H, Liu H, Fu Y. Incomplete multi-modal visual data grouping[C]//Proceedings of the Twenty-Fifth International Joint Conference on Artificial Intelligence. CA: Morgan Kaufmann, 2016: 2392-2398.

[37] Hu M, Chen S. Doubly aligned incomplete multi-view clustering[Z/OL]. 2019. arXiv:1903.02785.

[38] Xu N, Guo Y, Zheng X, et al. Partial multi-view subspace clustering[C]//Proceedings of the 26th ACM International Conference on Multimedia. NY: ACM, 2018: 1794-1801.

[39] Shao W, He L, Lu C, et al. Online multi-view clustering with incomplete views[C]//2016 IEEE International Conference on Big Data (Big Data). NJ: IEEE, 2016: 1012-1017.

[40] Hu M, Chen S. One-pass incomplete multi-view clustering[C]//Proceedings of the AAAI Conference on Artificial Intelligence. CA: AAAI, 2019, 33(1): 3838-3845.

[41] Lu Y, Lai Z, Xu Y, et al. Nonnegative discriminant matrix factorization[J]. IEEE Transactions on Circuits and Systems for Video Technology, 2016, 27(7): 1392-1405.

[42] Lu Y, Yuan C, Zhu W, et al. Structurally incoherent low-rank nonnegative matrix factorization for image classification[J]. IEEE Transactions on Image Processing, 2018, 27(11): 5248-5260.

[43] Rai N, Negi S, Chaudhury S, et al. Partial multi-view clustering using graph regularized NMF [C]//Proceedings of the 2016 23rd International Conference on Pattern Recognition (ICPR). NJ: IEEE, 2016: 2192-2197.

[44] Cai D, He X, Wu X, et al. Non-negative matrix factorization on manifold[C]//Proceedings of the 2008 Eighth IEEE International Conference on Data Mining. NJ: IEEE, 2008: 63-72.

[45] Cui P, Liu S, Zhu W. General knowledge embedded image representation learning[J]. IEEE Transactions on Multimedia, 2017, 20(1): 198-207.

[46] Wen J, Zhang B, Xu Y, et al. Adaptive weighted nonnegative low-rank representation[J]. Pattern Recognition, 2018, 81: 326-340.

[47] Qian B, Shen X, Gu Y, et al. Double constrained NMF for partial multi-view clustering[C]// Proceedings of the 2016 International Conference on Digital Image Computing: Techniques and Applications (DICTA). NJ: IEEE, 2016: 1-7.

[48] Fei L, Xu Y, Fang X, et al. Low rank representation with adaptive distance penalty for semi-supervised subspace classification[J]. Pattern Recognition, 2017, 67: 252-262.

[49] Yin Q, Wu S, Wang L. Unified subspace learning for incomplete and unlabeled multi-view data[J]. Pattern Recognition, 2017, 67: 313-327.

[50] Gao H, Nie F, Li X, et al. Multi-view subspace clustering[C]//Proceedings of the IEEE International Conference on Computer Vision. NJ: IEEE, 2015: 4238-4246.

[51] Nie F, Li J, Li X. Parameter-free auto-weighted multiple graph learning: A framework for

multiview clustering and semi-supervised classification[C]//Proceedings of the Twenty-Fifth International Joint Conference on Artificial Intelligence. CA: Morgan Kaufmann, 2016: 1881-1887.

[52] Peng X, Zhang L, Yi Z. Scalable sparse subspace clustering[C]//Proceedings of the IEEE Conference on Computer Vision and Pattern Recognition. NJ: IEEE, 2013: 430-437.

[53] Li Z, Zhang Z, Qin J, et al. Discriminative fisher embedding dictionary learning algorithm for object recognition[J]. IEEE Transactions on Neural Networks and Learning Systems, 2019, 31(3): 786-800.

[54] Fang X, Han N, Wong W K, et al. Flexible affinity matrix learning for unsupervised and semisupervised classification[J]. IEEE Transactions on Neural Networks and Learning Systems, 2018, 30(4): 1133-1149.

[55] Zou H, Hastie T, Tibshirani R. Sparse principal component analysis[J]. Journal of Computational and Graphical Statistics, 2006, 15(2): 265-286.

[56] Wen J, Han N, Fang X, et al. Low-rank preserving projection via graph regularized reconstruction[J]. IEEE Transactions on Cybernetics, 2018, 49(4): 1279-1291.

[57] Wen J, Fang X, Cui J, et al. Robust sparse linear discriminant analysis[J]. IEEE Transactions on Circuits and Systems for Video Technology, 2018, 29(2): 390-403.

[58] Rudin W. Principles of mathematical analysis[M]. New York: McGraw-hill, 1976.

[59] Blum A, Mitchell T. Combining labeled and unlabeled data with co-training[C]//Proceedings of the Eleventh Annual Conference on Computational Learning Theory. Berlin: Springer, 1998: 92-100.

[60] Guo Y. Convex subspace representation learning from multi-view data[C]//Proceedings of the AAAI Conference on Artificial Intelligence. CA: AAAI, 2013, 27(1): 387-393.

[61] Greene D, Cunningham P. Practical solutions to the problem of diagonal dominance in kernel document clustering[C]//Proceedings of the 23rd International Conference on Machine Learning. [S.l.]: PMLR, 2006: 377-384.

[62] Guo J, Ye J. Anchors bring ease: An embarrassingly simple approach to partial multi-view clustering[C]//Proceedings of the AAAI Conference on Artificial Intelligence. CA: AAAI, 2019, 33(1): 118-125.

第 7 章　可扩展的监督非对称哈希学习

紧凑的二值表征学习（又称哈希学习）是一种高效的表征学习方式和策略，由于其公认的计算效率优势，已被证明能够成功应对日益增长的多媒体数据[1-3]。近年来，哈希学习已在不同的实际应用中得到了极大的关注，例如相似度搜索[4-6]、目标识别[7-9]和图像聚类[10-13]。在技术层面，哈希学习的过程是将高维实值特征转换为一组较低维的二进制编码，同时尽可能地保留原始空间中的语义相似性关联和结构信息。经过这种特征变换，在所产生的汉明空间中进行计算时，计算成本和内存开销均显著降低。最近的研究[2-6]表明，哈希学习技术为大规模图像检索任务中的近似近邻搜索提供了一种可行的解决方案。

本章主要介绍一种快速、有效的判别性二值表征学习策略和离散优化方法，并提出一种可扩展的监督非对称哈希（Scalable Supervised Asymmetric Hashing，SSAH）学习算法，总体框架如图 7-1 所示。该算法是在给定训练图像和语义标签的情况下，共同保留哈希学习中的成对语义和点语义信息，利用语义回归嵌入和精炼的潜在因子嵌入这两种不同的学习函数的内积近似逼近完整的语义相似矩阵，进而解决当前哈希学习无法准确保留完整的成对语义相似性的问题。SSAH 的主要思想非常直观，即使用具有双流实值编码

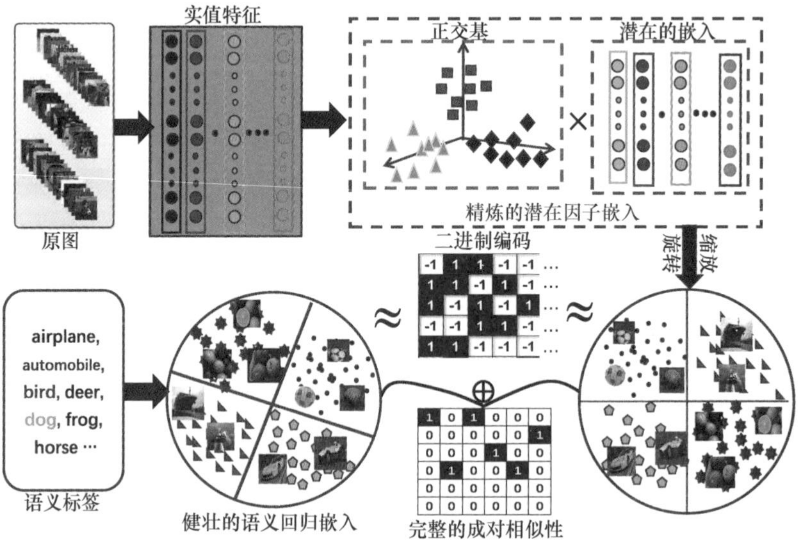

图 7-1　SSAH 的总体框架

而不是二进制编码的非对称学习结构来逼近完整相似矩阵，这样更能够保留数据点之间的成对相似度。为了实现这一思想，本章通过引入两种不同的非二值特征嵌入：语义回归嵌入和精炼的潜在因子嵌入。语义回归嵌入用于发现二值表征、成对相似性和监督标签信息之间的语义相关性。同时，在不使用任何松弛的情况下，所有数据的成对相似性得到了充分挖掘。精炼的潜在因子嵌入则是从原始数据中突出不同分量所携带的详细隐藏信息，并完成空间对齐。因此，通过将这两个目标无缝整合到语义相似度保持和二值表征学习阶段，就可以实现完整的非对称成对语义相似度保持，进而产生高质量的、用于信息检索的二值表征。

7.1　哈希学习方法

现有的哈希方法大致可以分为两大类：数据无关的哈希方法和数据相关的哈希方法（常称为哈希学习方法）。文献[14]提出的局部敏感哈希方法是数据独立哈希的奠基性工作，其通过使用局部敏感属性（Locality Sensitive Property）来表示数据的特性，从而获得更优的二值表征。基于理论上的保证，利用汉明距离可以将相邻实值数据投影到相似的二值表征中。随后，人们提出了一些变体[15,16]来适应不同的学习情况，例如相干敏感哈希[17]和非对称局部敏感哈希[18]。但是，由于这种哈希函数是不考虑数据中的任何信息随机生成的，会不可避免地造成信息丢失和编码冗余。它们需要更长的二值表征或多个哈希表来保证更好的检索性能。

为了克服这些局限性，研究人员已经对数据相关的哈希学习方法（又称基于学习的哈希方法）做出很多努力[19-22]。众所周知，从可观测数据中学习有效表征能够进一步发掘和获取对判别性数据分析更有利的知识和信息[9,10,23]。通过充分利用数据的固有结构来构造哈希函数，这类哈希学习方法可以获得更好的性能，并且采用的二值表征长度也较短。值得注意的是，它们可以有效地生成紧凑的二值表征来从数据中提取知识信息，同时进一步消除冗余成分来从语义上分析数据的复杂性。目前，大量的哈希学习方法[24-26]已经被发展出来以提高所得二值表征的判别性。根据成对相似度度量的利用方式不同，现有的哈希学习方法大致可以分为两类：基于几何结构保持的方法[19,21,27-31]和基于语义保持的方法[5,6,20,32-35]。

基于几何结构保持的哈希学习方法主要是在学习紧凑的二值表征的过程中，保留样本数据之间的几何相似性。因为哈希学习中不涉及额外的有监督语义信息，所以基于几何保持的方法可以大概归为无监督哈希的类别。例如，Y. Weiss 等人[27]开发了一种谱哈希（Spectral Hashing，SH）方法，将学习问题重新构造为图划分问题。SH 的主要缺点是构造了一个难以处理的 $n\times n$ 相似矩阵，这限制了大规模学习系统的使用。为此，一些快速的图哈希方法[21,28]被提出，用于改进基于几何结构保持的哈希学习方法的可扩展能力，如锚图哈希[21]、可伸缩图哈希（Scalable Graph Hashing，SGH）[28]、基于主成分分析哈希[29]、归纳流形哈希[31]和格拉斯曼哈希[36,37]。得益于最优格拉斯曼度量[38,39]，基于格拉斯曼流形的哈希方法[36,37]可以有效地选择最优子空间来捕获数据多样性并在高维空间中进行近似相似度搜索。此外，为了最小化二进制量化损失，许多研究[29,40-42]试图捕获数据的特征分布并挖掘有效二值表征的更好子空间，例如半监督哈希[29]、ITQ[40]和笛卡儿 k-means[42]。然而，由于这种启发式算法的识别能力较差，所以仍难以实现很好的搜索性能。

基于语义保持的哈希方法利用监督的语义信息来构造一系列哈希函数。在原有空间和学习得到的哈希空间之间，该方法既能缩小语义鸿沟，又能保留已知的结构信息。在给定语义标签信息的情况下，很多应用中的监督哈希方法已经实现了比无监督哈希方法更好的性能。由于监督哈希方法有较优的性能表现，研究人员又提出了许多监督哈希学习方案来进一步发展此研究领域，如基于核函数监督哈希（Kernel-based Supervised Hashing，KSH）[20]、快速监督哈希[34]、两步哈希[25]、离散监督哈希（Supervised Discrete Hashing，SDH）[35]、潜在因子哈希（Latent Factor Hashing，LFH）[32]、基于离散监督的列样本哈希（Column Sampling based Discrete Supervised Hashing，COSDISH）[33]。具体来讲，SDH[35]集成了哈希函数结构和线性代码回归，以生成最佳二值表征。得益于鲁棒的线性回归学习[43]，研究人员提出通过放宽语义标签空间[6,44]或交换回归顺序[5]来提高 SDH 的学习准确率和效率。最近，文献[45]提出了一种旋转监督离散哈希方法，该方法将半二次优化融入监督离散哈希方法中。虽然基于语义保持的哈希方法的良好性能已经得到验证，但它们在离散优化方面非常耗时，并且对大数据的可扩展能力有限。

值得注意的是，现有的监督哈希方法对大规模图像检索任务而言依然不够灵活且自适应性较差。首先，监督语义标签是学习判别性二值表征的宝贵财富。但是，现有的监督哈希方法大多只将语义标签作为学习二值表征的回归目标或媒介，而忽略了语义标签在成对相似度保持和二值表征学习方面的重要作用。尤其是这类方法只利用了数据中的部分语义信息，以避免完整成对相似度的高计算成本。其次，一个有效的优化算法可以为设计良好的学习系统提供保证。一般情况下，学习二值表征上的离散约束可能会导致NP-困难问题混合整数优化问题。一种常用的优化策略是将原问题直接松弛为连续问题，然后进行量化处理，将实值特征转换成近似的二值哈希表征。然而，由于采用松弛的学习机制，采用这种策略生成的二值表征不是最优的，并且检索性能大大降低。此外，现有的迭代式离散优化算法在计算上仍然不适用于大数据。最后，大多数监督哈希模型仍然基于对称哈希学习机制，在这种方案中，成对的语义相似性能够通过相同的哈希函数近似地保留到生成的二值表征中。主要的缺点可能来自对对称离散约束[46,47]进行优化会非常耗时的困难，这使得它们难以适应大规模数据。

7.2 可扩展的监督非对称哈希学习模型

受到监督哈希方法良好性能的启发，本节主要介绍如何有效地利用多种语义信息快速地学习判别性的二值表征。接下来首先介绍问题定义，然后详细介绍 SSAH 模型。

7.2.1 问题定义

为便于理解，现给出一些相关数学符号，见表 7-1。矩阵用加粗的大写字母表示（如$\boldsymbol{X}$），向量用加粗的小写字母表示（如$\boldsymbol{x}$）。矩阵 $\boldsymbol{X}$ 的第 i 行和第 j 列元素表示为x_{ij}。矩阵$\boldsymbol{X}$的 Frobenius 范数定义为$\|\boldsymbol{X}\|_{\mathrm{F}}^2=\mathrm{tr}(\boldsymbol{X}^{\mathrm{T}}\boldsymbol{X})=\mathrm{tr}(\boldsymbol{X}\boldsymbol{X}^{\mathrm{T}})$，其中$\mathrm{tr}(\cdot)$表示迹运算符，$\boldsymbol{X}^{\mathrm{T}}$表示$\boldsymbol{X}$的转置矩阵。矩阵$\boldsymbol{X}$的$l_{2,p}$范数表示为$\|\boldsymbol{X}\|_{2,p}^p$，定义为

$$\|\boldsymbol{X}\|_{2,p}^p=\sum_{i=1}^{d}\|\boldsymbol{x}^i\|_2^p=\sum_{i=1}^{d}\left(\sum_{j=1}^{n}x_{ij}^2\right)^{\frac{p}{2}}$$

其中，$\boldsymbol{x}^i$表示矩阵$\boldsymbol{X}$的第 i 行。

表 7-1 与 SSAH 相关的数学符号说明

符号	描述
$\boldsymbol{X}\in\Re^{d\times n}$	数据矩阵
$\boldsymbol{x}_i\in\Re^{d\times 1}$	第 i 个数据点
$\boldsymbol{Y}\in\Re^{c\times n}$	标签矩阵
$\boldsymbol{y}_i\in\Re^{c\times 1}$	第 i 个数据点的标签向量
$\boldsymbol{B}\in\{-1,1\}^{l\times n}$	二值表征
$\boldsymbol{b}_i\in\{-1,1\}^{l\times 1}$	第 i 个数据点$\boldsymbol{x}_i$的哈希编码
$\boldsymbol{S}\in\{0,1\}^{n\times n}$	语义的成对相似矩阵
$\boldsymbol{W}\in\Re^{c\times l}$	哈希编码的投影矩阵
$\boldsymbol{U}\in\Re^{d\times l}$	潜在空间的基础矩阵
$\boldsymbol{V}\in\Re^{l\times n}$	潜在因子矩阵
$\boldsymbol{R}\in\Re^{l\times l}$	旋转矩阵
n	训练数据实例的数量
d	数据特征的维度
c	类的数量
l	二值表征的长度

假设给定数据集$\boldsymbol{X}=[\boldsymbol{x}_1,\cdots,\boldsymbol{x}_n]\in\Re^{d\times n}$，包括 n 个图像样本，每个图像样本用一个 d 维特征向量$\boldsymbol{x}_i\in\Re^{d\times 1}$表示。$\boldsymbol{x}_i$对应的标签是矩阵$\boldsymbol{Y}=[\boldsymbol{y}_1,\cdots,\boldsymbol{y}_n]\in\{0,1\}^{c\times n}$，其中 c 是类别

数量，并且如果$\boldsymbol{x}_i$属于第j类，那么$y_{ji}=1$。哈希学习的目的是构造一组哈希函数$\{h_k(x)\}_{k=1}^{l}\in\boldsymbol{H}$，将原始实值特征从欧几里得空间投影到低维汉明空间$\{-1,1\}$，例如$\boldsymbol{H}(\boldsymbol{x}_i)=[h_1(\boldsymbol{x}_i),\cdots,h_l(\boldsymbol{x}_i)]\in\{-1,1\}^l$。同时，在编码阶段，保留数据点之间的语义相关性。对于数据集$\boldsymbol{X}$，假设学习到的二值表征为$\boldsymbol{B}=[\boldsymbol{b}_1,\cdots,\boldsymbol{b}_n]\in\{-1,1\}^{l\times n}$，并且$\boldsymbol{b}_i\in\{-1,1\}^{l\times 1}$表示第$i$个数据点$\boldsymbol{x}_i$的二值表征结果。众所周知，基于哈希学习的二值表征相似度可以转化为二值表征的内积[20]，与汉明距离相反。本章内容考虑了使二值表征的内积和语义相似性之间的量化误差最小化的常用目标，即

$$\|l\boldsymbol{S}-\boldsymbol{B}^{\mathrm{T}}\boldsymbol{B}\|_{\mathrm{F}}^2 \quad \text{s.t.} \quad \boldsymbol{B}\in\{-1,1\}^{l\times n} \tag{7-1}$$

其中，$\boldsymbol{S}\in\{0,1\}^{n\times n}$是由监督标签定义的成对语义相似度矩阵。

具体来说，$S_{ij}=1$表示第i个和第j个数据点在语义上是相似的（是否是邻居则需要通过距离度量或至少共享一个标签来判定），$S_{ij}=0$表示数据对是不相似的（没有邻居或没有共享的标签）。该模型最初是在 KSH 方法[20]中定义的，后来成为一种流行的哈希学习方法。然而，KSH 有以下 3 个主要缺陷。

（1）该方法采用连续实数松弛策略来对目标函数进行优化，在进行对称成对语义相似度近似的过程中，可能会导致较大的累积量化误差，从而产生低效的二值表征（尤其是对于大数据而言）。

（2）仅保留采样后的小子集中数据点之间的相似性，信息丢失会不可避免地产生次优哈希函数。

（3）在二值表征学习过程中，信息量较大的监督标签和数据中隐含的底层信息都没有得到充分的开发和利用。

7.2.2 方法解析

为了克服上述缺陷，本章介绍一种新的可扩展的监督非对称哈希学习方法，即 SSAH。该方法通过采用语义对齐和潜在因子分解嵌入来保留全局成对相似性。SSAH 的核心思想是在非对称结构中近似全局成对相似性，将有监督的标签信息和可共享的潜在特征表示共同编码到统一的学习框架中。

1. 健壮的语义回归嵌入

为了在全部 n 个数据点上保留完全成对的相似度，完全相似度矩阵 $\boldsymbol{S}$ 的大小应为 $n\times n$，会造成较高的计算成本和较大的内存开销，这是现有方法的瓶颈。因此，本章利用定义为$h(\boldsymbol{Y})=\mathrm{sgn}(\boldsymbol{W}^{\mathrm{T}}\boldsymbol{Y})$的线性语义回归构造了第一个非对称哈希函数。在此，$\boldsymbol{W}\in\Re^{c\times l}$ 是将语义矩阵投影到 l 维特征空间上的投影矩阵，并且 $\mathrm{sgn}(\cdot)$表示逐元素指示符号函数。值得注意的是，在表征学习中引入语义信息可以提高学习特征的识别能力。

受文献[48]的启发，本节使用语义回归嵌入来替换式（7-1）中的第一个二值表征$\boldsymbol{B}$，可得：

$$\min_{\boldsymbol{W},\boldsymbol{B}} \|l\boldsymbol{S} - \operatorname{sgn}(\boldsymbol{W}^{\mathrm{T}}\boldsymbol{Y})^{\mathrm{T}}\boldsymbol{B}\|_{\mathrm{F}}^2 \quad \text{s.t.} \ \ \boldsymbol{B} \in \{-1,1\}^{l\times n} \tag{7-2}$$

此外，现有研究已证明了使用实值嵌入可以提供更精确的成对语义相似性[47,48]。因此，本节利用二值表征对应的实数值量级经验性地放宽了上述问题中的符号函数约束，并且使二值表征和语义回归嵌入的内积与成对语义相似度矩阵之间的量化误差最小化。此外，大规模数据集的标签信息往往不可避免地包含一些不精确或主观的因素[49]，这可能会危害生成的二值表征。为此，本节介绍一种用于二值表征学习的鲁棒语义回归嵌入和成对语义对齐模型：

$$\min_{\boldsymbol{W},\boldsymbol{B}} \|l\boldsymbol{S} - (\boldsymbol{W}^{\mathrm{T}}\boldsymbol{Y})^{\mathrm{T}}\boldsymbol{B}\|_{\mathrm{F}}^2 + \lambda_1 \|\boldsymbol{W}^{\mathrm{T}}\boldsymbol{Y} - \boldsymbol{B}\|_{2,p}^p \quad \text{s.t.} \ \ \boldsymbol{B} \in \{-1,1\}^{l\times n} \tag{7-3}$$

其中，$\|\cdot\|_{2,p}^p$是$l_{2,p}$范数。这样，就可以通过实值特征$\boldsymbol{W}^{\mathrm{T}}\boldsymbol{Y}$与二进制代码$\boldsymbol{B}$的内积来衡量相似性。基于上述简单的学习策略，计算成本和内存开销都可以明显降低。值得注意的是，在所有的优化过程中，相似度矩阵$\boldsymbol{S}$和标签矩阵$\boldsymbol{Y}$总是作为一个整体（$\boldsymbol{A} = \boldsymbol{S}\boldsymbol{Y}^{\mathrm{T}} \in \Re^{n\times c}$）联系在一起，因此可以在主迭代之外预先计算。这样，计算复杂度会直接从$O(n^2)$降低到$O(nc)$，其中$c \ll n$。

2．精炼的潜在因子嵌入

虽然式（7-3）是以非对称学习的方式来实现的，但是相似近似性仍然依赖生成的二值表征，这可能导致在不同的数据集上存在很高的相似性拟合误差。此外，在构建模型时只使用了有监督的信息，而没有充分挖掘实值特征来生成表征，导致学习到的哈希码的表征能力降低。因此，本节用从数据中嵌入的潜在因子构造另一个哈希函数$g(\boldsymbol{X})$来代替另一个二值表征矩阵。具体来说，本节的目标是通过滤除冗余噪声，找到一个低秩矩阵来揭示隐藏在数据中的潜在信息。考虑欧几里得空间意义上的原始零中心数据$\boldsymbol{X}$的近似值，需要解决以下的问题：

$$\min_{\boldsymbol{Z}} \|\boldsymbol{X} - \boldsymbol{Z}\|_{\mathrm{F}}^2 \quad s.t. \ \ \operatorname{rank}(\boldsymbol{Z}) = l \tag{7-4}$$

其中，$\boldsymbol{Z}$可以看成是$\boldsymbol{X}$的低秩分量。通过满秩矩阵分解，任何秩为l（$l < \min(d,n)$）的矩阵$\boldsymbol{Z} \in \Re^{d\times n}$都可以通过$\boldsymbol{Z} = \boldsymbol{U}\boldsymbol{V}$分解，其中$\boldsymbol{U} \in \Re^{d\times l}$、$\boldsymbol{V} \in \Re^{l\times n}$。换言之，一个高维但低秩的矩阵可以近似地由基向量的线性组合表示。此外，如果基向量能够捕捉到数据的底层结构，则可以获得原始特征的有效潜在语义嵌入。因此，可将式（7-4）转化为

$$\min_{\boldsymbol{U},\boldsymbol{V}} \|\boldsymbol{X} - \boldsymbol{U}\boldsymbol{V}\| \quad \text{s.t.} \ \ \boldsymbol{U}^{\mathrm{T}}\boldsymbol{U} = \boldsymbol{I} \tag{7-5}$$

其中，$\boldsymbol{U}$的正交约束使得其中的每一列相互独立，故可将$\boldsymbol{U}$视为基矩阵；编码矩阵$\boldsymbol{V}$被视为$\boldsymbol{X}$的潜在表示。值得注意的是，对$\boldsymbol{U}$的正交约束强制将生成的基向量分离，以使潜在表示$\boldsymbol{V}$可以准确地保留$\boldsymbol{X}$中样本的相似性结构。但是，这里有两个问题需要考虑。首先，已知平方损失函数对噪声或异常值的存在是脆弱的，因为它会放大平方损失的量

化误差。因此，平方近似误差会导致潜在特征对数据中的异常值敏感。其次，为了更好地将潜在语义空间的邻域结构转换到目标汉明空间，应尽量减少潜在语义表示与离散二进制码之间的量化损失。针对上述困难，本节介绍一种基于正交变换的、精炼的潜在因子嵌入方法。该方法可以解决以下问题：

$$\min_{\boldsymbol{U},\boldsymbol{V}}\|\boldsymbol{X}-\boldsymbol{U}\boldsymbol{V}\|_{2,p}^{p}+\mu\|\boldsymbol{B}-\boldsymbol{R}\boldsymbol{V}\|_{\mathrm{F}}^{2}\quad \text{s.t.}\quad \boldsymbol{U}^{\mathrm{T}}\boldsymbol{U}=\boldsymbol{I}，\boldsymbol{R}^{\mathrm{T}}\boldsymbol{R}=\boldsymbol{I} \tag{7-6}$$

这种方法不仅保证了高质量的潜在语义嵌入，而且可以保证将实值特征的局部相关性转换为二值表征的量化误差最小。具体来说，利用 $l_{2,p}$ 范数来正则化重建损失，取代 l_2 范数欧几里得损失测量，以提高学习的潜在因子嵌入的健壮性。此外，利用正交变换矩阵$\boldsymbol{R}$来缩放实值潜在特征，并将其从连续域旋转到离散域。这种方式极大地减少了二值离散量化损失，从而使来自相同类别的潜在嵌入更有可能被编码到类似的二值表征中。类似地，式（7-1）中的第二个二值表征$\boldsymbol{B}$可以用$\boldsymbol{B}=\boldsymbol{R}\boldsymbol{V}$代替，以进行实数级相似度逼近。因此，SSAH 的目标函数表述如下：

$$\min_{\boldsymbol{W},\boldsymbol{U},\boldsymbol{V},\boldsymbol{R},\boldsymbol{B}}\|l\boldsymbol{S}-(\boldsymbol{W}^{\mathrm{T}}\boldsymbol{Y})^{\mathrm{T}}\boldsymbol{R}\boldsymbol{V}\|_{\mathrm{F}}^{2}+\lambda_1\|\boldsymbol{W}^{\mathrm{T}}\boldsymbol{Y}-\boldsymbol{B}\|_{2,p}^{p}+\lambda_2\left(\|\boldsymbol{X}-\boldsymbol{U}\boldsymbol{V}\|_{2,p}^{p}+\mu\|\boldsymbol{B}-\boldsymbol{R}\boldsymbol{V}\|_{\mathrm{F}}^{2}\right)$$
$$\text{s.t.}\ \ \boldsymbol{B}\in\{-1,1\}^{l\times n}，\boldsymbol{U}^{\mathrm{T}}\boldsymbol{U}=\boldsymbol{I}，\boldsymbol{R}^{\mathrm{T}}\boldsymbol{R}=\boldsymbol{I} \tag{7-7}$$

其中，λ_1、λ_2和μ是惩罚参数，用于平衡不同组件的重要性。

为了处理线性不可分数据，这里采用非线性核特征来提高数据的表示能力。假定$\varphi(\boldsymbol{x}_i)$：$\mathfrak{R}^d \to \boldsymbol{M}\in\mathfrak{R}^m$ 是从原始欧几里得空间到核空间变换的核函数，其中 $\boldsymbol{M}$ 处在带有核函数映射$\varphi(x)$的再生内核希尔伯特空间（Reproducing Kernel Hilbert Space，RKHS）。受到关于有效函数学习的非线性锚特征嵌入的理论研究[35]的启发，我们通过

$$\left[\exp\left(-\frac{\|\boldsymbol{x}_i-a_1\|^2}{2\sigma}\right),\cdots,\exp\left(-\frac{\|\boldsymbol{x}_i-a_m\|^2}{2\sigma}\right)\right]^{\mathrm{T}} \tag{7-8}$$

对每个数据点$\boldsymbol{x}_i$进行了预处理，其中$\{a_i\}_{i=1}^{m}$是从原始数据集中随机采样的$\boldsymbol{m}$个锚点特征。因此，SSAH 的最终目标函数转化为

$$\min_{\boldsymbol{W},\boldsymbol{U},\boldsymbol{V},\boldsymbol{R},\boldsymbol{B}}\|l\boldsymbol{S}-(\boldsymbol{W}^{\mathrm{T}}\boldsymbol{Y})^{\mathrm{T}}\boldsymbol{R}\boldsymbol{V}\|_{\mathrm{F}}^{2}+\lambda_1\|\boldsymbol{W}^{\mathrm{T}}\boldsymbol{Y}-\boldsymbol{B}\|_{2,p}^{p}+\lambda_2\left(\|\varphi(\boldsymbol{X})-\boldsymbol{U}\boldsymbol{V}\|_{2,p}^{p}+\mu\|\boldsymbol{B}-\boldsymbol{R}\boldsymbol{V}\|_{\mathrm{F}}^{2}\right)$$
$$\text{s.t.}\quad \boldsymbol{B}\in\{-1,1\}^{l\times n}，\boldsymbol{U}^{\mathrm{T}}\boldsymbol{U}=\boldsymbol{I}，\boldsymbol{R}^{\mathrm{T}}\boldsymbol{R}=\boldsymbol{I} \tag{7-9}$$

7.3 可扩展的监督非对称哈希表征学习的优化算法

本节首先详细介绍本章采用的交替优化方法，然后进行收敛性分析，最后讨论算法的样本外扩展问题。

7.3.1 交替优化方法

通常，式（7-9）中的联合优化问题是混合二元优化问题，它与 $\boldsymbol{W}$、$\boldsymbol{U}$、$\boldsymbol{V}$、$\boldsymbol{R}$ 和 $\boldsymbol{B}$

在一起是非凸的。本节介绍一种设计良好的交替优化方法，即在固定其他变量的情况下，迭代求解一个变量的问题。由于 $l_{2,p}$ 范数难以处理，首先将式（7-9）重新表述为

$$\min_{\boldsymbol{W},\boldsymbol{U},\boldsymbol{V},\boldsymbol{R},\boldsymbol{D},\boldsymbol{K},\boldsymbol{B}} \|l\boldsymbol{S}-(\boldsymbol{W}^{\mathrm{T}}\boldsymbol{Y})^{\mathrm{T}}\boldsymbol{R}\boldsymbol{V}\|_{\mathrm{F}}^2+\lambda_1\operatorname{tr}(\boldsymbol{E}^{\mathrm{T}}\boldsymbol{D}\boldsymbol{E})+\lambda_2(\operatorname{tr}(\boldsymbol{Q}^{\mathrm{T}}\boldsymbol{K}\boldsymbol{Q})+\mu\|\boldsymbol{B}-\boldsymbol{R}\boldsymbol{V}\|_{\mathrm{F}}^2)$$
$$\text{s.t.}\quad \boldsymbol{B}\in\{-1,1\}^{l\times n},\ \boldsymbol{U}^{\mathrm{T}}\boldsymbol{U}=\boldsymbol{I},\ \boldsymbol{R}^{\mathrm{T}}\boldsymbol{R}=\boldsymbol{I} \tag{7-10}$$

其中，$\boldsymbol{E}=\boldsymbol{W}^{\mathrm{T}}\boldsymbol{Y}-\boldsymbol{B}$，$\boldsymbol{Q}=\varphi(\boldsymbol{X})-\boldsymbol{U}\boldsymbol{V}$；$\boldsymbol{D}\in\mathfrak{R}^{l\times l}$、$\boldsymbol{K}\in\mathfrak{R}^{d\times d}$都是对角线矩阵，它们的第 i 个对角元素被定义为$d_{ii}=\dfrac{p}{2\|\boldsymbol{e}^i\|_2^p}$和$k_{ii}=\dfrac{p}{2\|\boldsymbol{q}^i\|_2^p}$，其中$\boldsymbol{e}^i$和$\boldsymbol{q}^i$分别是$\boldsymbol{E}$和$\boldsymbol{Q}$的第 i 行。

1. 求解 W 的步骤

当固定 $\boldsymbol{U}$、$\boldsymbol{V}$、$\boldsymbol{R}$ 和 $\boldsymbol{B}$ 时，关于 $\boldsymbol{W}$ 的问题变为

$$L=\min_{\boldsymbol{W}}\|l\boldsymbol{S}-\boldsymbol{Y}^{\mathrm{T}}\boldsymbol{W}\boldsymbol{R}\boldsymbol{V}\|_{\mathrm{F}}^2+\lambda_1\operatorname{tr}(\boldsymbol{E}^{\mathrm{T}}\boldsymbol{D}\boldsymbol{E}) \tag{7-11}$$

式（7-11）关于 $\boldsymbol{W}$ 的一阶导数为

$$\frac{\partial L}{\partial \boldsymbol{W}}=-\boldsymbol{Y}\boldsymbol{S}\boldsymbol{V}^{\mathrm{T}}\boldsymbol{R}^{\mathrm{T}}+\boldsymbol{Y}\boldsymbol{Y}^{\mathrm{T}}\boldsymbol{W}\boldsymbol{R}\boldsymbol{V}\boldsymbol{V}^{\mathrm{T}}\boldsymbol{R}^{\mathrm{T}}+\lambda_1\boldsymbol{Y}\boldsymbol{Y}^{\mathrm{T}}\boldsymbol{W}\boldsymbol{D}-\lambda_1\boldsymbol{Y}\boldsymbol{B}^{\mathrm{T}}\boldsymbol{D} \tag{7-12}$$

令$\dfrac{\partial L}{\partial \boldsymbol{W}}=0$，则$\boldsymbol{W}$的闭式解是

$$\begin{aligned}\boldsymbol{W}&=(\boldsymbol{Y}\boldsymbol{Y}^{\mathrm{T}})^{-1}(\boldsymbol{Y}\boldsymbol{S}\boldsymbol{V}^{\mathrm{T}}\boldsymbol{R}^{\mathrm{T}}+\lambda_1\boldsymbol{Y}\boldsymbol{B}^{\mathrm{T}}\boldsymbol{D})(\boldsymbol{R}\boldsymbol{V}\boldsymbol{V}^{\mathrm{T}}\boldsymbol{R}^{\mathrm{T}}+\lambda_1\boldsymbol{D})^{-1}\\&=\boldsymbol{A}^{-1}(\boldsymbol{C}\boldsymbol{V}^{\mathrm{T}}\boldsymbol{R}^{\mathrm{T}}+\lambda_1\boldsymbol{Y}\boldsymbol{B}^{\mathrm{T}}\boldsymbol{D})(\boldsymbol{R}\boldsymbol{V}\boldsymbol{V}^{\mathrm{T}}\boldsymbol{R}^{\mathrm{T}}+\lambda_1\boldsymbol{D})^{-1}\end{aligned} \tag{7-13}$$

其中，$\boldsymbol{A}=\boldsymbol{Y}\boldsymbol{Y}^{\mathrm{T}}\in\mathfrak{R}^{c\times c}$和$\boldsymbol{C}=\boldsymbol{Y}\boldsymbol{S}\in\mathfrak{R}^{c\times n}$是固定变量，可在主迭代之外预先计算，以节省计算时间和内存开销。

2. 求解 U 的步骤

当固定 $\boldsymbol{W}$、$\boldsymbol{V}$、$\boldsymbol{R}$ 和 $\boldsymbol{B}$ 时，关于 $\boldsymbol{U}$ 的问题变为

$$\min_{\boldsymbol{U}}\operatorname{tr}((\boldsymbol{X}-\boldsymbol{U}\boldsymbol{V})^{\mathrm{T}}\boldsymbol{D}(\boldsymbol{X}-\boldsymbol{U}\boldsymbol{V}))\quad \text{s.t.}\quad \boldsymbol{U}^{\mathrm{T}}\boldsymbol{U}=\boldsymbol{I} \tag{7-14}$$

该式等价于

$$\min_{\boldsymbol{U}}\left\|\boldsymbol{X}\boldsymbol{D}^{\frac{1}{2}}-\boldsymbol{U}\boldsymbol{V}\boldsymbol{D}^{\frac{1}{2}}\right\|_{\mathrm{F}}^2\quad \text{s.t.}\quad \boldsymbol{U}^{\mathrm{T}}\boldsymbol{U}=\boldsymbol{I} \tag{7-15}$$

假设$\boldsymbol{X}\boldsymbol{D}\boldsymbol{V}^{\mathrm{T}}$是满秩，那么式（7-15）有一个封闭形式的解，由引理 7-1 给出。

引理 7-1 假设$\boldsymbol{X}\boldsymbol{D}\boldsymbol{V}^{\mathrm{T}}$的奇异值分解为$\boldsymbol{\Xi}\boldsymbol{\Sigma}\boldsymbol{\Gamma}^{\mathrm{T}}=\operatorname{svd}(\boldsymbol{X}\boldsymbol{D}\boldsymbol{V}^{\mathrm{T}})$，则式（7-15）中 $\boldsymbol{U}$ 的解析解是$\boldsymbol{U}=\boldsymbol{\Xi}\boldsymbol{\Gamma}^{\mathrm{T}}$。

证明 式（7-15）的拉格朗日函数是

$$\mathcal{L}(\boldsymbol{U},\boldsymbol{\Lambda})=\left\|\boldsymbol{X}\boldsymbol{D}^{\frac{1}{2}}-\boldsymbol{U}\boldsymbol{V}\boldsymbol{D}^{\frac{1}{2}}\right\|_{\mathrm{F}}^2+\operatorname{tr}(\boldsymbol{\Lambda}^{\mathrm{T}}(\boldsymbol{U}^{\mathrm{T}}\boldsymbol{U}-\boldsymbol{I})) \tag{7-16}$$

其中，$\boldsymbol{\Lambda}$是对称拉格朗日乘子。通过一些计算，拉格朗日函数可以重新表示为

$$\mathcal{L}(\boldsymbol{U},\boldsymbol{\Lambda})=\operatorname{tr}(\boldsymbol{X}^{\mathrm{T}}\boldsymbol{X}\boldsymbol{D})-2\operatorname{tr}(\boldsymbol{X}^{\mathrm{T}}\boldsymbol{U}\boldsymbol{V}\boldsymbol{D})+\operatorname{tr}(\boldsymbol{V}\boldsymbol{D}\boldsymbol{V}^{\mathrm{T}})+\operatorname{tr}(\boldsymbol{\Lambda}^{\mathrm{T}}(\boldsymbol{U}^{\mathrm{T}}\boldsymbol{U}-\boldsymbol{I}))\tag{7-17}$$

通过将$\mathcal{L}(\boldsymbol{U},\boldsymbol{\Lambda})$对 $\boldsymbol{U}$的导数设为 0，可得到

$$\frac{\partial\mathcal{L}}{\partial\boldsymbol{U}}=-2\boldsymbol{X}\boldsymbol{D}^{\mathrm{T}}\boldsymbol{V}^{\mathrm{T}}+2\boldsymbol{U}\boldsymbol{\Lambda}^{\mathrm{T}}=0\tag{7-18}$$

意味着

$$\boldsymbol{U}=\boldsymbol{X}\boldsymbol{D}\boldsymbol{V}^{\mathrm{T}}(\boldsymbol{\Lambda}^{\mathrm{T}})^{-1}\tag{7-19}$$

由于$\boldsymbol{U}^{\mathrm{T}}\boldsymbol{U}=\boldsymbol{I}$，有

$$(\boldsymbol{\Lambda}^{\mathrm{T}})^{-1}\boldsymbol{V}\boldsymbol{D}\boldsymbol{X}^{\mathrm{T}}\boldsymbol{X}\boldsymbol{D}\boldsymbol{V}^{\mathrm{T}}(\boldsymbol{\Lambda}^{\mathrm{T}})^{-1}=\boldsymbol{I}\tag{7-20}$$

因此，可以得到

$$\boldsymbol{\Lambda}^{\mathrm{T}}=(\boldsymbol{V}\boldsymbol{D}\boldsymbol{X}^{\mathrm{T}}\boldsymbol{X}\boldsymbol{D}\boldsymbol{V}^{\mathrm{T}})^{\frac{1}{2}}\tag{7-21}$$

将式（7-21）代入式（7-19）得到

$$\begin{aligned}\boldsymbol{U}&=\boldsymbol{X}\boldsymbol{D}\boldsymbol{V}^{\mathrm{T}}(\boldsymbol{V}\boldsymbol{D}\boldsymbol{X}^{\mathrm{T}}\boldsymbol{X}\boldsymbol{D}\boldsymbol{V}^{\mathrm{T}})^{-\frac{1}{2}}\\&=\boldsymbol{\Xi}\boldsymbol{\Sigma}\boldsymbol{\Gamma}^{\mathrm{T}}(\boldsymbol{\Gamma}\boldsymbol{\Sigma}\boldsymbol{\Xi}^{\mathrm{T}}\boldsymbol{\Xi}\boldsymbol{\Sigma}\boldsymbol{\Gamma}^{\mathrm{T}})^{-\frac{1}{2}}\\&=\boldsymbol{\Xi}\boldsymbol{\Gamma}^{\mathrm{T}}\end{aligned}\tag{7-22}$$

证明完毕。

3. 求解 $\boldsymbol{V}$ 的步骤

当固定 $\boldsymbol{W}$、$\boldsymbol{U}$、$\boldsymbol{R}$ 和 $\boldsymbol{B}$ 时，关于 $\boldsymbol{V}$ 的子问题由式（7-23）给出：

$$\min_{\boldsymbol{V}}\|l\boldsymbol{S}-\boldsymbol{Y}^{\mathrm{T}}\boldsymbol{W}\boldsymbol{R}\boldsymbol{V}\|_{\mathrm{F}}^{2}+\lambda_{2}\operatorname{tr}\left((\boldsymbol{X}-\boldsymbol{U}\boldsymbol{V})^{\mathrm{T}}\boldsymbol{K}(\boldsymbol{X}-\boldsymbol{U}\boldsymbol{V})\right)+\mu\lambda_{2}\|\boldsymbol{B}-\boldsymbol{R}\boldsymbol{V}\|_{\mathrm{F}}^{2}\tag{7-23}$$

与 $\boldsymbol{U}$ 相似，式（7-23）也有一个闭式解，即

$$\begin{aligned}\boldsymbol{V}&=(\boldsymbol{R}^{\mathrm{T}}\boldsymbol{W}^{\mathrm{T}}\boldsymbol{Y}\boldsymbol{Y}^{\mathrm{T}}\boldsymbol{W}\boldsymbol{R}+\lambda_{2}\boldsymbol{U}^{\mathrm{T}}\boldsymbol{K}\boldsymbol{U}+\mu\lambda_{2}\boldsymbol{I})^{-1}\times(\boldsymbol{R}^{\mathrm{T}}\boldsymbol{W}^{\mathrm{T}}\boldsymbol{Y}\boldsymbol{S}+\mu\lambda_{2}\boldsymbol{R}^{\mathrm{T}}\boldsymbol{B}+\lambda_{2}\boldsymbol{U}^{\mathrm{T}}\boldsymbol{K}\boldsymbol{X})\\&=(\boldsymbol{R}^{\mathrm{T}}\boldsymbol{W}^{\mathrm{T}}\boldsymbol{A}\boldsymbol{W}\boldsymbol{R}+\lambda_{2}\boldsymbol{U}^{\mathrm{T}}\boldsymbol{K}\boldsymbol{U}+\mu\lambda_{2}\boldsymbol{I})^{-1}\times(\boldsymbol{R}^{\mathrm{T}}\boldsymbol{W}^{\mathrm{T}}\boldsymbol{C}+\mu\lambda_{2}\boldsymbol{R}^{\mathrm{T}}\boldsymbol{B}+\lambda_{2}\boldsymbol{U}^{\mathrm{T}}\boldsymbol{K}\boldsymbol{X})\end{aligned}\tag{7-24}$$

其中，$\boldsymbol{A}$和$\boldsymbol{C}$的定义与式（7-13）中的定义相同。

4. 求解 $\boldsymbol{R}$ 的步骤

当固定 $\boldsymbol{W}$、$\boldsymbol{U}$、$\boldsymbol{V}$、$\boldsymbol{B}$ 时，关于 $\boldsymbol{R}$ 的子问题为

$$\mathcal{L}=\min_{\boldsymbol{R}}\|l\boldsymbol{S}-\boldsymbol{Y}^{\mathrm{T}}\boldsymbol{W}\boldsymbol{R}\boldsymbol{V}\|_{\mathrm{F}}^{2}+\mu\lambda_{2}\|\boldsymbol{B}-\boldsymbol{R}\boldsymbol{V}\|_{\mathrm{F}}^{2}\quad\text{s.t.}\quad\boldsymbol{R}^{\mathrm{T}}\boldsymbol{R}=\boldsymbol{I}\tag{7-25}$$

由于对$\boldsymbol{R}$的正交性约束，式（7-25）不能直接得到闭式解，因此可以通过使用文献[50]中的梯度流对其进行优化，这为迭代学习策略中的正交问题优化提供了一种可行的解决方案。具体来讲，如果在迭代中用$\boldsymbol{R}_t$表示其优化结果，那么可通过凯莱（Cayley）变换更新步骤，得到更好的解$\boldsymbol{R}_{t+1}$，即

$$\boldsymbol{R}_{t+1}=\boldsymbol{\Lambda}_{t}\boldsymbol{R}_{t}\tag{7-26}$$

其中，$\boldsymbol{\Lambda}_t$为式（7-25）的凯莱变换矩阵，定义为

$$\boldsymbol{\Lambda}_t=\left(\boldsymbol{I}+\frac{\eta}{2}\boldsymbol{\psi}_t\right)^{-1}\left(\boldsymbol{I}-\frac{\eta}{2}\boldsymbol{\psi}_t\right) \tag{7-27}$$

其中，η是一个定义良好的近似参数，它应该满足 Armijo-Wolfe 条件。$\boldsymbol{\psi}_t$是一个斜对称矩阵，可以用$\boldsymbol{\psi}_t=\frac{\partial\mathcal{L}}{\partial\boldsymbol{R}}\boldsymbol{R}_t^{\mathrm{T}}-\boldsymbol{R}_t\frac{\partial\mathcal{L}}{\partial\boldsymbol{R}}$构造。本节中，$\frac{\partial\mathcal{L}}{\partial\boldsymbol{R}}$是$\mathcal{L}$相对于$\boldsymbol{R}$的次梯度，即

$$\frac{\partial\mathcal{L}}{\partial\boldsymbol{R}}=-\boldsymbol{W}^{\mathrm{T}}\boldsymbol{C}\boldsymbol{V}^{\mathrm{T}}+\boldsymbol{W}^{\mathrm{T}}\boldsymbol{A}\boldsymbol{W}\boldsymbol{R}\boldsymbol{V}\boldsymbol{V}^{\mathrm{T}}-\mu\lambda_2\boldsymbol{B}\boldsymbol{V}^{\mathrm{T}} \tag{7-28}$$

按照上述迭代更新方案，我们可以在有限的迭代次数内得到式（7-26）的最优解。利用与文献[50]相同的证明策略，则可以保证上述学习算法的收敛性。由于式（7-26）包含了相似性保持的二次逼近损失，本节将该问题表示为 SSAH-Q。

值得注意的是，上述迭代优化过程非常耗时。受最大内积搜索（Maximum Inner Product Search，MIPS）有效性的启发，本节开发了式（7-25）的一个替代版本，它不使用二次损失进行相似度逼近，而是直接最大化相似度矩阵和非对称实值嵌入的内积，可以提高 SSAH 的性能，即

$$\max_{\boldsymbol{W},\boldsymbol{R},\boldsymbol{V}}\operatorname{tr}((\boldsymbol{W}^{\mathrm{T}}\boldsymbol{Y})\boldsymbol{S}(\boldsymbol{R}\boldsymbol{V})^{\mathrm{T}})-\mu\lambda_2\|\boldsymbol{B}-\boldsymbol{R}\boldsymbol{V}\|_{\mathrm{F}}^2\quad \text{s.t.}\quad \boldsymbol{R}^{\mathrm{T}}\boldsymbol{R}=\boldsymbol{I} \tag{7-29}$$

虽然式（7-29）舍弃了式（7-25）第一项的二次项$\|(\boldsymbol{W}^{\mathrm{T}}\boldsymbol{Y})^{\mathrm{T}}\boldsymbol{R}\boldsymbol{V}\|_{\mathrm{F}}^2$，使它看起来像是一个退化的模型，但实际上它比原来的模型工作得更好。重要的是，当前关于$\boldsymbol{R}$的模型是经典的正交普罗卡斯提斯问题（Orthogonal Procrustes Problem，OPP），并且可以通过简单的奇异值分解得到一个稳定的解。假设$\boldsymbol{P}^{\mathrm{l}}$和$\boldsymbol{P}^{\mathrm{r}}$分别是$(\mu\lambda_2\boldsymbol{V}\boldsymbol{B}^{\mathrm{T}}+\boldsymbol{V}\boldsymbol{C}^{\mathrm{T}}\boldsymbol{W})$的左、右奇异矩阵，即

$$[\boldsymbol{P}^{\mathrm{l}},\boldsymbol{\Sigma},\boldsymbol{P}^{\mathrm{r}}]=\operatorname{svd}(\mu\lambda_2\mathbf{V}\boldsymbol{B}^{\mathrm{T}}+\boldsymbol{V}\boldsymbol{C}^{\mathrm{T}}\boldsymbol{W})$$

据此，可以推导出 $\boldsymbol{R}$ 的最优解由$\boldsymbol{R}=\boldsymbol{P}^{\mathrm{l}}(\boldsymbol{P}^{\mathrm{r}})^{\mathrm{T}}$给出。对于这种简化的优化问题，该策略的优化结果用 SSAH 表示。

5. 求解 $\boldsymbol{B}$ 的步骤

当固定 $\boldsymbol{W}$、$\boldsymbol{U}$、$\boldsymbol{V}$、$\boldsymbol{R}$ 时，关于 $\boldsymbol{B}$ 的子问题为

$$\begin{aligned}
&\min_{\boldsymbol{B}}\lambda_1\|\boldsymbol{B}-\boldsymbol{W}^{\mathrm{T}}\boldsymbol{Y}\|_{\mathrm{F}}^2+\mu\lambda_2\|\boldsymbol{B}-\boldsymbol{R}\boldsymbol{V}\|_{\mathrm{F}}^2\\
&=\lambda_1\operatorname{tr}((\boldsymbol{B}-\boldsymbol{W}^{\mathrm{T}}\boldsymbol{Y})^{\mathrm{T}}(\boldsymbol{B}-\boldsymbol{W}^{\mathrm{T}}\boldsymbol{Y}))+\mu\lambda_2\operatorname{tr}((\boldsymbol{B}-\boldsymbol{R}\boldsymbol{V})^{\mathrm{T}}(\boldsymbol{B}-\boldsymbol{R}\boldsymbol{V}))\\
&=(\lambda_1+\mu\lambda_2)\operatorname{tr}(\boldsymbol{B}\boldsymbol{B}^{\mathrm{T}})+\lambda_1\|\boldsymbol{W}^{\mathrm{T}}\boldsymbol{Y}\|_{\mathrm{F}}^2+\mu\lambda_2\|\boldsymbol{R}\boldsymbol{V}\|_{\mathrm{F}}^2\\
&\quad-2\operatorname{tr}(\boldsymbol{B}^{\mathrm{T}}(\lambda_1\boldsymbol{W}^{\mathrm{T}}\boldsymbol{Y}+\mu\lambda_2\boldsymbol{R}\boldsymbol{V}))\\
&\qquad\qquad \text{s.t.}\quad \boldsymbol{B}\in\{-1,1\}^{l\times n}
\end{aligned} \tag{7-30}$$

由矩阵 $\boldsymbol{B}$ 的二元约束很容易知道，$\operatorname{tr}(\boldsymbol{B}\boldsymbol{B}^{\mathrm{T}})=nl$是一个常数。此外，式（7-30）中的第二项和第三项与变量 $\boldsymbol{B}$ 无关，也可以看作常数。因此，式（7-30）可以通过使用

$$\max_{\boldsymbol{B}}\operatorname{tr}(\boldsymbol{B}^{\mathrm{T}}(\lambda_1\boldsymbol{W}^{\mathrm{T}}\boldsymbol{Y}+\mu\lambda_2\boldsymbol{R}\boldsymbol{V}))\quad \text{s.t.}\quad \boldsymbol{B}\in\{-1,1\}^{l\times n} \tag{7-31}$$

重写为最大化问题。它有一个封闭形式的解：

$$B = \mathrm{sgn}(\lambda_1 \boldsymbol{W}^{\mathrm{T}}\boldsymbol{Y} + \mu\lambda_2 \boldsymbol{R}\boldsymbol{V}) \tag{7-32}$$

这样，整体优化算法就是对变量进行交替优化，即 $\boldsymbol{W}$、$\boldsymbol{U}$、$\boldsymbol{V}$、$\boldsymbol{R}$ 和 $\boldsymbol{B}$，直到达到收敛或最大迭代次数为止。实验结果表明，本节介绍的交替优化方法具有良好的性能，并且该方法可以在 5~10 次迭代内收敛。算法 7-1 总结了求解 SSAH 优化问题的过程。

算法 7-1　求解 SSAH 优化问题

输入： 特征矩阵 $\boldsymbol{X}$，标签矩阵 $\boldsymbol{Y}$，参数λ_1、λ_2、μ和二进制编码长度 l。

输出： 最佳的 $\boldsymbol{W}$、$\boldsymbol{U}$、$\boldsymbol{V}$、$\boldsymbol{R}$、$\boldsymbol{B}$。

1 初始化：从 $\boldsymbol{X}$ 中随机选择 m 个锚点以计算非线性核化特征$\phi(\boldsymbol{X}) \in \Re^{m\times n}$，将它们归一化，使其均值为 0；使用基本的 PCA 算法初始化 $\boldsymbol{U}$，并随机初始化其他变量；

2 **While** 不收敛 **do**

3 根据式（7-13）更新 $\boldsymbol{W}$；

4 根据引理 7-1 更新 $\boldsymbol{U}$；

5 根据式（7-24）更新 $\boldsymbol{V}$；

6 通过求解式（7-25）或式（7-29）来更新 $\boldsymbol{R}$；

7 根据式（7-32）更新 $\boldsymbol{B}$；

8 利用

$$d_{ii} = \frac{p}{2\|(\boldsymbol{W}^{\mathrm{T}}\boldsymbol{Y} - \boldsymbol{B})^i\|_2^p}, \quad k_{ii} = \frac{p}{2\|(\boldsymbol{X} - \boldsymbol{U}\boldsymbol{V})^i\|_2^p}$$

来更新对角线矩阵 $\boldsymbol{D}$ 和 $\boldsymbol{K}$；

9 **End while**

7.3.2　收敛性分析

定理 7-1 保证了算法 7-1 的收敛性。

定理 7-1　算法 7-1 中的交替优化步骤将单调地降低目标函数的值，直到它收敛到一个局部最优值。

证明　根据 4 个范数的总和容易发现，SSAH 的目标函数［式（7-9）］是有下界的，即总大于 0。值得注意的是，用迹范数（算子）代替 $l_{2,p}$ 范数是一种定义明确的优化过程，在稀疏优化[51]中被广泛使用。而且，在每次迭代中，总能找到每个子问题的闭式解或最优解。因此，在新的迭代过程中，目标函数的值总是减小，因此其原理与 EM 优化非常相似。此外，目标函数值的下界为 0。基于有界单调收敛定理[52]，可以证明算法 7-1 可以在有限的迭代次数内收敛到局部最优点。

7.3.3　算法的样本外扩展问题

在查询阶段，算法的目标是从数据集中找到最相似的数据项，而且我们的算法能够处理和计算任意一个不在训练样本之中的查询样本 $\boldsymbol{x}_{tt}$ 的二值表征$\boldsymbol{b}$，它在训练数据之外。

受两步学习成功的推动，首先需要找到最佳投影矩阵$\boldsymbol{\psi}$，该矩阵将高维非线性数据点$\varphi(\boldsymbol{X})$转换为二值表征 $\boldsymbol{B}$。

为简单起见，本节直接使用线性回归模型在训练数据集$\varphi(\boldsymbol{X})$上训练$\boldsymbol{\psi}$，将正则约束线性回归模型公式转化为

$$\min_{\boldsymbol{\psi}}\|\boldsymbol{B}-\boldsymbol{\psi}^{\mathrm{T}}\varphi(\boldsymbol{X})\|_{\mathrm{F}}^{2}+\lambda\|\boldsymbol{\psi}\|_{\mathrm{F}}^{2} \tag{7-33}$$

其中，λ为正则化参数（在本章所有实验中，λ均为 1）。$\boldsymbol{\psi}$的最优解为

$$\boldsymbol{\psi}=(\varphi(\boldsymbol{X})\varphi(\boldsymbol{X})^{\mathrm{T}}+\lambda\boldsymbol{I})^{-1}\varphi(\boldsymbol{X})\boldsymbol{B}^{\mathrm{T}} \tag{7-34}$$

因此，新查询点$\boldsymbol{x}_{tt}$的最优二值表征可以通过$\boldsymbol{b}=\mathrm{sgn}(\boldsymbol{\psi}^{\mathrm{T}}\varphi(\boldsymbol{x}_{tt}))$来计算。其中，$\varphi(\boldsymbol{x}_{tt})$是$\boldsymbol{x}_{tt}$的中心化以后的非线性特征嵌入。

7.4 实验验证

本节实验评估了 SSAH 在 5 个基准数据集上的计算效率和检索精度。所有实验均在配置有 64GB 内存的标准 Windows PC 上的 MATLAB 2013a 软件中进行。

7.4.1 实验数据

为了验证 SSAH 的有效性和效率，本节主要在 5 个具有语义标签的大型图像数据集上进行了实验，分别是 CIFAR-10 数据集[53]、Caltech-256 数据集[54]、SUN-397 数据集[55]、ImageNet 数据集[56]和 NUS-WIDE 数据集[57]。

CIFAR-10 数据集是非常大的图像数据集（含 8000 万张图像）的一个带标签的样本子集，包含来自 10 个类别的 60,000 张彩色图像，每个类别有 6000 个样本。每张图像均为单标签的图像。本节采用数据特征在 32 像素×32 像素上提取 512 维 GIST 特征，用于实验验证。

Caltech-256 数据集包含来自 256 个目标类别的 29,780 张图像，每个类别至少有 80 个图像样本。由于深度卷积神经网络（Convolutional Neural Network，CNN）在图像表征学习方面取得了很好的成效，所有的实验都是在从预训练的 CNN 架构[58]的最后一个全连接层中提取的信息性深度视觉特征上进行的。每张图像都由一个 4096 维的特征向量表示。

SUN-397 数据集是一个大规模的场景识别数据集，包括在 397 个不同场景条件下拍摄的约 108,000 张图像，每个类别至少包含 100 张图像。同样，每张图像都由 12,288 维 CNN 特征表示[58]。为了加快所有参与对比的方法的计算速度，本节利用了主成分分析降维得到的 1600 维特征。

ILSVRC 2012 的 ImageNet 数据集包含来自 1000 个类别的 120 万张图像。本节实验

构建了一个检索图像数据集，其中包括从给定训练数据的前 100 个最大类别中选择的约 128,000 张图像。对于图像检索，本节实验从验证数据集中选择了 5000 张查询图像。如文献[34]所述，实验采用 4096 维深度卷积特征进行性能评估。

NUS-WIDE 数据集是由从 Flickr 网站收集的公开图像构成的数据集，其中包括 269,648 张具有 81 个基本事实概念的图像，每张图像都用多个概念进行标记。遵循文献[35]中的实验设置，本节使用对应 21 个最常用概念的 195,834 张图像组成的子集进行评估。每个概念类别包含至少 5000 张图像，每张图像由 500 维的词袋表示向量来表征。

按照先前工作[5,6,35,48]中使用的实验配置，本节将 CIFAR-10 数据集随机分为训练集（59,000 张图像）和测试查询集（1000 张图像），每个类别有 100 张图像。对于 Caltech-256 数据集，随机选取 1000 张图像作为查询图像，其余的样本作为检索数据集。对于 SUN-397 数据集，从其中前 18 个最大的场景类别中各随机抽取 100 张图像，以形成包含 1800 张图像的训练集。对于 ImageNet 数据集，从验证图像数据集的每个类别中随机选择 50 张图像来构建测试数据集。对于 NUS-WIDE 数据集，从每个概念类别中统一选取 100 张图像作为查询集，剩下的图像作为训练样本。语义相似性是通过两幅图像是否共享至少一个标签来衡量的。

7.4.2 实验设置

本节实验将 SSAH 与一些最新的哈希方法进行了比较，包括 4 种无监督的哈希方法（ITQ[40]、SGH[28]、DSH[22]、CBE[19]）和 7 种有监督哈希方法（ITQ-CCA[40]、KSH[20]、LFH[32]、COSDISH[33]、SDH[35]、SDHR[6]、FSDH[5]）。SSAH 包括基于不同优化策略的两个版本，即 SSAH-Q 和 SSAH。所有参与对比的方法均使用不同的随机初始化执行了 10 次，并统计了平均实验结果。

为了进行公平比较，所有参与对比的方法都使用相应作者提供的已发布源代码重新实现。本节实验还通过交叉验证的方法仔细寻找每个方法的最佳参数，或者直接使用原始论文的默认参数。对于 KSH 等基于图的方法，由于计算量大，不可能使用完整的语义信息进行训练，因而实验选择从训练数据中选取 2000 个样本进行建模，并随机选取 1000 个样本作为锚点进行非线性特征嵌入。对于 SSAH，本节根据经验将 λ_2 和 μ 的值设置为 0.01 和 0.1，以细化潜在特征；参数 λ_1 从候选集{1.0,10,50,100}中通过交叉验证进行调整，以获得最佳检索性能；最大迭代次数设置为 6，可以确保最佳性能；样本外参数 λ 直接设置为 1.0，可以获得令人满意的结果。

在评价指标方面，本节实验中采用了 3 个常用的效果指标来评价 SSAH 的有效性，即平均精度（Mean Average Precision，MAP）、前 1000 个返回样本的精度曲线和精度-召回率（Precision-Recall，PR）曲线。语义相似性在实验中被当作基础评价指标，已经被广泛用于无监督和有监督的哈希学习中。同时，实验通过对比计算时间，验证了该方法的有效性。

7.4.3　在 CIFAR-10 图像检索数据集上的实验结果

为了评估 SSAH 在图像检索任务上的性能，本节在 CIFAR-10 数据集上进行了实验，接下来主要从检索性能、参数敏感性以及收敛性 3 个方面进行分析。

1. 检索性能

本节首先在 CIFAR-10 数据集上进行实验，以展示 SSAH 在搜索微小自然图像方面的有效性和效率。为了验证 SSAH 和所有参与对比的方法的检索准确性，本实验用 MAP 来证明其性能。值得注意的是，MAP 是衡量设计学习系统有效性的综合评估标准之一。表 7-2 展示了 CIFAR-10 数据集上不同方法的 MAP 及训练不同模型时的计算时间（表中粗体数字代表最佳结果）。

观察表 7-2，可得出以下结论。

（1）不难看出，SSAH 和 SSAH-Q 可以在不同的编码长度下获得最高的 MAP，证明了这两种方法的有效性。值得注意的是，与其他有监督学习方法相比，SSAH 消耗的计算时间最短，这再次验证了本章介绍的学习算法的有效性。

（2）SSAH 在精度和计算时间上都明显优于 SSAH-Q，表明了最大内积方案在保持相似度方面的有效性。

（3）通过比较有监督方法和无监督方法可以发现，强大的语义信息对哈希学习非常有利，有监督方法明显优于无监督方法。此外，使用训练数据（如 LFH、COSDISH、SSAH-Q 和 SSAH）的完整语义监督信息，可以实现更好的性能。但是，与无监督方法相比，有监督方法有计算时间更长的趋势。

（4）一般来说，增加编码长度可以提高检索精度，但计算时间也会增加。而 SSAH 在计算复杂度和检索性能之间取得良好平衡方面具有明确的优势。

图 7-2 展示了 CIFAR-10 数据集上使用不同编码长度的不同方法的 PR 曲线。从图中可以清楚地观察到，SSAH 曲线下的面积始终大于其他所有参与对比的方法，表明 SSAH 可以在任何固定的编码长度下为一个查询检索到更多相似的样本。此外，图 7-3 展示了不同检索样本数量下的精度变化，可以发现，SSAH 始终优于其他方法，并且在返回样本数量变化的情况下，其精度非常稳定。

2. 参数敏感性

该实验使用 32bit 的 CIFAR-10 数据集上的平均精度（MAP）来检验 SSAH 的参数敏感性。该模型中需要调整的 4 个正则化参数分别为λ_1、λ_2、μ和 p。由于 p 在 0～1 间的变化不会对算法输出产生较大影响，因此可将稀疏正则化p的值设置为接近 1，在本实

表 7-2 CIFAR-10 数据集上不同方法的 MAP 和训练不同模型时的计算时间

方法	MAP							计算时间（s）						
	8bit	16bit	32bit	48bit	64bit	96bit	128bit	8bit	16bit	32bit	48bit	64bit	96bit	128bit
ITQ	0.1532	0.1584	0.1655	0.1690	0.1697	0.1745	0.1753	0.97	1.39	2.39	3.52	4.63	7.18	10.27
SGH	0.1154	0.1580	0.1998	0.2178	0.2371	0.2602	0.2657	5.67	11.01	20.92	31.55	46.40	79.88	109.42
DSH	0.1191	0.1429	0.1483	0.1465	0.1525	0.1562	0.1656	0.39	1.36	1.50	1.64	1.76	2.09	2.35
CBE	0.1141	0.1198	0.1275	0.1733	0.2577	0.2911	0.3228	31.15	31.21	30.97	31.15	31.07	31.20	31.95
ITQ-CCA	0.2736	0.3157	0.3361	0.3501	0.3591	0.3588	0.3610	1.17	2.04	3.56	5.11	6.88	11.45	16.93
KSH	0.2457	0.2833	0.3120	0.3302	0.3218	0.3296	0.3393	39.25	78.44	173.44	244,50	358.74	511.61	731.58
LFH	0.2645	0.4328	0.5181	0.5959	0.6293	0.6410	0.6366	4.63	7.10	11.47	15.56	19.05	29.53	39.63
COSDISH	0.5265	0.5408	0.5973	0.6564	0.6205	0.6452	0.6316	3.98	8.98	27.80	59.86	103.84	245.50	439.15
SDH	0.3117	0.3992	0.4464	0.4563	0.4575	0.4758	0.4891	18.77	26.33	46.58	72.18	98.81	129.49	238.83
SDHR	0.2986	0.4125	0.4424	0.4570	0.4628	0.4696	0.4740	19.21	28.22	44.12	68.91	92.61	118.69	229.59
FSDH	0.3030	0.4044	0.4415	0.4533	0.4681	0.4715	0.4767	11.12	16.58	33.43	38.83	40.94	44.99	56.98
SSAH-Q	0.5331	0.6097	0.6720	0.6819	0.6900	0.7098	0.7075	15.68	19.88	31.59	39.92	42.34	47.81	61.71
SSAH	**0.5909**	**0.6768**	**0.6906**	**0.6969**	**0.7062**	**0.7110**	**0.7221**	1.57	2.01	2.70	3.34	3.99	5.16	6.44

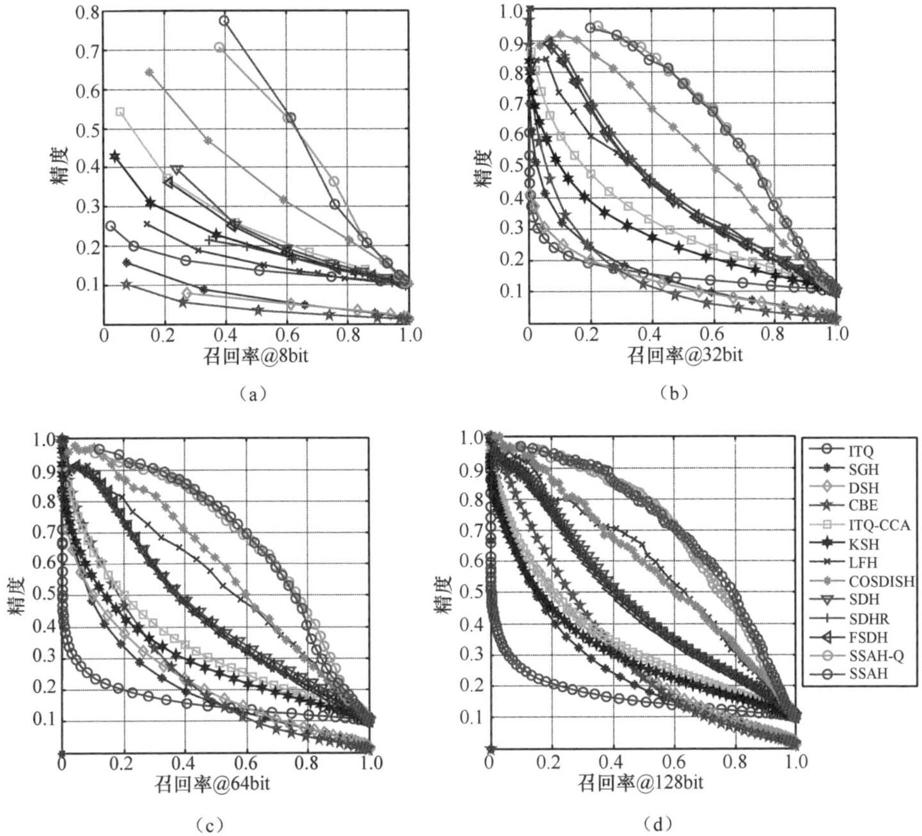

图 7-2 CIFAR-10 数据集上使用不同编码长度的不同方法的 PR 曲线

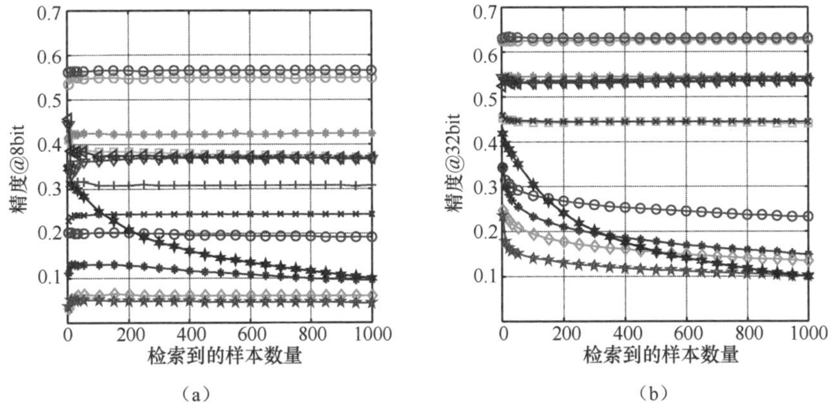

图 7-3 CIFAR-10 数据集上使用不同编码长度的不同方法检索到的多达 1000 个样本的精度曲线

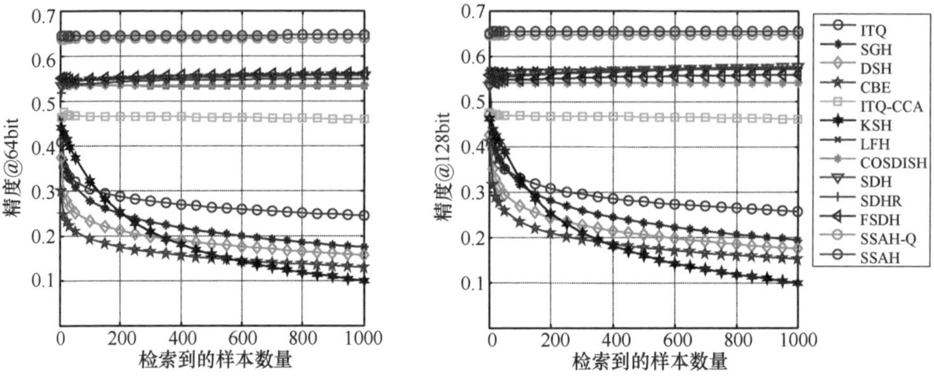

（c）　　　　　　　　　　　　（d）

图 7-3　CIFAR-10 数据集上使用不同编码长度的不同方法检索到的多达 1000 个样本的精度曲线（续）

验中设置为 0.9。对于其他 3 个参数，首先固定两个参数，然后研究对于其他参数，MAP 是如何变化的。图 7-4（a）～（c）分别绘制了改变λ_1、λ_2和μ值时的实验结果。从图中可以看出：一方面，λ_1的值应大于 10，这样性能趋于稳定；另一方面，当λ_2和μ小于 1 并大于 0.0001 时，MAP 不会受到很大影响。这也证明了预期的观察结果，即语义回归嵌入和潜在因子嵌入对监督非对称哈希学习都是至关重要的。

3．收敛性

值得注意的是，算法的效率在很大程度上取决于高效的计算和快速的收敛。根据定理 7-1，式（7-9）中提出的模型理论上可以在有限的迭代次数内收敛。在此，可通过实验评估该方法的收敛性。图 7-4（d）展示了迭代次数增加时算法目标函数值的变化。可以发现，SSAH 可以在 6 次迭代中有效地收敛。SSAH 可以快速收敛的主要原因是每个子问题的解析解或最优解。有效的优化算法不仅保证了模型训练的有效性，而且实验结果也验证了该算法能够生成高质量的用于图像检索的二值表征。

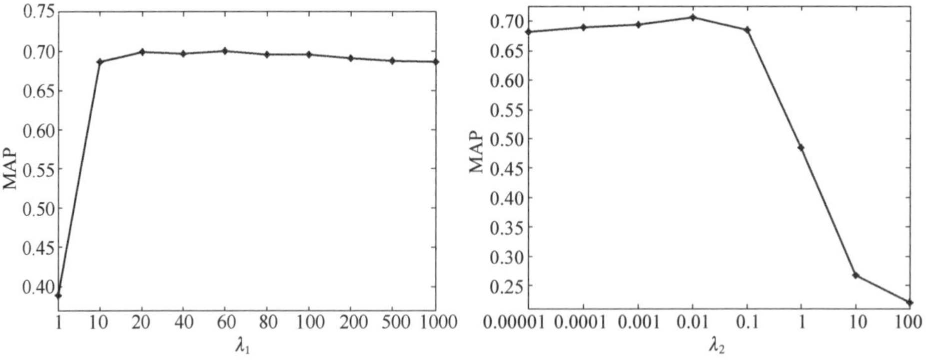

（a）　　　　　　　　　　　　（b）

图 7-4　SSAH 的性能评估与 CIFAR-10 数据集上 32bit 正则化参数 λ_1、λ_2 和μ的评估

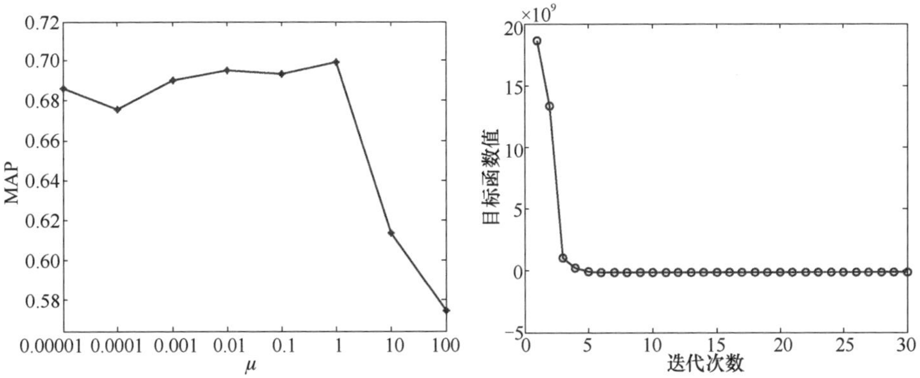

（c）　　　　　　　　（d）

图 7-4　SSAH 的性能评估与 CIFAR-10 数据集上 32bit 正则化参数 λ_1、λ_2 和μ的评估（续）
（a）对 λ_1 的评估　（b）对 λ_2 的评估　（c）对μ的评估
（d）随着迭代次数增加的目标函数值变化曲线

7.4.4　在 Caltech-256 目标检索数据集上的实验结果

为了评估 SSAH 在对象检索任务上的性能，本节在 Caltech-256 数据集上进行了实验，基于 MAP 的比较结果如图 7-5（a）所示。从图中可以观察到，在不同的编码长度下，SSAH 的 MAP 明显优于其他参与对比的方法，并且 SSAH-Q 可以实现次佳的检索性能。图 7-6 所示的 PR 曲线也证明了 SSAH 在图像检索中的有效性。为了评估随着检索图像数量的增加而变化的精度准确性，图 7-7 展示了具有不同编码长度的不同方法的精度变化。从实验结果可以看出，SSAH 始终能获得最佳的检索性能。随着二值表征长度的增加，学习到的数据表征中包含了更多的特征信息，并且提高了检索精度。此外可以发现，COSDISH 也能够获得非常有竞争力的结果，但是仍然不如 SSAH。

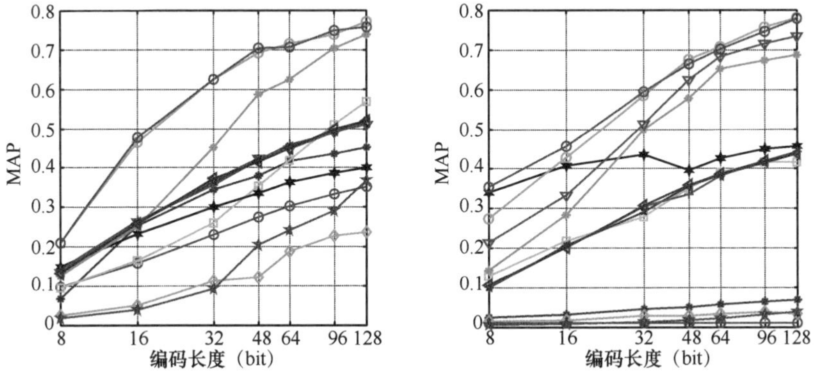

（a）　　　　　　　　（b）

图 7-5　不同数据集、不同编码长度的 MAP 曲线

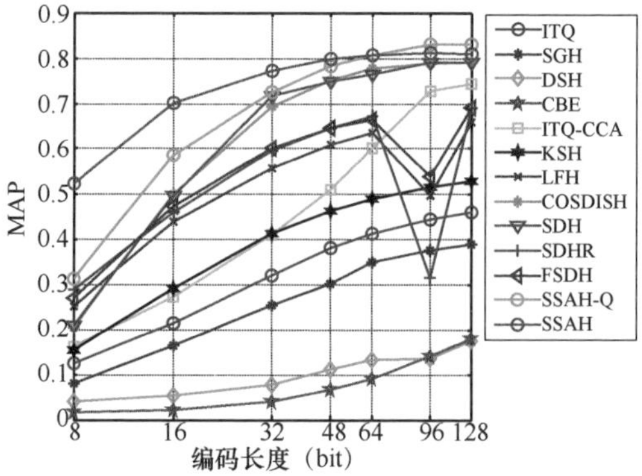

（c）

图 7-5　不同数据集、不同编码长度的 MAP 曲线（续）

（a）Caltech-256 数据集　（b）SUN-397 数据集　（c）ImageNet 数据集

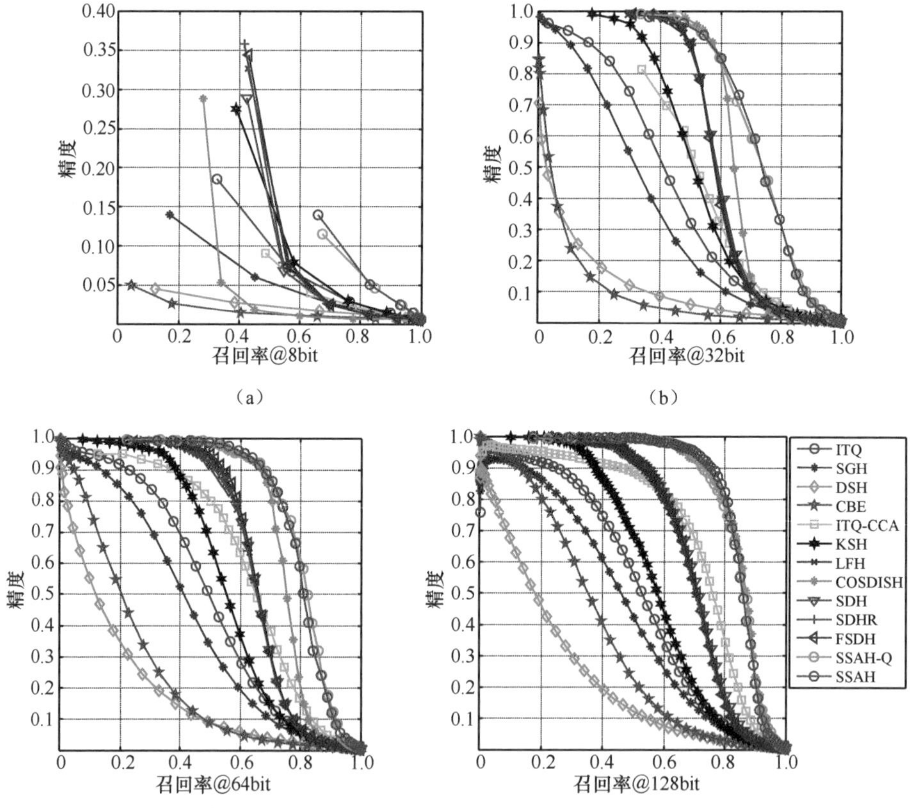

（a）　（b）

（c）　（d）

图 7-6　Caltech-256 数据集上不同编码长度、不同方法的 PR 曲线

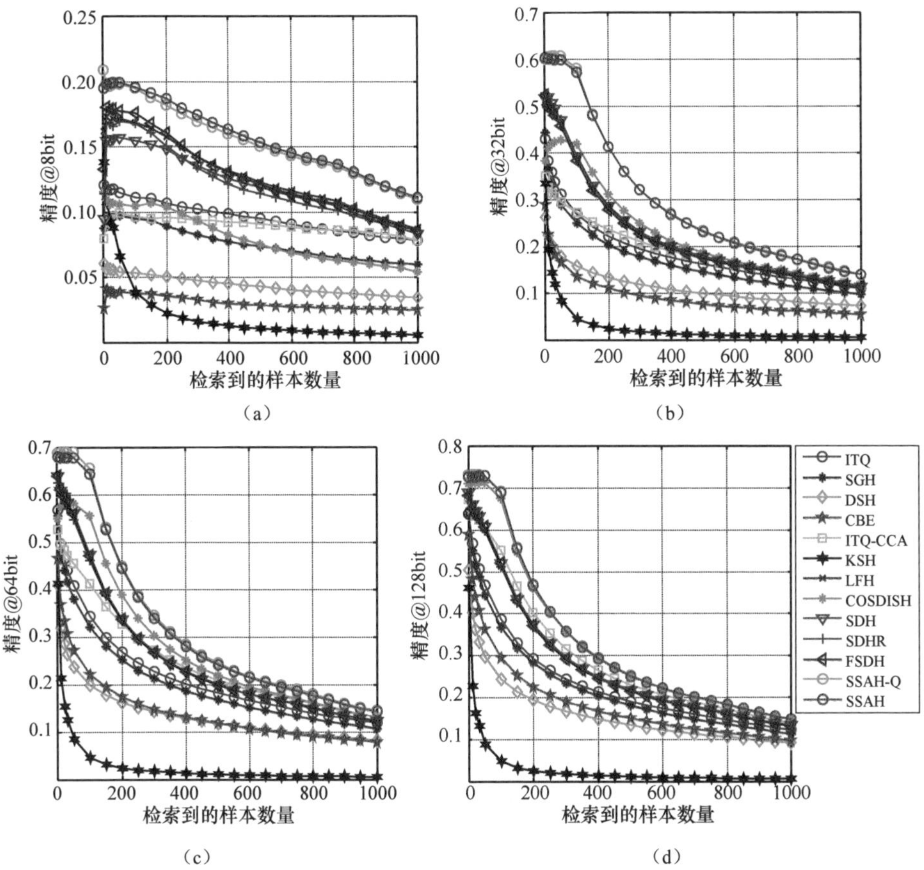

图 7-7　Caltech-256 数据集上不同编码长度、不同方法的多达 1000 个检索样本的精度曲线

7.4.5　在 SUN-397 场景检索数据集上的实验结果

值得注意的是，SUN-397 数据集对于场景理解来说是非常具有挑战性的数据集。实验中发现无监督方法（如 DSH、SGH 和 CBE）在该数据集上只能获得很低的精度，主要原因可能是学习到的二值表征在没有考虑监督语义信息的情况下缺乏足够的识别能力。另一个可能的原因是，这些无监督方法无法在类别数较大的数据上检索图像。图 7-5（b）展示了上述实验的 MAP 曲线。可以看出，SSAH 在大多数情况下都取得了最好的检索结果。例如，当二值表征长度为 32bit 时，SSAH 得到 59.52%的 MAP 评分，比 COSDISH（50.02%）和 SDH（51.43%）分别高出 9.50%和 8.09%。此外，使用诸如 LFH 和 ITQ-CCA 之类的有监督方法所取得的较差的实验结果也验证了它们在处理具有大类别的大数据方面的弱点。相反，与其他有监督方法相比，SSAH 可以获得令人满意的性能。

SSAH 与其他方法在精度和召回率方面的对比，如图 7-8 所示。图 7-9 中比较了不

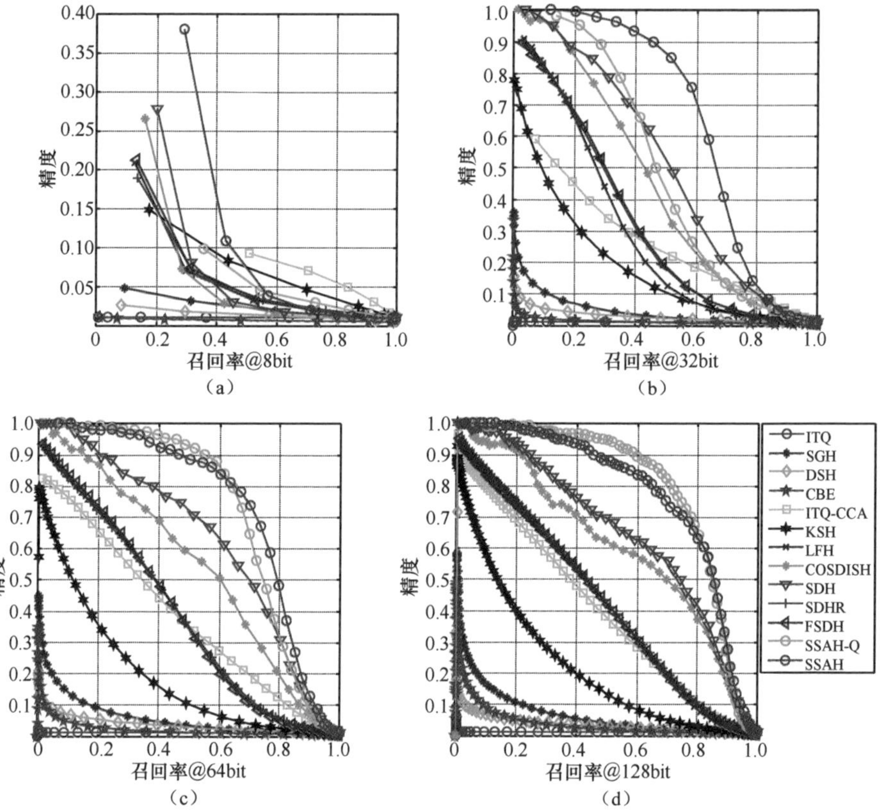

图 7-8　SUN-397 数据集上不同编码长度、不同方法的 PR 曲线

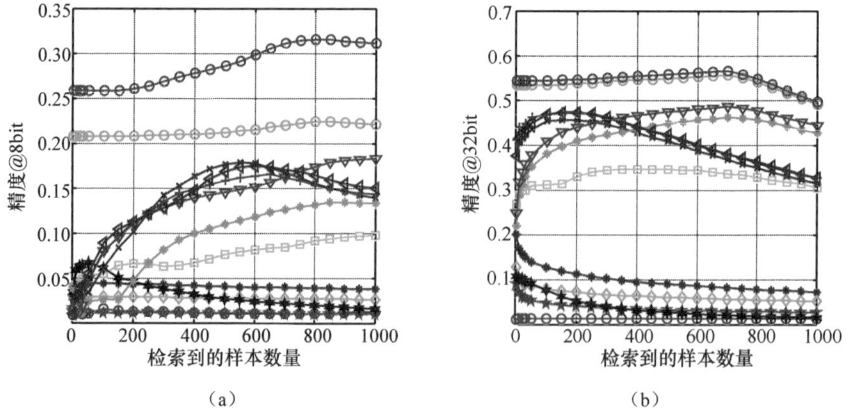

图 7-9　SUN-397 数据集上不同编码长度、不同方法的多达 1000 个检索样本的精度曲线

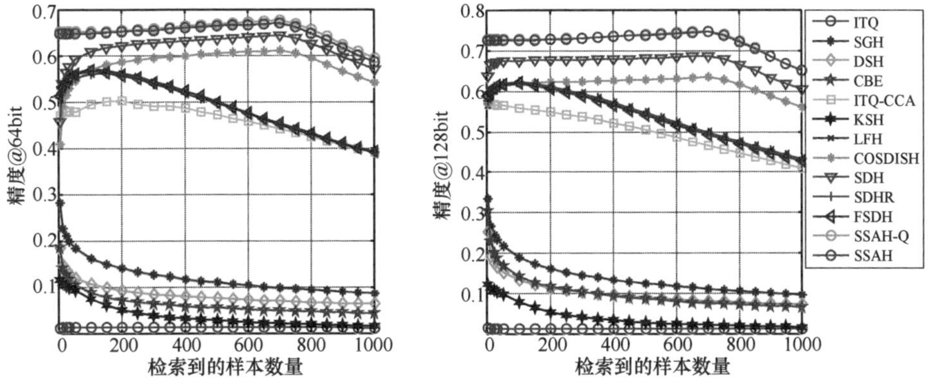

（c）　　　　　　　　　　　　　　（d）

图 7-9　SUN-397 数据集上不同编码长度、不同方法的多达 1000 个检索样本的精度曲线（续）

同数量的返回样本的精度变化。从这些结果中可以清楚地观察到，SSAH 和 SSAH-Q 在不同的评估方案中始终排名第一和第二。

7.4.6　在 ImageNet 大规模数据集上的实验结果

对于 ImageNet 数据集，本节实验仍然采用 3 种不同的检索评估指标来验证不同方法的性能。具体而言，在该数据集上的 MAP 曲线如图 7-5（c）所示。很容易发现，SSAH 优于其他所有参与对比的方法，特别是当使用的编码长度较短时。例如，当二值表征的长度设置为 8bit 时，SSAH 和 SSAH-Q 的 MAP 可分别达到 52.35%和 31.29%，而其他方法的最佳结果是 SDHR 达到的 28.69%，这意味着 SSAH 和 SSAH-Q 的 MAP 可以分别提高 23.66%和 2.6%。此外，可以发现，SSAH 和 SSAH-Q 的检索性能排前两名，但大多数情况下 SSAH 优于 SSAH-Q。图 7-10 和图 7-11 分别给出了不同返回样本数量下的 PR

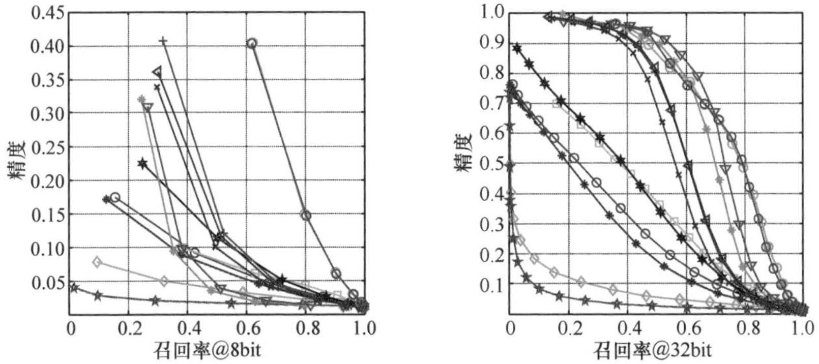

（a）　　　　　　　　　　　　　　（b）

图 7-10　ImageNet 数据集上不同编码长度、不同方法的 PR 曲线

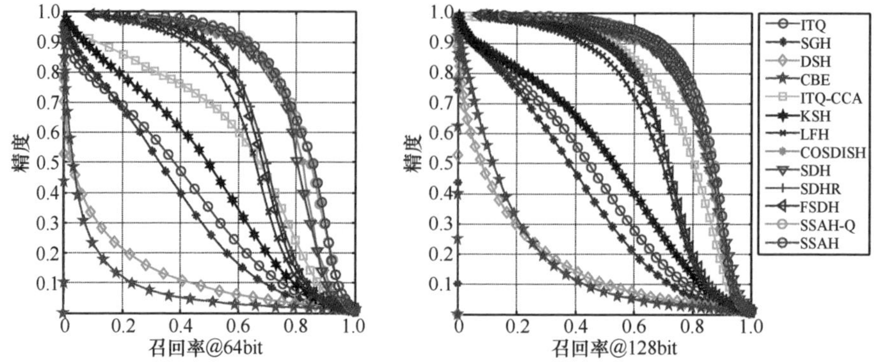

（c）　　　　　　　　　（d）

图 7-10　ImageNet 数据集上不同编码长度、不同方法的 PR 曲线（续）

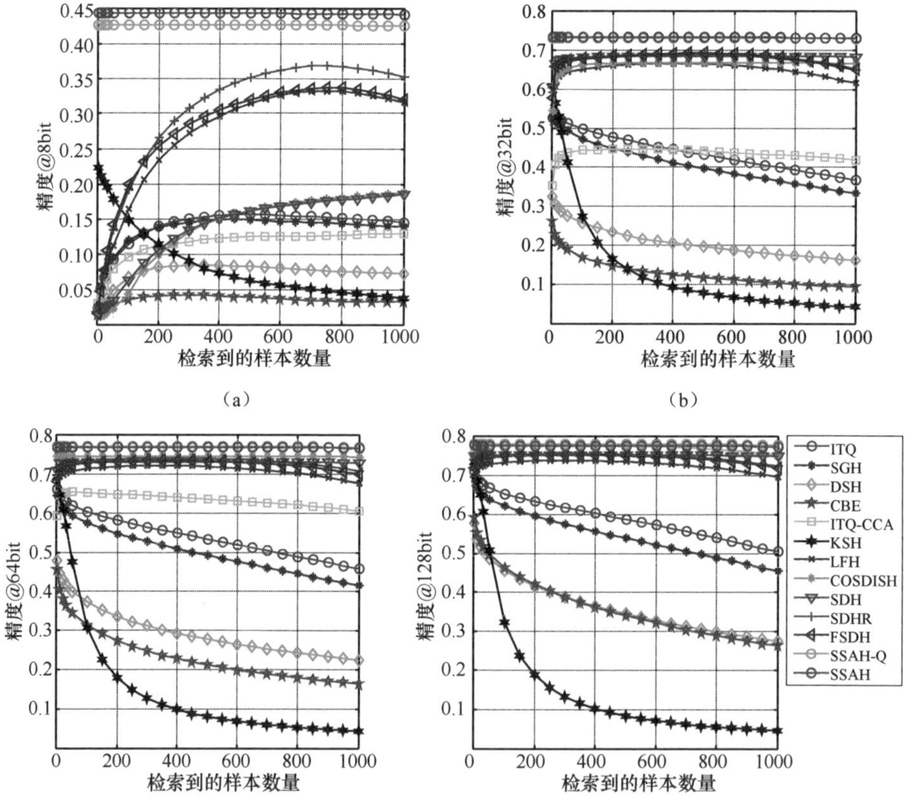

图 7-11　ImageNet 数据集上不同编码长度、不同方法的多达 1000 个检索样本的精度曲线

曲线和精度曲线，表明了 SSAH 和 SSAH-Q 在大规模图像检索中的有效性。这些结果证明了 SSAH 学习框架在这个大型数据集上的优越性。

7.4.7　在 NUS-WIDE 多实例数据集上的实验结果

本小节在 NUS-WIDE 数据集上进行了多标签哈希实验，以验证 SSAH 在多标签语义监督下具有灵活性。同样，该实验通过在 3 种不同的评估指标下比较不同的哈希学习方法来评估算法性能。表 7-3 总结了不同方法在该数据集上的 MAP 性能（表中加粗的数据代表最佳结果）。通过观察可以发现，SSAH 在性能上明显优于其他方法，由此验证了本章介绍的哈希学习方法能够灵活地生成用于跨多标签数据集检索的区分二值表征。此外，图 7-12 和图 7-13 分别给出了使用 4 种不同编码长度时的 PR 曲线和精度曲线。可以发现，SSAH 和 SSAH-Q 在大多数情况下都优于参与对比的其他方法。

表 7-3　不同方法在 NUS-WIDE 数据集上的 MAP 性能

方法	8bit	16bit	32bit	48bit	64bit	96bit	128bit
ITQ	0.4022	0.4086	0.4122	0.4138	0.4148	0.4148	0.4146
SGH	0.3649	0.3651	0.3654	0.3645	0.3656	0.3661	0.3662
DSH	0.3843	0.3917	0.3930	0.3905	0.3953	0.3966	0.3963
CBE	0.3769	0.3816	0.3904	0.3875	0.3895	0.3838	0.3881
ITQ-CCA	0.4735	0.4852	0.4929	0.4960	0.4961	0.4981	0.4992
KSH	0.4483	0.4316	0.4545	0.4470	0.4568	0.4532	0.4501
LFH	0.5114	0.5218	0.5285	0.5270	0.5284	0.5294	0.5307
COSDISH	0.4418	0.5224	0.5637	0.5779	0.6064	0.6262	0.6352
SDH	0.4825	0.4910	0.4776	0.4907	0.4956	0.4986	0.4951
SDHR	0.5121	0.4927	0.4893	0.5233	0.5048	0.5122	0.4962
FSDH	0.4538	0.4725	0.4580	0.4702	0.4663	0.4762	0.4747
SSAH-Q	0.4878	0.5434	0.5638	0.5948	0.6190	0.6282	0.6403
SSAH	**0.6148**	**0.6246**	**0.6392**	**0.6448**	**0.6501**	**0.6582**	**0.6603**

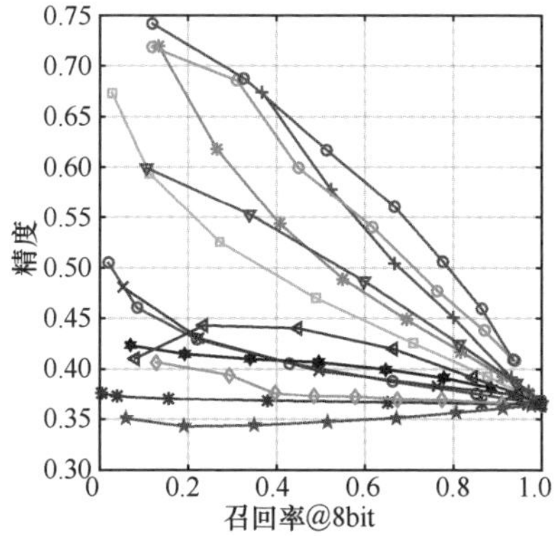

（a）

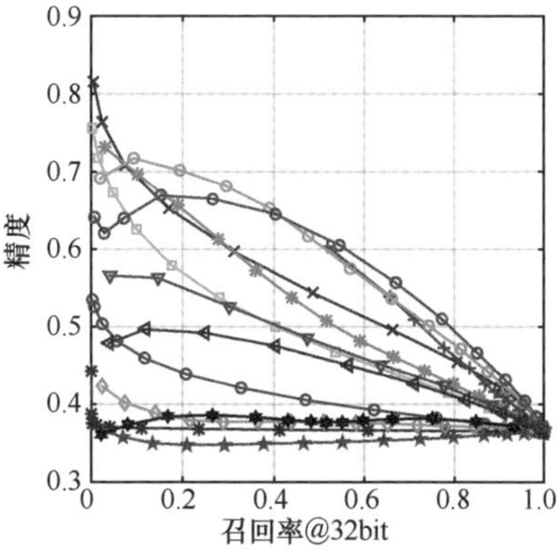

（b）

图 7-12　NUS-WIDE 数据集上不同编码长度、不同方法的 PR 曲线

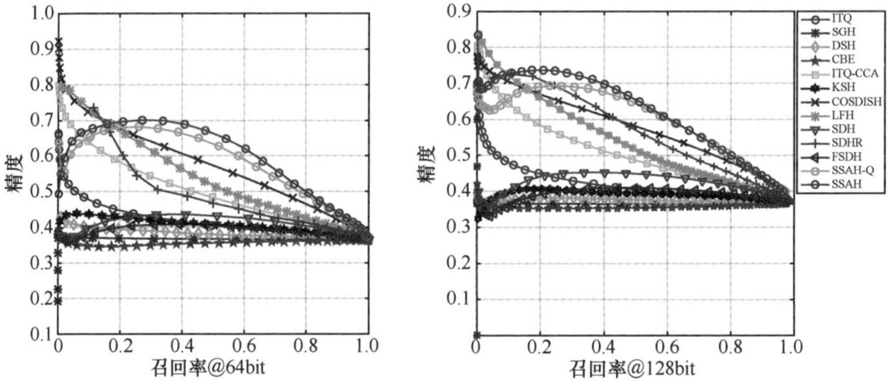

（c）　　　　　　　　　　（d）

图 7-12　NUS-WIDE 数据集上不同编码长度、不同方法的 PR 曲线（续）

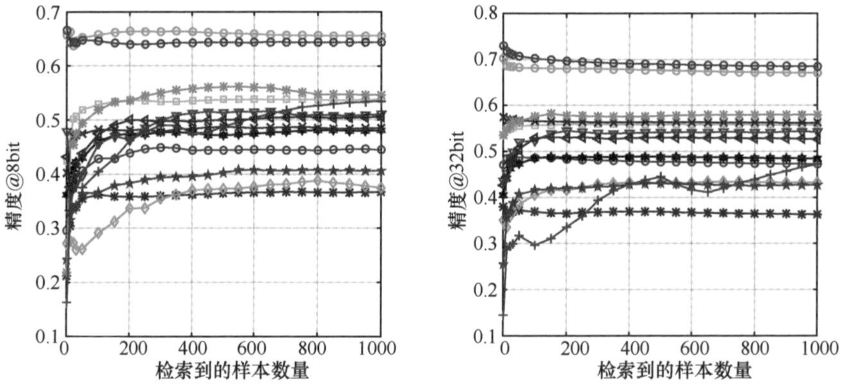

（a）　　　　　　　　　　（b）

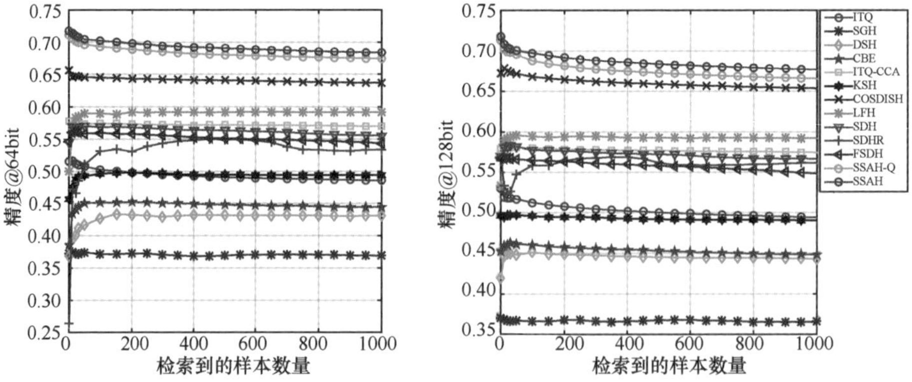

（c）　　　　　　　　　　（d）

图 7-13　NUS-WIDE 数据集上不同编码长度、不同方法的多达 1000 个检索样本的精度曲线

7.4.8 实验分析和讨论

除上述实验外，本节还将 SSAH 与基于深度学习的端到端哈希学习（深度哈希）方法以及非对称哈希方法进行了比较。具体分析如下。

1．与深度哈希方法的比较

深度神经网络已成功地应用于不同的研究领域，并取得了令人鼓舞的成果[9,49,59,60]。深度哈希也已经显示出表征学习和哈希学习的优势。基于深度神经网络，深度哈希可以自然地通过任何非线性哈希函数对有效的深度表征进行编码，从而在图像检索应用中实现最优的性能。例如，CNNH[60]首次采用基于 CNN 的特征编码，对成对标签进行有监督哈希学习；DPSH[61]是一种端到端深度哈希模型，它同时执行特征学习和二值表征学习，以保持成对的相似性。类似地，DSH[62]学习图像成对的判别性二值表征，以使相似的图像表征尽可能接近，而相异的图像表征则尽可能远离。另外，人们已经开发了许多深度哈希方法来获得保留语义相似度的二值表征，例如 DNNH[63]、DHN[64]、SuBiC[65]、HashNet[66]、ADSH[67]和 DVStH[68]。对于监督哈希学习，这些方法通常利用监督语义标签来进行成对相似性构造（如 $\boldsymbol{S}$）或最终二值表征分类。但是，SSAH 与上述现有方法完全不同，具体有以下几点。

（1）SSAH 结合使用成对相似性和点对语义标签来确保高质量的二值表征，优于仅使用其中一种的方法。

（2）SSAH 采用一步式表征学习的二值表征，在编码过程中学习了完整的成对语义相似性，优于这些采用多次批量处理方式的深度哈希学习模型。

（3）SSAH 能够以有效的非对称离散方式直接学习二值表征，这不同于现有的基于对称语义相似度保持的深层模型，例如 DPSH、DNNH 和 HashNet 等。

（4）SSAH 的离散优化算法直接对二值表征进行优化，不存在任何松弛操作。

为了评估不同哈希方法的性能，本章的实验部分将 SSAH 与 CIFAR-10 数据集上最先进的深度哈希方法进行了比较。为了公平比较，直接引用先前工作[65,68]的比较结果，这些结果是用文献[63]中的相同主干网络获得的。值得注意的是，所有参与对比的方法都使用相同的基础网络进行可靠的比较。具体来说，该网络由 3 个卷积池层和 2 个全连接层组成。第一个全连接层具有 500 个结点，第二层（输出层）具有与编码长度相同的结点数量。为了与 SSAH 进行公平的比较，实验采用了与文献[63]中相同的网络微调参数，以从第一个全连接层中提取所有图像特征，即 500 维特征向量，并使用以上特征作为 SSAH 的输入。实验结果见表 7-4。

从表 7-4 可以发现，SSAH 明显优于其他参与对比的方法，这反过来证明了 SSAH 学习框架的有效性。主要原因可能有以下两点。

表 7-4　不同深度哈希方法在 CIFAR-10 数据集上的 MAP 性能

方法	12bit	24bit	36bit	48bit
CNNH+	0.5425	0.5604	0.5640	0.5574
DNNH	0.5708	0.5875	0.5899	0.5904
DHN	0.5554	0.5943	0.6031	0.6215
DSH	0.6157	0.6512	0.6607	0.6755
DPSH	0.6267	0.6341	0.6473	0.6567
SuBiC	0.6349	0.6719	0.6823	0.6863
HashNet	0.6657	0.6732	0.6938	0.7078
ADSH	0.5062	0.6525	0.6902	0.7051
DVStH	0.6669	0.6978	0.7131	0.7146
SSAH	**0.7015**	**0.7289**	**0.7427**	**0.7513**

（1）由于连续特征松弛，上述深度哈希方法的量化误差未在统计上最小化，因此所得数据表示与二值表征不是完美兼容的。

（2）另一个潜在原因是，它们没有同时采用成对相似性和点对类别信息中的所有原则语义，因此这些深度哈希方法只能生成次优二值特征。

2．与非对称哈希方法的比较

一些关于非对称学习的理论研究[46,69,70]已经证明了非对称紧凑二值表征学习的有效性，该方法通过使用两个不同的哈希函数对查询点和数据集点进行编码。例如，Albert Gordo 等人[46]采用实值查询和二值表征的数据集进行相似性搜索。最近的一些研究（如 SDH[35]、COSDISH[33]、SDHR[6]和 FSDH[5]）采用了非对称哈希学习策略，其中二进制数据集编码是从离散优化中学习的，而未参与训练的查询样本的数据表征是通过学习哈希函数直接获得的。由于减小了编码数据集样本的量化误差，因此非对称哈希学习可获得令人鼓舞的检索性能。值得注意的是，非对称哈希学习策略也成功地应用于快速推荐系统中，例如离散协同过滤器[71]通过学习离散的用户和项目向量来重建观察到的评分。得益于深度神经网络的强大表征能力，ADSH 是第一个非对称深度哈希，它只对查询点学习深度哈希函数，然后将其应用于生成数据集二值表征。但是，SSAH 在学习过程中是使用两个非二进制嵌入来对整个数据集学习更准确的完全相似性。重要的是，利用回归语义嵌入和嵌入视觉特征的对齐潜在因子推导出的两个不同的哈希函数，精确地保留了学习到的二值表征中所有的成对相似性，这使得 SSAH 不同于现有的非对称哈希方法。同时，成对和逐点的两种语义信息均参与了非对称相似度近似和对齐过程，其语义量化误差更小，有助于更好地将有效的多重语义保留至二值表征中。从本章展示的大量实验结果中可以观察到，SSAH 明显优于现有的对称哈希学习和非对称哈希学习，具有最先进的图像检索性能。

7.5 本章小结

本章介绍了一种监督非对称哈希学习框架，可获得判别性较强的二值表征，称为可扩展的监督非对称哈希（SSAH）学习。该框架能够有效地保留整个可用数据集的全部语义相似性，并可从不同的角度学习双流非对称哈希学习函数，即语义回归嵌入和精炼的潜在因子嵌入。通过无缝结合监督语义空间和健壮潜在空间，该方法可以轻松处理大型相似矩阵（即使具有 $n \times n$ 的规模），同时可以生成更多判别性较强的二值表征，用于图像检索任务。本章还介绍了一种离散优化算法，能够有效地解决 SSAH 产生的优化问题。大量的实验结果和分析证明了这种非对称哈希学习框架在不同大规模数据集上的优越性。

参考文献

[1] Shen F, Xu Y, Liu L, et al. Unsupervised deep hashing with similarity-adaptive and discrete optimization[J]. IEEE Transactions on Pattern Analysis and Machine Intelligence, 2018, 40(12): 3034-3044.

[2] Wang J, Zhang T, Sebe N, et al. A survey on learning to hash[J]. IEEE Transactions on Pattern Analysis and Machine Intelligence, 2017, 40(4): 769-790.

[3] Ge T, He K, Sun J. Graph cuts for supervised binary coding[C]//European Conference on Computer Vision. Cham: Springer, 2014: 250-264.

[4] Cakir F, Sclaroff S. Adaptive hashing for fast similarity search[C]//Proceedings of the IEEE International Conference on Computer Vision. NJ: IEEE, 2015: 1044-1052.

[5] Gui J, Liu T, Sun Z, et al. Fast supervised discrete hashing[J]. IEEE Transactions on Pattern Analysis and MachineIntelligence, 2017, 40(2): 490-496.

[6] Gui J, Liu T, Sun Z, et al. Supervised discrete hashing with relaxation[J]. IEEE Transactions on Neural Networks and Learning Systems, 2016, 29(3): 608-617.

[7] Lu J, Liong V E, Zhou J. Simultaneous local binary feature learning and encoding for homogeneous and heterogeneous face recognition[J]. IEEE Transactions on Pattern Analysis and Machine Intelligence, 2017, 40(8): 1979-1993.

[8] Shen F, Mu Y, Yang Y, et al. Classification by retrieval: Binarizing data and classifiers[C]//Proceedings of the 40th International ACM SIGIR Conference on Research and Development in Information Retrieval. NY: ACM, 2017: 595-604.

[9] Xie G S, Liu L, Jin X, et al. Attentive region embedding network for zero-shot learning[C]//Proceedings of the IEEE/CVF Conference on Computer Vision and Pattern Recognition. NJ: IEEE, 2019: 9384-9393.

[10] Shen X, Liu W, Tsang I, et al. Compressed k-means for large-scale clustering[C]//Proceedings of the 31st AAAI Conference on Artificial Intelligence. CA: AAAI, 2017, 31(1): 2527-2533.

[11] Zhang Z, Liu L, Shen F, et al. Binary multi-view clustering[J]. IEEE Transactions on Pattern Analysis and Machine Intelligence, 2018, 41(7): 1774-1782.

[12] Zhang Z, Liu L, Qin J, et al. Highly-economized multi-view binary compression for scalable image clustering[C]//Proceedings of the European Conference on Computer Vision (ECCV). Cham: Springer, 2018: 731-748.

[13] Gong Y, Pawlowski M, Yang F, et al. Web scale photo hash clustering on a single machine[C]// Proceedings of the IEEE Conference on Computer Vision and Pattern Recognition. NJ: IEEE, 2015: 19-27.

[14] Gionis A, Indyk P, Motwani R. Similarity search in high dimensions via hashing[C]//Proceedings of the 25th International Conference on Very Large Data Bases. Trondheim: VLDB Endowment, 1999, 99(6): 518-529.

[15] Datar M, Immorlica N, Indyk P, et al. Locality-sensitive hashing scheme based on p-stable distributions[C]//Proceedings of the Twentieth Annual Symposium on Computational Geometry. [S.l.]: SCG, 2004: 253-262.

[16] Andoni A, Indyk P, Laarhoven T, et al. Practical and optimal LSH for angular distance[Z/OL]. 2015. arXiv:1509.02897.

[17] Korman S, Avidan S. Coherency sensitive hashing[J]. IEEE Transactions on Pattern Analysis and Machine Intelligence, 2015, 38(6): 1099-1112.

[18] Shrivastava A, Li P. Asymmetric LSH (ALSH) for sublinear time maximum inner product search (MIPS)[Z/OL]. 2014. arXiv:1405.5869.

[19] Yu F, Kumar S, Gong Y, et al. Circulant binary embedding[C]// Proceedings of the 31st International Conference on Machine Learning. [S.l.]: PMLR, 2014: 946-954.

[20] Liu W, Wang J, Ji R, et al. Supervised hashing with kernels[C]// Proceedings of the 2012 IEEE Conference on Computer Vision and Pattern Recognition. NJ: IEEE, 2012: 2074-2081.

[21] Liu W, Wang J, Kumar S, et al. Hashing with graphs[C]//Proceedings of the 28th International Conference on Machine Learning. [S.l.]: PMLR, 2011: 1-8.

[22] Jin Z, Li C, Lin Y, et al. Density sensitive hashing[J]. IEEE Transactions on Cybernetics, 2013, 44(8): 1362-1371.

[23] Wen J, Zhong Z, Zhang Z, et al. Adaptive locality preserving regression[J]. IEEE Transactions on Circuits and Systems for Video Technology, 2018, 30(1): 75-88.

[24] Norouzi M, Fleet D J. Minimal loss hashing for compact binary codes[C]//Proceedings of the 28th International Conference on Machine Learning. [S.l.]: PMLR, 2011: 353-360.

[25] Lin G, Shen C, Suter D, et al. A general two-step approach to learning-based hashing[C]//Proceedings of the IEEE International Conference on Computer Vision. NJ: IEEE, 2013: 2552-2559.

[26] Zhang Z, Xie G, Li Y, et al. SADIH: Semantic-aware discrete hashing[C]//Proceedings of the AAAI Conference on Artificial Intelligence. CA: AAAI, 2019, 33(1): 5853-5860.

[27] Weiss Y, Torralba A, Fergus R. Spectral hashing[C]//Proceedings of the 21st International Conference on Neural Information Processing Systems. Cambridge: MIT Press, 2008, 1(2): 1753-1760.

[28] Jiang Q Y, Li W J. Scalable graph hashing with feature transformation[C]//Proceedings of the 24th International Conference on Artificial Intelligence. CA: Morgan Kaufmann, 2015, 15: 2248-2254.

[29] Wang J, Kumar S, Chang S F. Semi-supervised hashing for large-scale search[J]. IEEE Transactions on Pattern Analysis and Machine Intelligence, 2012, 34(12): 2393-2406.

[30] Wen J, Han N, Fang X, et al. Low-rank preserving projection via graph regularized reconstruction[J]. IEEE Transactions on Cybernetics, 2018, 49(4): 1279-1291.

[31] Shen F, Shen C, Shi Q, et al. Inductive hashing on manifolds[C]//Proceedings of the IEEE Conference on Computer Vision and Pattern Recognition. NJ: IEEE, 2013: 1562-1569.

[32] Zhang P, Zhang W, Li W J, et al. Supervised hashing with latent factor models[C]//Proceedings of the 37th International ACM SIGIR Conference on Research & Development in Information Retrieval. NY: ACM, 2014: 173-182.

[33] Kang W C, Li W J, Zhou Z H. Column sampling based discrete supervised hashing[C]//Proceedings of the AAAI Conference on Artificial Intelligence. CA: AAAI, 2016, 30(1): 1230-1236.

[34] Lin G, Shen C, Shi Q, et al. Fast supervised hashing with decision trees for high-dimensional data[C]//Proceedings of the IEEE Conference on Computer Vision and Pattern Recognition. NJ: IEEE, 2014: 1963-1970.

[35] Shen F, Shen C, Liu W, et al. Supervised discrete hashing[C]//Proceedings of the IEEE Conference on Computer Vision and Pattern Recognition. NJ: IEEE, 2015: 37-45.

[36] Wang X, Li Z, Tao D. Subspaces indexing model on Grassmann manifold for image search[J]. IEEE Transactions on Image Processing, 2011, 20(9): 2627-2635.

[37] Wang X, Li Z, Zhang L, et al. Grassmann hashing for approximate nearest neighbor search in high dimensional space[C]//2011 IEEE International Conference on Multimedia and Expo. NJ: IEEE, 2011: 1-6.

[38] Wang X, Bian W, Tao D. Grassmannian regularized structured multi-view embedding for image classification[J]. IEEE Transactions on Image Processing, 2013, 22(7): 2646-2660.

[39] Fu Y, Wei Y, Zhou Y, et al. Horizontal pyramid matching for person re-identification[C]//Proceedings of

the AAAI Conference on Artificial Intelligence. CA: AAAI, 2019, 33(1): 8295-8302.

[40] Gong Y, Lazebnik S, Gordo A, et al. Iterative quantization: A procrustean approach to learning binary codes for large-scale image retrieval[J]. IEEE Transactions on Pattern Analysis and Machine Intelligence, 2012, 35(12): 2916-2929.

[41] Deng C, Yang E, Liu T, et al. Unsupervised semantic-preserving adversarial hashing for image search[J]. IEEE Transactions on Image Processing, 2019, 28(8): 4032-4044.

[42] Norouzi M, Fleet D J. Cartesian k-means[C]//Proceedings of the IEEE Conference on Computer Vision and Pattern Recognition. NJ: IEEE, 2013: 3017-3024.

[43] Zhang Z, Shao L, Xu Y, et al. Marginal representation learning with graph structure self-adaptation[J]. IEEE Transactions on Neural Networks and Learning Systems, 2017, 29(10): 4645-4659.

[44] Zhang Z, Lai Z, Xu Y, et al. Discriminative elastic-net regularized linear regression[J]. IEEE Transactions on Image Processing, 2017, 26(3): 1466-1481.

[45] Gui J, Li P. R 2 SDH: Robust rotated supervised discrete hashing[C]//Proceedings of the 24th ACM SIGKDD International Conference on Knowledge Discovery & Data Mining. NY: ACM, 2018: 1485-1493.

[46] Gordo A, Perronnin F, Gong Y, et al. Asymmetric distances for binary embeddings[J]. IEEE Transactions on Pattern Analysis and Machine Intelligence, 2013, 36(1): 33-47.

[47] Shen F, Yang Y, Liu L, et al. Asymmetric binary coding for image search[J]. IEEE Transactions on Multimedia, 2017, 19(9): 2022-2032.

[48] Luo X, Wu Y, Xu X S. Scalable supervised discrete hashing for large-scale search[C]//Proceedings of the 2018 World Wide Web Conference. [S.l.]: WWW, 2018: 1603-1612.

[49] Xie G S, Zhang X Y, Yan S, et al. SDE: A novel selective, discriminative and equalizing feature representation for visual recognition[J]. International Journal of Computer Vision, 2017, 124(2): 145-168.

[50] Wen Z, Yin W. A feasible method for optimization with orthogonality constraints[J]. Mathematical Programming, 2013, 142(1): 397-434.

[51] Nie F, Huang H, Cai X, et al. Efficient and robust feature selection via joint $l_{2,1}$-norms minimization[J]. Advances in Neural Information Processing Systems, 2010, 23: 1813-1821.

[52] Rudin W. Principles of mathematical analysis[M]. New York: McGraw-hill, 1976.

[53] Krizhevsky A, Hinton G. Learning multiple layers of features from tiny images[R]. Toronto: University of Toronto, 2009.

[54] Griffin G, Holub A, Perona P. Caltech-256 object category dataset: Technical Report 7694[R]. California Institute of Technology, 2007.

[55] Xiao J, Hays J, Ehinger K A, et al. Sun database: Large-scale scene recognition from abbey to zoo[C]//2010 IEEE Computer Society Conference on Computer Vision and Pattern Recognition. NJ: IEEE, 2010: 3485-3492.

[56] Deng J, Dong W, Socher R, et al. Imagenet: A large-scale hierarchical image database [C]//Proceedings of the 2009 IEEE Conference on Computer Vision and Pattern Recognition. NJ: IEEE, 2009: 248-255.

[57] Chua T S, Tang J, Hong R, et al. Nus-wide: A real-world web image database from national university of singapore[C]//Proceedings of the ACM International Conference on Image and Video Retrieval. NY: ACM, 2009: 1-9.

[58] Gong Y, Wang L, Guo R, et al. Multi-scale orderless pooling of deep convolutional activation features[C]//European Conference on Computer Vision. Cham: Springer, 2014: 392-407.

[59] Xie G S, Zhang X Y, Shu X, et al. Task-driven feature pooling for image classification[C]//Proceedings of the IEEE International Conference on Computer Vision. NJ: IEEE, 2015: 1179-1187.

[60] Xia R, Pan Y, Lai H, et al. Supervised hashing for image retrieval via image representation learning[C]//Proceedings of the 28th AAAI Conference on Artificial Intelligence. CA: AAAI, 2014, 28(1): 2156-2162.

[61] Li W J, Wang S, Kang W C. Feature learning based deep supervised hashing with pairwise labels[Z/OL]. 2015. arXiv:1511.03855.

[62] Liu H, Wang R, Shan S, et al. Deep supervised hashing for fast image retrieval[C]//Proceedings of the IEEE Conference on Computer Vision and Pattern Recognition. NJ: IEEE, 2016: 2064-2072.

[63] Lai H, Pan Y, Liu Y, et al. Simultaneous feature learning and hash coding with deep neural networks[C]//Proceedings of the IEEE Conference on Computer Vision and Pattern Recognition. NJ: IEEE, 2015: 3270-3278.

[64] Zhu H, Long M, Wang J, et al. Deep hashing network for efficient similarity retrieval[C]//Proceedings of the 30th AAAI Conference on Artificial Intelligence. CA: AAAI, 2016, 30(1): 2415-2421.

[65] Jain H, Zepeda J, Pérez P, et al. Subic: A supervised, structured binary code for image search[C]//Proceedings of the IEEE International Conference on Computer Vision. NJ: IEEE, 2017: 833-842.

[66] Cao Z, Long M, Wang J, et al. Hashnet: Deep learning to hash by continuation[C]//Proceedings of the IEEE International Conference on Computer Vision. NJ: IEEE, 2017: 5608-5617.

[67] Jiang Q Y, Li W J. Asymmetric deep supervised hashing[C]//Proceedings of the AAAI Conference on Artificial Intelligence. CA: AAAI, 2018, 32(1): 1011-1019.

[68] Liong V E, Lu J, Duan L Y, et al. Deep variational and structural hashing[J]. IEEE Transactions on Pattern Analysis and Machine Intelligence, 2018, 42(3): 580-595.

[69] Dong W, Charikar M, Li K. Asymmetric distance estimation with sketches for similarity search in high-dimensional spaces[C]//Proceedings of the 31st Annual International ACM SIGIR Conference on Research and Development in Information Retrieval. NY: ACM, 2008: 123-130.

[70] Neyshabur B, Yadollahpour P, Makarychev Y, et al. The power of asymmetry in binary

hashing[Z/OL]. 2013: 2823-2831. arXiv:1311.7662.

[71] Zhang H, Shen F, Liu W, et al. Discrete collaborative filtering[C]//Proceedings of the 39th International ACM SIGIR Conference on Research and Development in Information Retrieval. NY: ACM, 2016: 325-334.

第 8 章　深度语义协同哈希学习

随着社交网络的快速发展，人类社会已经步入多媒体大数据时代。多媒体大数据具有非结构化、规模巨大、种类复杂等特点[1-5]。因此，如何高效地检索和处理这些庞大的复杂数据，无疑是一个具有挑战性的问题。为了更有效地从多媒体大数据中挖掘和检索出有价值的信息，近年来，近似最近邻（Approximate Nearest Neighbor，ANN）搜索在机器学习和信息检索等相关应用中起着重要作用。最近，二值表征因其存储成本低和检索速度快的优势，获得了人工神经网络研究界的广泛关注。与传统的索引方法相比[6]，近似最近邻检索方法具有明显的优势。这类方法主要采用哈希方法将在高维空间相邻的多媒体数据经过哈希函数的映射投影转化成一组紧凑的二值表征，并在检索时将欧几里得空间的距离计算转化到汉明空间，以实现有效的异或操作[2,7-9]，从而有效地提高检索速度。受此启发，本章主要在与数据相关的二值表征方案的基础上，进一步讨论更加有效的哈希方法，实现高效、快速的多媒体图像检索。

现有的哈希方法大致可以分成两种类型：数据无关的哈希方法（Data-independent Hashing）和数据相关的哈希方法（Data-dependent Hashing）。数据无关的哈希方法采用的是随机投影（Random Projection）理论，存在一定不足。例如，这类方法要求获得的二值表征长度较大时，才具有一定的表征能力。为了有效地适应近似最近邻检索方法，许多效果更优的数据相关的哈希方法[10]陆续被提出。

数据相关的哈希方法是根据数据本身的特征来学习哈希函数，人们也将其称作基于学习的哈希方法，简称哈希学习（Learning to Hash），这类方法是通过挖掘数据的隐含特性，学习到适合该类数据的哈希函数。哈希学习的算法可以分为无监督哈希算法和有监督哈希算法。无监督哈希算法[7,11-15]主要是通过采用无标签的数据学习一系列哈希函数。与无监督哈希算法相比，有监督哈希算法[2,16-21]通常都是数据相关的，即利用图像数据的标签信息作为监督信息，学习到一个更为紧凑的编码，从而提高哈希的质量。然而，主流的哈希学习方法中，图像特征提取与后续的哈希学习是分开的，即先对图像提取特征，再对提取到的特征进行哈希学习，这导致检索的效果往往受限于从图像中提取的特征。因此，如何将图像特征提取与哈希学习结合在一起，进而提高整个检索系统的准确度，具有重要的研究与应用意义。

近年来，受益于深度卷积神经网络的强大特征表示能力和学习能力，深度学习的相关技术也被应用于大规模图像哈希算法中。通过采用端到端的特征学习方式和非线性哈希函数[3,8,22]，深度哈希（Deep Hashing）[3,23-27]技术不仅能保留图像间的相似性，同时还能最大限度地减少生成二值表征时的量化损失。尽管如此，现有的深度哈希方法在学习过程中仍未能充分地弥合视觉特征空间和离散语义空间之间的语义鸿沟，无法实现有效的哈希学习。此外，受到语义标签分布不平衡的影响，深度哈希方法在学习过程中往往只关注训练数据中大量出现的语义概念，而忽略稀有概念，这在很大程度上限制了用该方法生成的二值表征的语义表达能力，导致图像检索性能下降。

在上述分析与研究的基础上，本章介绍一种快速图像哈希检索方法，即深度语义协同哈希（Deep Collaborative Discrete Hashing，DCDH）学习。该方法的核心思想是通过弥合视觉空间和语义空间之间的差距来构建语义不变空间。具体来说，DCDH 主要通过骨干网络提取视觉特征，并利用类别编码器将语义标签信息投影到灵活的连续向量空间中，进一步挖掘语义标签之间的相关性，从而有效地提高监督信息利用的灵活性。同时，为了消除语义鸿沟的影响，该方法使用视觉特征向量和类别编码向量的外积进一步生成上下文感知的表征。与普通的拼接操作相比，外积操作不仅可以保留原始空间信息，而且能够实现向量元素间的交互作用，从而捕获视觉特征嵌入和类别编码之间的相关性。此外，DCDH 方法还将焦点损失（Focal Loss）引入语义不变空间的构造中，通过平衡正负样本的权重来解决数据集中的类别不平衡问题。

8.1 哈希学习方法

现有的哈希学习方法主要分为两类：基于手工设计特征的哈希方法和基于深度学习的哈希方法。基于手工设计特征的哈希方法（如 HOG[28]、GIST[29]、LBP[30]）将特征提取与哈希学习分开进行，首先根据图像边缘轮廓、局部纹理等信息设计图像描述子特征，然后将提取的特征输入哈希学习模型中学习相关的函数，从而将图像特征编码成一组紧凑的二值表征。例如，迭代量化哈希（Iterative Quantization Hashing，ITQ）方法[11]通过最小化将数据投影到二值超立方体（Binary Hypercube）顶点中的量化错误来学习保留相似性的二值表征。此外，几何保持哈希（Geometric Preserving Hashing，GPH）方法根据重建误差最小化[31,32]和图学习[11,12]等重要准则学习哈希函数，实现数据点二值化。然而，这类方法仍然无法有效地弥合语义鸿沟，因为纹理和颜色等低级特征与高级语义描述往往存在较大的差异。与上述方法相比，有监督哈希方法[2,16-18,27]通过利用图像数据的成对相似性、语义类标签和相关性反馈等监督信息，可以获得更好的检索性能。其中，为了处理数据间非线性可分的情况，KSH 方法采用了核（Kernel）的形式来构造哈希函数。作为一种典型的有监督哈希方法，KSH 并不是直接通过最小化二值表征间的汉明距离来训练哈希函数的，而是通过最小化二值表征的内积。此外，离散监督哈希（Supervised Discrete Hashing，SDH）方法通过直接采用逐位优化二值表征的方法代替松弛方法，获得了高质量二值表征。传统基于哈希的图像检索主要通过改进哈希函数、相似性度量准则和损失函数等方法提高检索精度，但由于这类方法对底层特征描述不足，难以表达图像丰富的高级语义信息，致使传统哈希方法的检索性能一直没有较大突破。

随着卷积神经网络[33-34]在许多计算机视觉任务上取得重大的突破，研究人员提出了一系列深度哈希方法，用于高精度的图像检索[3,24-27,35-37]，以同时学习图像表征和哈希函数，并获得了比基于手工设计特征的哈希方法更优越的性能。作为第一个深度哈希工作，卷积神经网络哈希（Convolutional Neural Network Hashing，CNNH）方法[23]采用了双阶段策略。首先通过卷积神经网络自动学习图像特征和一组哈希函数，对二进制代码进行拟合，使检索性能取得了显著提升。但该方法的输入除了原始图像数据外，还包括第一阶段学习到的二值表征，不是端到端的方法，不能完全发挥卷积神经网络的学习能力。为此，深度神经网络哈希（Deep Neural Network Hashing，DNNH）[22]通过改进 CNNH 的网络结构，使算法框架能对多幅图像构成的三元组进行端到端训练，从而实现了在一个阶段中学习图像表征及其对应的二值表征，减少了基于哈希学习的二值表征信息冗余。随后，深度哈希网络（Deep Hashing Network，DHN）[25]提出成对量化损失，利用可控制的成对量化损失优化成对交叉熵损失，进而生成了紧凑集中的二值表征。深度成对相似性哈希（Deep Pairwise Similarity Hashing，DPSH）[25]根据贝叶斯理论学习最佳图像特征，并通过设计损失函数和改进目标函数，实现基于标签对图像表征和二值表征的共同学习。与以往的哈希方法通过将连续码量化生成二值表征不同，HashNet[26]设计了一种新的加权成对交叉熵损失保留相似性，使用连续松弛技术来减少量化误差，并通过平衡训练数据中的正负样本对权重来进一步改进 DPSH。基于深度语义排列的哈希（Deep Semantic Ranking based Hashing，DSRH）方法[38]采用源自标签的三元组损失进行哈希学习。深度三重态量化哈希（Deep Triplets Quantization，DTQ）方法[35]提出了一种新的具有弱正交性约束的三重态量化损失，并通过使用有效的三重态选择模块进一步增强了三重态损失，减少了编码冗余。与使用成对相似性作为监督不同，语义保留的深度哈希（Supervised Semantics-preserving Deep Hashing，SSDH）方法通过构造一个潜在的哈希层，并最小化哈希层输出的分类误差来生成二值表征。

此外，在许多应用中，图像数据可以具有多种视图。随着多视图数据量在实际应用中的快速增长，多视图哈希和跨视图哈希逐步被应用于多视图数据集的近似最近邻检索。多视图哈希方法的主要目标是将多个视图的特征描述信息整合到一个公共特征空间中，并在该空间中学习目标哈希函数[39-42]。例如，朱磊等人[42]提出了一种灵活的多视图哈希方法，可通过学习多个视图的二值表征来保留视图内部信息，并通过组合来自不同视图的二值表征来利用互补信息。然而，多视图哈希方法通常要求在查询阶段提供可使用的所有视图特征。相比之下，跨视图哈希主要是通过缩小不同视图之间的模态差距，进一步增强来自异构视图的查询[43-45]。语义保留哈希（Semantics-reserving Hashing，SPH）模型[44]通过最小化概率分布的 KL 散度（Kullback-Leibler Divergence），利用从不同的视图派生的共享潜在空间来执行跨视图检索。与多视图哈希或跨视图哈希不同，DCDH 专注于高效的单视图图像检索任务，并构建了图像和语义编码网络的双流体系结构来学习判别式哈希函数。值得注意的是，DCDH 模型语义标签编码网络的主要目标是生成灵活的语义嵌入来指导图像编码网络，而不是用于对特定视图进行编码。

8.2 深度语义协同哈希学习模型

本节详细介绍 DCDH 模型，结构如图 8-1 所示。该模型主要由特征嵌入网络和类别编码网络组成双流网络，通过使用深度视觉特征和编码的语义标签的外积生成感知上下文的视觉特征嵌入，从而形成语义不变的结构，有效地将独立的特征和共享的特征共同集成到最终的公共离散空间结构中。在查询阶段，DCDH 模型仅利用视觉嵌入分支网络为不具备语义标签的测试图像生成二值表征。

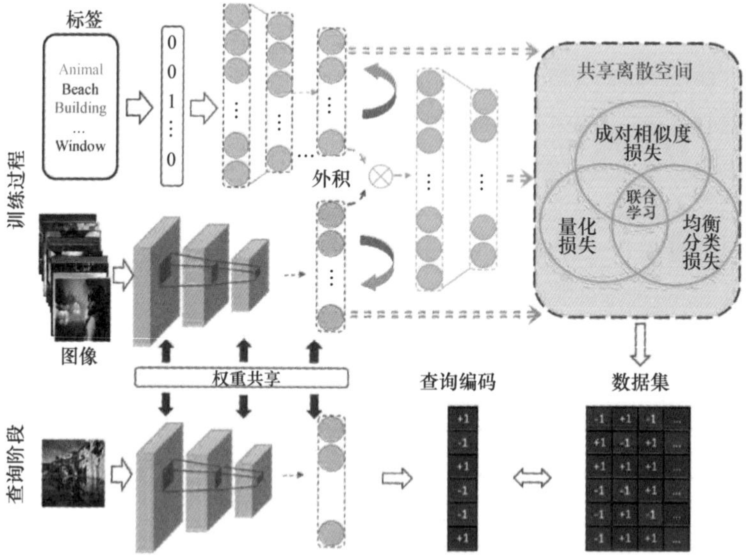

图 8-1　DCDH 模型的结构

8.2.1 问题定义

设一个有n张图像的集合$\boldsymbol{D}=\{\boldsymbol{X},\boldsymbol{L}\}$，其中$\boldsymbol{X}=\{\boldsymbol{x}_i\}_{i=1}^{n}\in\mathfrak{R}^{n\times d}$和$\boldsymbol{L}=\{\boldsymbol{l}_i\}_{i=1}^{n}\in\{0,1\}^{n\times c}$

分别是图像和相应的标签向量，c代表数据集中的类别总数。哈希方法的主要目的是挖掘数据模式并学习一组非线性哈希函数ϕ。图像$\boldsymbol{X}$可以编码为 k 位的二值码$\boldsymbol{B}=\{\boldsymbol{b}_i\}_{i=1}^{n}\in\{-1,1\}^{n\times k}$，即$\phi: \boldsymbol{x}_i\rightarrow\boldsymbol{b}_i\in\{-1,1\}^{k}$。为了充分利用数据集标签并最大限度地减小量化误差，n 个数据点$\boldsymbol{B}=\{\boldsymbol{b}_i\}_{i=1}^{n}\in\{-1,1\}^{n\times k}$的二值表征直接通过学习得到而不进行松弛操作。DCDH 主要为成对相似性保留哈希方法，并基于真实标签构造相似度矩阵 $\boldsymbol{S}$。如果第 i 张图像和第 j 张图像至少拥有一个公共标签，则称它们具有语义上的相似性，$\boldsymbol{S}_{ij}=1$。当第 i 张图像和第 j 张图像的语义不同时，$\boldsymbol{S}_{ij}=-1$。

8.2.2　特征嵌入网络

特征嵌入网络的主要目的是生成适合哈希学习且判别性较强的图像数据表征。同时，将语义相似对与其他相似对区别开来。具体而言，如果数据点$\boldsymbol{x}_i$和$\boldsymbol{x}_j$具有语义相似性，即$\boldsymbol{S}_{ij}=1$，那么相应产生的二值表征$\overline{\boldsymbol{b}}_i$和$\boldsymbol{b}_j$之间的汉明距离应该尽可能小。为了保留数据点[3,18]的成对相似性，DCDH 采用二值码的内积来近似缩放后的相似性，并采用平滑的 L_2 损失，其定义为

$$\min_{\boldsymbol{b}_i,\boldsymbol{b}_j} L_1=\sum_{i=1}^{n}\sum_{j=1}^{n}\|\overline{\boldsymbol{b}}_i^{\mathrm{T}}\boldsymbol{b}_j-k\boldsymbol{S}_{ij}\|_{\mathrm{F}}^2$$
$$\text{s.t.}\quad \overline{\boldsymbol{b}}_i,\boldsymbol{b}_j\in\{-1,1\}^k \tag{8-1}$$

由于二值码$\overline{\boldsymbol{b}}_i$和$\boldsymbol{b}_j$的离散特性，深度哈希方法面临着混合整数优化 NP-困难问题，无法直接生成严格的离散输出。为了解决这一问题，可以进一步设置$\boldsymbol{b}_i=\operatorname{sgn}(\boldsymbol{F}_v(\boldsymbol{x}_i;\boldsymbol{\theta}_v))$，其中$\boldsymbol{\theta}_v$表示深度视觉嵌入网络的参数。这样，式（8-1）可以重写为

$$\min_{\boldsymbol{B},\boldsymbol{\theta}_v} L_1=\|\operatorname{sgn}\big(\boldsymbol{F}_v(\boldsymbol{X};\boldsymbol{\theta}_v)\big)^{\mathrm{T}}\boldsymbol{B}-k\boldsymbol{S}\|_{\mathrm{F}}^2$$
$$\text{s.t.}\quad \boldsymbol{B}\in\{-1,1\}^{n\times k} \tag{8-2}$$

其中，$\boldsymbol{S}\in\{1,-1\}^{n\times n}$是二值化的相似度矩阵。

DCDH 的特征学习部分采用了预训练的 AlexNet[33]，表示为$\boldsymbol{F}_v(\cdot;\boldsymbol{\theta}_v)$，并进一步扩展到了判别性二值表征学习网络。基于此骨干网络，DCDH 将最终分类器层替换为灵活的 k 维全连接层，以将卷积特征图转化为 k 维连续 $\boldsymbol{U}$。这样，DCDH 进一步采用双曲正切函数（tanh）作为激活函数来近似非微分符号函数（sgn），即$\overline{\boldsymbol{b}}_i=\operatorname{sgn}(\boldsymbol{u}_i)$。此外，骨干网络的输出特征为$\boldsymbol{U}_v$，$\boldsymbol{U}_v=\tanh(\boldsymbol{F}_v(\boldsymbol{X};\boldsymbol{\theta}_v))$。为了控制量化误差并弥合二值码与其松弛码之间的差距，DCDH 添加了一个额外的惩罚项，以使$\boldsymbol{U}_v$和 $\boldsymbol{B}$ 尽可能接近，并采用以下矩阵形式的损失函数来促进网络将梯度反向传播至$\boldsymbol{\theta}_v$。因此，深度视觉嵌入网络的目标函数被设定为

$$\min_{\boldsymbol{B},\boldsymbol{\theta}_v} L_1=\|\boldsymbol{U}_v^{\mathrm{T}}\boldsymbol{B}-k\boldsymbol{S}\|_{\mathrm{F}}^2+\alpha\|\boldsymbol{B}-\boldsymbol{U}_v\|_{\mathrm{F}}^2$$

$$\text{s.t.} \quad \boldsymbol{B} \in \{-1,1\}^{n\times k}, \ \boldsymbol{U}_v = \tanh\left(\boldsymbol{F}_v(\boldsymbol{X};\boldsymbol{\theta}_v)\right) \tag{8-3}$$

其中，α是一个权重参数。

8.2.3 类别编码网络

在语义相似度保留哈希方法中，语义标签总是转换成成对的相似性或用于分类的类别信息。但是，这两种策略都无法使二值表征保留语义标签所反映的区分信息。一方面，将标签转换为成对相似性会丢失训练数据的类别信息，从而严重限制生成的二值表征的表征能力。另一方面，当数据点的标签包含多个语义时，直接对监督信息进行热独编码可能会削弱潜在的语义相关性。例如，一张由多个标签（例如“ocean”“beach”和“water”）标注的图像包含潜在的概念里的语义联系，而类别向量可能会在细粒度的层次上阻碍概念间的联系。为了解决上述问题，本小节介绍一种简单而有效的深度类别编码网络来揭示语义信息。具体来说，DCDH 通过全连接层直接投影语义标签，以指导哈希学习过程。产生的类别编码网络旨在捕获原始语义信息并将其保留在 k 维连续空间中。因此，模型可以有效地将特定类别信息编码为学习到的灵活语义嵌入表征。同时，语义关系被非线性地转换为学习到的二值表征。与视觉嵌入网络类似，类别编码网络也采用式（8-1）所示的学习方案，并根据标签信息保留语义相似性。因此，类别编码网络的损失函数定义为

$$\min_{\boldsymbol{B},\boldsymbol{\theta}_l} L_2 = \|\boldsymbol{U}_l^{\mathrm{T}}\boldsymbol{B} - k\boldsymbol{S}\|_{\mathrm{F}}^2 + \alpha\|\boldsymbol{B} - \boldsymbol{U}_l\|_{\mathrm{F}}^2$$

$$\text{s.t.} \quad \boldsymbol{U}_l = \tanh(\boldsymbol{F}_l(\boldsymbol{L};\boldsymbol{\theta}_l)) \tag{8-4}$$

其中，$\boldsymbol{F}_l(\cdot;\boldsymbol{\theta}_l)$表示由$\boldsymbol{\theta}_l$参数化的标签编码网络。

通过提供语义的互补视图，类别编码网络可以进一步引导视觉嵌入网络学习上下文感知的表征，从而获得更好的性能。

8.2.4 构建语义不变结构

特征嵌入网络的主要功能是提取低级视觉特征，而类别编码网络则侧重于细化高级概念，进而获悉图像中的哪些语义标签需要被特征嵌入网络识别，但仍无法同时从视觉功能和语义类信息中获得一致性的语义。值得注意的是，可观测到的视觉语义是二值表征学习的固有语义信息。为此，仅通过探索视觉空间和语义标签空间之间的语义鸿沟，不足以突出来自两个领域的特有信息。因此，DCDH 通过对视觉特征向量和类别编码向量进行外积操作，进一步探索视觉特征与抽象概念间的关系。与常规的按元素相乘或普通拼接不同，外积可以实现高级标签编码和低级视觉特征嵌入之间的相互作用，进而捕获视觉特征与相应标签之间的成对相关性，并发现共同的潜在属性。通过外积运算，DCDH 可以获得标签和图像特征之间的成对交互，使相关区域更好地区分图像中的语义

信息，确保学习到的二值表征真正反映从图像到相应语义标签的语义区域。

随后，DCDH 将成对相关性矩阵转化为相关向量，并投影到离散空间以生成二值表征，从而生成更具区分性的编码。本章所采用的构造语义不变结构的目标函数如下：

$$\min_{\boldsymbol{B},\boldsymbol{\theta}} L_3 = \|\boldsymbol{U}^{\mathrm{T}}\boldsymbol{B} - k\boldsymbol{S}\|_{\mathrm{F}}^2 + \alpha\|\boldsymbol{B} - \boldsymbol{U}\|_{\mathrm{F}}^2 \quad \text{s.t.} \quad \boldsymbol{U} = \tanh\big(\boldsymbol{F}(\boldsymbol{U}_v \otimes \boldsymbol{U}_l;\boldsymbol{\theta})\big) \tag{8-5}$$

其中，$\otimes$是外积符号，$\boldsymbol{F}(\cdot;\boldsymbol{\theta})$表示由 $\boldsymbol{\theta}$ 参数化的合成网络。

此外，DCDH 进一步引入了焦点损失（Focal Loss）[46]来减轻类别不平衡带来的负面影响，并将上述目标函数重新表示为

$$\min_{\boldsymbol{B},\boldsymbol{\theta},\boldsymbol{\theta}_c} L_3 = \|\boldsymbol{U}^{\mathrm{T}}\boldsymbol{B} - k\boldsymbol{S}\|_{\mathrm{F}}^2 + \alpha\|\boldsymbol{B} - \boldsymbol{U}\|_{\mathrm{F}}^2 + \sum_{i=1}^{n}\sum_{t=1}^{c} -\big(1 - \hat{p}_{i,t}\big)^{\gamma}\log\big(p_{i,t}\big) \quad \text{s.t.} \quad p_{i,t} = \mathrm{softmax}\big(\boldsymbol{F}_c(\boldsymbol{u}_i;\boldsymbol{\theta}_c)\big) \tag{8-6}$$

其中，γ是超参数，$\boldsymbol{F}_c(\cdot;\boldsymbol{\theta}_c)$表示由$\boldsymbol{\theta}_c$参数化的分类层，$p_{i,t}$是第 t 类的第 i 个样本的估计概率。$\hat{p}_{i,t}$的定义为

$$\hat{p}_{i,t} = \begin{cases} p_{i,t} & l_{i,t} = 1 \\ 1 - p_{i,t} & \text{其他} \end{cases} \tag{8-7}$$

其中，$l_{i,t}$表示第 i 个样本的标记向量的第 t 类。

8.2.5　协同学习

在共同考虑视觉嵌入网络、类别编码网络和语义不变结构构造网络的情况下，为了让学习到的上下文感知二值表征能尽可能保留个体和共享不变语义，本小节介绍一种协同学习策略，并采用统一的目标函数优化 DCDH 模型。该统一目标函数为

$$\min_{\boldsymbol{B},\boldsymbol{\theta},\boldsymbol{\theta}_c,\boldsymbol{\theta}_l,\boldsymbol{\theta}_v} L = L_1 + \lambda L_2 + \mu L_3 \tag{8-8}$$

其中，λ 和 μ 是权重不同项重要性的系数，L_1、L_2和L_3分别表示视觉嵌入净损失、类别编码净损失和语义不变结构构造损失。

8.3　深度语义协同哈希学习的优化算法设计

本节详细介绍 DCDH 模型采用的优化算法以及样本扩展问题。

8.3.1　训练策略分析

DCDH 模型的核心主要包括式（8-3）、式（8-4）以及式（8-6）的优化问题。由于这些公式具有相似的结构，因此本小节只介绍式（8-6）的优化过程，其余两个可以采用

同样的策略进行优化。具体而言，该算法主要采用了迭代交替优化训练策略，在训练过程中通过固定一个变量来逐步更新另一变量，反复迭代、交替优化，直至收敛。优化训练过程具体如下。

（1）对于$\boldsymbol{\theta}$、$\boldsymbol{\theta}_c$：网络中的参数$\boldsymbol{\theta}$和$\boldsymbol{\theta}_c$可以结合 PyTorch①的自动微分技术采用标准的反向传播算法进行优化[47]。

（2）对于$\boldsymbol{B}$：修正其他不相关的变量时，式（8-6）可以重写为

$$\min_{\boldsymbol{B}} L_3 = \|\boldsymbol{U}^{\mathrm{T}}\boldsymbol{B}\|_{\mathrm{F}}^2 - 2k\mathrm{tr}(\boldsymbol{B}^{\mathrm{T}}\boldsymbol{U}\boldsymbol{S}) - 2\alpha\mathrm{tr}(\boldsymbol{B}^{\mathrm{T}}\boldsymbol{U}) + \mathrm{const} \tag{8-9}$$

其中，tr(·)是迹范数。由于 Focal Loss 的设置与二值表征 $\boldsymbol{B}$ 无关，因此 Focal Loss 可视为常数变量。此外，由于离散约束问题，$\boldsymbol{B}$ 的解析解往往无法直接获得。为此，DCDH 的优化算法采用离散循环坐标下降（Discrete Cyclic Coordinate Descent，DCC）策略，通过逐步学习非微分变量，不断优化二值表征 $\boldsymbol{B}$。因此，式（8-9）可以转化为

$$\begin{aligned}\min_{\boldsymbol{B}} L_3 &= \|\boldsymbol{U}^{\mathrm{T}}\boldsymbol{B}\|_{\mathrm{F}}^2 - 2(k\mathrm{tr}(\boldsymbol{B}^{\mathrm{T}}\boldsymbol{U}\boldsymbol{S}) + \alpha\mathrm{tr}(\boldsymbol{B}^{\mathrm{T}}\boldsymbol{U})) + \mathrm{const} \\ &= \|\boldsymbol{U}^{\mathrm{T}}\boldsymbol{B}\|_{\mathrm{F}}^2 + \mathrm{tr}(\boldsymbol{B}\boldsymbol{Q}^{\mathrm{T}}) + \mathrm{const} \\ &= \mathrm{tr}(2(\boldsymbol{u}^{\mathrm{T}}(\boldsymbol{U}')^{\mathrm{T}}\boldsymbol{B}' - \boldsymbol{q}^{\mathrm{T}})\boldsymbol{z}) + \mathrm{const} \\ &\qquad \mathrm{s.t.}\quad \boldsymbol{B} \in \{-1,1\}^{n\times k}\end{aligned} \tag{8-10}$$

其中，$\boldsymbol{Q} = k\boldsymbol{U}\boldsymbol{S} + \alpha\boldsymbol{U}$，并且$\bar{\boldsymbol{U}} = \boldsymbol{U}$。$\boldsymbol{u}^{\mathrm{T}}$是$\bar{\boldsymbol{U}}$的行向量，$\boldsymbol{U}'$是$\bar{\boldsymbol{U}}$不包含$\boldsymbol{u}$的矩阵。类似地，$\boldsymbol{z}^{\mathrm{T}}$是二值表征 $\boldsymbol{B}$ 的行向量，$\boldsymbol{B}'$是$\boldsymbol{B}$不包含$\boldsymbol{z}$的矩阵；$\boldsymbol{q}^{\mathrm{T}}$是$\boldsymbol{Q}$的行向量，$\boldsymbol{Q}'$是$\boldsymbol{Q}$不包含$\boldsymbol{q}$的矩阵。

最后，进一步采用式（8-11）的最优解更新$\boldsymbol{z}$：

$$\boldsymbol{z} = \mathrm{sgn}(\boldsymbol{u}^{\mathrm{T}}(\boldsymbol{U}')^{\mathrm{T}}\boldsymbol{B}' - \boldsymbol{q}^{\mathrm{T}}) \tag{8-11}$$

8.3.2 样本扩展问题

基于 8.3.1 节介绍的优化方法，DCDH 模型可以获得针对所有训练数据和优化的视觉嵌入学习网络的最佳二值表征，即$\boldsymbol{F}_v(\cdot;\boldsymbol{\theta}_v)$。此外，通过使用视觉图像编码网络以及sgn函数，DCDH 模型可以利用式（8-12）为任何新查询样本$\boldsymbol{x}_q$生成其二值表征：

$$\boldsymbol{b}_q = \phi\left(\boldsymbol{x}_q;\boldsymbol{\theta}_v\right) = \mathrm{sgn}\left(\boldsymbol{F}_v\left(\boldsymbol{x}_q;\boldsymbol{\theta}_v\right)\right) \tag{8-12}$$

8.4 实验验证

本节在 3 个大型数据集（NUS-WIDE 数据集[48]、MIRFlickr 数据集[49]和 CIFAR-10 数据集[50]）上进行大量实验，并通过与现有的哈希方法进行对比，进一步评估 DCDH 模型的图像检索性能。

① PyTorch 是一个开源的 Python 学习库，基于 Torch，用于自然语言处理等应用程序。

8.4.1 实验设置

本节实验将 DCDH 的检索性能与 11 种现有的哈希方法进行比较，其中包括 4 种非深度有监督哈希方法(KSH[18]、SDH[2]、COSDISH[27]、LFH[51])、4 种深度哈希方法(DPSH[3]、DHN[25]、DVSQ[24]、DTQ[35]）和 3 种无监督哈希方法（LSH[52]、SGH[53]和 ITQ[7]）。此外，实验分别采用 AlexNet 和 ResNet-50[34]初始化特征嵌入网络（DCDH 与 DCDH*），进一步评估特征嵌入网络对模型性能的影响。

在训练过程中，我们采用小批量随机梯度下降法更新网络参数，并将学习速率从 10^{-6} 微调到 10^{-3}，步长为 10，且权重衰减参数设置为 5×10^{-4}。此外，模型输入的批量大小固定为 64。为简单起见，类别编码网络的权重设置为 $\mu= 0.9$，并且融合网络的权重 λ 选自范围[0.5,1)。为了平衡量化误差，将 Focal Loss 参数设置为 $\alpha= 200$ 和 $\gamma= 2$。在实验过程中，DCDH 对超参数的值不敏感，超参数的设置仅影响 DCDH 模型的收敛速度。因此，本实验采用与参与对比的算法相同的策略，通过交叉验证找到最佳参数。本节所有实验都是在配置了 NVIDIA 2080Ti GPU 和 Intel Xeon Gold 5122 CPU（3.60GHz）的工作站上进行的。

8.4.2 评估标准

本节实验采用了 3 个常见的评估指标，即平均精度（MAP)、Top-N 召回率曲线和 Top-N 精度曲线。值得注意的是，MAP 是一个整体评估协议，本节实验仅计算了前 5000 个返回结果的准确性。实验进一步使用 PR 曲线、Top-N 召回率曲线和 Top-N 精度曲线证明了 DCDH 模型具有优秀的检索性能。

8.4.3 在 NUS-WIDE 数据集上的实验结果

对于图像检索而言，NUS-WIDE 数据集是非常具有挑战性的数据集。本节实验通过令 DCDH 和 DCDH*与不同的哈希方法进行比较，全面评估了 DCDH 学习体系结构的有效性。表 8-1 展示了不同的哈希方法在 NUS-WIDE 数据集上的 MAP 结果对比。从表中可以发现，DCDH 和 DCDH*均优于其他哈希方法。

表 8-1 不同哈希方法在 NUS-WIDE 数据集上的 MAP 结果对比

方法	MAP			
	12bit	24bit	32bit	48bit
LSH	0.3994	0.4002	0.4278	0.4396
SGH	0.5038	0.5096	0.5085	0.5165
ITQ	0.4227	0.4434	0.4588	0.4667

续表

方法	MAP			
	12bit	24bit	32bit	48bit
KSH	0.5073	0.5144	0.5183	0.5222
SDH	0.5072	0.5472	0.5587	0.5622
LFH	0.6989	0.7100	0.7189	0.7400
COSDISH	0.6564	0.6785	0.6686	0.7197
LSH-CNN	0.3942	0.4049	0.4305	0.4331
SGH-CNN	0.4749	0.4896	0.4910	0.5031
ITQ-CNN	0.5435	0.5544	0.5536	0.5560
KSH-CNN	0.5988	0.6052	0.6209	0.6313
SDH-CNN	0.6769	0.6914	0.6981	0.7052
LFH-CNN	0.7152	0.7446	0.7512	0.7722
COSDISH-CNN	0.7398	0.7678	0.7819	0.7888
DHN	0.7719	0.8013	0.8051	0.8146
DVSQ	0.7856	0.7924	0.7976	0.8019
DPSH	0.7941	0.8249	0.8351	0.8442
DTQ	0.7951	0.7993	0.8012	0.8024
DCDH	**0.8223**	**0.8526**	**0.8712**	**0.8974**
DCDH*	0.8349	0.8726	0.8812	0.9074

观察表 8-1，我们还可以得到以下结论。

（1）与大多数情况下的无监督方法相比，有监督的方法通常可以实现更好的检索性能，因为语义标签有利于提高学习的二值表征的判别性。基于学习的哈希方法比像 LSH 这样数据无关的哈希方法要更好。此外，使用更长的代码可以获得更高的检索精度，因为学习的二值码中包含更多的信息。

（2）从实验结果可以明显看出，尽管浅层哈希方法具有深层特征，但在大多数情况下，深层哈希方法仍可以胜过浅层有监督哈希方法，例如 LFH、SDH、KSH。主要原因是，与浅层哈希方法相比，端到端深层哈希方法在处理大型数据集方面更强大。这种现象凸显了在特征表示和哈希函数上进行联合端到端学习的重要性。

（3）DCDH 在所有情况下都可以实现最高的 MAP，并且优于其他的深度哈希方法，例如 DHN、DVSQ、DPSH 和 DTQ。主要原因是 DCDH 可以通过深度类别编码网络有效地构建灵活的语义信息。更重要的是，DCDH 将视觉特征和编码的语义信息与有效的外积运算符无缝集成，从而产生了语义不变的二值表征。

为了全面分析 DCDH 的有效性，实验进一步展示了 Top-N 召回率曲线和 Top-N 精度曲线等不同评估准则的结果，如图 8-2 所示。由图可见，DCDH 的检索性能始终比基线方法更加优越。

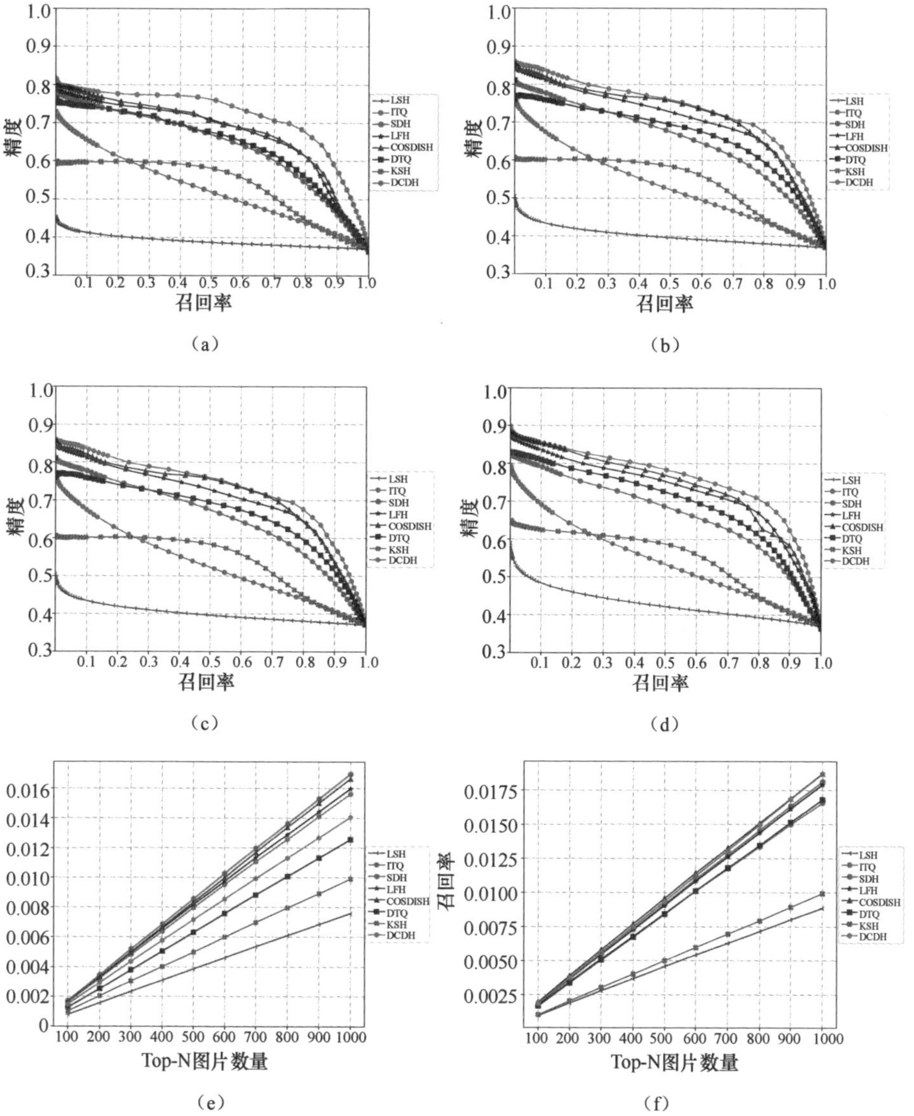

图 8-2 不同哈希方法在 NUS-WIDE 数据集上的 PR 曲线、Top-N 召回率曲线和 Top-N 精度曲线对比结果

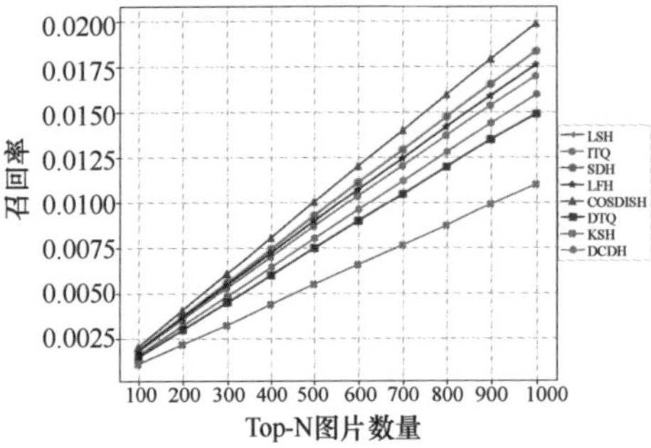

(g)

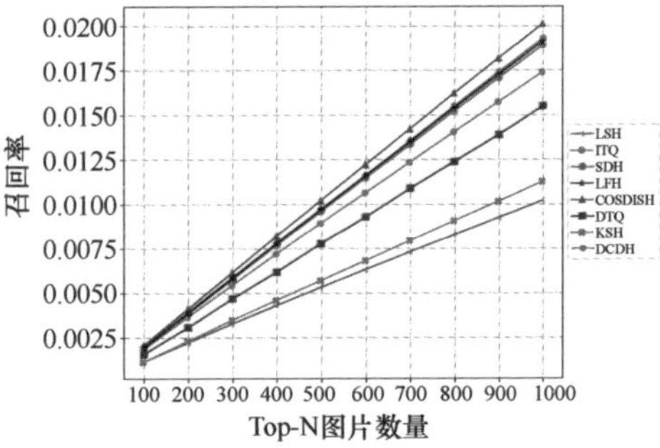

(h)

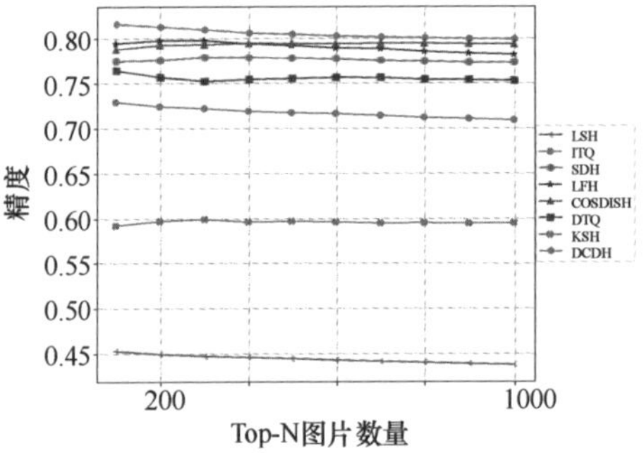

(i)

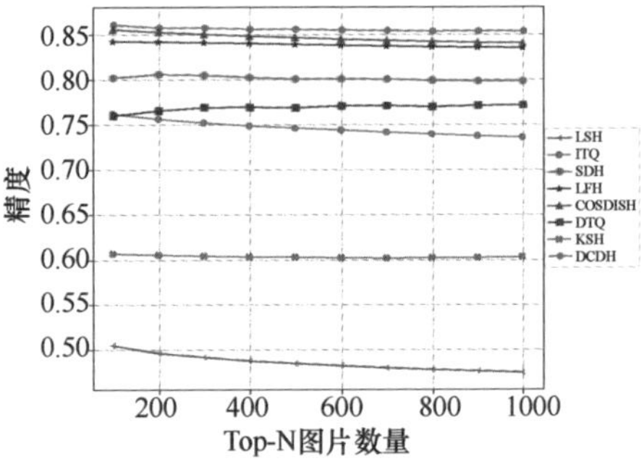

(j)

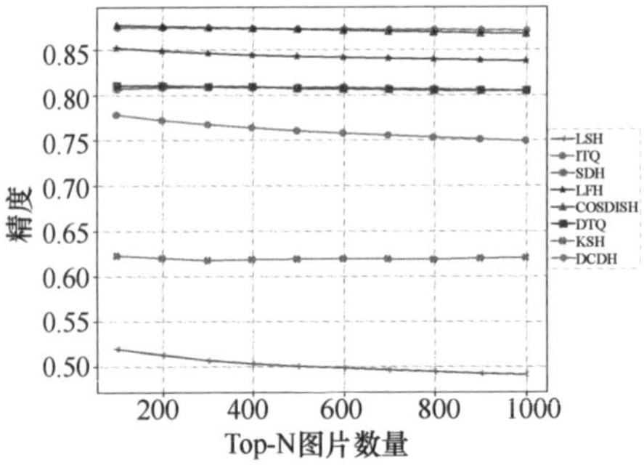

(k)

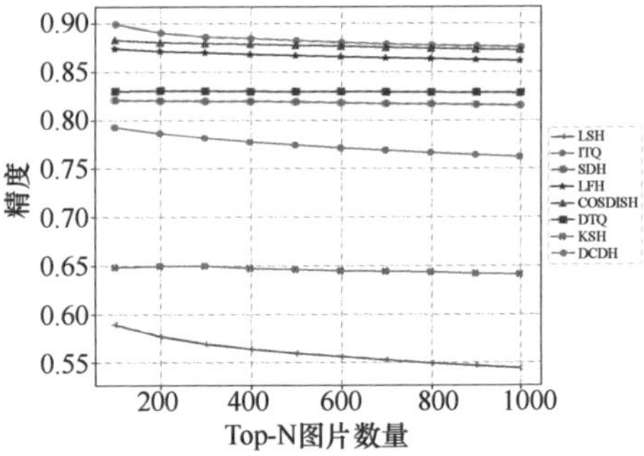

(l)

图 8-2 不同哈希方法在 NUS-WIDE 数据集上的 PR 曲线、Top-N 召回率曲线和 Top-N 精度曲线对比结果（续）

（a）PR 曲线 12bit@NUS-WIDE （b）PR 曲线 24bit@NUS-WIDE
（c）PR 曲线 32bit@NUS-WIDE （d）PR 曲线 48bit@NUS-WIDE
（e）Top-N 召回率曲线 12bit@NUS-WIDE （f）Top-N 召回率曲线 24bit@NUS-WIDE
（g）Top-N 召回率曲线 32bit@NUS-WIDE （h）Top-N 召回率曲线 48bit@NUS-WIDE
（i）Top-N 精度曲线 12bit@NUS-WIDE （j）Top-N 精度曲线 24bit@NUS-WIDE
（k）Top-N 精度曲线 32bit@NUS-WIDE （l）Top-N 精度曲线 48bit@NUS-WIDE

8.4.4　在 MIRFlickr 数据集上的实验结果

为了进一步评估 DCDH 在实际社交媒体图像检索场景中的性能，本节实验在 MIRFlickr 数据集上进一步对该框架和基准方法进行了评估。表 8-2 展示了不同的哈希方法在 MIRFlickr 数据集上的 MAP 结果对比（分二值码长度为 12bit、24bit、32bit 和 48bit 共 4 种情况）。

由表 8-2 可见，DCDH 和 DCDH*在不同编码长度的 MIRFlickr 数据集上均获得了最高的 MAP 分数，进一步证实了利用双线性框架挖掘潜在语义嵌入，并通过外部产品融合语义嵌入和视觉特征的有效性。此外，通过比较表 8-2 的前两个部分可以发现，与手工设计的特征相比，深度卷积特征可以显著地提升浅层哈希方法的性能，这主要是因为 DNN 架构可以在相应的视觉特征提取过程中捕获更多的高级信息。同时，在使用 ResNet-50[42]作为骨干网络之后，DCDH*获得了比原始 DCDH 高的 MAP 分数。DCDH*的卓越性能表明，当骨干网络可以提取更好的语义保留功能时，DCDH 框架能够实现更好的性能。

表 8-2　不同的哈希方法在 MIRFlickr 数据集上的 MAP 结果对比

方法	MAP			
	12bit	24bit	32bit	48bit
LSH	0.5456	0.5501	0.5460	0.5523
SGH	0.5696	0.5697	0.5685	0.5694
ITQ	0.5490	0.5550	0.5622	0.5602
KSH	0.5687	0.5708	0.5710	0.5725
SDH	0.6053	0.6145	0.6135	0.6190
LFH	0.7150	0.7279	0.7338	0.7441
COSDISH	0.6625	0.6990	0.6935	0.7308
LSH-CNN	0.5563	0.5834	0.5913	0.6058
SGH-CNN	0.6326	0.6449	0.6438	0.6512
ITQ-CNN	0.6243	0.6305	0.6318	0.6359
KSH-CNN	0.6135	0.6286	0.6896	0.6919
SDH-CNN	0.8018	0.8258	0.8267	0.8387
LFH-CNN	0.8258	0.8364	0.8281	0.8573
COSDISH-CNN	0.7736	0.7973	0.8589	0.8693
DHN	0.8092	0.8283	0.8290	0.8411
DVSQ	0.8112	0.8263	0.8288	0.8341
DPSH	—	—	—	—
DTQ	0.8098	0.8274	0.8456	0.8511
DCDH	**0.8758**	**0.8970**	**0.9059**	**0.9079**
DCDH*	0.8958	0.9070	0.9119	0.9179

图 8-3（a）~（d）从精度和召回率角度对 DCDH 与其他方法进行了比较。通过比较 PR 曲线下的面积可以发现，DCDH 的检索性能远远超过其他参与对比的基准方法。图 8-3（e）~（h）和图 8-3（i）~（l）分别展示了具有不同数量的返回样本的精度变化和召回率变化，这也表明 DCDH 可以获得比其他基准方法更好的性能。

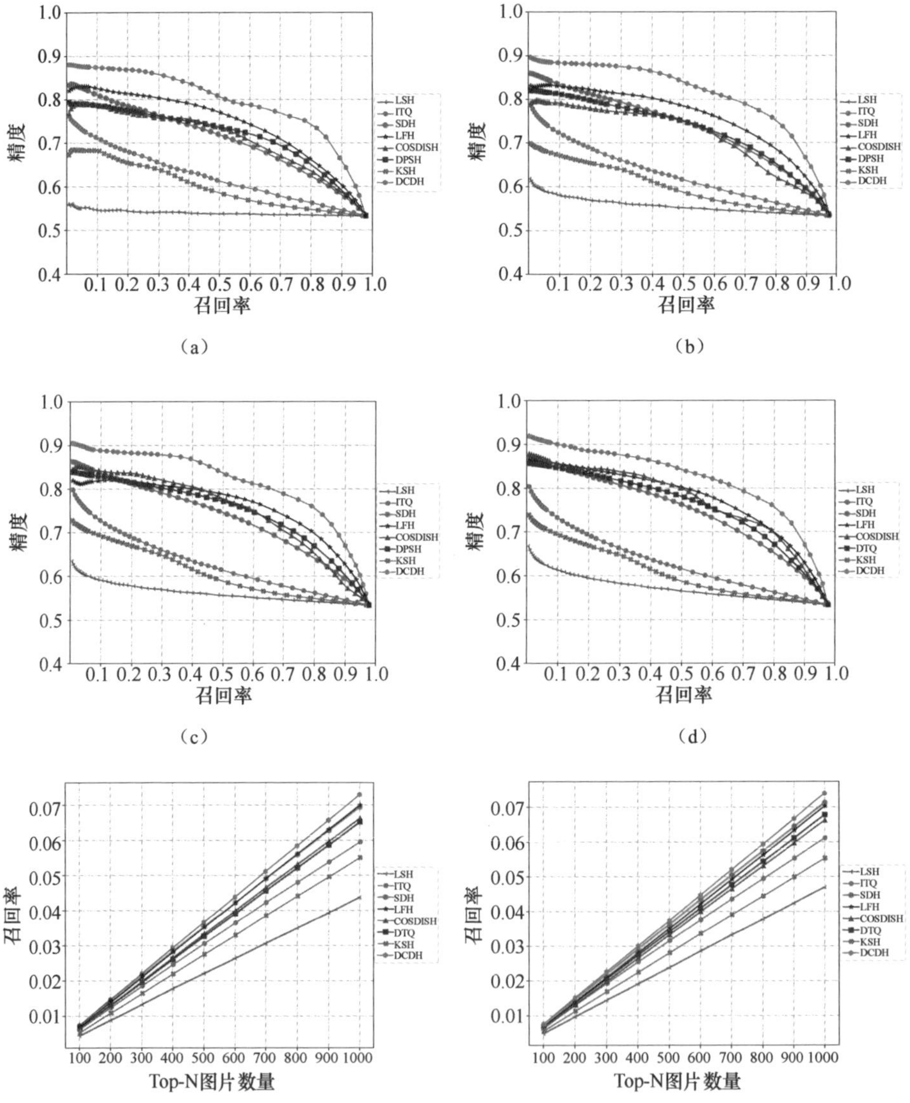

图 8-3　不同哈希方法在 MIRFlickr 数据集上的 PR 曲线、Top-N 召回率曲线和 Top-N 精度曲线对比结果

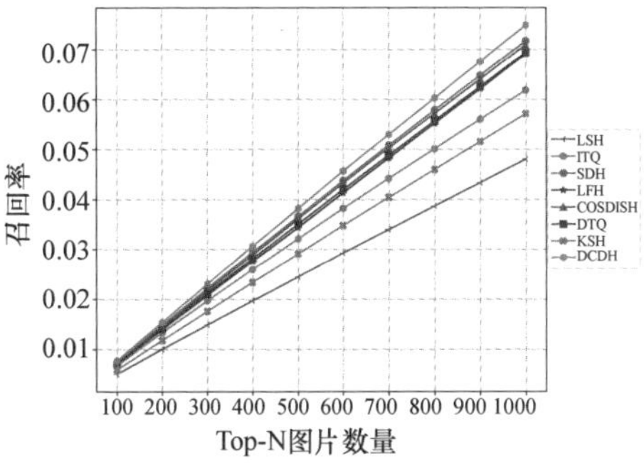

（g）

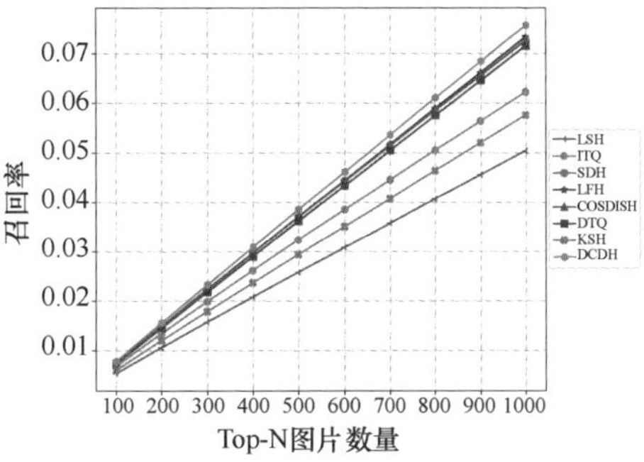

（h）

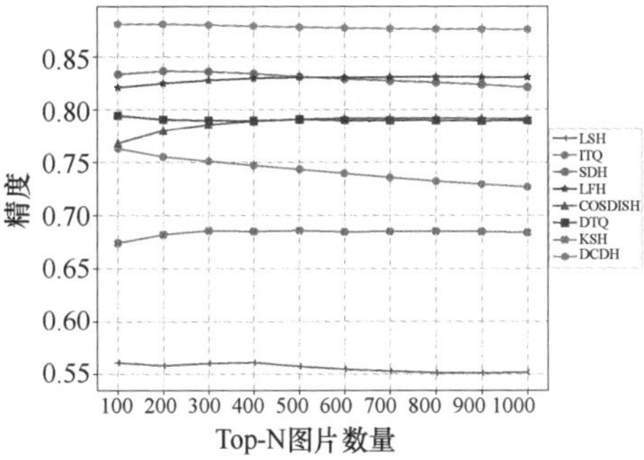

（i）

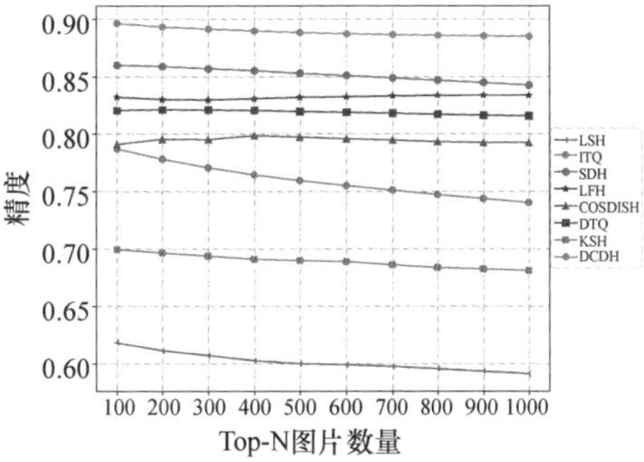

（j）

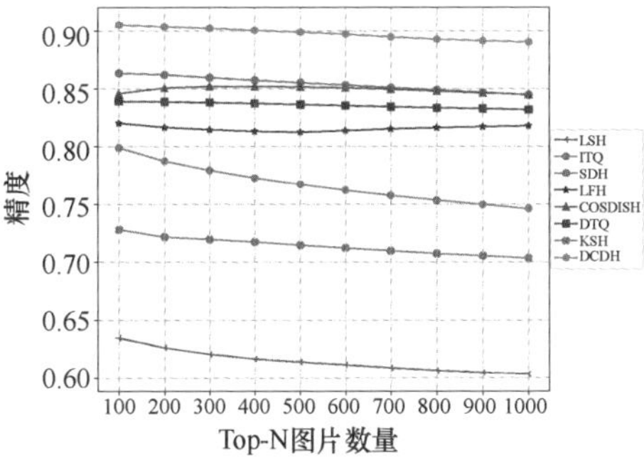

（k）

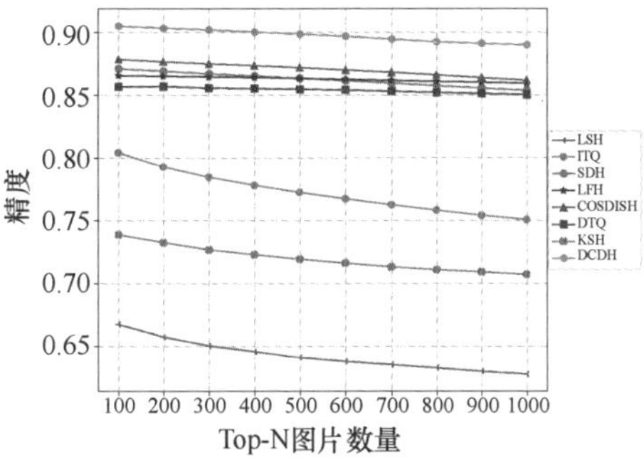

（l）

图 8-3　不同哈希方法在 MIRFlickr 数据集上的 PR 曲线、Top-N 召回率曲线和 Top-N 精度曲线对比结果（续）
（a）PR 曲线 12bit@MIRFlickr　（b）PR 曲线 24bit@MIRFlickr
（c）PR 曲线 32bit@MIRFlickr　（d）PR 曲线 48bit@MIRFlickr
（e）Top-N 召回率曲线 12bit@MIRFlickr　（f）Top-N 召回率曲线 24bit@MIRFlickr
（g）Top-N 召回率曲线 32bit@MIRFlickr　（h）Top-N 召回率曲线 48bit@MIRFlickr
（i）Top-N 精度曲线 12bit@MIRFlickr　（j）Top-N 精度曲线 24bit@MIRFlickr
（k）Top-N 精度曲线 32bit@MIRFlickr　（l）Top-N 精度曲线 48bit@MIRFlickr

8.4.5 在 CIFAR-10 数据集上的实验结果

与 NUS-WID 数据集和 MIRFlickr 多标签数据集不同，CIFAR-10 数据集是包含微小图像的大规模单标签数据集。表 8-3 展示了不同编码长度的不同哈希方法在 CIFAR-10 数据集上的 MAP 结果对比。从实验结果可以看出，DCDH 在编码长度为 12bit、24bit、32bit 和 48bit 时可以将最佳基准方法分别提高 6.6%、6.7%、5.2%和 7.4%。为了验证特征嵌入网络对 DCDH 方法的性能影响，表 8-3 中同样展示了 DCDH*的评估结果。可以看出，在将 ResNet-50 用作骨干网络之后，DCDH*在不同编码长度上的 MAP 得分比 DCDH 平均提高了 4.5%。此外，图 8-4 展示了在 CIFAR-10 数据集上的 PR 曲线、Top-N 召回率曲线和 Top-N 精度曲线。从图 8-4（a）～（d）可以看出，DCDH 的 PR 曲线下的面积始终优于基线方法。在返回图像数量不同的情况下，图 8-4（e）～（l）说明了 DCDH 的精度和召回率依旧高于其他基准方法。

表 8-3　不同编码长度的不同哈希方法在 CIFAR-10 数据集上的 MAP 结果对比

方法	MAP			
	12bit	24bit	32bit	48bit
LSH	0.1154	0.1160	0.1196	0.1259
SGH	0.1907	0.1984	0.2050	0.2081
ITQ	0.1439	0.1605	0.1726	0.1860
KSH	0.2983	0.3418	0.3400	0.3504
SDH	0.3485	0.4020	0.4484	0.4993
LFH	0.2352	0.2701	0.2865	0.3678
COSDISH	0.4740	0.5184	0.5284	0.5306
LSH-CNN	0.1673	0.2103	0.2213	0.2305
SGH-CNN	0.2416	0.2587	0.2666	0.2809
ITQ-CNN	0.2249	0.2452	0.2558	0.2624
KSH-CNN	0.4345	0.4733	0.4889	0.5034
SDH-CNN	0.6772	0.7194	0.7384	0.7477
LFH-CNN	0.5344	0.6846	0.7317	0.7568
COSDISH-CNN	0.8090	0.8234	0.8339	0.8280
DHN	0.5551	0.5944	0.6033	0.6214
DVSQ	0.7235	0.7302	0.7331	0.7348
DPSH	0.7132	0.7276	0.7441	0.7574
DTQ	0.7064	0.7491	0.7509	0.7624
DCDH	**0.8753**	**0.8906**	**0.8863**	**0.9025**
DCDH*	0.9213	0.9319	0.9394	0.9430

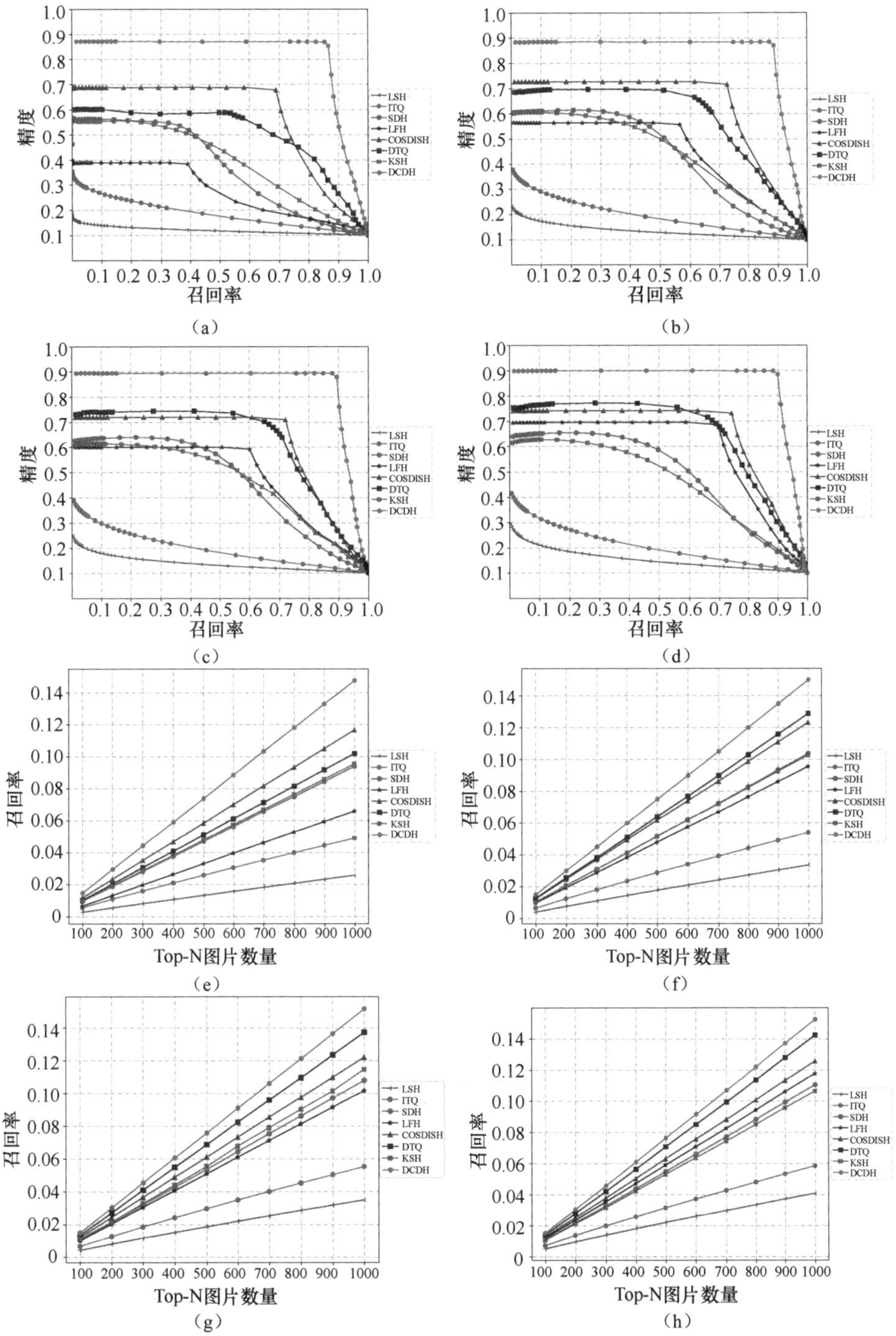

图 8-4　不同哈希方法在 CIFAR-10 数据集上的 PR 曲线、Top-N 召回率曲线和 Top-N 精度曲线对比结果

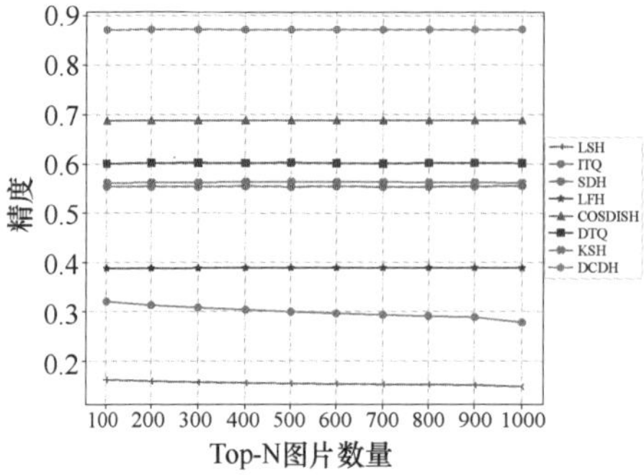

（i）

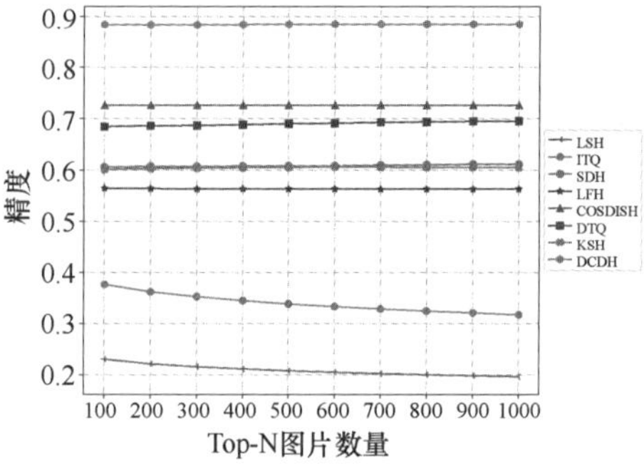

（j）

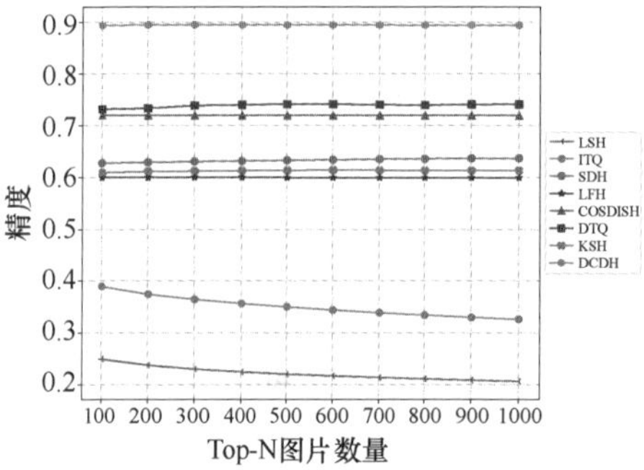

（k）

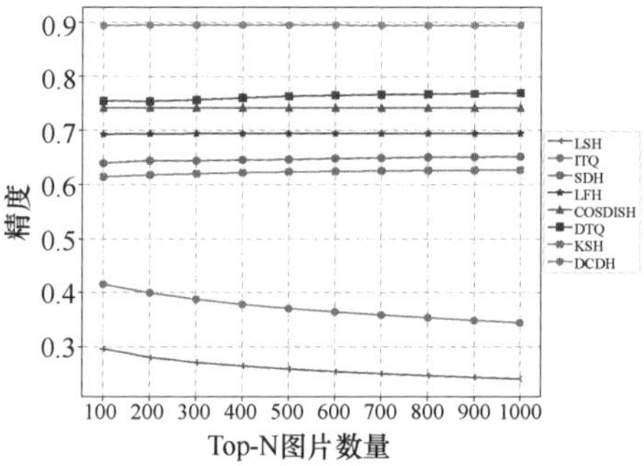

（l）

图 8-4　不同哈希方法在 CIFAR-10 数据集上的 PR 曲线、Top-N 召回率曲线和 Top-N 精度曲线对比结果（续）
（a）PR 曲线 12bit@CIFAR-10　（b）PR 曲线 24bit@CIFAR-10
（c）PR 曲线 32bit@CIFAR-10　（d）PR 曲线 48bit@CIFAR-10
（e）Top-N 召回率曲线 12bit@CIFAR-10　（f）Top-N 召回率曲线 24bit@CIFAR-10
（g）Top-N 召回率曲线 32bit@CIFAR-10　（h）Top-N 召回率曲线 48bit@CIFAR-10
（i）Top-N 精度曲线 12bit@CIFAR-10　（j）Top-N 精度曲线 24bit@CIFAR-10
（k）Top-N 精度曲线 32bit@CIFAR-10　（l）Top-N 精度曲线 48bit@CIFAR-10

8.4.6　子模块分析

为了充分证明各子模块的作用，本小节介绍用于消融实验的两种 DCDH 变体模型。

（1）DCDH-V：该模型同时省略了类别编码网络和语义不变结构，仅利用视觉特征嵌入网络来生成二值表征。

（2）DCDH-S：该模型省略了语义不变结构模块，只保留了语义编码和视觉特征嵌入来生成二值表征。

在 3 个基准数据集上进行消融实验的 MAP 结果对比见表 8-4。由表可见，DCDH 模型可以实现比其变体模型更好的检索性能。与 DCDH 相比，DCDH-V 仅利用视觉特征和成对相似性来生成二值码，这会导致 NUS-WIDE 数据集和 MIRFlickr 数据集上的

MAP 下降大约 7%。当分别使用 12bit 二值表征和 48bit 二值表征时，DCDH 在 CIFAR-10 数据集上的 MAP 与 DCDH-V 相比远超出 20.3%和 13.7%。此外，DCDH-S 通过使用编码的语义在 NUS-WIDE 数据集、MIRFlickr 数据集和 CIFAR-10 数据集上将 DCDH-V 的 MAP 分别提高了 2.7%、2.9%和 15.9%。值得注意的是，DCDH-S 在 CIFAR-10 数据集上仍比现有大多数深度哈希方法获得的 MAP 更高。这些比较结果验证了 DCDH 框架可以通过利用视觉特征空间和语义标签空间中的潜在相关性来提高检索性能。此外，DCDH 可以取得与 CIFAR-10 数据集上的 DCDH-S 相似的结果，这主要是因为 CIFAR-10 数据集是一个平衡的数据集，每个概念中的图像数量相同。值得注意的是，DCDH 模型在 NUS-WIDE 数据集上的性能改进比在 MIRFlickr 数据集上的改进更具意义。与 MIRFlickr 数据集相比，NUS-WIDE 数据集的概念分布严重不平衡，可能会损害视觉特征学习网络以生成判别性二值表征。因此，在 NUS-WIDE 数据集上表现出的卓越性能可以证明 DCDH 模型能够有效地缓解类别失衡问题。

表 8-4 在 3 个基准数据集上进行消融实验的 MAP 结果对比

方法	MAP					
	NUS-WIDE（12bit）	NUS-WIDE（48bit）	MIRFlickr（12bit）	MIRFlickr（48bit）	CIFAR-10（12bit）	CIFAR-10（48bit）
DCDH-V	0.7477	0.8153	0.7842	0.8481	0.6208	0.7681
DCDH-S	0.7677	0.8523	0.8146	0.8875	0.8710	0.8912
DCDH	0.8223	0.8974	0.8758	0.9079	0.8753	0.9025

8.4.7 参数敏感性分析和可视化结果

图 8-5 展示了在 MIRFlickr 数据集上对 DCDH 的参数λ和μ进行敏感性分析的结果。根据实验结果我们可以看出，DCDH 对相关参数并不敏感。图 8-5（a）表明，当λ小于 10 时，对于不同的二值表征长度，DCDH 可以获得满意的 MAP 结果。同样。从图 8-5（b）的比较结果中可以发现，DCDH 对参数μ同样不敏感。因此，当相关参数设置在合理范围内时，DCDH 可以实现令人满意的检索性能。

为了证明利用 DCDH 学习到的二值表征的有效性，图 8-6 展示了 DCDH 模型在 CIFAR-10 数据集上的聚类分布 *t*-SNE 可视化结果，如图 8-6 所示。与原始的特征相比，DCDH 模型获得的特征具有更好的聚类分布结果：来自同一类别的数据样本更加聚集，而不同类别的数据样本实现了更好的分离，这验证了利用 DCDH 学习到的二值表征的判别能力。

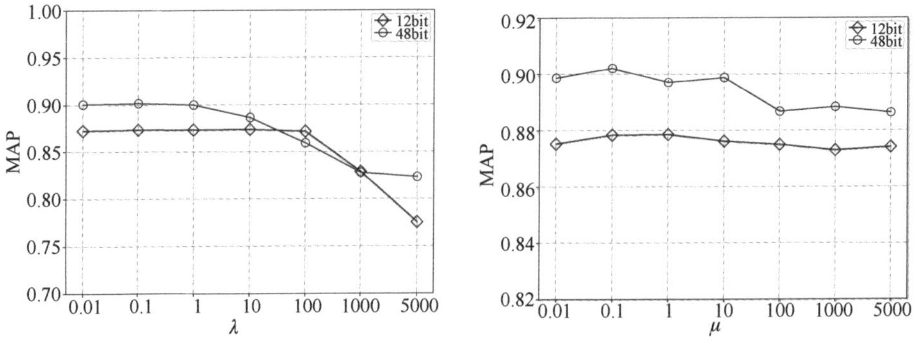

(a)　　　　　　　　　　　　(b)

图 8-5　在 MIRFlickr 数据集上对 DCDH 的参数λ和μ进行敏感性分析的结果

(a）参数λ的敏感性分析　（b）参数μ的敏感性分析

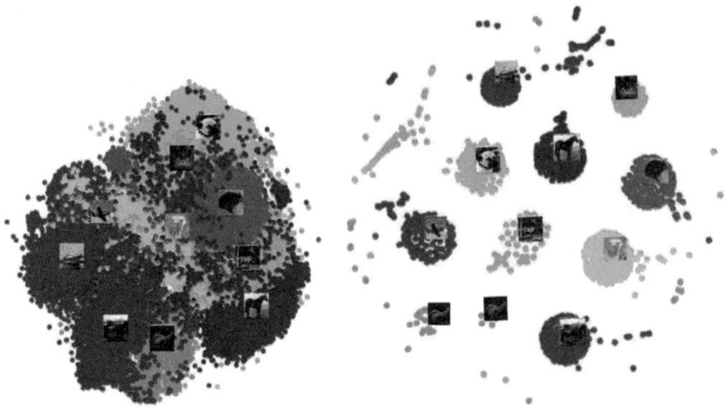

(a)　　　　　　　　　　　　(b)

图 8-6　DCDH 模型在 CIFAR-10 数据集上的聚类分布 *t*-SNE 可视化结果

(a）利用预训练的 AlexNet 模型提取的原始特征分布可视化

(b）利用 DCDH 模型学习到的编码长度为 12 的二值码分布可视化

8.5　本章小结

本章介绍了一种新的深度协同离散哈希方法，即 DCDH。该方法利用双流学习框架协同探索视觉表征学习和灵活语义编码学习。在协作学习过程中，DCDH 模型使用外积来生成利用底层视觉语义相关性的上下文感知表征。同时，为了解决类别不平衡问题，DCDH 框架中引入了焦点损失函数，可进一步平衡不同类别样本间的权重。此外，DCDH 通过同时考虑视觉特征嵌入、编码的标签信息和上下文感知的视觉表征，进一步构造出有区别性的公共汉明空间。大量的实验结果表明，DCDH 可以比现有的基准哈希方法获得更加优异的性能。

参 考 文 献

[1] Wang J, Zhang T, Sebe N, et al. A survey on learning to hash[J]. IEEE Transactions on Pattern Analysis and Machine Intelligence, 2017, 40(4): 769-790.

[2] Shen F, Shen C, Liu W, et al. Supervised discrete hashing[C]//Proceedings of the IEEE Conference on Computer Vision and Pattern Recognition. NJ: IEEE, 2015: 37-45.

[3] Li W J, Wang S, Kang W C. Feature learning based deep supervised hashing with pairwise labels[Z/OL]. 2015. arXiv:1511.03855.

[4] Xu X, Lu H, Song J, et al. Ternary adversarial networks with self-supervision for zero-shot cross-modal retrieval[J]. IEEE Transactions on Cybernetics, 2019, 50(6): 2400-2413.

[5] Deng C, Tang X, Yan J, et al. Discriminative dictionary learning with common label alignment for cross-modal retrieval[J]. IEEE Transactions on Multimedia, 2015, 18(2): 208-218.

[6] Lew M S, Sebe N, Djeraba C, et al. Content-based multimedia information retrieval: State of the art and challenges[J]. ACM Transactions on Multimedia Computing, Communications, and Applications (TOMM), 2006, 2(1): 1-19.

[7] Gong Y, Lazebnik S, Gordo A, et al. Iterative quantization: A procrustean approach to learning binary codes for large-scale image retrieval[J]. IEEE Transactions on Pattern Analysis and Machine Intelligence, 2012, 35(12): 2916-2929.

[8] Li N, Li C, Deng C, et al. Deep joint semantic-embedding hashing[C]//Proceedings of the Twenty-Seventh International Joint Conference on Artificial Intelligence(IJCAI-18). CA: Morgan Kaufmann, 2018: 2397-2403.

[9] Zhang Z, Lai Z, Huang Z, et al. Scalable supervised asymmetric hashing with semantic and latent factor embedding[J]. IEEE Transactions on Image Processing, 2019, 28(10): 4803-4818.

[10] Zhang Z, Xie G, Li Y, et al. SADIH: Semantic-aware discrete hashing[C]//Proceedings of the AAAI Conference on Artificial Intelligence. CA: AAAI, 2019, 33(1): 5853-5860.

[11] Liu W, Wang J, Kumar S, et al. Hashing with graphs[C]//Proceedings of the 28th International Conference on Machine Learning. [S.l.]: PMLR, 2011: 1-8.

[12] Weiss Y, Torralba A, Fergus R. Spectral hashing[C]//Proceedings of the 21st International Conference on Neural Information Processing Systems. Cambridge: MIT Press, 2008, 1(2): 1753-1760.

[13] Zhu X, Li X, Zhang S, et al. Graph PCA hashing for similarity search[J]. IEEE Transactions on Multimedia, 2017, 19(9) : 2033-2044.

[14] Shen F, Shen C, Shi Q, et al. Hashing on nonlinear manifolds[J]. IEEE Transactions on Image Processing, 2015, 24(6): 1839-1851.

[15] Hu M, Yang Y, Shen F, et al. Hashing with angular reconstructive embeddings[J]. IEEE Transactions on Image Processing, 2017, 27(2): 545-555.

[16] Kulis B, Darrell T. Learning to hash with binary reconstructive embeddings[C]//Proceedings of the 22nd International Conference on Neural Information Processing Systems. Cambridge: MIT Press, 2009, 22: 1042-1050.

[17] Norouzi M, Fleet D J. Minimal loss hashing for compact binary codes[C]//Proceedings of the 28th International Conference on Machine Learning. [S.l.]: PMLR, 2011:353-360.

[18] Liu W, Wang J, Ji R, et al. Supervised hashing with kernels[C]//Proceedings of the 2012 IEEE Conference on Computer Vision and Pattern Recognition. NJ: IEEE, 2012: 2074-2081.

[19] Luo Y, Yang Y, Shen F, et al. Robust discrete code modeling for supervised hashing[J]. Pattern Recognition, 2018, 75: 128-135.

[20] Xu X, Shen F, Yang Y, et al. Learning discriminative binary codes for large-scale cross-modal retrieval[J]. IEEE Transactions on Image Processing, 2017, 26(5): 2494-2507.

[21] Zhang P F, Li C X, Liu M Y, et al. Semi-relaxation supervised hashing for cross-modal retrieval[C]//Proceedings of the 25th ACM International Conference on Multimedia. NY: ACM, 2017: 1762-1770.

[22] Lai H, Pan Y, Liu Y, et al. Simultaneous feature learning and hash coding with deep neural networks[C]//Proceedings of the IEEE Conference on Computer Vision and Pattern Recognition. NJ: IEEE, 2015: 3270-3278.

[23] Xia R, Pan Y, Lai H, et al. Supervised hashing for image retrieval via image representation learning[C]//Proceedings of the 28th AAAI Conference on Artificial Intelligence. CA: AAAI, 2014, 28(1): 2156-2162.

[24] Cao Y, Long M, Wang J, et al. Deep visual-semantic quantization for efficient image retrieval[C]//Proceedings of the IEEE Conference on Computer Vision and Pattern Recognition. NJ: IEEE, 2017: 1328-1337.

[25] Zhu H, Long M, Wang J, et al. Deep hashing network for efficient similarity retrieval[C]//Proceedings of the 30th AAAI Conference on Artificial Intelligence. NA: AAAI, 2016, 30(1): 2415-2421.

[26] Cao Z, Long M, Wang J, et al. Hashnet: Deep learning to hash by continuation[C]//Proceedings of the IEEE International Conference on Computer Vision. NJ: IEEE, 2017: 5608-5617.

[27] Yang Y, Luo Y, Chen W, et al. Zero-shot hashing via transferring supervised knowledge[C]//Proceedings of the 24th ACM International Conference on Multimedia. NY: ACM, 2016: 1286-1295.

[28] Dalal N, Triggs B. Histograms of oriented gradients for human detection[C]//2005 IEEE Computer Society Conference on Computer Vision and Pattern Recognition (CVPR'05). NJ: IEEE, 2005, 1: 886-893.

[29] Oliva A, Torralba A. Modeling the shape of the scene: A holistic representation of the spatial envelope[J]. International Journal of Computer Vision, 2001, 42(3) : 145 - 175.

[30] Ojala T, Pietikainen M, Maenpaa T. Multiresolution gray-scale and rotation invariant texture classification with local binary patterns[J]. IEEE Transactions on Pattern Analysis and Machine Intelligence, 2002, 24(7): 971-987.

[31] Salakhutdinov R, Hinton G. Learning a nonlinear embedding by preserving class neighbourhood structure[C]//Artificial Intelligence and Statistics. [S.l.]: PMLR, 2007: 412-419.

[32] Jegou H, Douze M, Schmid C. Product quantization for nearest neighbor search[J]. IEEE Transactions on Pattern Analysis and Machine Intelligence, 2010, 33(1): 117-128.

[33] Alex K, Sutskever I, Hinton G. Imagenet classification with deep convolutional neural networks[C]//Proceedings of the 25th International Conference on Neural Information Processing Systems. NY: ACM, 2012, 1: 1097-1105.

[34] He K, Zhang X, Ren S, et al. Deep residual learning for image recognition[C]//Proceedings of the IEEE Conference on Computer Vision and Pattern Recognition. NJ: IEEE, 2016: 770-778.

[35] Liu B, Cao Y, Long M, et al. Deep triplet quantization[C]//Proceedings of the 26th ACM International Conference on Multimedia. NY: ACM, 2018: 755-763.

[36] Shen F, Xu Y, Liu L, et al. Unsupervised deep hashing with similarity-adaptive and discrete optimization[J]. IEEE Transactions on Pattern Analysis and Machine Intelligence, 2018, 40(12): 3034-3044.

[37] Li Q, Sun Z, He R, et al. Deep supervised discrete hashing[C]//Advances in Neural Information Processing Systems. Cambridge: MIT Press, 2017 : 2482-2491.

[38] Zhao F, Huang Y, Wang L, et al. Deep semantic ranking based hashing for multi-label image retrieval[C]//Proceedings of the IEEE Conference on Computer Vision and Pattern Recognition. NJ: IEEE, 2015: 1556-1564.

[39] Xu C, Tao D, Xu C. A survey on multi-view learning[Z/OL]. (2013-4-16). arXiv:1304.5634.

[40] Xie L, Shen J, Han J,et al. Dynamic multi-view hashing for online image retrieval[C]// Proceedings of the 26th International Joint Conference on Artificial Intelligence. CA: Morgan Kaufmann, 2017: 3133-3139.

[41] Lu X, Zhu L, Li J, et al. Efficient supervised discrete multi-view hashing for large-scale multimedia search[J]. IEEE Transactions on Multimedia, 2019, 22(8): 2048-2060.

[42] Zhu L, Lu X, Cheng Z, et al. Flexible multi-modal hashing for scalable multimedia retrieval[J]. ACM Transactions on Intelligent Systems and Technology (TIST), 2020, 11(2): 1-20.

[43] Kumar S, Udupa R. Learning hash functions for cross-view similarity search[C]//Proceedings of the Twenty-second International Joint Conference on Artificial Intelligence. CA: Morgan Kaufmann, 2011:1360-1366.

[44] Lin Z, Ding G, Hu M, et al. Semantics-preserving hashing for cross-view retrieval[C]//Proceedings of the IEEE Conference on Computer Vision and Pattern Recognition. NJ: IEEE, 2015: 3864-3872.

[45] Ding G, Guo Y, Zhou J, et al. Large-scale cross-modality search via collective matrix factorization hashing[J]. IEEE Transactions on Image Processing, 2016, 25(11): 5427-5440.

[46] Lin T Y, Goyal P, Girshick R, et al. Focal loss for dense object detection[C]//Proceedings of the IEEE International Conference on Computer Vision. NJ: IEEE, 2017: 2980-2988.

[47] Paszke A, Gross S, Chintala S, et al. Automatic differentiation in PyTorch[C]//Proceedings of the 31st Confernce on Neural Information Processing Systems. Cambridge: MIT Press, 2017: 1-4.

[48] Chua T S, Tang J, Hong R, et al. Nus-wide: A real-world web image database from national university of singapore[C]//Proceedings of the ACM International Conference on Image and Video Retrieval. NY: ACM, 2009: 1-9.

[49] Huiskes M J, Lew M S. The MIR flickr retrieval evaluation[C]//Proceedings of the 1st ACM International Conference on Multimedia Information Retrieval. NY: ACM, 2008: 39-43.

[50] Krizhevsky A, Hinton G. Learning multiple layers of features from tiny images[R]. Toronto: University of Toronto, 2009.

[51] Zhang P, Zhang W, Li W J, et al. Supervised hashing with latent factor models[C]//Proceedings of the 37th International ACM SIGIR Conference on Research & Development in Information Retrieval. NY: ACM, 2014: 173-182.

[52] Gionis A, Indyk P, Motwani R. Similarity search in high dimensions via hashing[C]//Proceedings of the 25th International Conference on Very Large Data Bases. Trondheim: VLDB Endowment, 1999, 99(6): 518-529.

[53] Jiang Q Y, Li W J. Scalable graph hashing with feature transformation[C]// Proceedings of the 24th International Joint Conference on Artificial Intelligence. CA: Morgan Kaufmann, 2015: 2248-2254.

第 9 章　判别性费希尔嵌入字典学习

字典学习是图像处理和计算机视觉领域中非常受欢迎的研究主题之一，已广泛应用于图像分类[1]、图像分割[2]、图像压缩[3]、图像恢复[4]以及其他相关领域中[5-8]。近年来，字典学习也已拓展到深度学习框架中，例如多损失 CNN+DPCL 模型[9]和深度鲁棒编码器（Deep Robust Encode，DRE）框架[10]。此外，有关字典学习的概述可以在相关综述（见文献[11]）中找到。通常，字典既可以从预定义的数学模型［如离散余弦变换（Discrete Cosine Transform，DCT）和离散傅里叶变换（Discrete Fourier Transform，DFT）］中获得，也可以直接从训练样本中获得[12]。已有研究表明，从训练样本中学习并取得字典可以实现更好的信号重建结果[13,14]。与无监督字典学习相比，有监督字典学习通常具有更好的性能，因为有监督信息确实有利于分类任务。作为最具代表性的有监督字典学习方法之一，判别字典学习（Discriminative Dictionary Learning，DDL）算法用学习到的字典对原始信号进行编码，然后基于编码系数或残差进行分类。因此，编码系数和字典的判别能力在 DDL 算法中起着十分重要的作用。基于学习策略的不同，DDL 算法大致可以分为 3 大类：共享 DDL（Shared DDL）算法、特定类 DDL（Specific-class DDL）算法以及两者的组合。

共享 DDL 算法旨在提高编码系数的判别能力，然后将其用于设计特定的分类方法[15-24]。例如，判别式 K-SVD（Discriminative K-SVD，D-KSVD）算法[15]构造了一个分类误差项来增强编码系数的判别能力，并学习了一个线性分类器来进行有效的图像分类。标签一致 K-SVD（Label-consistent K-SVD，LC-KSVD）算法[16]利用原子的标签信息和编码系数在 D-KSVD 算法上添加了标签一致项。此外，人们还开发出了标签一致嵌入 DDL 算法[19]，用于进一步改善 LC-KSVD 算法的性能。为了提高编码系数的类内相似度，多特征内核 DDL 算法紧接着被提出。另外，低秩模型[10]和非负约束模型[25]也被用于规范化编码系数以增强算法性能。近年来，为了提高编码系数的判别能力[17,24,26,27]，原子的特征也逐渐被考虑。例如，人们设计出特定的指标函数[24]用来规范共享字典，以删除高度相关的原子。此外，判别项同样可以利用原子的标签和位置信息来构造[27]。然而，上述大多数算法在设计判别标准时忽略了原子之间的类间信息和编码系数。

特定类 DDL 算法通常通过探索原子的重构能力来学习结构字典，然后通过使用每个类的表征残差来进行分类[25,28-34]。例如，费希尔判别字典学习（Fisher Discrimination Dictionary Learning，FDDL）[28]就是典型的特定类 DDL 算法，它主要利用编码系数的费希尔准则和每个类别的表征残差来构造判别项。为了消除来自不同光照、遮挡和腐蚀的变化，低秩约束也被施加在每个子字典上，使它们对噪声和异常值更紧凑和鲁棒[30]。此外，为了捕捉样本的非线性特征，基于核策略的非线性特定类 DDL 算法[25,31,32]被相继提出。例如，相关约束的结构核 K-SVD 算法将每个子类映射到一个非线性空间。通过引入伯努利分布，一种联合判别性贝叶斯字典和分类学习（Joint Bayesian Dictionary and Classification，JBDC）的算法被提出。随后，结合字典学习和降维的工作[34]也相继出现。众所周知，特定类 DDL 算法可以捕获不同原子的重构能力，并在一定程度上反映原子之间的类间差异性。但是，仅利用类间差异是不够的，因为每个特征向量总是随特征域的变化而变化。这些变化会降低类内特征的浓度，并使分类决策的鲁棒性[30]退化。相反，原子的类内特征可以极大地增强学习表征的紧凑性。因此，类内特征和类间特征对于 DDL 算法都是至关重要的。

DDL 算法的第三类方式是通过学习特定类字典以捕获每个类的判别性表征，然后构造一个共享字典以保存所有类的共有表征。这样，特定类字典和共享字典的表征残差可单独或组合使用来设计分类模型[35-40]。另外，在这种 DDL 算法中，编码系数也可以与表征残差结合进行分类。例如，可以在 FDDL 算法的基础上，通过在共享字典中添加低秩模型来保持样本的共同特征，从而提升算法性能[38]。如果在特定类字典和共享字典上都采用低秩模型[39]，可以同时消除训练样本和测试样本的损坏。此外，两级特定类和共享 DDL 算法[40]通过探索低秩模型和组稀疏分解来捕获训练样本之间的类内方差。对于共享 DDL 算法和特定类 DDL 算法，共享字典保留了所有类的共同特征，而忽略了每个类的类内相似性。更重要的是，这些算法也很少使用原子的类间方差。

在 DDL 框架中，要学习的目标表征之间的类间相似性和类内差异会削弱学习字典的表征能力和编码系数的判别能力[40]，导致模型分类性能下降。费希尔准则的目的是最小化类内分散矩阵并最大化类间矩阵，并且已广泛用于嵌入学习[41-44]、字典和表征学习[28,45-53]，以及联合字典与嵌入学习[34,54,55]中。当有监督信息时，通常在嵌入学习模型中引入费希尔准则进行线性的判别性分析，用于监督降维。值得一提的是，文献[41]提出了一种将费希尔准则引入序列类的判别降维算法。相似嵌入框架（Similarity Embedding Framework，SEF）[44]是一个通用框架，用于基于相似度的降维。与嵌入学习不同的是，编码系数通常采用费希尔准则来提高字典学习模型的识别能力。例如，利用编码系数的费希尔准则，人们提出了判别系数项模型[28]，且该模型已被广泛嵌入不同的字典学习算法[47-50]中。局部 FDDL 算法[51]在 FDDL 算法的基础上对费希尔准则施加加权约束。同时，人们提出了联合特征学习和字典学习（Simultaneous Feature and Dictionary Learning，SFDL）算法，用于基于图像集的人脸识别。尽管上述字典学习算法都利用表征残差来提高其学习字典的判别能力，但截至本书成稿之日，仅有极少数研究同时考虑不同类原子之间的多样性和同一类原子间的相似性。

本章介绍一种判别性费希尔嵌入字典学习（Discriminative Fisher Embedding Dictionary Learning，DFEDL）算法，可在嵌入空间中同时保留学习字典和编码系数的类间方差和类内相似性。首先，本章介绍一个利用原子的费希尔准则设计的判别性费希尔原子嵌入模型。与学习字典的表征残差相比，该模型能够更好地表示学习字典的类间方差和类内相似性。此外，由于画像可以隐式反映哪些训练样本使用相应的原子进行编码，因此具有判别性的费希尔原子嵌入模型可以尽可能多地强制来自同一类的原子重构相应的训练样本。然后，在上述模型的基础上，本章介绍一个利用画像和编码系数的费希尔准则构建的判别性费希尔系数嵌入模型，使编码系数矩阵成为块对角线矩阵。值得注意的是，这些画像可以用来测量相应原子对重构训练样本[27]的贡献。因此，费希尔准则在画像（Profile）上的嵌入也能保留原子的类间和类内信息。此外，判别性费希尔系数嵌入模型保证了画像和编码系数的费希尔准则能够捕获训练样本的类间和类内信息。这样，就可以在费希尔嵌入的基础上建立原子与编码系数之间的迭代关系。此外，本章介绍的两种判别性费希尔嵌入模型可以交替更新和交互更新，以提高学习字典和编码系数的判别能力。此外，本章采用 l_2 范数对编码系数进行正则化，使目标函数对每个子问题都有一个稳定的闭式解。结果表明， DFEDL 算法可以降低计算复杂度。

9.1　相关工作

本节主要介绍本章涉及的一些数学符号与画像信息的定义，以及与 DFEDL 算法密切相关的 FDDL 算法。

9.1.1　符号定义

假设训练样本含有c类，每个样本$\boldsymbol{y} \in \Re^S$是一个S维的列向量。第i类的样本被记为$\boldsymbol{Y}_i = [\boldsymbol{y}_1, \boldsymbol{y}_2, \cdots, \boldsymbol{y}_{n_i}] \in \Re^{S \times n_i}$（$i = 1,2,\cdots,c$），其中$n_i$代表该类中样本的容量。样本集合记为$\boldsymbol{Y} = [\boldsymbol{Y}_1, \boldsymbol{Y}_2, \cdots, \boldsymbol{Y}_c] \in \Re^{S \times n}$，$n$代表总样本容量（$n=\sum_{i=1}^{c} n_i$）。此外，本节中与第$i$类相关联的子字典记为$\boldsymbol{D}_i = [\boldsymbol{d}_1, \boldsymbol{d}_2, \cdots, \boldsymbol{d}_{k_i}]$，其中$k_i$代表子字典$\boldsymbol{D}_i$中包含的原子数。于是，已学习的字典可记为$\boldsymbol{D} = [\boldsymbol{D}_1, \boldsymbol{D}_2, \cdots, \boldsymbol{D}_c] \in \Re^{S \times k}$，其中$k$代表字典中的所有原子数（$k=\sum_{i=1}^{c} k_i$）。编码系数矩阵记为$\boldsymbol{X} = [\boldsymbol{X}_1, \boldsymbol{X}_2, \cdots, \boldsymbol{X}_c] \in \Re^{k \times n}$，$\boldsymbol{X}_i$代表集合$\boldsymbol{Y}_i$在字典 $\boldsymbol{D}$ 上的编码系数。

9.1.2　画像定义

根据文献[56]，字典学习的基本模型 $\boldsymbol{Y}=\boldsymbol{D}\boldsymbol{X}$ 如图 9-1 所示。由图可知，

$\boldsymbol{y}_i=[y_{1i},y_{2i},\cdots,y_{si}]^{\mathrm{T}}$为第 i 个训练样本，并且$\boldsymbol{d}_i=[d_{1i},d_{2i},\cdots,d_{si}]^{\mathrm{T}}$是第 i 个原子。字典的每一列都是一个原子，假设它们为$\boldsymbol{D}=[\boldsymbol{d}_1,\boldsymbol{d}_2,\cdots,\boldsymbol{d}_k]$。$\boldsymbol{X}$ 的每一列都是一个编码系数向量，即$\boldsymbol{x}_i=[x_{1i},x_{2i},\cdots,x_{ki}]^{\mathrm{T}}$为$\boldsymbol{y}_i$在字典 $\boldsymbol{D}$ 上的编码系数。继文献[57-58]中发表的相关工作之后，定义编码系数矩阵的行向量为画像。画像和原子是相互对应的，前者可表示为$\boldsymbol{P}=[\boldsymbol{p}_1,\boldsymbol{p}_2,\cdots,\boldsymbol{p}_k]^{\mathrm{T}}$，其中$\boldsymbol{p}_i=[x_{1i},x_{2i},\cdots,x_{in}]$。如果画像为编码系数矩阵 $\boldsymbol{X}$ 的行向量，则 $\boldsymbol{P}=\boldsymbol{X}^{\mathrm{T}}$。此外，可以对字典学习的基本模型进行重塑，如图 9-2 所示。

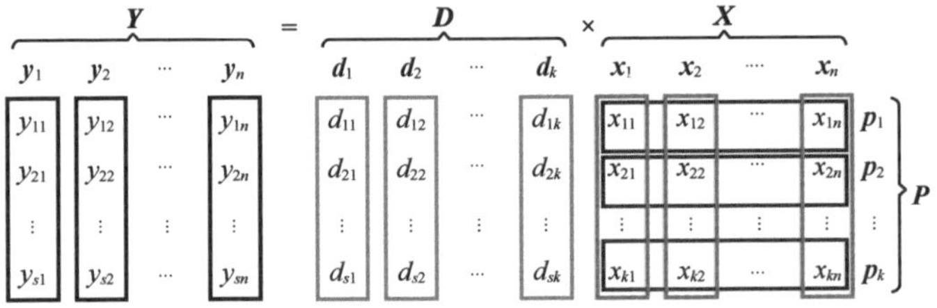

图 9-1　字典学习的基本模型

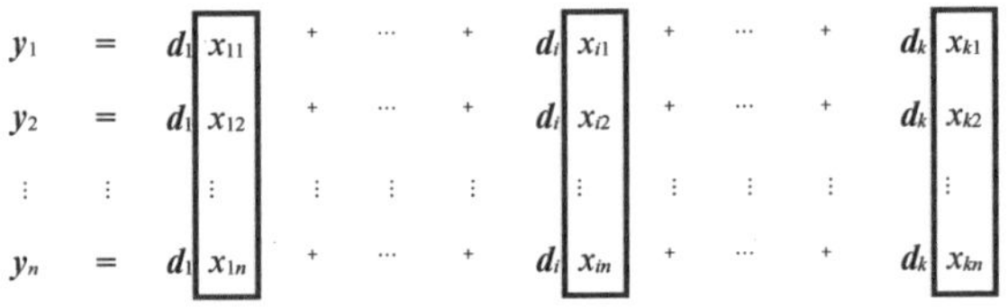

图 9-2　字典学习的重塑模型

由图 9-2 可以发现，这些画像可以表明哪些训练样本由相应的原子表示。例如，设$\boldsymbol{p}_i=[x_{i1},x_{i2},\cdots,x_{in}]$是对应原子$\boldsymbol{d}_i$的画像。如果$x_{i1}=0$但是$\{x_{i2},\cdots,x_{in}\}\neq 0$，则说明原子$\boldsymbol{d}_i$对训练样本$\boldsymbol{y}_1$的表示没有贡献或影响，而对其他训练样本的表示有贡献。同时，$\boldsymbol{y}_i$对应的编码系数是$\boldsymbol{x}_i=[x_{11},x_{21},\cdots,x_{k1}]^{\mathrm{T}}$，从该式可以看出哪些原子参与了训练样本$\boldsymbol{y}_1$的编码。有趣的是，如果$\boldsymbol{x}_{i1}=0$，这说明$\boldsymbol{d}_i$对训练样本$\boldsymbol{y}_1$的表示没有贡献。基于文献[27-28]，相似的画像信息促使对应的原子相似，且同一类原子往往具有相似的画像。而且，同一类训练样本更有可能具有相似的编码系数。理想情况下，同一类原子可以充分重塑同一类训练样本，因此画像提供了一种新的审视判别项设计的视角。

9.1.3 FDDL 算法

为了优化性能，FDDL 算法中设计了判别式保真度项和判别式系数项。各类的表征残差可用于构造判别式保真度项，其定义如下：

$$f(\boldsymbol{Y}_i,\boldsymbol{D},\boldsymbol{X}_i)=\|\boldsymbol{Y}_i-\boldsymbol{D}\boldsymbol{X}_i\|_{\mathrm{F}}^2+\|\boldsymbol{Y}_i-\boldsymbol{D}_i\boldsymbol{X}_i^i\|_{\mathrm{F}}^2+\sum_{j=1,j\neq i}^{c}\|\boldsymbol{D}_j\boldsymbol{X}_i^j\|_{\mathrm{F}}^2 \tag{9-1}$$

其中，$\boldsymbol{X}_i^j$是训练样本$\boldsymbol{Y}_i$子字典$\boldsymbol{D}_j$中的对应编码系数。

式（9-1）中等号右侧的第一项保证了字典 $\boldsymbol{D}$ 可以很好地重构训练样本$\boldsymbol{Y}_i$，第二项保证了字典$\boldsymbol{D}_i$可以很好地表示训练样本$\boldsymbol{Y}_i$，第三项保证了其他子字典不能很好地表示训练样本$\boldsymbol{Y}_i$。

编码系数的费希尔准则用于构造判别式系数项，如式（9-2）所示：

$$f_1(\boldsymbol{X}) = \operatorname{tr}\big(S_{\mathrm{W}}(\boldsymbol{X})\big) - \operatorname{tr}\big(S_{\mathrm{B}}(\boldsymbol{X})\big) + \|\boldsymbol{X}\|_{\mathrm{F}}^2 \tag{9-2}$$

其中，$S_{\mathrm{W}}(\boldsymbol{X})$和$S_{\mathrm{B}}(\boldsymbol{X})$分别是编码系数的类内方差和类间方差；$\|\boldsymbol{X}\|_{\mathrm{F}}^2$是正则化项，可使$f_1(\boldsymbol{X})$成为凸函数且稳定，该项有助于来自相同类别的训练样本具有相似的编码系数，从而可以提高编码系数的判别能力。

9.2　判别性费希尔嵌入字典学习算法

9.2.1　判别性费希尔原子嵌入模型

在理想情况下，每个字典原子只重构相应类的训练样本[27,59]。因此，一方面，同一类别的原子应该比来自不同类别的原子更相似。换言之，本节应该最小化所学字典原子的类间重构方差。另一方面，每个类别的原子也应尽可能地含有同一类别样本的类内相似特征，这样就可以用费希尔准则衡量不同原子之间的关系。特别地，本节采用迹差作为费希尔准则来捕获字典原子的类间特征和类内特征，则判别性费希尔原子嵌入模型可定义为

$$f_2(\boldsymbol{D}) = \operatorname{tr}\big(S_{\mathrm{w}}(\boldsymbol{D}) - S_{\mathrm{B}}(\boldsymbol{D})\big) \tag{9-3}$$

其中，$S_{\mathrm{W}}(\boldsymbol{D})$和 $S_{\mathrm{B}}(\boldsymbol{D})$分别是字典 $\boldsymbol{D}$ 的类内方差和类间方差。特别地，$S_{\mathrm{W}}(\boldsymbol{D})$和 $S_{\mathrm{B}}(\boldsymbol{D})$的定义如下：

$$S_{\mathrm{W}}(\boldsymbol{D}) = \sum_{i=1}^{c}\sum_{j=1}^{n_i}(\boldsymbol{d}_j - \boldsymbol{q}_i)(\boldsymbol{d}_j - \boldsymbol{q}_i)^{\mathrm{T}} \tag{9-4}$$

$$S_{\mathrm{B}}(\boldsymbol{D}) = \sum_{i=1}^{c} k_i(\boldsymbol{q}_i - \boldsymbol{q})(\boldsymbol{q}_i - \boldsymbol{q})^{\mathrm{T}} \tag{9-5}$$

其中，$\boldsymbol{q}_i$和$\boldsymbol{q}$分别是子字典$\boldsymbol{D}_i$和 $\boldsymbol{D}$ 的均值向量。$\boldsymbol{D}_i$表示由第 i 类原子组成的矩阵，k_i表示原子数。

接下来计算判别性费希尔嵌入模型。首先引入一个费希尔准则的原子引理，即引理 9-1。

引理 9-1　判别性费希尔原子嵌入模型等效于以下方程式：

$$\operatorname{tr}\big(S_{\mathrm{W}}(\boldsymbol{D}) - S_{\mathrm{B}}(\boldsymbol{D})\big) = \operatorname{tr}(\boldsymbol{D}\boldsymbol{U}\boldsymbol{D}^{\mathrm{T}}) \tag{9-6}$$

其中，$\boldsymbol{U}=\boldsymbol{I}_k-\boldsymbol{W}_1+\boldsymbol{W}_2$，$\boldsymbol{W}_1=\mathrm{Diag}\left(\frac{2}{k_1}\boldsymbol{E}_{k_1}^{k_1},\frac{2}{k_2}\boldsymbol{E}_{k_2}^{k_2},\cdots,\frac{2}{k_C}\boldsymbol{E}_{k_C}^{k_C}\right)$，$\boldsymbol{W}_2=\frac{1}{k}\boldsymbol{E}_k^k$，$\boldsymbol{E}_k^k\in\mathfrak{R}^{k\times k}$是全为 1 的矩阵，$\boldsymbol{I}_k$是单位矩阵。

证明 详细证明过程见附录 A。

判别性费希尔原子嵌入模型可以保留不同原子的类间差异和类内相似性。此外，它还促使相同类别的原子尽可能多地重建来自相同类别的原始样本。因此，判别性费希尔原子嵌入模型还可以保留样本的类间和类内特征，从而提高学习字典的判别能力。

9.2.2 判别性费希尔系数嵌入模型

受文献[26]和文献[59]的启发，理想的 DDL 编码系数矩阵应为块对角线矩阵。此外，来自同一类别的训练样本（原子）应具有相似的编码系数（画像），反之亦然。由于编码系数矩阵的行向量和列向量分别是画像和编码系数，因此本节使用画像和编码系数的费希尔准则构造判别性费希尔系数嵌入模型：

$$f_3(\boldsymbol{X},\boldsymbol{P})=\mathrm{tr}\big(S_{\mathrm{W}}(\boldsymbol{X})-\boldsymbol{S}_{\mathrm{B}}(\boldsymbol{X})\big)+\mathrm{tr}(S_{\mathrm{W}}(\boldsymbol{P})-S_{\mathrm{B}}(\boldsymbol{P})) \tag{9-7}$$

为了计算判别性费希尔系数嵌入模型，本节提供了编码系数和画像的费希尔准则的迹差引理。

引理 9-2 判别性费希尔系数嵌入模型等效于以下方程式：

$$f_3(\boldsymbol{X},\boldsymbol{P})=\mathrm{tr}(\boldsymbol{XZX}^{\mathrm{T}})+\mathrm{tr}(\boldsymbol{X}^{\mathrm{T}}\boldsymbol{UX}) \tag{9-8}$$

其中，$\boldsymbol{Z}=\boldsymbol{I}_n-\boldsymbol{W}_3+\boldsymbol{W}_4$，$\boldsymbol{W}_3=\mathrm{Diag}\left(\frac{2}{n_1}\boldsymbol{E}_{n_1}^{n_1},\frac{2}{n_2}\boldsymbol{E}_{n_2}^{n_2},\cdots,\frac{2}{n_c}\boldsymbol{E}_{n_c}^{n_c}\right)$，$\boldsymbol{W}_2=\frac{1}{n}\boldsymbol{E}_n^n$、$\boldsymbol{E}_n^n\in\mathfrak{R}^{n\times n}$是全为 1 的矩阵，$\boldsymbol{I}_n$是单位矩阵。

证明 引理 9-2 的证明过程见附录 B。

需要注意的是，判别性费希尔系数嵌入模型不仅有助于使来自同一类别的训练样本具有相似的编码系数，而且有助于使相同类别的原子具有相似的画像。因此，可以强制编码系数矩阵为块对角线矩阵，以提高编码系数的判别能力。图 9-3 为 LFW 人脸数据集上 DFEDL 算法和 LC-KSVD 算法的编码系数的可视化结果。可以发现，与 LC-KSVD

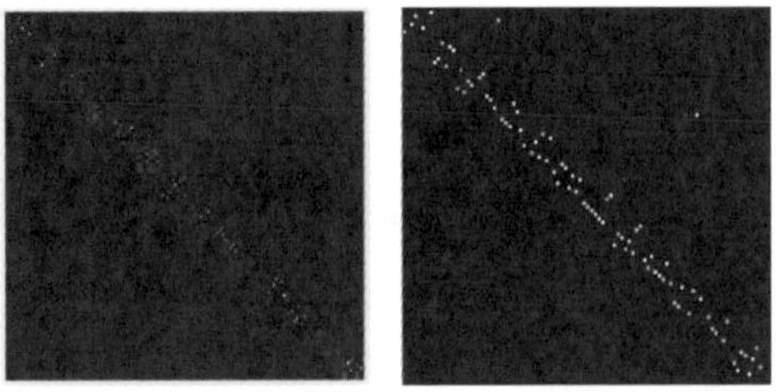

（a）　　（b）

图 9-3 DFEDL 算法和 LC-KSVD 算法在 LFW 人脸数据集上的编码系数的可视化结果
（a）DFEDL 算法 （b）LC-KSVD 算法

算法相比，DFEDL 算法可以消除一些远离对角线的噪声，并且具有更好的块对角线结构，这是一个非常有竞争力的基准方法。

9.2.3 DFEDL 算法的目标函数

为了学习判别性较强的字典，本小节结合判别性费希尔原子嵌入模型和判别性费希尔系数嵌入模型，将 DFEDL 算法的最终目标函数表述如下：

$$\min_{\boldsymbol{D},\boldsymbol{X}} \|\boldsymbol{Y}-\boldsymbol{D}\boldsymbol{X}\|_{\mathrm{F}}^2+\alpha \operatorname{tr}(\boldsymbol{D}\boldsymbol{U}\boldsymbol{D}^{\mathrm{T}})+\beta\left(\operatorname{tr}(\boldsymbol{X}^{\mathrm{T}}\boldsymbol{U}\boldsymbol{X})+\operatorname{tr}(\boldsymbol{X}\boldsymbol{Z}\boldsymbol{X}^{\mathrm{T}})\right)+\gamma\|\boldsymbol{X}\|_{\mathrm{F}}^2 \quad \text{s.t.} \quad \|\boldsymbol{d}_i\|^2=1 \quad \forall i \tag{9-9}$$

其中，第一项为重构误差项；第二项和第三项为判别性费希尔嵌入模型；第四项是编码系数的正则化项，可以使判别性系数项更平滑、更凸出；α、β和γ是平衡各项重要性的参数。

与现有的 DDL 算法只使用子字典表征残差不同，DFEDL 算法通过费希尔嵌入同时考虑字典原子的类间方差和类内相似性。因此，与忽略字典原子的判别性约束的传统 DDL 算法相比，DFEDL 算法可以更有效地重构训练样本。此外，DFEDL 算法不仅用编码系数来构造系数项，而且在画像和编码系数上都加了费希尔准则来建立判别性费希尔嵌入模型。判别性费希尔系数嵌入模型鼓励编码系数矩阵是可区分的，理想情况下是块对角线矩阵，如图 9-3（a）所示。此外，我们使用 l_2 范数来设计正则化项（而不是使用 l_0 范数或 l_1 范数），然后，我们基于费希尔嵌入模型和协同表征设计了一个复杂的目标函数，以提高计算效率。

此外，费希尔嵌入模型在原子和剖面上的嵌入模型可以交互影响和微调，它们都鼓励同一类原子尽可能多地重构来自同一类的样本。具体来说，判别性费希尔原子嵌入项保证了来自同一类的原子具有相似的编码系数；同时，判别性费希尔系数嵌入项鼓励来自同一类的训练样本具有相似的编码系数。这在很大程度上保留了同一类之间的相似点，同时扩大了不同类之间的差异。因此，判别性费希尔系数嵌入项也可以鼓励同一类的原子重构对应类的样本。综上分析，可以交互地、交替地优化嵌入在原子和画像上的判别性费希尔模型，以提高学习字典和编码系数的判别能力。

9.3 判别性费希尔嵌入字典学习的优化算法

显然，式（9-9）的解是非平凡的。本节介绍一种交替优化算法，可以用来求解如式（9-9）所示目标函数[60]。具体而言，式（9-9）可以分为两个子问题，即优化字典矩阵 $\boldsymbol{D}$ 和编码系数 $\boldsymbol{X}$。DFEDL 可通过使用块梯度下降策略来解决这两个子问题，即在固定字典矩阵 $\boldsymbol{D}$ 时更新编码系数 $\boldsymbol{X}$，反之亦然。

1．更新编码系数 $\boldsymbol{X}$

当固定 $\boldsymbol{D}$ 并删除与 $\boldsymbol{X}$ 无关的项时，DFEDL 算法的目标函数退化为以下形式：

$$\min_{\boldsymbol{X}} \|\boldsymbol{Y}-\boldsymbol{D}\boldsymbol{X}\|_{\mathrm{F}}^2+\beta \operatorname{tr}(\boldsymbol{X}^{\mathrm{T}}\boldsymbol{U}\boldsymbol{X})+\beta f_4(\boldsymbol{X})+\gamma\|\boldsymbol{X}\|_{\mathrm{F}}^2 \tag{9-10}$$

其中，$f_4(\boldsymbol{X})=\operatorname{tr}(\boldsymbol{X}\boldsymbol{Z}\boldsymbol{X}^{\mathrm{T}})$。根据文献[38]中的解释，易推断$f_4(\boldsymbol{X})$中$\boldsymbol{X}$的梯度可以由式（9-11）得到：

$$\frac{\partial f_4(\boldsymbol{X})}{\partial \boldsymbol{X}}=2(2\boldsymbol{X}+\boldsymbol{V}-2\widetilde{\boldsymbol{V}}) \tag{9-11}$$

其中，$\boldsymbol{V}$ 是所有类别的编码系数的均值向量的矩阵。$\widetilde{\boldsymbol{V}}=[\boldsymbol{V}_1,\boldsymbol{V}_2,\cdots,\boldsymbol{V}_c]$，其中$\boldsymbol{V}_i$是由编码系数矩阵$\boldsymbol{X}_i$的均值向量组成的矩阵。基于式（9-11），可以求出式（9-10）相对于 $\boldsymbol{X}$ 的一阶偏导数并将其设置为 0，如式（9-12）所示：

$$\boldsymbol{D}^{\mathrm{T}}\boldsymbol{D}\boldsymbol{X}-\boldsymbol{D}^{\mathrm{T}}\boldsymbol{Y}+\beta\boldsymbol{U}\boldsymbol{X}+(2\beta+\gamma)\boldsymbol{X}+\beta(\boldsymbol{V}-2\widetilde{\boldsymbol{V}})=0 \tag{9-12}$$

由此，可以求出编码系数 $\boldsymbol{X}$ 的闭式解：

$$\boldsymbol{X}=(\boldsymbol{D}^{\mathrm{T}}\boldsymbol{D}+\beta\boldsymbol{U}+(2\beta+\gamma)\boldsymbol{I})^{-1}\boldsymbol{\Lambda} \tag{9-13}$$

其中，$\boldsymbol{\Lambda}=\boldsymbol{D}^{\mathrm{T}}\boldsymbol{Y}-\beta(\boldsymbol{V}-2\widetilde{\boldsymbol{V}})$，$\boldsymbol{I}$是单位矩阵。

2．更新字典矩阵 $\boldsymbol{D}$

当固定编码系数矩阵 $\boldsymbol{X}$ 并删除与 $\boldsymbol{D}$ 无关的常数项时，式（9-9）中字典矩阵 $\boldsymbol{D}$ 的求解问题简化为

$$\begin{gathered}\min_{\boldsymbol{D}} \|\boldsymbol{Y}-\boldsymbol{D}\boldsymbol{X}\|_{\mathrm{F}}^2+\alpha\operatorname{tr}(\boldsymbol{D}\boldsymbol{U}\boldsymbol{D}^{\mathrm{T}})\\ \text{s.t.}\quad \|\boldsymbol{d}_i\|^2=1\quad \forall i=1,2,\cdots,k\end{gathered} \tag{9-14}$$

式（9-14）可以重新公式化为具有二次约束的最小二乘问题。如文献[26]中的建议，式（9-14）的拉格朗日对偶函数如下：

$$\mathcal{L}(\lambda)=\inf\left(\|\boldsymbol{Y}-\boldsymbol{D}\boldsymbol{X}\|_{\mathrm{F}}^2+\alpha\operatorname{tr}(\boldsymbol{D}\boldsymbol{U}\boldsymbol{D}^{\mathrm{T}})+\sum_{i=1}^{k}\lambda_i(\|\boldsymbol{d}_i\|^2-1)\right) \tag{9-15}$$

其中，λ_i是原子的第 i 个等式约束的拉格朗日乘子。假设矩阵 $\boldsymbol{A}$ 是一个对角线矩阵，它的对角项$a_{ii}=\lambda_i$（$i=1,2,\cdots,k$）。式（9-15）可以重写为

$$\begin{gathered}\mathcal{L}(\boldsymbol{D},\lambda)=\|\boldsymbol{Y}-\boldsymbol{D}\boldsymbol{X}\|_{\mathrm{F}}^2+\alpha\operatorname{tr}(\boldsymbol{D}\boldsymbol{U}\boldsymbol{D}^{\mathrm{T}})\\ +\operatorname{tr}(\boldsymbol{D}^{\mathrm{T}}\boldsymbol{D}\boldsymbol{A})-\operatorname{tr}(\boldsymbol{A})\end{gathered} \tag{9-16}$$

通过以下方法很容易获得字典矩阵 $\boldsymbol{D}$ 的最优解：

$$\boldsymbol{D}=\boldsymbol{Y}\boldsymbol{X}^{\mathrm{T}}(\boldsymbol{X}\boldsymbol{X}^{\mathrm{T}}+\alpha\boldsymbol{U}+\boldsymbol{A})^{-1} \tag{9-17}$$

按照文献[27]，本节采用一种近似策略，用式（9-17）中的恒等矩阵 $\boldsymbol{I}$ 代替最优 $\boldsymbol{A}$。因此，所学字典矩阵 $\boldsymbol{D}$ 的解为

$$\boldsymbol{D} = \boldsymbol{Y}\boldsymbol{X}^{\mathrm{T}}(\boldsymbol{X}\boldsymbol{X}^{\mathrm{T}} + \alpha\boldsymbol{U} + \delta\boldsymbol{I})^{-1} \tag{9-18}$$

其中，δ 是正则化参数，在本章中将其设置为 1。算法 9-1 展示了 DFEDL 优化算法的整个过程。

算法 9-1　DFEDL 优化算法

输入： 训练样本$\boldsymbol{Y}$，参数α、β、γ、δ和最大迭代数量τ。

输出： 优化编码系数矩阵$\boldsymbol{X}$和字典矩阵$\boldsymbol{D}$。

初始化字典矩阵$\boldsymbol{D}_i$和编码系数矩阵$\boldsymbol{X}_i$，通过使用训练样本$\boldsymbol{Y}_i$运行 K-SVD 算法。
构建矩阵$\boldsymbol{W}_1$和$\boldsymbol{W}_2$，通过使用每一类元素的数量，计算矩阵$\boldsymbol{U}$，$\boldsymbol{U} = \boldsymbol{I} - \boldsymbol{W}_1 + \boldsymbol{W}_2$。
For $i = 1{:}\tau$
使用所有类别的编码系数的均值向量构建矩阵$\boldsymbol{V}$；
构建矩阵$\widetilde{\boldsymbol{V}} = [\boldsymbol{V}_1, \boldsymbol{V}_2, \cdots, \boldsymbol{V}_c]$，其中$\boldsymbol{V}_i$是第$i$类编码系数的均值矩阵；
利用式（9-13）更新编码系数矩阵；
利用式（9-18）更新字典矩阵 $\boldsymbol{D}$。
End for

3．分类模型设计

由于 DFEDL 算法可以看作一种结构字典学习算法，因此这里使用 FDDL 算法采用的全局分类方法进行分类。假设给定一个测试样本$\boldsymbol{y}_t$，可以利用式（9-19）获得表示系数：

$$\boldsymbol{\zeta} = \arg\min_{\zeta} \|\boldsymbol{y}_t - \boldsymbol{D}\boldsymbol{\zeta}\|_2^2 + \mu\|\boldsymbol{\zeta}\|_1 \tag{9-19}$$

其中，μ是一个超参数。

因此，记$\boldsymbol{\zeta} = [\boldsymbol{\zeta}_1, \boldsymbol{\zeta}_2, \boldsymbol{\zeta}_3, \boldsymbol{\zeta}_4, \cdots, \boldsymbol{\zeta}_c]$，其中$\boldsymbol{\zeta}_i$是与$\boldsymbol{D}_i$相关的系数向量。分类方法定义如下：

$$e_i = \|\boldsymbol{y}_t - \boldsymbol{D}_i\boldsymbol{\zeta}_i\|_2^2 + \theta\|\boldsymbol{\zeta} - \boldsymbol{v}_i\|_2^2 \tag{9-20}$$

其中，$\boldsymbol{v}_i$是编码系数$\boldsymbol{X}_i$的均值向量，θ 是一个正则化参数。测试样本$\boldsymbol{y}_t$由式（9-21）确定：

$$\text{identity}(\boldsymbol{y}_t) = \arg\min_{i}\{e_i\} \tag{9-21}$$

9.4　算法对比与分析

本节首先分别介绍 DFEDL 算法与经典的 FDDL 算法之间的关系，然后分析该算法的时间复杂度和算法收敛性。

9.4.1 DFEDL 算法与 FDDL 算法的关系

在 FDDL 算法中，区分保真度定义为式（9-1）。根据文献[28]，本小节定义对角线矩阵$\boldsymbol{H}_i = \mathrm{Diag}(\boldsymbol{h}_i)$，其中$\boldsymbol{h}_i \in \{0,1\}^k$且$\boldsymbol{h}_i$的第 j 个元素为 1（$\boldsymbol{h}_{ji} = 1$），当且仅当第 j 个字典矩阵 $\boldsymbol{D}$ 的一列属于子字典矩阵$\boldsymbol{D}_i$。那么，子字典矩阵$\boldsymbol{D}_i$对训练样本$\boldsymbol{Y}_i$的表示可以重写为

$$\boldsymbol{D}_i\boldsymbol{X}_i^i = \boldsymbol{D}\boldsymbol{H}_i\boldsymbol{X}_i \tag{9-22}$$

其中，$\boldsymbol{X}_i$是子字典矩阵$\boldsymbol{D}_i$上训练样本$\boldsymbol{Y}_i$的编码系数，$\boldsymbol{X}_i$是字典矩阵$\boldsymbol{D}$上训练样本$\boldsymbol{Y}_i$的表征矩阵。由此，可将 FDDL 算法的判别式保真度项重写为

$$\begin{aligned}&\min\sum_{i=1}^{c}\left(\|\boldsymbol{Y}_i-\boldsymbol{D}\boldsymbol{X}_i\|_{\mathrm{F}}^2+\|\boldsymbol{Y}_i-\boldsymbol{D}_i\boldsymbol{X}_i^i\|_{\mathrm{F}}^2+\sum_{j=1,j\neq i}^{c}\|\boldsymbol{D}_j\boldsymbol{X}_i^j\|_{\mathrm{F}}^2\right)\\&=\|\boldsymbol{Y}-\boldsymbol{D}\boldsymbol{X}\|_{\mathrm{F}}^2+\sum_{i=1}^{c}\left(\|\boldsymbol{Y}_i-\boldsymbol{D}\boldsymbol{H}_i\boldsymbol{X}_i\|_{\mathrm{F}}^2+\sum_{j\neq i}^{c}\|\boldsymbol{D}\boldsymbol{H}_j\boldsymbol{X}_i\|_{\mathrm{F}}^2\right)\\&=\mathrm{tr}(\boldsymbol{D}\boldsymbol{J}_1\boldsymbol{D}^{\mathrm{T}})-2\mathrm{tr}(\boldsymbol{Q}_1\boldsymbol{D}^{\mathrm{T}})+\xi_1\end{aligned} \tag{9-23}$$

其中，$\boldsymbol{J}_1 = \boldsymbol{X}\boldsymbol{X}^{\mathrm{T}} + \sum_{i=1}^{c}\boldsymbol{H}_i\boldsymbol{X}\boldsymbol{X}^{\mathrm{T}}\boldsymbol{H}_i^{\mathrm{T}}$， $\boldsymbol{Q}_1 = \boldsymbol{Y}\boldsymbol{X}^{\mathrm{T}} + \sum_{i=1}^{c}\boldsymbol{Y}_i\boldsymbol{X}_i^{\mathrm{T}}\boldsymbol{H}_i$，$\xi_1$是与$\boldsymbol{D}$不相关的常数项。

类似地，DFEDL 算法的判别保真度可重写为

$$\begin{aligned}&\min(\|\boldsymbol{Y}-\boldsymbol{D}\boldsymbol{X}\|_{\mathrm{F}}^2+\mathrm{tr}(\boldsymbol{D}\boldsymbol{U}\boldsymbol{D}^{\mathrm{T}}))\\&=\mathrm{tr}(\boldsymbol{D}\boldsymbol{J}_2\boldsymbol{D}^{\mathrm{T}})-2\mathrm{tr}(\boldsymbol{Q}_2\boldsymbol{D}^{\mathrm{T}})+\xi_2\end{aligned} \tag{9-24}$$

其中，$\boldsymbol{J}_2 = \boldsymbol{X}\boldsymbol{X}^{\mathrm{T}} + \boldsymbol{I}_k - \boldsymbol{W}_1 + \boldsymbol{W}_2$，$\boldsymbol{Q}_2 = \boldsymbol{Y}\boldsymbol{X}^{\mathrm{T}}$，$\xi_2$是与 $\boldsymbol{D}$ 不相关的常数项。

式（9-23）和式（9-24）证明 FDDL 算法和 DFEDL 算法的判别式保真度项具有相似的优化功能。但是在以下 3 个方面，DFEDL 算法与 FDDL 算法完全不同。

（1）FDDL 算法是利用每个类的表征残差来构造判别项，期望得到的子字典对于来自相应类别的训练样本具有良好的重构能力，但对于其他类别重构能力较差。然而，原子的类内相似性没有得到充分的利用。而 DFEDL 算法是通过利用原子的类内散布矩阵和类间散布矩阵构造费希尔原子的判别性嵌入模型，可以增强学习字典的类间方差和类内相似性，促使相同类原子尽可能多地重构来自同一类的样本。

（2）在 FDDL 算法中，费希尔准则只施加于编码系数，保证同一类训练样本的编码系数比不同类的编码系数更相似。DFEDL 算法将费希尔准则同时应用于编码系数和画像上，因此该算法的判别性费希尔系数嵌入模型不仅保证了来自同一类的训练样本对不同类具有更多相似的编码系数，而且使同一类的原子具有比不同类更相似的特征。基于费希尔准则，DFEDL 算法建立了原子与编码系数之间的迭代交互关系，便于提出的两种判别性费希尔嵌入模型交替、交互地更新。

（3）FDDL 算法所学习的结构化字典是逐级更新的，并且计算复杂度高。DFEDL 算法则是将费希尔准则转换为费希尔嵌入模型，可以整体更新结构化字典和系数矩阵，从而大大降低了计算复杂度。

9.4.2 时间复杂度分析

DFEDL 算法的主要计算负担在于解决它的两个子问题，即编码系数矩阵 $\boldsymbol{X}$ 和字典矩阵 $\boldsymbol{D}$ 的优化。这两个子问题都涉及算法 9-1 中的矩阵求逆和矩阵乘法。具体而言，算法 9-1 中计算编码系数的时间复杂度为$\mathcal{O}(\tau k^2 s + \tau k^2 + \tau ksn)$，其中$\tau$代表总迭代次数；更新字典的时间复杂度为$\mathcal{O}(\tau k^2 n + \tau k^2 + \tau ksn)$。因此，DFEDL 算法的总时间复杂度为$\mathcal{O}(\tau k^2(s+n) + 2\tau k^2 + 2\tau ksn)$，与实验部分中展示的其他字典学习方法相比，这是可以接受的。

9.4.3 收敛性分析

DFEDL 算法的效率取决于精心设计的交替优化算法的快速收敛。由于该算法目标函数可以通过交替优化算法解决，因此本章使用算法 9-1 中介绍的坐标下降优化程序来更新学习的字典和编码系数。令$\boldsymbol{F}(\boldsymbol{D},\boldsymbol{X})$表示目标函数的最小值，即

$$\begin{aligned}\boldsymbol{F}(\boldsymbol{D},\boldsymbol{X}) = \arg\min_{\boldsymbol{D},\boldsymbol{X}} &\|\boldsymbol{Y}-\boldsymbol{D}\boldsymbol{X}\|_{\mathrm{F}}^2 + \alpha\mathrm{tr}(\boldsymbol{D}\boldsymbol{U}\boldsymbol{D}^{\mathrm{T}}) \\ &+\beta\left(\mathrm{tr}(\boldsymbol{X}^{\mathrm{T}}\boldsymbol{U}\boldsymbol{X}) + \mathrm{tr}(\boldsymbol{X}\boldsymbol{Z}\boldsymbol{X}^{\mathrm{T}})\right) + \gamma\|\boldsymbol{X}\|_{\mathrm{F}}^2\end{aligned} \tag{9-25}$$

接着可以得到定理 9-1。

定理 9-1 在每次迭代中，算法 9-1 中的迭代方案单调减小了目标函数的值。

证明 定理 9-1 的证明过程见附录 C。

但是，$\boldsymbol{F}(\boldsymbol{D},\boldsymbol{X})$的收敛性不能确保变量$\{\boldsymbol{D},\boldsymbol{X}\}$的收敛性。根据文献[61,Th.4.9]，需要以下两个结论来分析目标函数中变量的收敛性。

（1）目标函数产生的变量序列至少有一个累加点，所有累加点都是目标函数的局部最优，并且具有相同的函数值。

（2）如果目标函数的子问题具有唯一解，那么 DFEDL 算法的交替优化算法生成的序列就可以满足

$$\lim_{t\to\infty}\|\boldsymbol{X}^{t+1}-\boldsymbol{X}^t\|_{\mathrm{F}}^2+\|\boldsymbol{D}^{t+1}-\boldsymbol{D}^t\|_{\mathrm{F}}^2 = 0 \tag{9-26}$$

参考双凸问题的性质[62]和轮替凸搜索（Alternative Convex Search，ACS）算法[63]，可以证明以上两个结论。结合定理 9-1 和上述关于变量的两个结论，可以证明本章介绍的交替优化算法可以收敛到局部最优，甚至可以收敛到全局最优解。此外，本书 9.5.7 节将深入分析该算法的实验收敛性。

9.5 实验验证

为了分析 DFEDL 算法的优势，本节实验部分将其与现有的先进 DDL 方法进行了对比，主要包括：

（1）以原始训练样本为字典的基于线性表征学习的方法，即 SRC[12]、SVM[64]、基于协同表征的分类器（Collaborative Representation-based Classifier，CRC）[65]、稀疏增强的基于协同表征的分类（Sparsity-Augmented Collaborative Representation-based Classification，SA-CRC）算法[66]；

（2）共享 DDL 方法，即 LC-KSVD[16]和 LCLE-DL[27]；

（3）特定类 DDL 方法，即 FDDL[28]和 JBDC[33]；

（4）共享和特定类的 DDL 方法，即 LRSDL[38]和 CLSDDL（Cross-label Suppression DDL）[35]。

最终，该实验在 Caltech 101 数据集[67]、Caltech 256 数据集[68]、ImageNet 数据集[69]、LFW 数据集[70]、FERET 数据集[71]和 Corel 5000 数据集[72]这 6 个深度特征和手工特征数据集上评估DFEDL算法。这些数据集被广泛用于字典学习评估[16,27,28,33]。为了公平比较，实验将每张图像的原始像素视为 LFW 数据集和 FERET 人脸数据集上的特征向量。对于 Caltech 101 数据集、Caltech 256 数据集和 ImageNet 数据集，该实验提取每张图像的深层特征以提高分类性能；对于 Corel 5000 数据集，该实验将每张图像的 Surf 特征用作特征向量。每次实验都随机划分训练集和测试集，其中训练集是通过从每个类别中选择的固定数量的样本构成的，其余图像则被视为测试样本。为了与其他现有方法进行公平比较，本节统计了每种方法的平均精度。此外，对于 CLSDDL，本节实验中将全局编码分类器和本地编码分类器分别表示为 CLSDDL-GC 和 CLSDDL-LC。

9.5.1 实验配置

在 DFEDL 框架的训练阶段，主要需要调整 3 个超参数，分别是模型项参数 α、β，以及正则化参数 γ。为了选择合适的参数，实验部分使用 Corel 5000 数据集通过五折交叉验证来选择最佳参数。参数 α、β 和 γ 是从集合$\{10^{-5}, 10^{-4}, 10^{-3}, 10^{-2}, 10^{-1}, 1\}$中得到的。6 个数据集上的所有实验参数均被固定为 $\alpha=\beta=10^{-5}$，$\gamma=10^{-2}$。作为对比的 FDDL、LRSDL 和 DFEDL 的分类参数 μ 设置为 0.5，并从集合$\{10^{-3}, 10^{-2}, 10^{-1}\}$中选择分类参数 θ。对比实验基于以上参数设置进行，所有方法的最佳分类结果展示在下文。本节使用文献[38]中提供的工具箱来产生 FDDL、LC-KSVD、LRSDL 和 SRC 的结果，复现了由相应作者提供的 JBDC、CRC、SA-CRC、CLSDDL 和 LCLE-DL 代码，并通过交叉验证搜索了最佳参数，从而使实验结果可靠且令人信服。实验在配置有 Intel Core i7 CPU（3.60GHz）、16GB RAM 的计算机运行的 MATLAB 2017a 上进行。对于 FDDL、LC-KSVD、LRDSL、LCLE-DL 和 DFEDL，本节实验根据相应原始论文中的默认参数，将原子数直接设置为训练样本数。对于 LRSDL 和 CLSDDL，本节实验将其共享字典和特定类字典分别设置为相同数量的原子，等于训练样本数量的一半。对于 LC-KSVD，实验结果显示 LC-KSVD2 的性能更好[16]。对于 FDDL、LRDSL、CLSDDL 和 DFEDL，每个类别的原子数与每个类别的训练样本数相同。此外，表 9-1~表 9-6 中方法名称后的括号内为字典原子的数量。

9.5.2　数据集描述

（1）Caltech 101 数据集。该数据集包含了 9144 张图像、101 个对象类别，这些图像的姿态都是典型的，中心对象中很少或没有杂波。每张图像的分辨率大约为 300 像素×200 像素。每个类有 40～800 张图像，内容包括动物、车辆和鲜花等。

（2）Caltech 256 数据集。该数据集包含 30,607 张图像。在 256 个类别中，这些图像具有较大的物体位置差异性。

（3）ImageNet 数据集。该数据集由超过 1000 个对象类组成，这些图像有不同的分辨率和尺寸。为与文献[73]保持一致，本节实验同样采用 ImageNet 数据集的一个子集，它包括 118 个类别、165,598 张图像。

（4）FERET 数据集。该数据集包含 1564 组，共计 14,126 张图像。为与文献[74]保持一致，本节实验同样采用 FERET 数据集的一个子集，包含 200 个人的 1400 张图像（每个人有 7 张图像）。这些图像是在不同的面部表情、光照以及姿势下拍摄的，并且分辨率都被手动调整为 40 像素×40 像素。

（5）LFW 数据集。该数据集是为无约束人脸验证和识别而设计的，图像采集自互联网，由 1680 个对象的 13,000 多张图像组成。本节实验采用了文献[75]中给出的裁剪版本的 LFW 人脸数据集，其中包括不对准、尺度变化、平面内的旋转和平面外的旋转。为与文献[76]保持一致，本节实验同样采用 LFW 人脸数据集的裁剪版本的一个子集，包含 86 个人的 1215 张图像，每个人有 11～20 张图像，并且分辨率都归一化为 32 像素×32 像素。

（6）Corel 5000 数据集。该数据集包括 50 个类别、5000 张图像（每个类别有 100 张图像），这些图像都是从 Corel 图像的相关示例中随机选择的。为与文献[77]保持一致，本节实验中将图像标准化为 500 像素×500 像素，同时保持宽高比不变。此外，本实验使用 Corel 5000 数据集中图像的 Surf 特征，这些特征是通过阈值为 5000 的 Surf 检测器提取的。

9.5.3 在深度特征数据集上的实验结果

深度学习为许多领域的成功应用做出了贡献，并有越来越多的深度特性被不同的CNN 架构提取出来。为与文献[73]保持一致，本节实验利用 AlexNet 架构[78]和 VGG-16 架构[79]，分别在 Caltech 101 数据集、Caltech 256 数据集和 ImageNet 数据集上提取深度特征，以评估不同 DDL 方法的性能。在实验中，主要使用 Caltech 101 数据集、Caltech 256 数据集和 ImageNet 数据集上的 decaf8 特征来评价不同的方法。另外，实验在每个类中随机选取 10 张图像作为训练样本，其余的用于测试，并分别对 DFEDL 和所有参与对比的方法进行了 10 次评估，结果对比见表 9-1～表 9-3。

表 9-1 Caltech 101 数据集中不同方法的识别准确率（acc±std）、训练时间和测试时间的对比

方法	识别准确率（%）	训练时间（s）	测试时间（s）
SRC	59.6 ± 0.010	—	8.4×10^{-3}
SVM	59.1 ± 0.008	—	1.9×10^{-4}
CRC	60.8 ± 0.008	—	1.8×10^{-3}
SA-CRC	60.7 ± 0.004	—	3.6×10^{-4}
LC-KSVD（1010）	58.3 ± 0.010	121	3.6×10^{-4}
JBDC（1002）	58.4 ± 0.011	1.1×10^{3}	7.8×10^{-4}
FDDL（1010）	61.9 ± 0.008	173	1.6×10^{-3}
LCLE-DL（1010）	61.8 ± 0.005	55	3.5×10^{-4}
LRSDL（1010）	60.5 ± 0.008	123	1.6×10^{-3}
CLSDDL-LC（1010）	62.6 ± 0.008	75	1.1×10^{-3}
CLSDDL-GC（1010）	62.0 ± 0.008	75	1.8×10^{-3}
DFEDL（1010）	**64.1 ± 0.004**	52	1.5×10^{-3}

表 9-2 Caltech 256 数据集中不同方法的识别准确率（acc±std）、训练时间和测试时间的对比

方法	识别准确率（%）	训练时间（s）	测试时间（s）
SRC	40.3 ± 0.006	—	3.4×10^{-2}
SVM	38.7 ± 0.010	—	6.7×10^{-3}
CRC	40.8 ± 0.004	—	2.1×10^{-3}
SA-CRC	40.1 ± 0.005	—	9.4×10^{-4}
LC-KSVD（2570）	38.6 ± 0.003	237	9.4×10^{-4}
JBDC（2554）	38.7 ± 0.003	7.3×10^{3}	2.2×10^{-3}
FDDL（2570）	39.2 ± 0.004	186	1.8×10^{-2}
LCLE-DL（2570）	42.2 ± 0.003	112	9.4×10^{-4}

续表

方法	识别准确率（%）	训练时间（s）	测试时间（s）
LRSDL（2570）	39.3 ± 0.007	760	1.8×10^{-2}
CLSDDL-LC（2570）	40.9 ± 0.005	630	2.1×10^{-3}
CLSDDL-GC（2570）	40.8 ± 0.006	630	2.0×10^{-3}
DFEDL（2570）	**44.2 ± 0.004**	102	1.8×10^{-2}

表 9-3 ImageNet 数据集中不同方法的识别准确率（acc±std）、训练时间和测试时间的对比

方法	识别准确率（%）	训练时间（s）	测试时间（s）
SRC	47.8 ± 0.006	—	1.1×10^{-2}
SVM	45.9 ± 0.009	—	2.8×10^{-4}
CRC	49.0 ± 0.010	—	2.3×10^{-3}
SA-CRC	47.7 ± 0.005	—	4.4×10^{-4}
LC-KSVD（1180）	45.3 ± 0.002	63	7.6×10^{-4}
JBDC（1163）	46.0 ± 0.003	1.7×10^{3}	1.2×10^{-3}
FDDL（1180）	48.8 ± 0.003	152	2.0×10^{-2}
LCLE-DL（1180）	49.0 ± 0.002	12	7.5×10^{-4}
LRSDL（1180）	48.4 ± 0.003	81	1.8×10^{-2}
CLSDDL-LC（1180）	48.5 ± 0.005	47	5.4×10^{-4}
CLSDDL-GC（1180）	47.6 ± 0.006	47	5.1×10^{-4}
DFEDL（1180）	**51.2 ± 0.003**	10	1.8×10^{-2}

9.5.4 在手工数据集上的实验结果

对于 FERET 人脸数据集，本节实验随机选择每个人的 5 张图像作为训练样本，其余图像视为测试样本，并将所有方法重复运行 20 次，实验结果见表 9-4。对于 LFW 人脸数据集，本节实验随机选择每个人的 8 张图像作为训练样本，其余图像视为测试样本。基于训练集和测试集的随机划分，实验对 DFEDL 和 10 种参与对比的方法进行了 10 次评估，实验结果见表 9-5。对于 Corel 5000 数据集，本节实验随机选择每个类别的 10 张图像作为训练样本，其余用于测试。类似地，实验对 DFEDL 和 10 种参与对比的方法进行了 10 次评估，实验结果见表 9-6。

表 9-4 FERET 数据集中不同方法的识别准确率（acc±std）、训练时间和测试时间的对比

方法	识别准确率（%）	训练时间（s）	测试时间（s）
SRC	73.7 ± 0.13	—	1.1×10^{-2}
SVM	55.8 ± 1.92	—	5.1×10^{-4}

续表

方法	识别准确率（%）	训练时间（s）	测试时间（s）
CRC	69.1 ± 1.61	—	3.5×10^{-3}
SA-CRC	74.2 ± 1.61	—	7.3×10^{-4}
LC-KSVD（1000）	63.4 ± 0.12	89	5.0×10^{-4}
JBDC（996）	70.8 ± 0.17	240	1.3×10^{-3}
FDDL（1000）	73.9 ± 0.13	138	1.5×10^{-2}
LCLE-DL（1000）	71.6 ± 0.17	43	5.2×10^{-4}
LRSDL（1000）	74.0 ± 0.16	148	1.2×10^{-2}
CLSDDL-LC（1000）	72.3 ± 0.14	102	1.1×10^{-3}
CLSDDL-GL（1000）	61.9 ± 0.17	102	1.2×10^{-3}
DFEDL（1000）	**75.3 ± 0.15**	39	1.3×10^{-2}

表 9-5　LFW 数据集中不同方法的识别准确率（acc±std）、训练时间和测试时间的对比

方法	识别准确率（%）	训练时间（s）	测试时间（s）
SRC	30.6 ± 0.01	—	5.2×10^{-3}
SVM	25.2 ± 0.13	—	1.8×10^{-4}
CRC	31.1 ± 0.18	—	1.3×10^{-3}
SA-CRC	28.3 ± 0.17	—	3.2×10^{-4}
LC-KSVD（688）	26.7 ± 0.02	24	3.6×10^{-4}
JBDC（684）	25.2 ± 0.01	780	5.3×10^{-4}
FDDL（688）	32.0 ± 0.01	29	6.4×10^{-3}
LCLE-DL（688）	30.7 ± 0.01	6	3.6×10^{-4}
LRSDL（688）	30.8 ± 0.01	12	6.7×10^{-3}
CLSDDL-LC（688）	27.6 ± 0.02	8	1.3×10^{-3}
CLSDDL-GC（688）	26.4 ± 0.01	8	7.4×10^{-4}
DFEDL（688）	**36.1 ± 0.02**	5	6.2×10^{-3}

表 9-6　Corel 5000 数据集中不同方法的识别准确率（acc±std）、训练时间和测试时间的对比

方法	识别准确率（%）	训练时间（s）	测试时间（s）
SRC	37.5 ± 0.007	—	3.3×10^{-3}
SVM	36.4 ± 0.012	—	6.7×10^{-5}
CRC	36.7 ± 0.009	—	8.7×10^{-4}
SA-CRC	38.5 ± 0.008	—	2.1×10^{-4}
LC-KSVD（500）	36.6 ± 0.008	70	1.8×10^{-4}
JBDC（496）	33.1 ± 0.004	200	2.1×10^{-4}
FDDL（500）	38.2 ± 0.009	90	5.3×10^{-3}
LCLE-DL（500）	37.1 ± 0.009	28	2.1×10^{-4}
LRSDL（500）	37.4 ± 0.007	60	5.3×10^{-3}

续表

方法	识别准确率（%）	训练时间（s）	测试时间（s）
CLSDDL-LC（500）	38.9 ± 0.009	41	2.1×10^{-4}
CLSDDL-GC（500）	36.2 ± 0.009	41	1.9×10^{-4}
DFEDL（500）	**41.6 ± 0.007**	26	1.8×10^{-3}

9.5.5 实验结果分析

详细分析上述实验结果，可以得出如下结论。

（1）表 9-1~表 9-6 表明，DFEDL 可以实现比 LCLE-DL、LC-KSVD 更高的识别准确率。LC-KSVD 和 LCLE-DL 是共享的 DDL，使用原子的标签信息来构造判别项。然而，LC-KSVD 和 LCLE-DL 只使用原子的标签信息来约束编码系数，而忽略了原子的类间特征和类内特征。DFEDL 不仅研究了原子的类间特征和类内特征，而且利用画像和编码系数的类间特征和类内特征构造判别性费希尔嵌入项。因此，DFEDL 的学习字典比 LC-KSVD 和 LCLE-DL 的学习字典具有更强的判别能力。

（2）在所有 6 个数据集上，DFEDL 的识别准确率始终高于 FDDL。FDDL 的判别能力来自编码系数的表征残差和费希尔准则。然而，DFEDL 可以通过同时探索原子的类间方差和类内相似性，以及编码系数的类内信息和类间信息来构造判别项。实验结果表明，与 FDDL 相比，DFEDL 能够更好地代表样本，利用表征残差构造判别项。此外，原子与编码系数之间的相互作用关系可以基于在画像上的费希尔嵌入进行连接。由此，通过 DFEDL 可以进一步提高学习字典的判别能力。

（3）DFEDL 的分类性能优于 JBDC。虽然 JBDC 利用独立的伯努利分布表示来自不同类的样本（这可以提高学习字典的判别能力），并使用了类标签和原子之间的关系，但忽略了编码系数和原子的类内特性。

（4）实验结果表明，DFEDL 的性能优于 LRSDL 和 CLSDDL。虽然 LRSDL 和 CLSDDL 可以利用共享字典捕获训练样本的相似特征，利用特定的类字典保存每个类的类内信息，但由于所学的字典可能无法很好地代表具有较小类内方差的测试样本，导致原子的类内信息没有被充分考虑。而 DFEDL 利用原子、画像和编码系数的类内信息和类间信息构造判别性费希尔嵌入项，比 LRDSL 和 CLSDDL 更能代表样本。

（5）实验结果表明，DFEDL 优于 SRC、CRC、SA-CRC 和 SVM 等基于线性表征学习的方法。具体而言，SA-CRC 同时使用密集协作表征和稀疏编码来表示样本，而 DFEDL 采用协同表征来约束编码系数，因此学习字典比直接使用原始训练样本具有更强大的表征能力。

（6）实验结果表明，DFEDL 的训练时间短于 LC-KSVD、JBDC、FDD、CLSDDL 和 LRSDL，与 LCLE-DL 的训练时间基本相等。主要原因是 DFEDL 和 LCLE-DL 的目

标函数对每个子问题都有封闭形式的解，可以明显降低它们的计算复杂度。此外，FDDL、LRSDL 和 DFEDL 对测试样本的分类时间要长于 LC-KSCD 和 LCLE-DL。主要原因是 FDDL、LRSDL 和 DFEDL 都使用了相同的分类器方法，并且在分类阶段计算了每个类的表征残差和均值向量。然而，LCLE-DL 和 LC-KSVD 只使用一种简单的线性分类方法，通过使用编码系数来构造或学习。

9.5.6 参数敏感性分析

DFEDL 中有 3 个超参数可调整。为了检验 DFEDL 的参数敏感性，本小节在 Caltech 101 数据集、Caltech 256 数据集、Corel 5000 数据集和 FERET 人脸数据集上进行了实验。由于 γ 和 δ 是正则化参数，首先固定这两个参数，并改变参数 α 和 β，这时算法的性能变化如图 9-4 所示。可以发现，当相应的值不太大时，比如在$[10^{-5},10^{-2}]$范围内，参数 α 和 β 相对不敏感。但是，当 α=0.1 和 α=1 时，平均识别准确率显著下降。因此，当参数值不太大时，DFEDL 在大多数情况下对不同参数的值不敏感。

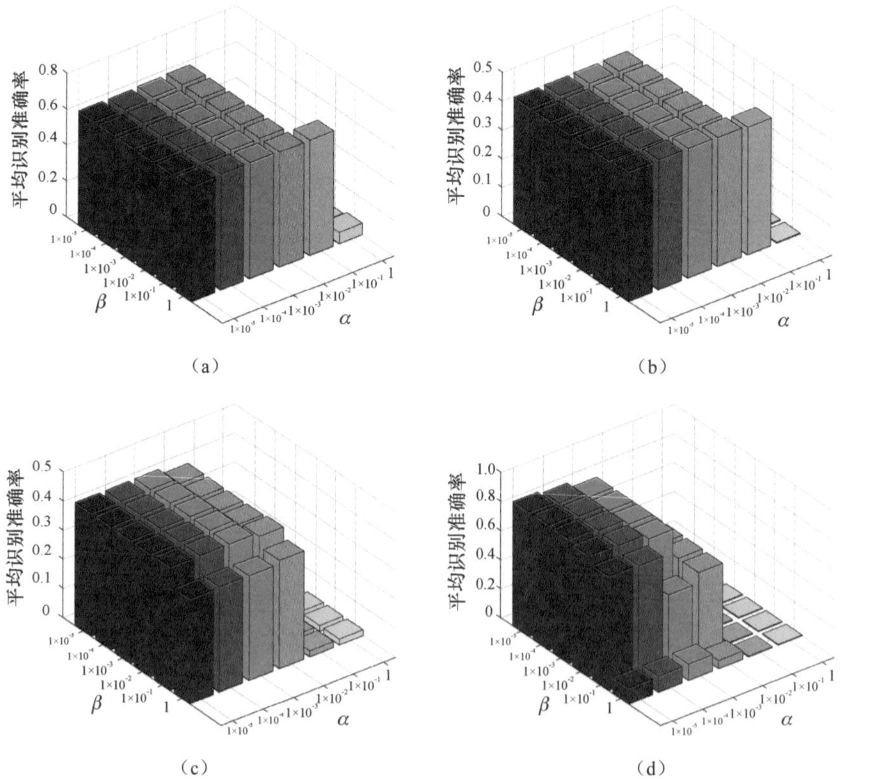

图 9-4 在 4 个数据集上相对参数 α 和 β 的平均识别准确率

（a）Caltech 101 数据集 （b）Caltech 256 数据集 （c）Corel 5000 数据集 （d）FERET 数据集

9.5.7　实验收敛性分析

本小节通过一些实验来介绍DFEDL的收敛性，主要是通过增加Caltech 101数据集、Caltech 256数据集、Corel 5000数据集和FERET数据集上的迭代次数来计算DFEDL的目标函数值。DFEDL在这4个数据集上的收敛曲线如图9-5所示。可以看出，DFEDL算法的目标函数值在迭代过程中没有增加，并且它们都收敛很快，经过多次迭代可达到较小的值。值得注意的是，我们可以从其他两个数据集中找到类似的观察结果。本小节的实验中，外循环的迭代次数被设置为50。

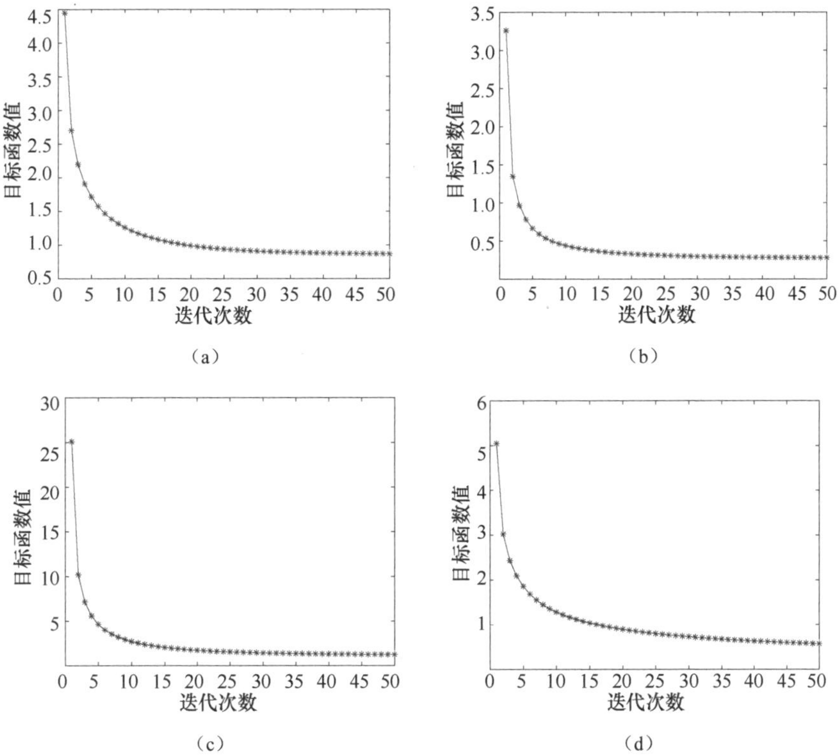

图 9-5　在 4 个数据集上不同迭代次数对应的目标函数值收敛曲线
（a）Caltech 101 数据集　（b）Caltech 256 数据集　（c）Corel 5000 数据集　（d）FERET 数据集

9.5.8　不同原子数的影响

原子数对DDL的分类性能有很大的影响。为验证DFEDL的优越性能，本小节通过实验将其与LFW数据集、Corel 5000数据集和Caltech 101数据集上不同原子数的FDDL

和 SRC 进行比较。实验先固定训练样本的数量，然后以 c 的整数倍改变原子数。对于 LFW 数据集，原子数在 172～688 之间变化；对于 Corel 5000 数据集，原子数在 100～500 之间变化；对于 Caltech 101 数据集，原子数在 202～1010 之间变化。图 9-6 展示了不同原子数的平均识别准确率。可以发现，随着原子数的增加，DFEDL 的平均识别准确率比 SRC、FDDL 更高。

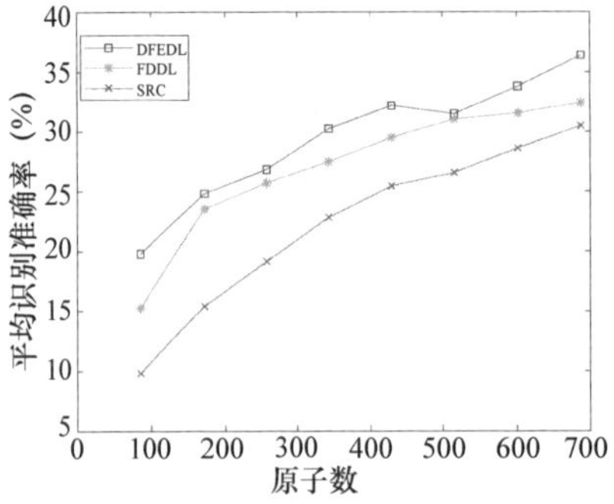

（a）

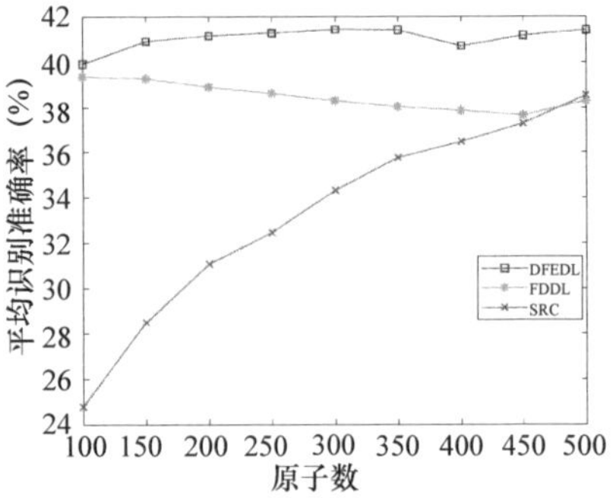

（b）

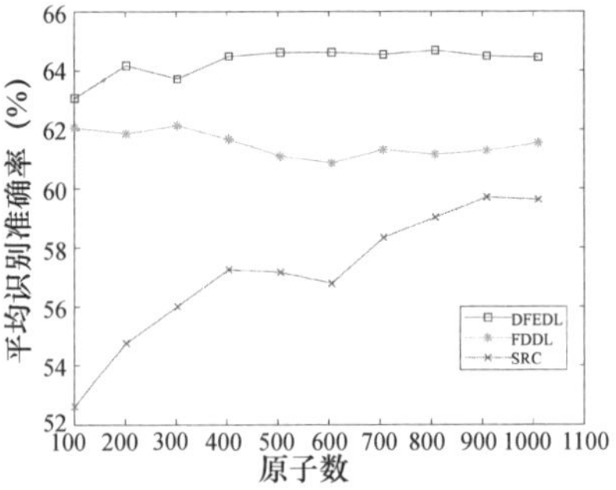

（c）

图 9-6　DFEDL、FDDL 和 SRC 在不同数据集上相对于不同原子数的平均识别准确率
（a）LFW 数据集　（b）Corel 5000 数据集　（c）Caltech 101 数据集

9.5.9　与深度学习模型的对比

近年来，深度神经网络在分类任务中得到了广泛的关注，并取得了良好的性能。但与基准数据集相比，如果目标数据集规模较小且类内差异较大，则深度学习方法的分类性能将显著下降[30]。此外，传统的 SVM、Softmax 分类器通常用于深度学习方法中的最终分类，然而，深度特征的复杂结构在全连接层中没有得到很好的探索[9]。字典学习模型则可以通过最小化重构误差和判别项来实现数据表征和判别能力之间的平衡[80-84]。因此，

字典学习模型已被推广到深度神经网络，以提高深度学习方法的性能[9,10,85]。通常，有两种策略可以将字典学习模型整合到深度神经网络中。一种策略是将字典学习模型设计为深度神经网络的隐藏层或输出层[9,80]。例如，Wang 等人[9]将字典对学习模型作为深度学习架构的输出层，并提出了一种字典对分类器驱动的卷积神经网络。另一种策略是通过使用深度模型学习字典，使该模型具有与深度神经网络相似的结构，由此可以学习多层次的字典来表示数据[86,87]。上述研究表明，可以设计字典学习模型来提高神经网络学习的表征能力。本小节通过实验对 DFEDL 与 Caltech 101 数据集上一些基于深度学习的方法进行比较。

为与文献[88]保持一致，该实验同样利用线性 SVM 对基于深度学习的方法执行分类任务。此外，实验中还使用了 RBF 核支持向量机和最近邻居（Nearest Neighbor，NN）分类器作为基线。对于深度特性，该实验的设置与 9.6.3 节相同。对于手工制作的特征，该实验首先提取基于 SIFT 的密集空间金字塔特征，然后使用 PCA 算法将其缩减到 3000 维，以提高效率[16]。此外，该实验在每个类别中随机抽取 10 个样本作为训练样本，其余样本视为测试样本。实验对所有参与对比的方法和 DFEDL 都进行了 10 次评估，实验结果见表 9-7。

表 9-7　不同方法在 Caltech 101 数据集上的平均识别准确率（单位：%）

方法	平均识别准确率（acc±std）
decaf8 feature + NN（1）	59.9 ± 0.010
decaf8 feature + NN（3）	61.5 ± 0.012
decaf8 feature + Linear SVM	59.1 ± 0.120
decaf8 feature + RBF kernel SVM	58.5 ± 0.111
decaf8 feature + DFEDL	**64.1 ± 0.009**
Hand-crafted feature + DFEDL	63.3 ± 0.007

在表 9-7 中，NN（1）和 NN（3）分别表示 NN 的数量为 1 和 3。可以发现，DFEDL 对手工特征的平均识别准确率高于表 9-7 中基于深度学习的方法的平均识别准确率。此外，当 DFEDL 在深度特征上实现时，分类性能也高于基于深度学习的方法。通常，基于深度学习的方法在分类任务中的性能优于浅层方法。然而，Foroughi H 等人[30]认为，当目标数据集相对于基础数据集较小且类内差异较大时，基于深度学习的方法的分类性能会下降。DFEDL 则同时利用原子的费希尔准则、编码系数和画像来构造判别项，以此增强学习字典的类内差异性和类间相似性，从而获得更好的分类性能。

为了更好地比较 DFEDL 与基于深度学习的方法，本小节还在 Caltech 101 数据集中的 decaf8、decaf7 和 decaf6 特征上使用不同数量的训练样本进行了实验，这些特征分别是从深度卷积网络的第 8 层、第 7 层和第 6 层提取的。该实验对 DFEDL 和基于深度学习的方法均进行了 10 次评估，实验结果见表 9-8。

表 9-8　不同方法在 Caltech 101 数据集上使用不同数量的训练样本进行识别得到的平均识别准确率（单位：%）

训练实例	5 个训练样本	10 个训练样本	15 个训练样本	20 个训练样本	25 个训练样本	30 个训练样本
decaf8 + Linear SVM	55.4	59.1	59.6	60.5	61.9	62.3
decaf8 + RBF kernel SVM	55.7	58.3	59.9	60.8	61.9	62.2
decaf8 + NN（1）	58.5	59.9	60.8	61.3	62.6	63.1
decaf8 + DFEDL	**60.5**	**64.1**	**64.8**	**65.9**	**66.8**	**67.1**
decaf7 + Linear SVM	78.4	83.0	85.3	86.8	87.9	89.1
decaf7 + RBF kernel SVM	78.4	83.0	84.9	87.0	88.0	89.3
decaf7 + NN（1）	73.5	78.5	80.5	82.6	83.9	85.0
decaf7 + DFEDL	**83.5**	**88.8**	**90.8**	**92.0**	**92.7**	**93.5**
decaf6 + Linear SVM	73.2	77.8	79.4	78.4	81.2	81.6
decaf6 + RBF kernel SVM	73.0	77.7	79.4	80.3	81.1	81.4
decaf6 + NN（1）	69.6	73.9	75.6	76.9	77.9	78.6
decaf6 + DFEDL	**77.6**	**81.7**	**83.0**	**83.5**	**83.9**	**84.1**

通过观察表 9-8 可以发现，DFEDL 在 Caltech 101 数据集的 decaf8、decaf7 和 decaf6 特征上使用不同的训练样本数量时均取得了比基于深度学习的方法更好的分类性能。此外，与基于 Caltech 101 数据集 decaf8 特征的深度学习方法相比，基于手工特征实现的 DFEDL 可以实现更好的分类性能，而针对 Caltech 101 数据集的 decaf6 和 decaf7 特征的分类性能更差。实验结果还表明，不同层次的深层特征对分类性能有很大影响。

9.6　本章小结

本章介绍了一种 DFEDL 方法，该方法可以交替、交互地保留原子的类间特征、类内特征以及编码系数。该方法中的判别性费希尔原子嵌入模型拥有比子字典的表征残差更强的表征能力，从而提高了学习字典的判别性表征能力；判别性费希尔系数嵌入模型可以使来自同一类的训练样本具有相似的编码系数，从而使编码系数矩阵近似于块对角线矩阵。上述两种判别性费希尔嵌入模型都有助于提高学习字典的判别性。基于人脸识别和物体识别任务的大量实验表明，与一些现有的字典学习方法相比，DFEDL 具有一定的优越性。

参 考 文 献

[1] Li S, Shao M, Fu Y. Person re-identification by cross-view multi-level dictionary learning[J]. IEEE Transactions on Pattern Analysis and Machine Intelligence, 2017, 40(12): 2963-2977.

[2] Sun J, Ponce J. Learning dictionary of discriminative part detectors for image categorization and cosegmentation[J]. International Journal of Computer Vision, 2016, 120(2): 111-133.

[3] Guo Y, Lu C, Allebach J P, et al. Model-based iterative restoration for binary document image compression with dictionary learning[C]//Proceedings of the IEEE Conference on Computer Vision and Pattern Recognition. NJ: IEEE, 2017: 5984-5993.

[4] Pan H, Jing Z, Qiao L, et al. Discriminative structured dictionary learning on Grassmann manifolds and its application on image restoration[J]. IEEE Transactions on Cybernetics, 2017, 48(10): 2875-2886.

[5] Avidar D, Malah D, Barzohar M. Local-to-global point cloud registration using a dictionary of viewpoint descriptors[C]//Proceedings of the 2017 IEEE International Conference on Computer Vision (ICCV). NJ: IEEE, 2017: 891-899.

[6] Li S, Li K, Fu Y. Temporal subspace clustering for human motion segmentation[C]//Proceedings of the IEEE International Conference on Computer Vision. NJ: IEEE, 2015: 4453-4461.

[7] Yan J, Deng C, Liu X. Dictionary learning in optimal metric space[C]//Proceedings of the AAAI Conference on Artificial Intelligence. CA: AAAI, 2018, 32(1): 4350-4357.

[8] Qi N, Shi Y, Sun X, et al. Multi-dimensional sparse models[J]. IEEE Transactions on Pattern Analysis and Machine Intelligence, 2017, 40(1): 163-178.

[9] Wang K, Lin L, Zuo W, et al. Dictionary pair classifier driven convolutional neural networks for object detection[C]//Proceedings of the IEEE Conference on Computer Vision and Pattern Recognition. NJ: IEEE, 2016: 2138-2146.

[10] Ding Z, Shao M, Fu Y. Deep robust encoder through locality preserving low-rank dictionary[C]//European Conference on Computer Vision. Cham: Springer, 2016: 567-582.

[11] Xu Y, Li Z, Yang J, et al. A survey of dictionary learning algorithms for face recognition[J]. IEEE Access, 2017, 5: 8502-8514.

[12] Wright J, Yang A Y, Ganesh A, et al. Robust face recognition via sparse representation[J]. IEEE Transactions on Pattern Analysis and Machine Intelligence, 2008, 31(2): 210-227.

[13] Wang J, Deng C, Liu W, et al. Query-dependent visual dictionary adaptation for image reranking[C]//Proceedings of the 21st ACM International Conference on Multimedia. NY: ACM,

2013: 769-772.

[14] Zhu H, Long M, Wang J, et al. Deep hashing network for efficient similarity retrieval[C]//Proceedings of the 30th AAAI Conference on Artificial Intelligence. CA: AAAI, 2016, 30(1): 2415-2421.

[15] Zhang Q, Li B. Discriminative K-SVD for dictionary learning in face recognition[C]//2010 IEEE Computer Society Conference on Computer Vision and Pattern Recognition. NJ: IEEE, 2010: 2691-2698.

[16] Jiang Z, Lin Z, Davis L S. Label consistent K-SVD: Learning a discriminative dictionary for recognition[J]. IEEE Transactions on Pattern Analysis and Machine Intelligence, 2013, 35(11): 2651-2664.

[17] Lu X, Yuan Y, Yan P. Alternatively constrained dictionary learning for image superresolution[J]. IEEE Transactions on Cybernetics, 2013, 44(3): 366-377.

[18] Zhang Z, Jiang W, Qin J, et al. Jointly learning structured analysis discriminative dictionary and analysis multiclass classifier[J]. IEEE Transactions on Neural Networks and Learning Systems, 2017, 29(8): 3798-3814.

[19] Zhang Z, Li F, Chow T W S, et al. Sparse codes auto-extractor for classification: A joint embedding and dictionary learning framework for representation[J]. IEEE Transactions on Signal Processing, 2016, 64(14): 3790-3805.

[20] Zhang Z, Shao L, Xu Y, et al. Marginal representation learning with graph structure self-adaptation[J]. IEEE Transactions on Neural Networks and Learning Systems, 2017, 29(10): 4645-4659.

[21] Zhang G, Sun H, Ji Z, et al. Cost-sensitive dictionary learning for face recognition[J]. Pattern Recognition, 2016, 60: 613-629.

[22] Wu X, Li Q, Xu L, et al. Multi-feature kernel discriminant dictionary learning for face recognition[J]. Pattern Recognition, 2017, 66: 404-411.

[23] Yuan L, Liu W, Li Y. Non-negative dictionary based sparse representation classification for ear recognition with occlusion[J]. Neurocomputing, 2016, 171: 540-550.

[24] Song Y, Zhang Z, Liu L, et al. Dictionary reduction: Automatic compact dictionary learning for classification[C]//Asian Conference on Computer Vision. Cham: Springer, 2016: 305-320.

[25] Shrivastava A, Patel V M, Chellappa R. Non-linear dictionary learning with partially labeled data[J]. Pattern Recognition, 2015, 48(11): 3283-3292.

[26] Bao C, Ji H, Quan Y, et al. Dictionary learning for sparse coding: Algorithms and convergence analysis[J]. IEEE Transactions on Pattern Analysis and Machine Intelligence, 2015, 38(7): 1356-1369.

[27] Li Z, Lai Z, Xu Y, et al. A locality-constrained and label embedding dictionary learning algorithm for image classification[J]. IEEE Transactions on Neural Networks and Learning Systems, 2015, 28(2): 278-293.

[28] Yang M, Zhang L, Feng X, et al. Sparse representation based Fisher discrimination dictionary learning for image classification[J]. International Journal of Computer Vision, 2014, 109(3): 209-232.

[29] Cai S, Zuo W, Zhang L, et al. Support vector guided dictionary learning[C]//European Conference on Computer Vision. Cham: Springer, 2014: 624-639.

[30] Foroughi H, Ray N, Zhang H. Object classification with joint projection and low-rank dictionary learning[J]. IEEE Transactions on Image Processing, 2018, 27(2): 806-821.

[31] Hu J, Tan Y P. Nonlinear dictionary learning with application to image classification[J]. Pattern Recognition, 2018, 75: 282-291.

[32] Wang Z, Wang Y, Liu H, et al. Structured kernel dictionary learning with correlation constraint for object recognition[J]. IEEE Transactions on Image Processing, 2017, 26(9): 4578-4590.

[33] Akhtar N, Mian A, Porikli F. Joint discriminative Bayesian dictionary and classifier learning[C]//Proceedings of the IEEE Conference on Computer Vision and Pattern Recognition. NJ: IEEE, 2017: 1193-1202.

[34] Chen Y, Su J. Sparse embedded dictionary learning on face recognition[J]. Pattern Recognition, 2017, 64: 51-59.

[35] Wang X, Gu Y. Cross-label suppression: A discriminative and fast dictionary learning with group regularization[J]. IEEE Transactions on Image Processing, 2017, 26(8): 3859-3873.

[36] Huang K K, Dai D Q, Ren C X, et al. Learning kernel extended dictionary for face recognition[J]. IEEE Transactions on Neural Networks and Learning Systems, 2016, 28(5): 1082-1094.

[37] Gao S, Tsang I W H, Ma Y. Learning category-specific dictionary and shared dictionary for fine-grained image categorization[J]. IEEE Transactions on Image Processing, 2013, 23(2): 623-634.

[38] Vu T H, Monga V. Fast low-rank shared dictionary learning for image classification[J]. IEEE Transactions on Image Processing, 2017, 26(11): 5160-5175.

[39] Rong Y, Xiong S, Gao Y. Low-rank double dictionary learning from corrupted data for robust image classification[J]. Pattern Recognition, 2017, 72: 419-432.

[40] Wen Z, Hou B, Jiao L. Discriminative dictionary learning with two-level low rank and group sparse decomposition for image classification[J]. IEEE Transactions on Cybernetics, 2016, 47(11): 3758-3771.

[41] Su B, Ding X, Wang H, et al. Discriminative dimensionality reduction for multi-dimensional sequences[J]. IEEE Transactions on Pattern Analysis and Machine Intelligence, 2017, 40(1): 77-91.

[42] Cao X, Zhang H, Guo X, et al. Sled: Semantic label embedding dictionary representation for multilabel image annotation[J]. IEEE Transactions on Image Processing, 2015, 24(9): 2746-2759.

[43] Gao Q, Wang Q, Huang Y, et al. Dimensionality reduction by integrating sparse representation and Fisher criterion and its applications[J]. IEEE Transactions on Image Processing, 2015, 24(12): 5684-5695.

[44] Passalis N, Tefas A. Dimensionality reduction using similarity-induced embeddings[J]. IEEE Transactions on Neural Networks and Learning Systems, 2017, 29(8): 3429-3441.

[45] Li L, Li S, Fu Y. Discriminative dictionary learning with low-rank regularization for face recognition[C]//Proceedings of the 2013 10th IEEE International Conference and Workshops on Automatic Face and Gesture Recognition (FG). NJ: IEEE, 2013: 1-6.

[46] Li L, Li S, Fu Y. Learning low-rank and discriminative dictionary for image classification[J]. Image and Vision Computing, 2014, 32(10): 814-823.

[47] Zhou N, Fan J. Jointly learning visually correlated dictionaries for large-scale visual recognition applications[J]. IEEE Transactions on Pattern Analysis and Machine Intelligence, 2013, 36(4): 715-730.

[48] Zheng H, Tao D. Discriminative dictionary learning via Fisher discrimination K-SVD algorithm[J]. Neurocomputing, 2015, 162: 9-15.

[49] Liu X, He G F, Peng S J, et al. Efficient human motion retrieval via temporal adjacent bag of words and discriminative neighborhood preserving dictionary learning[J]. IEEE Transactions on Human-Machine Systems, 2017, 47(6): 763-776.

[50] Yang M, Chang H, Luo W, et al. Fisher discrimination dictionary pair learning for image classification[J]. Neurocomputing, 2017, 269: 13-20.

[51] Dong J, Sun C, Yang W. A supervised dictionary learning and discriminative weighting model for action recognition[J]. Neurocomputing, 2015, 158: 246-256.

[52] Pang M, Cheung Y M, Liu R, et al. Toward efficient image representation: Sparse concept discriminant matrix factorization[J]. IEEE Transactions on Circuits and Systems for Video Technology, 2018, 29(11): 3184-3198.

[53] Liu Q, Liu C. A novel locally linear KNN method with applications to visual recognition[J]. IEEE Transactions on Neural Networks and Learning Systems, 2016, 28(9): 2010-2021.

[54] Lu J, Wang G, Zhou J. Simultaneous feature and dictionary learning for image set based face recognition[J]. IEEE Transactions on Image Processing, 2017, 26(8): 4042-4054.

[55] Puthenputhussery A, Liu Q, Liu C. A sparse representation model using the complete marginal Fisher analysis framework and its applications to visual recognition[J]. IEEE Transactions on Multimedia, 2017, 19(8): 1757-1770.

[56] Lu C, Shi J, Jia J. Scale adaptive dictionary learning[J]. IEEE Transactions on Image Processing, 2013, 23(2): 837-847.

[57] Sadeghi M, Babaie-Zadeh M, Jutten C. Learning overcomplete dictionaries based on atom-by-atom updating[J]. IEEE Transactions on Signal Processing, 2013, 62(4): 883-891.

[58] Li Z, Zhang Z, Fan Z, et al. An interactively constrained discriminative dictionary learning algorithm for image classification[J]. Engineering Applications of Artificial Intelligence, 2018, 72: 241-252.

[59] Zhang Y, Jiang Z, Davis L S. Learning structured low-rank representations for image classification[C]//Proceedings of the IEEE Conference on Cmputer Vsion and Pttern Rcognition. NJ: IEEE, 2013: 676-683.

[60] Zhang Z, Liu L, Shen F, et al. Binary multi-view clustering[J]. IEEE Tansactions on Pttern Aalysis and Machine Intelligence, 2018, 41(7): 1774-1782.

[61] Bolte J, Sabach S, Teboulle M. Proximal alternating linearized minimization for nonconvex and nonsmooth problems[J]. Mathematical Programming, 2014, 146(1): 459-494.

[62] Gorski J, Pfeuffer F, Klamroth K. Biconvex sets and optimization with biconvex functions: A survey and extensions[J]. Mathematical Methods of Operations Research, 2007, 66(3): 373-407.

[63] Wendell R E, Hurter A P Jr. Minimization of a non-separable objective function subject to disjoint constraints[J]. Operations Research, 1976, 24(4): 643-657.

[64] Chang C C, Lin C J. LIBSVM: A library for support vector machines[J]. ACM Transactions on Intelligent Systems and Technology (TIST), 2011, 2(3): 1-27.

[65] Zhang L, Yang M, Feng X. Sparse representation or collaborative representation: Which helps face recognition?[C]//Proceedings of the 2011 International Conference on Computer Vision. NJ: IEEE, 2011: 471-478.

[66] Akhtar N, Shafait F, Mian A. Efficient classification with sparsity augmented collaborative representation[J]. Pattern Recognition, 2017, 65: 136-145.

[67] Fei-Fei L, Fergus R, Perona P. Learning generative visual models from few training examples: An incremental bayesian approach tested on 101 object categories[C]//2004 Conference on Computer Vision and Pattern Recognition Workshop. NJ: IEEE, 2004: 178-178.

[68] Griffin G, Holub A, Perona P. Caltech-256 object category dataset[R]. Technical Report 7694, California Institute of Technology, 2007.

[69] Deng J, Dong W, Socher R, et al. Imagenet: A large-scale hierarchical image database[C]//Proceedings of the 2009 IEEE Conference on Computer Vision and Pattern Recognition. NJ: IEEE, 2009: 248-255.

[70] Huang G B, Mattar M, Berg T, et al. Labeled faces in the wild: A database forstudying face recognition in unconstrained environments[DB/OL]//Workshop on Faces in 'Real-Life' Images: Detection, Alignment, and Recognition. University of Massachusetts, Amherst, 2008.

[71] Phillips P J, Moon H, Rizvi S A, et al. The FERET evaluation methodology for face-recognition algorithms[J]. IEEE Transactions on Pattern Analysis and Machine Intelligence, 2000, 22(10): 1090-1104.

[72] Hoi S C H, Liu W, Lyu M R, et al. Learning distance metrics with contextual constraints for image retrieval[C]//2006 IEEE Computer Society Conference on Computer Vision and Pattern Recognition (CVPR'06). NJ: IEEE, 2006, 2: 2072-2078.

[73] Tommasi T, Tuytelaars T. A testbed for cross-dataset analysis[C]//European Conference on Computer Vision. Cham: Springer, 2014: 18-31.

[74] Xu Y, Zhang D, Yang J, et al. A two-phase test sample sparse representation method for use with face recognition[J]. IEEE Transactions on Circuits and Systems for Video Technology, 2011, 21(9): 1255-1262.

[75] Sanderson C, Lovell B C. Multi-region probabilistic histograms for robust and scalable identity inference[C]//International Conference on Biometrics. Berlin: Springer, 2009: 199-208.

[76] Zhang Z, Xu Y, Shao L, et al. Discriminative block-diagonal representation learning for image recognition[J]. IEEE Transactions on Neural Networks and Learning Systems, 2017, 29(7): 3111-3125.

[77] Xia H, Hoi S C H, Jin R, et al. Online multiple kernel similarity learning for visual search[J]. IEEE Transactions on Pattern Analysis and Machine Intelligence, 2013, 36(3): 536-549.

[78] Alex K, Sutskever I, Hinton G. Imagenet classification with deep convolutional neural networks [C]//Proceedings of the 25th International Conference on Neural Information Processing Systems. NY: ACM, 2012, 1: 1097-1105.

[79] Simonyan K, Zisserman A. Very deep convolutional networks for large-scale image recognition [Z/OL]. 2014. arXiv:1409.1556.

[80] Li K, Ding Z, Li S, et al. Toward resolution-invariant person reidentification via projective dictionary learning[J]. IEEE Transactions on Neural Networks and Learning Systems, 2018, 30(6): 1896-1907.

[81] Wei X, Shen H, Li Y, et al. Reconstructible nonlinear dimensionality reduction via joint dictionary

learning[J]. IEEE Transactions on Neural Networks and Learning Systems, 2018, 30(1): 175-189.

[82] Akhtar N, Mian A. Nonparametric coupled Bayesian dictionary and classifier learning for hyperspectral classification[J]. IEEE Transactions on Neural Networks and Learning Systems, 2017, 29(9): 4038-4050.

[83] Deng C, Tang X, Yan J, et al. Discriminative dictionary learning with common label alignment for cross-modal retrieval[J]. IEEE Transactions on Multimedia, 2015, 18(2): 208-218.

[84] Cherian A, Sra S. Riemannian dictionary learning and sparse coding for positive definite matrices[J]. IEEE Transactions on Neural Networks and Learning Systems, 2016, 28(12): 2859-2871.

[85] Kůrková V, Sanguineti M. Classification by sparse neural networks[J]. IEEE Transactions on Neural Networks and Learning Systems, 2019, 30(9): 2746-2754.

[86] Papyan V, Romano Y, Sulam J, et al. Convolutional dictionary learning via local processing[C]// Proceedings of the IEEE International Conference on Computer Vision. NJ: IEEE, 2017: 5296-5304.

[87] Singhal V, Aggarwal H K, Tariyal S, et al. Discriminative robust deep dictionary learning for hyperspectral image classification[J]. IEEE Transactions on Geoscience and Remote Sensing, 2017, 55(9): 5274-5283.

[88] Tang P, Wang X, Feng B, et al. Learning multi-instance deep discriminative patterns for image classification[J]. IEEE Transactions on Image Processing, 2016, 26(7): 3385-3396.

附　　录

附录 A　引理 9-1 及其证明过程

引理 9-1　判别性费希尔原子嵌入模型等效于以下方程式：

$$\mathrm{tr}\big(S_{\mathrm{W}}(\boldsymbol{D})-S_{\mathrm{B}}(\boldsymbol{D})\big)=\mathrm{tr}(\boldsymbol{D}\boldsymbol{U}\boldsymbol{D}^{\mathrm{T}}) \tag{A-1}$$

其中，

$$\boldsymbol{U}=\boldsymbol{I}_k-\boldsymbol{W}_1+\boldsymbol{W}_2$$

$$\boldsymbol{W}_1=\mathrm{Diag}(\frac{2}{k_1}\boldsymbol{E}_{k_1}^{k_1},\frac{2}{k_2}\boldsymbol{E}_{k_2}^{k_2},\cdots,\frac{2}{k_c}\boldsymbol{E}_{k_c}^{k_c})$$

$$\boldsymbol{W}_2=\frac{1}{k}\boldsymbol{E}_k^k$$

其中，$\boldsymbol{E}_k^k\in\mathfrak{R}^{k\times k}$ 是全为 1 的矩阵，$\boldsymbol{I}_k$ 是单位矩阵。

证明　假设$\boldsymbol{Q}_i$和$\boldsymbol{Q}$分别是第 i 类和所有原子的平均向量矩阵（将平均向量$\boldsymbol{q}_i$或者$\boldsymbol{q}$作为所有的列向量）。$\boldsymbol{Q}_i$和$\boldsymbol{Q}$的列数取决于上下文。进而，字典矩阵 $\boldsymbol{D}$ 的类内散度和类间散度可以重写为

$$S_{\mathrm{W}}(\boldsymbol{D})=\sum_{i=1}^{c}(\boldsymbol{D}_i-\boldsymbol{Q}_i)(\boldsymbol{D}_i-\boldsymbol{Q}_i)^{\mathrm{T}} \tag{A-2}$$

$$S_{\mathrm{B}}(\boldsymbol{D})=\sum_{i=1}^{c}(\boldsymbol{Q}_i-\boldsymbol{Q})(\boldsymbol{Q}_i-\boldsymbol{Q})^{\mathrm{T}} \tag{A-3}$$

假设$\boldsymbol{E}_i^j\in\mathfrak{R}^{i\times j}$是一个元素都为 1 的矩阵，那么有

$$\boldsymbol{Q}_i=\boldsymbol{q}_i\boldsymbol{E}_1^{n_i}=\frac{1}{k_i}\boldsymbol{D}_i\boldsymbol{E}_{k_i}^{k_i} \tag{A-4}$$

$$\boldsymbol{D}_i-\boldsymbol{Q}_i=\boldsymbol{D}_i(\boldsymbol{I}-\frac{1}{k_i}\boldsymbol{E}_{k_i}^{k_i}) \tag{A-5}$$

这样一来，字典矩阵 $\boldsymbol{D}$ 的类内散度可以重写为

$$S_{\mathrm{W}}(\boldsymbol{D})=\sum_{i=1}^{c}(\boldsymbol{D}_i-\boldsymbol{Q}_i)(\boldsymbol{D}_i-\boldsymbol{Q}_i)^{\mathrm{T}} \\ =\sum_{i=1}^{c}\boldsymbol{D}_i(\boldsymbol{D}_i)^{\mathrm{T}}-\sum_{i=1}^{c}\frac{1}{k_i}\boldsymbol{D}_i\boldsymbol{E}_{k_i}^{k_i}(\boldsymbol{D}_i)^{\mathrm{T}} \tag{A-6}$$

此外，字典矩阵$\boldsymbol{D}$的类间散度可以重写为

$$S_{\mathrm{B}}(\boldsymbol{D})=\sum_{i=1}^{c}(\boldsymbol{Q}_i-\boldsymbol{Q})(\boldsymbol{Q}_i-\boldsymbol{Q})^{\mathrm{T}} \\ =\sum_{i=1}^{c}\boldsymbol{Q}_i(\boldsymbol{Q}_i)^{\mathrm{T}}-2\boldsymbol{Q}_i\boldsymbol{Q}^{T}+\boldsymbol{Q}\boldsymbol{Q}^{\mathrm{T}} \tag{A-7}$$

因为$\boldsymbol{Q}_i=\boldsymbol{q}_i\boldsymbol{E}_1^{k_i}=\frac{1}{k}\boldsymbol{D}_i\boldsymbol{E}_{k_i}^{k_i}$，可以得到

$$\boldsymbol{Q}=\frac{1}{k}\boldsymbol{D}\boldsymbol{E}_k^{k_i} \tag{A-8}$$

因此，可得

$$\sum_{i=1}^{c}\boldsymbol{Q}_i(\boldsymbol{Q}_i)^{\mathrm{T}}=\sum_{i=1}^{c}\frac{1}{k_i}\boldsymbol{D}_i\boldsymbol{E}_{k_i}^{k_i}\left(\frac{1}{k_i}\boldsymbol{D}_i\boldsymbol{E}_{k_i}^{k_i}\right)^{\mathrm{T}} \\ =\sum_{i=1}^{c}\frac{1}{k_i}\boldsymbol{D}_i\,\boldsymbol{E}_{k_i}^{k_i}(\boldsymbol{D}_i)^{\mathrm{T}} \tag{A-9}$$

$$\sum_{i=1}^{c}\boldsymbol{Q}_i\boldsymbol{Q}^{\mathrm{T}}=\sum_{i=1}^{c}\frac{1}{k_i}\boldsymbol{D}_i\boldsymbol{E}_{k_i}^{k_i}(\frac{1}{k}\boldsymbol{D}\boldsymbol{E}_k^{k_i})^{\mathrm{T}}=\frac{1}{k}\boldsymbol{D}\boldsymbol{E}_k^{k}(\boldsymbol{D})^{\mathrm{T}} \tag{A-10}$$

$$\sum_{i=1}^{c}\boldsymbol{Q}\boldsymbol{Q}^{\mathrm{T}}=\sum_{i=1}^{c}\frac{1}{k}\boldsymbol{D}\boldsymbol{E}_k^{k_i}(\frac{1}{k}\boldsymbol{D}\boldsymbol{E}_k^{k_i})^{\mathrm{T}}=\frac{1}{k}\boldsymbol{D}\boldsymbol{E}_k^{k}(\boldsymbol{D})^{\mathrm{T}} \tag{A-11}$$

然后，字典矩阵 $\boldsymbol{D}$ 的类间散度可以转化为

$$S_{\mathrm{B}}(\boldsymbol{D})=\sum_{i=1}^{c}(\boldsymbol{Q}_i-\boldsymbol{Q})(\boldsymbol{Q}_i-\boldsymbol{Q})^{\mathrm{T}} \\ =\sum_{i=1}^{c}(\boldsymbol{Q}_i{\boldsymbol{Q}_i}^{\mathrm{T}}-2\boldsymbol{Q}_i\boldsymbol{Q}^{\mathrm{T}}+\boldsymbol{Q}\boldsymbol{Q}^{\mathrm{T}}) \\ =\sum_{i=1}^{c}\frac{1}{k_i}\boldsymbol{D}_i\boldsymbol{E}_{k_i}^{k_i}(\boldsymbol{D}_i)^{\mathrm{T}}-\frac{1}{k}\boldsymbol{D}\boldsymbol{E}_k^{k}(\boldsymbol{D})^{\mathrm{T}} \tag{A-12}$$

通过结合式（A-6）和式（A-12），字典矩阵 $\boldsymbol{D}$ 的费希尔准则可以重写为

$$\operatorname{tr}\left(S_{\mathrm{W}}(\boldsymbol{D})-S_{\mathrm{B}}(\boldsymbol{D})\right)=\operatorname{tr}\left(\sum_{i=1}^{c}\boldsymbol{D}_i(\boldsymbol{D}_i)^{\mathrm{T}}-\frac{2}{n_i}\sum_{i=1}^{c}\boldsymbol{D}_i\boldsymbol{E}_{n_i}^{n_i}(\boldsymbol{D}_i)^{\mathrm{T}}+\frac{1}{k}\boldsymbol{D}\boldsymbol{E}_k^k\boldsymbol{D}^{\mathrm{T}}\right)$$
$$=\operatorname{tr}(\boldsymbol{D}\boldsymbol{D}^{\mathrm{T}}-\boldsymbol{D}\boldsymbol{W}_1\boldsymbol{D}^{\mathrm{T}}+\boldsymbol{D}\boldsymbol{W}_2\boldsymbol{D}^{\mathrm{T}})=\operatorname{tr}(\boldsymbol{D}\boldsymbol{U}\boldsymbol{D}^{\mathrm{T}}) \tag{A-13}$$

其中，$\boldsymbol{U}=\boldsymbol{I}-\boldsymbol{W}_1+\boldsymbol{W}_2$。

至此，引理 9-1 得证。

附录 B 引理 9-2 及其证明过程

引理 9-2 判别性费希尔系数嵌入模型等效于以下方程式：

$$f_3(\boldsymbol{X},\boldsymbol{P})=\operatorname{tr}\left(\boldsymbol{X}\boldsymbol{Z}\boldsymbol{X}^{\mathrm{T}}\right)+\operatorname{tr}\left(\boldsymbol{X}^{\mathrm{T}}\boldsymbol{U}\boldsymbol{X}\right) \tag{B-1}$$

其中，

$$\boldsymbol{Z}=\boldsymbol{I}_n-\boldsymbol{W}_3+\boldsymbol{W}_4$$

$$\boldsymbol{W}_3=\operatorname{Diag}\left(\frac{2}{n_1}\boldsymbol{E}_{n_1}^{n_1},\frac{2}{n_2}\boldsymbol{E}_{n_2}^{n_2},\cdots,\frac{2}{n_C}\boldsymbol{E}_{n_C}^{n_C}\right)$$

$$\boldsymbol{W}_2=\frac{1}{n}\boldsymbol{E}_n^n$$

其中，$\boldsymbol{E}_n^n\in\mathfrak{R}^{n\times n}$是全为 1 的矩阵，$\boldsymbol{I}_n$是单位矩阵。

证明 假设$\boldsymbol{V}_i$和$\boldsymbol{V}$分别是第i类编码系数和所有编码系数的均值向量矩阵，$\boldsymbol{V}_i$和$\boldsymbol{V}$中的列数取决于上下文信息。因此，编码系数 $\boldsymbol{X}$ 的类内散度和类间散度可重写为

$$S_{\mathrm{W}}(\boldsymbol{X})=\sum_{i=1}^{c}(\boldsymbol{X}_i-\boldsymbol{V}_i)(\boldsymbol{X}_i-\boldsymbol{V}_i)^{\mathrm{T}} \tag{B-2}$$

$$S_{\mathrm{B}}(\boldsymbol{X})=\sum_{i=1}^{c}(\boldsymbol{V}_i-\boldsymbol{V})(\boldsymbol{V}_i-\boldsymbol{V})^{\mathrm{T}} \tag{B-3}$$

假设$\boldsymbol{E}_i^j\in\mathfrak{R}^{i\times j}$是全 1 矩阵，那么有

$$\boldsymbol{V}_i=\frac{1}{n_i}\boldsymbol{V}_i\boldsymbol{E}_{n_i}^{n_i} \tag{B-4}$$

$$\boldsymbol{X}_i-\boldsymbol{V}_i=\boldsymbol{X}_i(\boldsymbol{I}-\frac{1}{n_i}\boldsymbol{E}_{n_i}^{n_i}) \tag{B-5}$$

此外，编码系数 $\boldsymbol{X}$ 的类内散度可以重写为

$$
\begin{aligned}
S_{\mathrm{W}}(\boldsymbol{X}) &= \sum_{i=1}^{c}(\boldsymbol{X}_i - \boldsymbol{V}_i)(\boldsymbol{X}_i - \boldsymbol{V}_i)^{\mathrm{T}} \\
&= \sum_{i=1}^{c}\boldsymbol{X}_i(\boldsymbol{X}_i)^{\mathrm{T}} - \sum_{i=1}^{c}\frac{1}{n_i}\boldsymbol{X}_i\boldsymbol{E}_{n_i}^{n_i}(\boldsymbol{X}_i)^{\mathrm{T}}
\end{aligned} \tag{B-6}
$$

而编码系数 $\boldsymbol{X}$ 的类间散度可以重写为

$$
\begin{aligned}
S_{\mathrm{B}}(\boldsymbol{X}) &= \sum_{i=1}^{c}(\boldsymbol{V}_i - \boldsymbol{V})(\boldsymbol{V}_i - \boldsymbol{V})^{\mathrm{T}} \\
&= \sum_{i=1}^{c}\boldsymbol{V}_i(\boldsymbol{V}_i)^{\mathrm{T}} - 2\boldsymbol{V}_i\boldsymbol{V}^{\mathrm{T}} + \boldsymbol{V}\boldsymbol{V}^{\mathrm{T}}
\end{aligned} \tag{B-7}
$$

基于式（B-4）~式（B-7），编码系数的费希尔嵌入模型可以重写为

$$
\mathrm{tr}\big(S_{\mathrm{W}}(\boldsymbol{X}) - S_{\mathrm{B}}(\boldsymbol{X})\big) = \mathrm{tr}(\boldsymbol{X}\boldsymbol{Z}\boldsymbol{X}^{\mathrm{T}}) \tag{B-8}
$$

由于画像与原子之间存在一一对应关系，因此我们在引理 9-1 中用画像代替原子。然后，可将画像费希尔嵌入模型重写为

$$
\mathrm{tr}\big(S_{\mathrm{W}}(\boldsymbol{P}) - S_{\mathrm{B}}(\boldsymbol{P})\big) = \mathrm{tr}(\boldsymbol{P}\boldsymbol{U}\boldsymbol{P}^{\mathrm{T}}) \tag{B-9}
$$

由于画像是编码系数矩阵$\boldsymbol{X}$和$\boldsymbol{P} = \boldsymbol{X}\boldsymbol{T}$的行向量，因此画像费希尔嵌入模型可进一步转换为

$$
\mathrm{tr}\big(S_{\mathrm{W}}(\boldsymbol{P}) - S_{\mathrm{B}}(\boldsymbol{P})\big) = \mathrm{tr}(\boldsymbol{P}\boldsymbol{U}\boldsymbol{P}^{\mathrm{T}}) = \mathrm{tr}(\boldsymbol{X}^{\mathrm{T}}\boldsymbol{U}\boldsymbol{X}) \tag{B-10}
$$

结合式（B-8）与式（B-10），可将判别性费希尔系数嵌入模型改写为

$$
f_3(\boldsymbol{X}, \boldsymbol{P}) = \mathrm{tr}(\boldsymbol{X}\boldsymbol{Z}\boldsymbol{X}^{\mathrm{T}}) + \mathrm{tr}(\boldsymbol{X}^{\mathrm{T}}\boldsymbol{U}\boldsymbol{X}) \tag{B-11}
$$

至此，引理 9-2 得证。

附录 C　定理 9-1 及其证明过程

定理 9-1　在每次迭代中，算法 9-1 中的迭代方案单调减小了目标函数的值。

证明　假设在第 t 次和第 t+1 次迭代中，由式（9-26）得到如下结果：

$$
\begin{aligned}
\boldsymbol{F}(\boldsymbol{D}^t, \boldsymbol{X}^t) = {} & \min_{\boldsymbol{D}^t, \boldsymbol{X}^t}\|\boldsymbol{Y} - \boldsymbol{D}^t\boldsymbol{X}^t\|_{\mathrm{F}}^2 + \alpha\mathrm{tr}(\boldsymbol{D}^t\boldsymbol{U}^t(\boldsymbol{D}^{\mathrm{T}})^t) \\
& + \beta\mathrm{tr}((\boldsymbol{X}^{\mathrm{T}})^t\boldsymbol{U}^t\boldsymbol{X}^t) + \mathrm{tr}(\boldsymbol{X}^t\boldsymbol{Z}^t(\boldsymbol{X}^t)^t) + \gamma\|\boldsymbol{X}^t\|_{\mathrm{F}}^2
\end{aligned} \tag{C-1}
$$

$$
\begin{aligned}
\boldsymbol{F}(\boldsymbol{D}^{t+1}, \boldsymbol{X}^{t+1}) = {} & \min_{\boldsymbol{D}^{t+1}, \boldsymbol{X}^{t+1}}\|\boldsymbol{Y} - \boldsymbol{D}^{t+1}\boldsymbol{X}^{t+1}\|_{\mathrm{F}}^2 + \alpha\mathrm{tr}(\boldsymbol{D}^{t+1}\boldsymbol{U}^{t+1}(\boldsymbol{D}^{\mathrm{T}})^{t+1}) \\
& + \beta\mathrm{tr}((\boldsymbol{X}^{\mathrm{T}})^{t+1}\boldsymbol{U}^{t+1}\boldsymbol{X}^{t+1}) + \mathrm{tr}(\boldsymbol{X}^{t+1}\boldsymbol{Z}^{t+1}(\boldsymbol{X}^{\mathrm{T}})^{t+1}) + \gamma\|\boldsymbol{X}^{t+1}\|_{\mathrm{F}}^2
\end{aligned} \tag{C-2}
$$

当固定$\boldsymbol{X}^t$时，$\boldsymbol{D}^t$可以通过一个极小化问题［式（9-15）］来求解。由于式（9-15）有一个解析解，因此目标函数将在这一步减小，即可得

$$\boldsymbol{F}(\boldsymbol{D}^{t+1},\boldsymbol{X}^{t})\leqslant\boldsymbol{F}(\boldsymbol{D}^{t},\boldsymbol{X}^{t}) \tag{C-3}$$

当固定$\boldsymbol{D}^{t+1}$时，$\boldsymbol{X}^{t+1}$可以通过最小化式（9-10）解决。由于式（9-10）有解析解，因此目标函数将在这一步减小，可得出以下结论：

$$\boldsymbol{F}(\boldsymbol{D}^{t+1},\boldsymbol{X}^{t+1})\leqslant\boldsymbol{F}(\boldsymbol{D}^{t+1},\boldsymbol{X}^{t}) \tag{C-4}$$

结合式（C-3）和式（C-4），有

$$\boldsymbol{F}(\boldsymbol{D}^{t+1},\boldsymbol{X}^{t+1})\leqslant\boldsymbol{F}(\boldsymbol{D}^{t},\boldsymbol{X}^{t}) \tag{C-5}$$

式（C-5）表明目标函数值在每次迭代过程中不增加，直到整个算法收敛。

至此，定理 9-1 得证。

中国电子学会简介

中国电子学会于 1962 年在北京成立，是 5A 级全国学术类社会团体。学会拥有个人会员 10 万余人、团体会员 600 多个，设立专业分会 47 个、专家委员会 17 个、工作委员会 9 个，主办期刊 13 种，并在 27 个省、自治区、直辖市设有相应的组织。学会总部是工业和信息化部直属事业单位，在职人员近 150 人。

中国电子学会的 47 个专业分会覆盖了半导体、计算机、通信、雷达、导航、微波、广播电视、电子测量、信号处理、电磁兼容、电子元件、电子材料等电子信息科学技术的所有领域。

中国电子学会的主要工作是开展国内外学术、技术交流；开展继续教育和技术培训；普及电子信息科学技术知识，推广电子信息技术应用；编辑出版电子信息科技书刊；开展决策、技术咨询，举办科技展览；组织研究、制定、应用和推广电子信息技术标准；接受委托评审电子信息专业人才、技术人员技术资格，鉴定和评估电子信息科技成果；发现、培养和举荐人才，奖励优秀电子信息科技工作者。

中国电子学会是国际信息处理联合会（IFIP）、国际无线电科学联盟（URSI）、国际污染控制学会联盟（ICCCS）的成员单位，发起成立了亚洲智能机器人联盟、中德智能制造联盟。世界工程组织联合会（WFEO）创新专委会秘书处、联合国咨商工作信息通讯技术专业委员会秘书处、世界机器人大会秘书处均设在中国电子学会。中国电子学会与电气电子工程师学会（IEEE）、英国工程技术学会（IET）、日本应用物理学会（JSAP）等建立了会籍关系。

关注中国电子学会微信公众号

加入中国电子学会